深入剖析
Java虚拟机

源码剖析与实例详解

（基础卷）

马智◎著

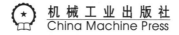

机械工业出版社
China Machine Press

图书在版编目（CIP）数据

深入剖析Java虚拟机：源码剖析与实例详解. 基础卷/马智著. —北京：机械工业出版社，2021.8

ISBN 978-7-111-68989-8

Ⅰ. ①深… Ⅱ. ①马… Ⅲ. ①JAVA语言－程序设计 Ⅳ. ①TP312

中国版本图书馆CIP数据核字（2021）第165822号

深入剖析 Java 虚拟机：源码剖析与实例详解（基础卷）

出版发行：机械工业出版社（北京市西城区百万庄大街 22 号　邮政编码：100037）

责任编辑：刘立卿　　　　　　　　　　　　　　　责任校对：姚志娟

印　　刷：中国电影出版社印刷厂　　　　　　　　版　　次：2021 年 9 月第 1 版第 1 次印刷

开　　本：186mm×240mm　1/16　　　　　　　　印　　张：32

书　　号：ISBN 978-7-111-68989-8　　　　　　　定　　价：149.00 元

客服电话：（010）88361066　88379833　68326294　　投稿热线：（010）88379604

华章网站：www.hzbook.com　　　　　　　　　　读者信箱：hzit@hzbook.com

为什么要写这本书

　　Java 是一门流行多年的高级编程语言，与其相关的就业岗位很多，但是最近几年却出现了用人单位招不到合适的人，而大量 Java 程序员找不到工作的尴尬局面。究其根本原因是岗位对 Java 开发技术的要求高，不但要会应用，而且更要懂其内部的运行原理。对于想要深入研究 Java 技术的从业人员来说，虚拟机是绕不开的话题。目前国内市场上还鲜见一本全面、细致、深入剖析 Java 虚拟机源码的书籍，这正是本书要填补的市场空白。

　　本书围绕 Java 最流行的 HotSpot VM 进行源码的深度剖析，主要面向那些想要深入学习和研究 Java 语言运行原理的人。本书对那些正在从事或将来想要从事虚拟机开发的编程人员也有极大的帮助。另外，对于 Java 求职人员来说，在参加大型互联网公司的面试时，应对招聘企业对虚拟机相关知识的深度考查已成为不可回避的问题，本书正好能提高他们对虚拟机理解的广度和深度，可谓雪中送炭。

　　需要说明的是，HotSpot VM 有上百万行的代码，这些代码逻辑严密，细节众多，要想讲解清楚，需要较多的篇幅。为了让读者能够更好地理解其中的要点，笔者决定用两本书的篇幅来介绍 HotSpot VM 的相关知识。本书为《深入剖析 Java 虚拟机：源码剖析与实例详解（基础卷）》，后续还会推出《深入剖析 Java 虚拟机：源码剖析与实例详解（运行时卷）》，敬请各位读者关注。笔者会在这两本书中对 HoSpot VM 的重点源代码展开细致的讲解，同时还会结合大量实例和图示，帮助读者更好地理解所学知识。

本书特色

1. 内容丰富，讲解详细

　　本书对对象的二分模型、类的加载机制、类与常量池、方法与变量、对象的创建和初始化、Serial 和 Serial Old 垃圾收集器、Java 引用类型等内容进行详细解读，帮读者真正掌握 HotSpot VM 运行的每个细节。

2. 原理分析与实例并重

　　本书对 HotSpot VM 的各个基础功能模块的重点源代码进行了详细分析，并结合大量实例和图示帮助读者更好地理解所学内容。

3．分析工业级虚拟机的源码实现

本书分析的是一个工业级的 Java 虚拟机 HotSpot，它是大部分 Java 开发人员运行 Java 项目时使用的虚拟机。对于 Java 从业人员来说，深入理解 HotSpot VM 的运行原理，可以帮助他们写出更加高效的 Java 代码，同时也能更好地排查 Java 性能瓶颈等一系列问题。

本书内容

本书深入剖析 HotSpot VM 的源代码实现，每一章都会对重点源代码的实现进行解读。下面简单介绍一下本书中各章的内容。

第 1 章主要介绍本地编译 HotSpot VM 的具体过程，以及如何使用图形化工具对 HotSpot VM 的源代码进行调试。

第 2 章介绍类的二分模型，其中表示 Java 类的 Klass 模型与表示 Java 对象的 oop 模型是 HotSpot VM 的最基础部分。

第 3 章介绍类的加载，重点介绍核心类和数组类的加载过程，以及类加载的双亲委派机制。

第 4 章对类及常量池进行解析，按照 Class 文件的格式从 Class 文件中解析出存储的类及常量池信息，然后映射成 HotSpot VM 内部的表示形式。

第 5 章对字段进行解析，解析出 Class 文件中保存的字段信息后映射为 HotSpot VM 内部的表示形式，同时还要对实例字段进行布局。

第 6 章对方法进行解析，解析出 Class 文件中保存的方法信息后映射为 HotSpot VM 内部的表示形式，并初始化 klassVtable 与 klassItable 以更好地支持方法的运行。

第 7 章介绍类的连接和初始化过程。

第 8 章介绍 HotSpot VM 的内存划分，重点介绍元空间和堆空间，如元空间的数据结构及其内存分配和释放，以及堆的初始化和回收策略等。

第 9 章介绍 Java 对象的创建过程，重点介绍对象内存分配的具体过程。

第 10 章介绍垃圾回收的基础知识，包括垃圾回收算法、支持分代垃圾回收的卡表和偏移表、支持垃圾回收的安全点。

第 11 章介绍用于回收年轻代的 Serial 垃圾收集器。

第 12 章介绍用于回收老年代的 Serial Old 垃圾收集器。

第 13 章介绍 Java 引用类型，包括引用类型的查找及不同类型引用对象的回收处理逻辑。

本书读者对象

阅读本书需要读者有一定的编程经验，尤其要对 Java 语言有一定的了解。具体而言，本书主要适合以下读者阅读：

- 想深入学习 Java 语言特性的 Java 从业人员；
- 想全面、深入理解 HotSpot VM 原理的人员；
- 从事虚拟机开发的人员；
- 对大型工程的源代码感兴趣的人员，尤其是对 C++语言工程实践感兴趣的人员。

本书阅读建议

本书的内容循序渐进，建议读者按照章节的排列顺序进行阅读，同时在阅读每一章的过程中对书中给出的实例进行实践，以便更好地理解所讲的内容。

HotSpot VM 有上百万行的源代码，并且代码的逻辑密度非常大。读者阅读相关的源代码时，不要过分纠结于每个实现细节，否则会陷入细节的"汪洋大海"中。本书对 HotSpot VM 的重点源代码进行了解读，读者可以参考书中对这些重点源代码的讲解进行学习和调试。

另外，要深入理解 Java 的运行原理，需要读者对 Java 编译器有所了解。想要全面、深入地学习 Java 编译器的相关知识，推荐读者阅读笔者的拙作《深入解析 Java 编译器：源码剖析与实例详解》一书。该书出版后得到了广大 Java 技术爱好者的好评，是深入学习 Java 主流编译器 Javac 运行原理的理想选择。

本书配套资源

本书涉及的 HotSpot VM 源代码已经开源，读者可以通过多种途径获取。笔者推荐的下载网址为 https://download.java.net/openjdk/jdk8。

读者反馈

由于笔者水平所限，书中可能还存在一些疏漏，敬请读者指正，笔者会及时进行调整和修改。联系邮箱：mazhimazh@126.com 或 hzbook2017@163.com。

致谢

本书的写作得到很多朋友和同事的帮助与支持，笔者在此表示由衷的感谢！

感谢欧振旭编辑在本书出版过程中给予笔者的大力支持与帮助！

最后感谢家人对我的理解与支持，在我遇到挫折和问题时，家人坚定地支持着我。爱你们！

马智

|目录|

第 1 章　认识 HotSpot VM

目前主流的 Java 虚拟机包括 HotSpot、J9 和 Zing 等，其中，HotSpot 是目前使用范围最广的虚拟机。本书将针对 HotSpot 虚拟机的实现原理进行详细介绍。

1.1　初识 JVM

JVM 是 Java Virtual Machine（Java 虚拟机）的缩写，它是在实际的计算机上仿真、模拟计算机的各种功能。

JVM 的构成主要包括如下几点：

- 一个抽象规范：其中定义了 JVM 到底是什么，由哪些组成部分。这些抽象的规范在 Java 虚拟机规范（The Java Virtual Machine Specification，JVMS）中进行了详细描述。
- 一个具体的实现：具体的实现过程不仅需要不同的厂商要遵循 Java 虚拟机规范，而且还要根据每个平台的不同特性以软件或软硬结合的方式去实现设定的功能。
- 一个运行的实例：当用 JVM 运行一个 Java 程序时，这个 Java 程序就是一个运行中的实例，每个运行中的 Java 程序都是一个 JVM 实例。

JVM 定义了一套自己的指令集，即 JVM 字节码指令集，符合 Class 文件规范的字节码都可以被 JVM 解析、编译并执行。

JVM 的结构如图 1-1 所示。

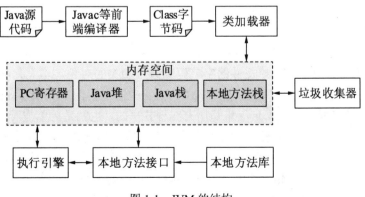

图 1-1　JVM 的结构

下面简单介绍 JVM 结构的各个组成部分。

- 前端编译器：主要负责将 Java 源代码转换为 Class 文件的字节码。
- 类加载器：在 JVM 启动时或者类运行时将需要的 Class 文件加载到 JVM 中。
- 执行引擎：负责执行 Class 文件中包含的字节码。
- 内存空间：将 JVM 需要的内存可以划分成若干个区。其中：Java 栈用于存放函数的参数值和局部变量值等，会自动分配释放；Java 堆用于存放对象和数组，由 JVM 的垃圾收集器管理；本地方法栈存放方法的元数据，占用的内存也会在必要时由垃圾收集器进行回收。
- 垃圾收集器：负责对内存进行自动管理，自动回收一些不再使用的对象，以达到释放内存的目的。
- 本地方法接口：调用 C 或 C++实现本地方法库中的方法并返回结果。

下面详细介绍 JVM 中几个重要的组成部分。

1. 类加载器

类加载器主要负责类的装载，包括启动类加载器（Bootstrap ClassLoader）、扩展类加载器（Extension ClassLoader）和应用类加载器（Application ClassLoader）。每个被 JVM 装载的类型都有一个对应的 java.lang.Class 类的实例，这个实例和其他类的实例一样被存放在 Java 堆中。

2. 执行引擎

执行引擎是 JVM 的核心部分，其作用是执行 Class 文件中的字节码指令。在 Java 虚拟机规范中详细定义了执行引擎遇到每条字节码指令时如何处理并给出了最终的处理结果，但是并没有规定执行引擎应该采取什么处理方式。执行引擎具体采取什么方式由 JVM 的实现厂商决定。对于 JVM 来说，主要采用的方式是解释执行和编译执行。

每个 Java 线程就是一个执行引擎的实例，在一个 JVM 实例中同时有多个执行引擎在工作，这些执行引擎有的在执行用户的程序，有的在执行 JVM 内部的程序。

3. 内存空间

执行引擎在执行 Class 文件的字节码时需要存储相关的信息，如操作码需要的操作数和操作码的执行结果等。Class 文件的字节码和涉及的类的对象等信息需要在执行引擎执行之前准备好。从图 1-1 中可以看出，JVM 的内存空间主要由 Java 堆、Java 栈、本地方法栈和 PC 寄存器构成。其中，Java 堆是所有线程共享的，也就是可以被所有的执行引擎实例访问。每个新的执行引擎实例被创建时会为这个执行引擎创建一个 Java 栈，如果当前正在执行一个 Java 方法，那么在当前的 Java 栈中保存的是该线程中方法调用的状态，包括方法的参数、局部变量和返回值等。PC 寄存器用于保存当前线程执行的内存地址。由于 JVM 程序是多线程执行的（线程轮流切换），为了保证线程切换回来后还能恢复到原先的状态，需要一个独立的计数器记录之前中断的地方，所以 PC 寄存器也是线程私有的。

4．垃圾收集器

垃圾收集器一般完成两件事，即标记不再使用的对象和回收这些无用对象。不同厂商及相同厂商的不同 JVM 版本提供的垃圾收集器可能不同，例如 OpenJDK 8 主要包含的垃圾收集器如图 1-2 所示。

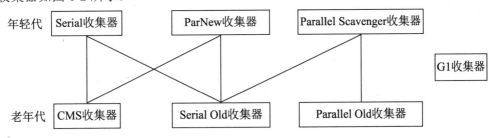

图 1-2　OpenJDK 8 中的垃圾收集器

图 1-2 中的连线表示可以使用连线两端的两种收集器分别收集年轻代和老年代的内存空间，而 G1 收集器既可以收集年轻代的内存空间，也可以收集老年代的内存空间。

1.2　编译 OpenJDK 8

本节主要介绍 Ubuntu 16.04 64 位操作系统下 OpenJDK 8 的代码实现过程。

1.2.1　准备编译环境

读者可以在 Windows 操作系统上使用虚拟机的方式安装 Ubuntu 16.04 64 位操作系统，或者直接在计算机上安装多个系统，第二种方式比第一种方式的运行速度要快。Ubuntu操作系统使用的是 Linux 内核，由于 HotSpot VM 的主体是由 C++编写的，所以在编译时需要使用 Linux 的编译器 GCC。

如果没有特别说明，本书所讲的都是 64 位的 HotSpot VM 在默认参数情况下的操作。

1.2.2　下载源代码

下载并安装 OpenJDK 使用的代码管理工具 Mercurial（hg）后，就可以通过 hg clone命令获取 OpenJDK 8 的源代码了，相关命令如下：

```
hg clone http://hg.openjdk.java.net/jdk8/jdk8 openjdk
cd openjdk
bash ./get_source.sh
```

使用 Mercurial 下载时速度相对较慢，可以直接去相关网站上下载压缩包，网址为 http://download.java.net/openjdk/jdk8。笔者下载的压缩包为 openjdk-8-src-b132-03_mar_2014.zip，使用如下命令对压缩包进行解压：

```
unzip openjdk-8-src-b132-03_mar_2014.zip
```

解压后，openjdk 目录下重要的目录如表 1-1 所示。

表 1-1　openjdk目录介绍

目　　录	描　　述
hotspot	HotSpot虚拟机的源代码实现
langtools	各种工具
jdk	其中包含Java类库等的实现
jaxp	JAXP的实现，提供处理XML的API
jaxws	JAX-WS的实现，提供Webservice的API
corba	CORBA的实现
nashorn	JavaScript的实现

1.2.3　编译源代码

openjdk 目录中的 README-builds.html 网页提供了编译源代码的相关说明。在 Ubuntu 操作系统下编译可以分为两步，即生成编译配置的脚本并进行编译，下面具体介绍。

1. 生成编译配置的脚本

生成编译配置的脚本使用的命令如下：

```
bash ./configure \
--with-target-bits=64 \
--with-boot-jdk=/usr/java/jdk1.7.0_80/ \
--with-debug-level=slowdebug \
--enable-debug-symbols ZIP_DEBUGINFO_FILES=0
```

运行上面的命令对编译的 openjdk 所需要的依赖包进行检查时，如果执行终止，可根据对应的提示安装相关的依赖包。其中，命令行选项--with-target-bits 指定编译 64 位系统的 JDK；命令行选项--with-boot-jdk 指定引导 JDK 所在的目录，以防止受到其他安装的 JDK 影响；命令行选项--with-debug-level=slowdebug 可以在 GDB 等代码调试过程中提供足够的信息；命令行选项--enable-debug-symbols ZIP_DEBUGINFO_FILES=0 生成调试的符号信息，并且不压缩。需要注意的是，构建 JDK 8 需要使用 JDK7 Update 7 或更高的版本作为引导 JDK，但不应使用 JDK 8 作为引导 JDK。

在运行命令的过程中，如果没有依赖包，则可以根据提示运行对应的命令。例如，提示运行以下命令安装依赖包：

```
sudo apt-get install libX11-dev libxext-dev libxrender-dev libxtst-dev
libxt-dev
```

在这个提示中有个包的名称有误，需要将以上命令中的包名 libX11-dev 改为 libx11-dev。

如果命令运行成功，则会在当前目录下生成一个目录，目录的名称根据要编译的目标确定，如笔者在 Ubuntu 64 位操作系统下生成的目录名为 linux-x86_64-normal-server-slowdebug。

2．编译

编译使用的命令如下：

```
make all ZIP_DEBUGINFO_FILES=0
```

如果命令运行成功，表示成功编译 JDK。运行如下命令：

```
./build/linux-x86_64-normal-server-slowdebug/jdk/bin/java -version
```

输出信息如下：

```
openjdk version "1.8.0-internal-debug"
OpenJDK Runtime Environment (build 1.8.0-internal-debug-mazhi_2019_08_
12_20_52-b00)
OpenJDK 64-Bit Server VM (build 25.0-b70-debug, mixed mode)
```

【实例 1-1】　在 openjdk 目录下创建一个 Test.java 源文件，内容如下：

```
public class Test{
    public static void main(String[] args){
        System.out.println("Hello World!");
    }
}
```

通过 Javac 编译器编译以上源代码得到 Test.class 文件。运行 Class 文件，相关命令如下：

```
./build/linux-x86_64-normal-server-slowdebug/jdk/bin/javac Test.java
./build/linux-x86_64-normal-server-slowdebug/jdk/bin/java Test
```

输出信息如下：

```
Hello World!
```

在编译的时候可能会出现以下两个问题：

（1）OS 版本不支持。

报错摘要如下：

```
/home/mazhi/workspace/openjdk8/hotspot/make/linux/Makefile:234: recipe
for target 'check_os_version' failed
```

修改 openjdk/hotspot/make/linux/Makefile 文件的第 228 行内容

```
SUPPORTED_OS_VERSION = 2.4% 2.5% 2.6% 2.7%
```

为

```
SUPPORTED_OS_VERSION = 2.4% 2.5% 2.6% 2.7% 3% 4%
```

执行 make 命令时最好添加参数 DISABLE_HOTSPOT_OS_VERSION_CHECK=ok。

（2）参数不兼容。

错误摘要如下：

```
recipe for target 'ad_stuff' failed
```

修改 openjdk/hotspot/make/linux/makefiles/adjust-mflags.sh 文件，删除第 67 行的内容：

```
s/-([^][^]*)j/-1-j/
```

1.2.4 通过 GDB 调试源代码

在 Linux 中常用 GDB 调试 C/C++源代码。下面使用 GDB 运行实例 1-1 中生成的 Class 文件（Test.class），具体命令如下：

```
gdb --args ./build/linux-x86_64-normal-server-slowdebug/jdk/bin/java Test
```

进入 GDB 后，再输入如下命令：

```
break java.c:JavaMain
continue
```

第一条命令表示在源文件 java.c 的 JavaMain 函数入口处设置断点；第二条命令表示让中断的程序继续运行，直到运行完程序后退出 GDB，并在终端打印"Hello World!"信息。

介绍常用的 GDB 命令如表 1-2 所示。

表 1-2　常用的GDB命令

命　　令	描　　述
backtrace(bt)	查看各级函数调用及参数
finish	连续运行，直到当前函数返回为止，然后停下来等待命令
frame(f) n	从当前栈帧移动到n栈帧
info(i) locals	查看当前栈帧局部变量的值
list(l)	列出源代码，接着上次的位置向下列，每次列10行
list(l) 行号	列出从指定行开始的源代码
list(l) 函数名	列出指定函数的源代码
next(n)	执行下一行语句
print(p)	打印表达式的值，通过表达式可以修改变量的值或者调用函数
quit(q)	退出GDB调试环境
step(s)	执行下一行语句，如果有函数调用则进入函数中
start	开始执行程序，停在main()函数第一行语句前面等待命令
break(b) 行号	在指定行设置断点
break 函数名	在指定函数的开头设置断点

（续）

命　　令	描　　述
break ... if ...	设置条件断点
continue(c)	从当前位置开始连续运行程序
delete breakpoints断点号	删除断点
display 变量名	跟踪查看指定变量名的变量，每次停下来都显示该变量的值
disable breakpoints断点号	禁用断点
enable 断点号	启用断点
info(i) breakpoints	查看当前设置了哪些断点
run(r)	从头开始连续运行程序
undisplay 跟踪显示号	取消跟踪显示
watch	设置观察点
info(i) watchpoints	查看当前设置了哪些观察点
x	从某个位置开始打印存储单元的内容，全部当成字节来看，不用区分哪个字节属于哪个变量

1.2.5　通过 Eclipse 调试源代码

1. 下载安装Eclipse并安装C/C++插件

在 https://www.eclipse.org/downloads 网站上下载支持 Ubuntu 64 位操作系统的 Eclipse，笔者下载的压缩包名称为 eclipse-java-neon-3-linux-gtk-x86_64.tar.gz，并通过如下命令解压：

```
tar -zxvf eclipse-java-neon-3-linux-gtk-x86_64.tar.gz
```

解压后得到 eclipse 目录，然后切换到 eclipse 目录，运行如下命令启动 Eclipse：

```
./eclipse &
```

启动 Eclipse 后，选择菜单栏中的 Help | Eclipse Marketplace 命令，弹出 Eclipse Marketplace 对话框，搜索 c++找到 Eclipse C++ IDE..进行安装。安装完成后就可以创建 C/C++项目并导入 Eclipse 中了。

2. 导入HotSpot VM源代码

选择 File | New | Other 命令，在弹出的 New Project 对话框中选择 Makefile Project with Existing Code，然后单击 Next，填写相关的信息，如图 1-3 所示。

设置完成后单击 Finish 按钮即可。

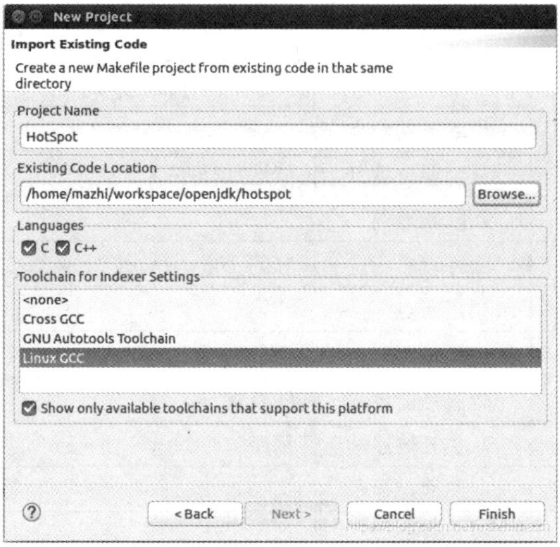

图 1-3　New Project 对话框

3．配置及调试源代码

在 HotSpot 项目上右击，在弹出的快捷菜单中选择 Debug As | Debug Configurations 命令，弹出 Debug Configurations 对话框。选择 C/C++ Application 后右击，在弹出的快捷菜单中选择 New Configuration 命令后，在右侧的 Main 选项卡中配置相关的信息，如图 1-4 所示。

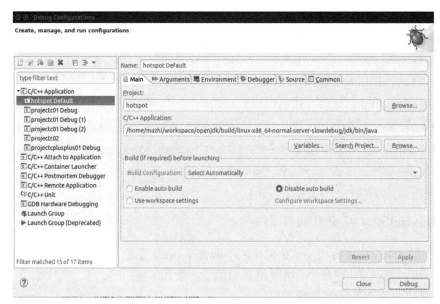

图 1-4　Debug Configurations 对话框

　　切换到 Arguments 选项卡，在 Program arguments 文本框中输入虚拟机运行时的参数，具体如下：

```
com.classloading/Test
```

　　切换到 Environment 选项卡，添加变量，具体如下：

```
JAVA_HOME=/home/mazhi/workspace/openjdk/build/linux-x86_64-normal-serve
r-slowdebug/jdk/
CLASSPATH=.:/home/mazhi/workspace/project/bin
```

　　CLASSPATH 用于指定 Test.class 文件所在的目录。为了方便编写测试实例，笔者在 Java 版本的 Eclipse 下创建了一个 project 项目，项目路径为/home/mazhi/workspace/project。由于 Eclipse 会自动生成相关的 Class 文件（输出路径为/home/mazhi/workspace/project/bin），所以省去了调用 javac 命令编译的过程。在 project 项目下创建一个 com.classloading 包，然后在此包下创建一个 Test 类，其内容可以和实例 1-1 一样。读者在练习时，需要注意将相关路径修改为自己本地对应的路径。

　　设置完相关信息后，单击 Apply 按钮进行保存。

1.3　HotSpot VM 源代码结构

　　在介绍 HotSpot VM 的源代码之前，首先需要介绍一下 HotSpot 项目的目录结构。HotSpot 目录主要由 agent、make、src 和 test 4 个子目录构成。其中，agent 目录下包含 Serviceability Agent 的客户端实现；make 目录下包含用于编译 HotSpot 项目的各种配置文件；src 目录是最重要的一个目录，本书讲解的所有源代码都在这个目录下；test 目录下包含 HotSpot 项目相关的一些单元测试用例。

　　src 目录及 src 的子目录 vm 的结构分别如图 1-5 和图 1-6 所示。

　　src 目录下包含 HotSpot 项目的主体源代码，主要由 cpu、os、os_cpu 与 share 4 个子目录构成。

- cpu 目录：包含一些依赖具体处理器架构的代码。目前主流的处理器架构主要有 sparc、x86 和 zero，其中 x86 最为常见。笔者的计算机的 CPU 也是 x86 架构，因此当涉及相关的源代码时，只介绍 x86 目录下的源代码。

- os 目录：包含一些依赖操作系统的代码，主要的操作系统有基于 Linux 内核的操作系统、基于 UNIX 的操作系统（POSIX），以及 Windows 和 Solaris。笔者的计算机是基于 Linux 内核的 Ubuntu 操作系统，在涉及相关的源代码时，只讲解 Linux 目录下的源代码。

- os_cpu 目录：包含一些依赖操作系统和处理器架构的代码，如 linux_x86 目录下包含的就是基于 Linux 内核的操作系统和 x86 处理器架构相关的代码，也是笔者要讲解的源代码。

图 1-5　src 目录结构　　　　　　　　图 1-6　vm 目录结构

- share 目录：包含独立于操作系统和处理器架构的代码，尤其是 vm 子目录中包含的内容比较多，HotSpot 的一些主要功能模块都在这个子目录中。如表 1-3 所示为 vm 目录下一些重要的子目录。

表 1-3　vm 目录介绍

目　　录	描　　述
adlc	平台描述文件
asm	汇编器
c1	C1编译器，即Client编译器
ci	动态编译器
classfile	Class文件解析和类的链接等
code	生成机器码
compiler	调用动态编译器的接口
Opto	C2编译器，即Server编译器
gc_interface	GC接口
gc_implementation	存放垃圾收集器的具体实现代码
interpreter	解释器
libadt	抽象数据结构
memory	内存管理
oops	JVM内部对象

（续）

目　　录	描　　述
prims	HotSpot VM对外接口
runtime	存放运行时的相关代码
services	JMX接口
utilizes	内部工具类和公共函数

1.4　启动 HotSpot VM

HotSpot VM 一般通过 java.exe 或 javaw.exe 调用/jdk/src/share/bin/main.c 文件中的 main()函数启动虚拟机，使用 Eclipse 进行调试时也会调用 main()函数。main()函数会执行 JVM 的初始化，并调用 Java 程序的 main()方法。main()函数的调用链如下：

```
main()        main.c
JLI_Launch()    java.c
JVMInit()     java_md_solinux.c
ContinueInNewThread()     java.c
ContinueInNewThread0()      java_md_solinux.c
pthread_join()     pthread_join.c
```

执行 main()函数的线程最终会调用 pthread_join()函数进行阻塞，由另外一个线程调用 JavaMain()函数去执行 Java 程序的 main()方法。

1. main()函数

main()函数的实现代码如下：

```
源代码位置：openjdk/jdk/src/share/bin/main.c

#ifdef JAVAW

char **__initenv;

int WINAPI WinMain(HINSTANCE inst, HINSTANCE previnst, LPSTR cmdline, int
cmdshow){
    int margc;
    char** margv;
    const jboolean const_javaw = JNI_TRUE;

    __initenv = _environ;

#else /* JAVAW */
int main(int argc, char **argv){
    int margc;
    char** margv;
    const jboolean const_javaw = JNI_FALSE;
```

```
#endif /* JAVAW */
#ifdef _WIN32
    {
        int i = 0;
        if (getenv(JLDEBUG_ENV_ENTRY) != NULL) {
            printf("Windows original main args:\n");
            for (i = 0 ; i < __argc ; i++) {
                printf("wwwd_args[%d] = %s\n", i, __argv[i]);
            }
        }
    }
    JLI_CmdToArgs(GetCommandLine());
    margc = JLI_GetStdArgc();
    // add one more to mark the end
    margv = (char **)JLI_MemAlloc((margc + 1) * (sizeof(char *)));
    {
        int i = 0;
        StdArg *stdargs = JLI_GetStdArgs();
        for (i = 0 ; i < margc ; i++) {
            margv[i] = stdargs[i].arg;
        }
        margv[i] = NULL;
    }
#else /* *NIXES */
    margc = argc;
    margv = argv;
#endif /* WIN32 */
    return    JLI_Launch(margc, margv,
                sizeof(const_jargs) / sizeof(char *), const_jargs,
                sizeof(const_appclasspath) / sizeof(char *), const_
appclasspath,
                FULL_VERSION,
                DOT_VERSION,
                (const_progname != NULL) ? const_progname : *margv,
                (const_launcher != NULL) ? const_launcher : *margv,
                (const_jargs != NULL) ? JNI_TRUE : JNI_FALSE,
                const_cpwildcard, const_javaw, const_ergo_class);
}
```

main()函数是 UNIX、Linux 及 Mac OS 操作系统中 C/C++的入口函数，而 Windows 的入口函数和它们不一样。为了尽可能重用代码，这里使用#ifdef 条件编译。对于基于 Linux 内核的 Ubuntu 系统来说，最终编译的代码如下：

```
int main(int argc, char **argv){
    int margc;
    char** margv;
    const jboolean const_javaw = JNI_FALSE;
    margc = argc;
    margv = argv;
    return    JLI_Launch(margc, margv,
                sizeof(const_jargs) / sizeof(char *), const_jargs,
                sizeof(const_appclasspath) / sizeof(char *), const_
appclasspath,
                FULL_VERSION,
                DOT_VERSION,
```

```
        (const_progname != NULL) ? const_progname : *margv,
        (const_launcher != NULL) ? const_launcher : *margv,
        (const_jargs != NULL) ? JNI_TRUE : JNI_FALSE,
        const_cpwildcard, const_javaw, const_ergo_class);
}
```

其中，第一个参数 argc 表示程序运行时发送给 main()函数的命令行参数的个数，第二个参数 argc[]为字符串数组，用来存放指向的字符串参数的指针数组，每一个元素指向一个参数。

2. JLI_Launch()函数

JLI_Launch()函数进行了一系列必要的操作，如 libjvm.so 的加载、参数解析、Classpath 的获取和设置、系统属性设置、JVM 初始化等。该函数会调用 LoadJavaVM()加载 libjvm.so 并初始化相关参数，调用语句如下：

```
源代码位置：openjdk/jdk/src/solaris/bin/java_md_solinux.c

LoadJavaVM(jvmpath, &ifn)
```

其中，jvmpath 为 /openjdk/build/linux-x86_64-normal-server-slowdebug/jdk/lib/amd64/server/libjvm.so，即 libjvm.so 的存储路径，ifn 是 InvocationFunctions 类型变量。Invocation-Functions 的定义如下：

```
源代码位置：openjdk/jdk/src/share/bin/java.h

typedef jint (JNICALL *CreateJavaVM_t)(JavaVM **pvm, void **env, void
*args);
typedef jint (JNICALL *GetDefaultJavaVMInitArgs_t)(void *args);
typedef jint (JNICALL *GetCreatedJavaVMs_t)(JavaVM **vmBuf, jsize bufLen,
jsize *nVMs);

typedef struct {
    CreateJavaVM_t CreateJavaVM;
    GetDefaultJavaVMInitArgs_t GetDefaultJavaVMInitArgs;
    GetCreatedJavaVMs_t GetCreatedJavaVMs;
} InvocationFunctions;
```

可以看到，结构体 InvocationFunctions 中定义了 3 个函数指针，这 3 个函数的实现代码在 libjvm.so 动态链接库中，查看 LoadJavaVM()函数后就可以看到如下代码：

```
ifn->CreateJavaVM = (CreateJavaVM_t) dlsym(libjvm, "JNI_CreateJavaVM");

ifn->GetDefaultJavaVMInitArgs = (GetDefaultJavaVMInitArgs_t)dlsym(libjvm,
"JNI_GetDefaultJavaVMInitArgs");

ifn->GetCreatedJavaVMs = (GetCreatedJavaVMs_t) dlsym(libjvm, "JNI_Get
CreatedJavaVMs");
```

通过函数指针调用函数时，最终会调用 libjvm.so 中对应的以 JNI_Xxx 开头的函数。其中，在 InitializeJVM()函数中会调用 JNI_CreateJavaVM()函数，用来初始化 JNI 调用时非常重要的两个参数 JavaVM 和 JNIEnv，该内容在后面介绍 JNI 时会详细介绍，这里不做过多介绍。

3. JVMInit()函数

JVMInit()函数的源代码如下：

```
源代码位置：openjdk/jdk/src/solaris/bin/java_md_solinux.c

int JVMInit(InvocationFunctions* ifn, jlong threadStackSize,
        int argc, char **argv,
        int mode, char *what, int ret){
...
    return ContinueInNewThread(ifn, threadStackSize, argc, argv, mode,
what, ret);
}
```

4. ContinueInNewThread()函数

JVMInit()函数调用 ContinueInNewThread()函数的实现代码如下：

```
源代码位置：openjdk/jdk/src/share/bin/java.c

int ContinueInNewThread(InvocationFunctions* ifn, jlong threadStackSize,
            int argc, char **argv,
            int mode, char *what, int ret){
  ...
  {
    JavaMainArgs args;
    int rslt;

    args.argc = argc;
    args.argv = argv;
    args.mode = mode;
    args.what = what;
    args.ifn = *ifn;
    // 调用 ContinueInNewThread0()函数创建一个 JVM 实例并执行 Java 主类的 main()
      方法
    rslt = ContinueInNewThread0(JavaMain, threadStackSize, (void*)&args);
    return (ret != 0) ? ret : rslt;
  }
}
```

在调用 ContinueInNewThread0()函数时，传递了 JavaMain 函数指针和调用此函数需要的参数 args。

5. ContinueInNewThread0()函数

ContinueInNewThread()函数调用 ContinueInNewThread0()函数的实现代码如下：

```
源代码位置：openjdk/jdk/src/solaris/bin/java_md_solinux.c
```

```
int ContinueInNewThread0(int (JNICALL *continuation)(void *), jlong
stack_size, void * args) {
    int rslt;
    ...
    pthread_t tid;
    pthread_attr_t attr;
    pthread_attr_init(&attr);
    pthread_attr_setdetachstate(&attr, PTHREAD_CREATE_JOINABLE);

    if (stack_size > 0) {
      pthread_attr_setstacksize(&attr, stack_size);
    }

    if (pthread_create(&tid, &attr, (void *(*)(void*))continuation, (void*)
args) == 0) {
      void * tmp;
      pthread_join(tid, &tmp);                    // 当前线程会阻塞在这里
      rslt = (int)tmp;
    }

    pthread_attr_destroy(&attr);
    ...
    return rslt;
}
```

在 Linux 系统中（后面所说的 Linux 系统都是指基于 Linux 内核的操作系统）创建一个 pthread_t 线程，然后使用这个新创建的线程执行 JavaMain()函数。

ContinueInNewThread0()函数的第一个参数 int (JNICALL *continuation)(void*)接收的就是 JavaMain()函数的指针。

下面看一下 JavaMain()函数的实现代码。

源代码位置：openjdk/jdk/src/share/bin/java.c

```
int JNICALL JavaMain(void * _args){

    JavaMainArgs *args = (JavaMainArgs *)_args;
    int argc = args->argc;
    char **argv = args->argv;
    InvocationFunctions ifn = args->ifn;

    JavaVM *vm = 0;
    JNIEnv *env = 0;
    jclass mainClass = NULL;
    jclass appClass = NULL; // actual application class being launched
    jmethodID mainID;
    jobjectArray mainArgs;

    // InitializeJVM() 函数初始化 JVM，给 JavaVM 和 JNIEnv 对象正确赋值，通过调用
    // InvocationFunctions 结构体下的 CreateJavaVM() 函数指针来实现，该指针在
    // LoadJavaVM() 函数中指向 libjvm.so 动态链接库中的 JNI_CreateJavaVM() 函数
    if (!InitializeJVM(&vm, &env, &ifn)) {
        JLI_ReportErrorMessage(JVM_ERROR1);
        exit(1);
```

```
    }
    ...
    // 加载 Java 主类
    mainClass = LoadMainClass(env, mode, what);

    appClass = GetApplicationClass(env);
    // 从 Java 主类中查找 main()方法对应的唯一 ID
    mainID = (*env)->GetStaticMethodID(env, mainClass, "main", "([Ljava/
lang/String;)V");

    // 创建针对平台的参数数组
    mainArgs = CreateApplicationArgs(env, argv, argc);

    // 调用 Java 主类中的 main()方法
    (*env)->CallStaticVoidMethod(env, mainClass, mainID, mainArgs);

    ...
}
```

以上代码主要是找出 Java 主类的 main()方法，然后调用并执行。

（1）调用 InitializeJVM()函数初始化 JVM，主要是初始化两个非常重要的变量 JavaVM 与 JNIEnv。在这里不过多介绍，后面在讲解 JNI 调用时会详细介绍初始化过程。

（2）调用 LoadMainClass()函数获取 Java 程序的启动类。对于前面举的实例来说，由于配置了参数 com.classloading/Test，所以会查找 com.classloading.Test 类。LoadMainClass()函数最终会调用 libjvm.so 中实现的 JVM_FindClassFromBootLoader()函数来查找启动类，因涉及的逻辑比较多，后面在讲解类型的加载时会介绍。

（3）调用 GetStaticMethodId()函数查找 Java 启动方法，其实就是获取 Java 主类中的 main()方法。

（4）调用 JNIEnv 中定义的 CallStaticVoidMethod()函数，最终会调用 JavaCalls::call()函数执行 Java 主类中的 main()方法。JavaCalls:call()函数是个非常重要的方法，后面在讲解方法执行引擎时会详细介绍。

以上步骤都在当前线程的控制下。当控制权转移到 Java 主类中的 main()方法之后，当前线程就不再做其他事情了，等 main()方法返回之后，当前线程会清理和关闭 JVM，调用本地函数 jni_DetachCurrentThread()断开与主线程的连接。当成功与主线程断开连接后，当前线程会一直等待程序中的所有非守护线程全部执行结束，然后调用本地函数 jni_DestroyJavaVM()对 JVM 执行销毁。

第 2 章 二 分 模 型

HotSpot 采用 oop-Klass 模型表示 Java 的对象和类。oop（ordinary object pointer）指普通的对象指针，Klass 表示对象的具体类型。

为何要设计一个一分为二的对象模型呢？这是因为 HotSpot 的设计者不想让每个对象中都含有一个 vtable（虚函数表），所以就把对象模型拆成 Klass 和 oop。其中，oop 中不含有任何虚函数，自然就没有虚函数表，而 Klass 中含有虚函数表，可以进行方法的分发。

2.1 Java 类的表示——Klass

Java 类通过 Klass 来表示。简单来说 Klass 就是 Java 类在 HotSpot 中的 C++对等体，主要用于描述 Java 对象的具体类型。一般而言，HotSpot VM 在加载 Class 文件时会在元数据区创建 Klass，表示类的元数据，通过 Klass 可以获取类的常量池、字段和方法等信息。

Klass 的继承体系如图 2-1 所示。

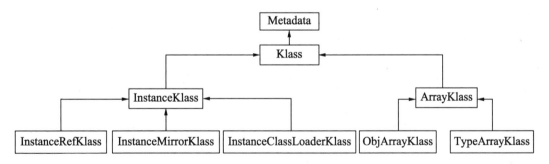

图 2-1　Klass 的继承体系

Metadata 是元数据类的基类，除了 Klass 类会直接继承 Metadata 基类以外，表示方法的 Method 类与表示常量池的 ConstantPool 类也会直接继承 Metadata 基类。本节只讨论 Klass 继承体系中涉及的相关类。

Klass 继承体系中涉及的 C++类主要提供了两个功能：

- 提供 C++层面的 Java 类型（包括 Java 类和 Java 数组）表示方式，也就是用 C++类的对象来描述 Java 类型；

- 方法分派。

下面详细介绍 Klass 继承体系中涉及的类。

2.1.1　Klass 类

一个 C++的 Klass 类实例表示一个 Java 类的元数据（相当于 java.lang.Class 对象），主要提供两个功能：

- 实现 Java 语言层面的类；
- 提供对多态方法的支持，即通过 vtbl 指针实现多态。

在 HotSpot 中，Java 对象使用 oop 实例来表示，不提供任何虚函数的功能。oop 实例保存了对应 Klass 的指针，通过 Klass 完成所有的方法调用并获取类型信息，Klass 基于 C++的虚函数提供对 Java 多态的支持。

笔者在讲 Java 类的对象时使用的是"对象"这个词，而在讲 C++类的对象时使用的是"实例"这个词。同样，在讲 Java 的方法时使用的是"方法"一词，而在讲 C++的方法时使用的是"函数"一词。

Klass 类及其重要属性的定义如下：

```
源代码位置：hotspot/src/share/vm/oops/klass.hpp
class Klass : public Metadata {
  ...
 protected:
  enum { _primary_super_limit = 8 };

  jint          _layout_helper;
  juint         _super_check_offset;
  Symbol*       _name;
  Klass*        _secondary_super_cache;
  Array<Klass*>* _secondary_supers;
  Klass*        _primary_supers[_primary_super_limit];
  oop           _java_mirror;
  Klass*        _super;
  Klass*        _subklass;
  Klass*        _next_sibling;

  Klass*        _next_link;

  ClassLoaderData* _class_loader_data;

  AccessFlags _access_flags;

  markOop _prototype_header;

  ...
}
```

各个属性的简单介绍如表 2-1 所示。

表 2-1　Klass类中的重要字段说明

字　段　名	说　　明
_layout_helper	对象布局的综合描述符,如果不是InstanceKlass或ArrayKlass,值为0,如果是InstanceKlass或ArrayKlass,这个值是一个组合数字。(1)对于InstanceKlass而言,组合数字中包含表示对象的以字节为单位的内存占用量。由于InstanceKlass实例能够表示Java类,因此这里指的内存占用量是指这个Java类创建的对象所需要的内存。(2)对于ArrayKlass而言,组合数字中包含tag、hsize、etype和esize四部分,具体怎么组合和解析由子类实现
_name	类名,如java/lang/String和[Ljava/lang/String;等
_primary_supers	_primary_supers代表这个类的父类,其类型是一个Klass指针数组,大小固定为8。例如,IOException是Exception的子类,而Exception又是Throwable的子类,因此表示IOException类的_primary_supers属性值为[Throwable,Exception, IOException]。如果继承链过长,即当前类加上继承的类多于8个(默认值,可通过命令更改)时,会将多出来的类存储到_secondary_supers数组中
_super_check_offset	快速查找supertype的一个偏移量,这个偏移量是相对于Klass实例起始地址的偏移量。如果当前类是IOException,那么这个属性就指向_primary_supers数组中存储IOException的位置。当存储的类多于8个时,值与_secondary_super_cache相等
_secondary_supers	Klass指针数组,一般存储Java类实现的接口,偶尔还会存储Java类及其父类
_secondary_super_cache	Klass指针,保存上一次查询父类的结果
_java_mirror	oopDesc*类型,保存的是当前Klass实例表示的Java类所对应的java.lang.Class对象,可以据此访问类的静态属性
_super	Klass指针,指向Java类的直接父类
_subklass	Klass指针,指向Java类的直接子类,由于直接子类可能有多个,因此多个子类会通过_next_sibling连接起来
_next_sibling	Klass指针,通过该属性可以获取当前类的下一个子类,可通过调用语句_subklass->next_sibling()获取_subklass的兄弟子类
_next_link	Klass指针,ClassLoader加载的下一个Klass
_class_loader_data	ClassLoaderData指针,可以通过此属性找到加载该Java类的ClassLoader
_access_flags	保存Java类的修饰符,如private、final、static、abstract和native等
_prototype_header	在锁的实现过程中非常重要,后续会详细介绍

通过 Klass 类中的相关属性保存 Java 类型定义的一些元数据信息,如_name 保存 Java 类型的名称,_super 保存 Java 类型的父类等。Klass 类是 Klass 继承体系中定义的 C++类的基类,因此该类实例会保存 Java 类型的一些共有信息。

下面针对表 2-1 中的几个重要属性展开介绍。

1. _layout_helper属性

_layout_helper 是一个组合属性。如果当前的 Klass 实例表示一个 Java 数组类型，则这个属性的值比较复杂。通常会调用如下函数生成值：

源代码位置：openjdk/hotspot/src/share/vm/oops/klass.cpp

```
jint Klass::array_layout_helper(BasicType etype) {
  int  hsize = arrayOopDesc::base_offset_in_bytes(etype);
  // Java 基本类型元素需要占用的字节数
  int  esize = type2aelembytes(etype);
  bool isobj = (etype == T_OBJECT);
  int  tag  = isobj ? _lh_array_tag_obj_value : _lh_array_tag_type_value;
  int  lh = array_layout_helper(tag, hsize, etype, exact_log2(esize));

  return lh;
}
```

表示 Java 数组类型的_layout_helper 属性由四部分组成，下面分别介绍。

（1）tag

如果数组元素的类型为对象类型，则值为 0x80，否则值为 0xC0，表示数组元素的类型为 Java 基本类型。其中用到下面两个枚举常量：

源代码位置：openjdk/hotspot/src/share/vm/oops/klass.hpp

```
_lh_array_tag_type_value    = ~0x00,
_lh_array_tag_obj_value     = ~0x01
```

_lh_array_tag_type_value 的二进制表达式为 32 个 1：11111111111111111111111111111111，其实就是 0xC0000000 >> 30。

_lh_array_tag_obj_value 的二进制表达式为最高位 31 个 1：11111111111111111111111111111110，其实就是 0x80000000 >> 30。

（2）hsize

hsize 表示数组头元素的字节数，调用 arrayOopDesc::base_offset_in_bytes()及相关函数可以获取 hsize 的值。代码如下：

源代码位置：openjdk/hotspot/src/share/vm/oops/arrayOop.hpp

```
static int base_offset_in_bytes(BasicType type) {
    return header_size(type) * HeapWordSize;
}

static int header_size(BasicType type) {
    size_t typesize_in_bytes = header_size_in_bytes();
    return (int)(Universe::element_type_should_be_aligned(type)
        ? align_object_offset(typesize_in_bytes/HeapWordSize)
        : typesize_in_bytes/HeapWordSize);
}
```

```
// 在默认参数下，存放 _metadata 的空间容量是 8 字节，_mark 是 8 字节
// length 是 4 字节，对象头为 20 字节，由于要按 8 字节对齐，所以会填充 4 字节
// 最终占用 24 字节
static int header_size_in_bytes() {
    size_t hs = align_size_up( length_offset_in_bytes() + sizeof(int) ,
HeapWordSize );
    return (int)hs;
}

static int length_offset_in_bytes() {
    return UseCompressedClassPointers ? klass_gap_offset_in_bytes() :
sizeof(arrayOopDesc);
}
```

在 length_offset_in_bytes()函数中，使用-XX:+UseCompressedClassPointers 选项来压缩
类指针，默认值为 true。sizeof(arrayOopDesc)的返回值为 16，其中_mark 和_metadata._klass
各占用 8 字节。在压缩指针的情况下，_mark 占用 8 字节，_metadata._narrowKlass 占用 4
字节，共 12 字节。

（3）etype 与 esize

etype 表示数组元素的类型，esize 表示数组元素的大小。

最终会在 Klass::array_layout_helper()函数中调用 array_layout_helper()函数完成属性值
的计算。这个函数的实现代码如下：

```
源代码位置：openjdk/hotspot/src/share/vm/oops/klass.hpp

static jint array_layout_helper(jint tag, int hsize, BasicType etype, int
log2_esize) {
    return (tag       << _lh_array_tag_shift)        // 左移 30 位
      |  (hsize       << _lh_header_size_shift)      // 左移 16 位
      |  ((int)etype  << _lh_element_type_shift)     // 左移 8 位
      |  (log2_esize  << _lh_log2_element_size_shift); // 左移 0 位
}
```

最终计算出来的数组类型的_layout_helper 值为负数，因为最高位为 1，而对象类型通
常是一个正数，这样就可以简单地通过判断_layout_helper 值来区分数组和对象。
_layout_helper 的最终布局如图 2-2 所示。

元素类型为对象类型的数组

10	hsize（14位）	etype（8位）	log2(esize)（8位）

元素类型为Java基本类型的数组

11	hsize（14位）	etype（8位）	log2(esize)（8位）

图 2-2　_layout_helper 的布局

2. _primary_supers、_super_check_offset、_secondary_supers与 _secondary_super_cache

_primary_supers、_super_check_offset、_secondary_supers 与_secondary_super_cache 这几个属性完全是为了加快判定父子关系等逻辑而加入的。下面看一下在 initialize_ supers()函数中是如何初始化这几个属性的。initialize_supers()函数的第一部分代码如下：

源代码位置：openjdk/hotspot/src/share/vm/oops/klass.cpp

```cpp
void Klass::initialize_supers(Klass* k, TRAPS) {
  // 当前类的父类 k 可能为 NULL，例如 Object 的父类为 NULL
  if (k == NULL) {
    set_super(NULL);
    _primary_supers[0] = this;
    assert(super_depth() == 0, "Object must already be initialized
properly");
  }
  // k 就是当前类的直接父类，如果有父类，那么 super()一般为 NULL，如果 k 为 NULL，那么
  // 就是 Object 类
  else if (k != super() || k == SystemDictionary::Object_klass()) {
    assert(super() == NULL || super() == SystemDictionary::Object_klass(),
          "initialize this only once to a non-trivial value");
    set_super(k);                                 // 设置 Klass 的_super 属性
    Klass* sup = k;

    int sup_depth = sup->super_depth();
    // 调用 primary_super_limit()函数得到的默认值为 8
    juint my_depth = MIN2(sup_depth + 1, (int)primary_super_limit());
    // 当父类的继承链长度大于等于 primary_super_limit()时，当前的深度只能是 primary_
    // super_limit()，也就是 8，因为_primary_supers 数组中最多只能保存 8 个类
    if (!can_be_primary_super_slow())
      my_depth = primary_super_limit();           // my_depth 默认的值为 8

    // 将直接父类的继承类复制到_primary_supers 中，因为直接父类和当前子类肯定有共同
    // 的继承链
    for (juint i = 0; i < my_depth; i++) {
      _primary_supers[i] = sup->_primary_supers[i];
    }

    Klass* *super_check_cell;
    if (my_depth < primary_super_limit()) {
      // 将当前类存储在_primary_supers 中
      _primary_supers[my_depth] = this;
      super_check_cell = &_primary_supers[my_depth];
    } else {
      //需要将部分父类放入_secondary_supers 数组中
      super_check_cell = &_secondary_super_cache;
    }
    // 设置 Klass 类中的_super_check_offset 属性
    set_super_check_offset((address)super_check_cell - (address) this);
```

```
    // 省略了第二部分的代码
}
```

在设置当前类型的父类时通常都会调用 initialize_supers()函数，同时也会设置
_primary_supers 与_super_check_offset 属性的值，如果继承链过长，还有可能设置
_secondary_supers、_secondary_super_cache 属性的值。这些属性中保存的信息可用来快速
地进行类之间关系的判断，如父子关系的判断。

initialize_supers()函数的第二部分代码如下：

```
if (secondary_supers() == NULL) {
KlassHandle this_kh (THREAD, this);

    int extras = 0;
    Klass* p;
    // 当 p 不为 NULL 并且 p 已经存储在_secondary_supers 数组中时，条件为 true，也就
    // 是当前类的父类多于 8 个时，需要将多出来的父类存储到_secondary_supers 数组中
    for (p = super(); !(p == NULL || p->can_be_primary_super()); p =
p->super()) {
        ++extras;
    }

    // 计算 secondaries 的大小，因为 secondaries 数组中还需要存储当前类型的
    // 所有实现接口（包括直接和间接实现的接口）
    GrowableArray<Klass*>* secondaries = compute_secondary_supers(extras);
    if (secondaries == NULL) {
      return;
    }

    // 将无法存储在_primary_supers 中的类暂时存储在 primaries 中
    GrowableArray<Klass*>* primaries = new GrowableArray<Klass*>(extras);
    for (p = this_kh->super(); !(p == NULL || p->can_be_primary_super());
p = p->super()) {
      ...
      primaries->push(p);
    }

    int new_length = primaries->length() + secondaries->length();
    Array<Klass*>* s2 = MetadataFactory::new_array<Klass*>(class_loader_
data(), new_length, CHECK);
    int fill_p = primaries->length();
    for (int j = 0; j < fill_p; j++) {
      // 这样的设置会让父类永远在数组前，而子类永远在数组后
      s2->at_put(j, primaries->pop());
    }
    for( int j = 0; j < secondaries->length(); j++ ) {
      // 类的部分存储在数组的前面，接口存储在数组的后面
      s2->at_put(j+fill_p, secondaries->at(j));
    }

    this_kh->set_secondary_supers(s2);        // 设置_secondary_supers 属性
}
```

从代码中可以看到，父类继承链中多于 8 个时，多出来的父类被存储到_secondary _supers 数组中。因为继承链一般不会多于 8 个，所以设置了默认值为 8，避免过大的数组浪费太多的内存。

【实例 2-1】 举例看看这几个属性是如何存储值的，代码如下：

```
interface IA{}
interface IB{}

class A{}
class B extends A{}
class C extends B{}
class D extends C{}

public class Test extends D implements IA,IB {}
```

配置-XX:FastSuperclassLimit=3 命令后，_primary_supers 数组中最多只能存储 3 个类型。_primary_supers 和 secondary_supers 的值如下：

```
_primary_supers[Object,A,B]
_secondary_supers[C,D,Test,IA,IB]
```

由于当前类 Test 的继承链过长，导致 C、D 和 Test 只能存储到_secondary_supers 数组中。此时_super_check_offset 会指向 C，也就是指向_secondary_supers 中存储的第一个元素。另外，父类的继承链需要保证按顺序存储，如_primary_supers 中的存储顺序必须为 Object、A、B，这样有利于快速判断各个类之间的关系。

is_subtype_of()函数会利用以上属性保存的一些信息进行父子关系的判断，代码如下：

```
源代码位置：openjdk/hotspot/src/share/vm/oops/klass.hpp

// 判断当前类是否为 k 的子类。k 可能为接口，如果当前类型实现了 k 接口，函数也返回 true
bool is_subtype_of(Klass* k) const {
    juint    off = k->super_check_offset();
    Klass* sup = *(Klass**)( (address)this + off );
    const juint secondary_offset = in_bytes(secondary_super_cache_offset());
    // 如果 k 在_primary_supers 中，那么利用_primary_supers 一定能判断出 k 与当前
    // 类的父子关系
    if (sup == k) {
      return true;
    }
    // 如果 k 存储在_secondary_supers 中，那么当前类也肯定存储在 secondary_sueprs 中
    // 如果两者有父子关系，那么_super_check_offset 需要与_secondary_super_cache
    // 相等
    else if (off != secondary_offset) {
      return false;
    }
    // 可能有父子关系，需要进一步判断
    else {
      return search_secondary_supers(k);
    }
}
```

当通过_super_check_offset 获取的类与 k 相同时，k 存在于当前类的继承链上，肯定有父子关系。如果 k 存在于_primary_supers 数组中，那么通过_super_check_offset 就可快速判断；如果 k 存在于_secondary_supers 中，需要调用 search_secondary_supers()函数来判断。调用 search_secondary_supers()函数的代码如下：

```
源代码位置：openjdk/hotspot/src/share/vm/oops/klass.cpp

bool Klass::search_secondary_supers(Klass* k) const {
  if (this == k)
    return true;

  // 通过_secondary_supers 中存储的信息进行判断
  int cnt = secondary_supers()->length();
  for (int i = 0; i < cnt; i++) {
    if (secondary_supers()->at(i) == k) {
      ((Klass*)this)->set_secondary_super_cache(k);
      return true;
    }
  }
  return false;
}
```

从代码中可以看到，属性_secondary_super_cache 保存了这一次父类查询的结果。查询的逻辑很简单，遍历_secondary_supers 数组中的值并比较即可。

3. _super、_subklass和_next_sibling

由于 Java 是单继承方式，因此可通过_super、_subklass 和_next_sibling 属性直接找到当前类型的父类或所有子类型。调用 Klass::append_to_sibling_list()函数设置_next_sibling 与_subklass 属性的值，代码如下：

```
源代码位置：openjdk/hotspot/src/share/vm/oops/klass.cpp

void Klass::append_to_sibling_list() {
  InstanceKlass* super = superklass();        // 获取_super 属性的值
  if (super == NULL)
    return;                  // 如果 Klass 实例表示的是 Object 类，此类没有超类

  // super 可能有多个子类，多个子类会用_next_sibling 属性连接成单链表，当前的类是链
  // 表头元素
  // 获取_subklass 属性的值
  Klass* prev_first_subklass = super->subklass_oop();
  if (prev_first_subklass != NULL) {
    set_next_sibling(prev_first_subklass); // 设置_next_sibling 属性的值
  }
  super->set_subklass(this);                  // 设置_subklass 属性的值
}
```

代码非常简单，不再过多介绍。

2.1.2　InstanceKlass 类

每个 InstanceKlass 实例都表示一个具体的 Java 类型（这里的 Java 类型不包括 Java 数组类型）。InstanceKlass 类及重要属性的定义如下：

源代码位置：openjdk/hotspot/src/share/vm/oops/instanceKlass.hpp

```
class InstanceKlass: public Klass {
 ...

protected:
 Klass*              _array_klasses;
 ConstantPool*       _constants;

 Symbol*             _array_name;

 int                 _nonstatic_field_size;
 int                 _static_field_size;
 u2                  _generic_signature_index;
 u2                  _source_file_name_index;
 u2                  _static_oop_field_count;
 u2                  _java_fields_count;
 int                 _nonstatic_oop_map_size;


 u2                  _minor_version;
 u2                  _major_version;
 Thread*             _init_thread;
 int                 _vtable_len;
 int                 _itable_len;
 ...

 u1                  _init_state;
 u1                  _reference_type;


 Array<Method*>*     _methods;
 Array<Method*>*     _default_methods;
 Array<Klass*>*      _local_interfaces;
 Array<Klass*>*      _transitive_interfaces;

 Array<int>*         _default_vtable_indices;

 Array<u2>*          _fields;

 ...
}
```

InstanceKlass 类中的重要属性说明如表 2-2 所示。

表 2-2 InstanceKlass类中的重要属性说明

字 段 名	说 明
_array_klasses	数组元素为该类型的数组Klass指针。例如，当ObjArrayKlass实例表示的是数组且元素类型为Object时，表示Object类的InstanceKlass实例的_array_klasses就是指向ObjArrayKlass实例的指针
_array_name	以该类型作为数组组件类型（指的是数组去掉一个维度的类型）的数组名称，如果当前InstanceKlass实例表示Object类，则名称为"[Ljava/lang/Object;"
_constants	ConstantPool类型的指针，用来指向保存常量池信息的ConstantPool实例
_nonstatic_field_size	非静态字段需要占用的内存空间，以字为单位。在为该InstanceKlass实例表示的Java类所创建的对象（使用oop表示）分配内存时，会参考此属性的值分配内存，在类解析时会事先计算好这个值
_static_field_size	静态字段需要占用的内存空间，以字为单位。在为该InstanceKlass实例表示的Java类创建对应的java.lang.Class对象（使用oop表示）时，会根据此属性的值分配对象内存，在类解析时会事先计算好这个值
_generic_signature_index	保存Java类的签名在常量池中的索引
_source_file_name_index	保存Java类的源文件名在常量池中的索引
_static_oop_field_count	Java类包含的静态引用类型字段的数量
_java_fields_count	Java类包含的字段总数量
_nonstatic_oop_map_size	OopMapBlock需要占用的内存空间，以字为单位。OopMapBlock使用<偏移量,数量>描述Java类（InstanceKlass实例）中各个非静态对象（oop）类型的变量在Java对象中的具体位置，这样垃圾回收时就能找到Java对象中引用的其他对象
_minor_version	类的次版本号
_major_version	类的主版本号
_init_thread	执行Java类初始化的Thread指针
_vtable_len	Java虚函数表（vtable）所占用的内存空间，以字为单位
_itable_len	Java接口函数表（itable）所占用的内存空间，以字为单位
_init_state	表示类的状态，为枚举类型ClassState，定义了如下常量值：allocated（已分配内存）、loaded（读取Class文件信息并加载到内存中）、linked（已经成功连接和校验）、being_initialized（正在初始化）、fully_initialized（已经完成初始化）和initialization_error（初始化发生错误）
_reference_type	引用类型，表示当前的InstanceKlass实例的引用类型，可能是强引用、软引用和弱引用等
_methods	保存方法的指针数组
_default_methods	保存方法的指针数组，是从接口继承的默认方法
_local_interfaces	保存接口的指针数组，是直接实现的接口Klass
_transitive_interfaces	保存接口的指针数组，包含_local_interfaces和间接实现的接口
_default_vtable_indices	默认方法在虚函数表中的索引

（续）

字　段　名	说　　　明
_fields	类的字段属性，每个字段有6个属性，分别为access、name index、sig index、initial value index、low_offset和high_offset，它们组成一个元组。access表示访问控制属性，根据name index可以获取属性名，根据initial value index可以获取初始值，根据low_offset与high_offset可以获取该属性在内存中的偏移量。保存以上所有的属性之后还可能会保存泛型签名信息

　　InstanceKlass 类与 Klass 类中定义的这些属性用来保存 Java 类元信息。在后续的类解析中会看到对相关属性的赋值操作。除了保存类元信息外，Klass 类还有另外一个重要的功能，即支持方法分派，这主要是通过 Java 虚函数表和 Java 接口函数表来完成的。不过C++并不像 Java 一样需要在保存信息时在类中定义相关属性，C++只是在分配内存时为要存储的信息分配特定的内存，然后直接通过内存偏移来操作即可。

　　以下几个属性没有对应的属性名，不过可以通过指针加偏移量的方式访问。

- Java vtable：Java 虚函数表，大小等于_vtable_len。
- Java itable：Java 接口函数表，大小等于_itable_len。
- 非静态 OopMapBlock：大小等于_nonstatic_oop_map_size。当前类也会继承父类的属性，因此同样可能需要保存父类的 OopMapBlock 信息，这样当前的 Klass 实例可能会含有多个 OopMapBlock。GC 在回收垃圾时，如果遍历某个对象所引用的其他对象，则会依据此信息进行查找。
- 接口的实现类：只有当前 Klass 实例表示一个接口时才存在这个信息。如果接口没有任何实现类，则为 NULL；如果只有一个实现类，则为该实现类的 Klass 指针；如果有多个实现类，则为当前接口本身。
- host_klass：只在匿名类中存在，为了支持 JSR 292 中的动态语言特性，会给匿名类生成一个 host_klass。

　　HotSpot VM 在解析一个类时会调用 InstanceKlass::allocate_instance_klass()函数分配内存，而分配多大的内存则是通过调用 InstanceKlass::size()函数计算出来的。代码如下：

源代码位置：openjdk/hotspot/src/share/vm/oops/instanceKlass.cpp

```
int size = InstanceKlass::size(vtable_len,itable_len,nonstatic_oop_map_
size,isinterf,is_anonymous);
```

调用 size()函数的代码如下：

源代码位置：openjdk/hotspot/src/share/vm/oops/instanceKlass.hpp

```
static int size(
  int    vtable_length,
  int    itable_length,
  int    nonstatic_oop_map_size,
  bool   is_interface,
  bool   is_anonymous
```

```
){
// InstanceKlass 类本身占用的内存空间
return align_object_size(header_size()       +
     align_object_offset(vtable_length) +      // vtable 占用的内存空间
     align_object_offset(itable_length) +      // itable 占用的内存空间
     // OopMapBlock 占用的内存空间
     (
          (is_interface || is_anonymous) ?
          align_object_offset(nonstatic_oop_map_size) :
          nonstatic_oop_map_size
     ) +
     // 针对接口存储的信息
     (
          is_interface ? (int)sizeof(Klass*)/HeapWordSize : 0
     ) +
     // 针对匿名类存储的信息
     (
          is_anonymous ? (int)sizeof(Klass*)/HeapWordSize : 0)
     );
}
```

size()函数的返回值就是此次创建 Klass 实例所需要开辟的内存空间。由该函数的计算逻辑可以看出，Klass 实例的内存布局如图 2-3 所示。

InstanceKlass 本身占用的内存其实就是类中声明的实例变量。如果类中定义了虚函数，那么依据 C++类实例的内存布局，还需要为一个指向 C++虚函数表的指针预留存储空间。图 2-3 中的灰色部分是可选的，是否选择需要依据虚拟机的实际情况而定。为 vtable、itable 及 nonstatic_oop_map 分配的内存空间在类解析的过程中会事先计算好，第 4 章会详细介绍。

调用 header_size()函数计算 InstanceKlass 本身占用的内存空间，代码如下：

InstanceKlass本身占用的内存
vtable
itable
nonstatic_oop_map
接口的实现类
宿主类

图 2-3　InstanceKlass 实例的内存布局

源代码位置：openjdk/hotspot/src/share/vm/oops/instanceKlass.hpp

```
static int header_size(){
  // HeapWordSize 在 64 位系统下的值为 8，也就是一个字的大小，同时也是一个非压缩指针
  // 占用的内存空间
  return align_object_offset(sizeof(InstanceKlass)/HeapWordSize);
}
```

调用 align_object_offset()函数进行内存对齐，方便对内存进行高效操作。

2.1.3　InstanceKlass 类的子类

InstanceKlass 类共有 3 个直接子类，分别是 InstanceRefKlass、InstanceMirrorKlass 和 InstanceClassLoaderKlass，它们用来表示一些特殊的 Java 类。下面简单介绍一下这 3 个子类。

1. 表示Java引用类型的InstanceRefKlass

java.lang.ref.Reference 类需要使用 C++类 InstanceRefKlass 的实例来表示，在创建这个类的实例时，_reference_type 字段（定义在 InstanceKlass 类中）的值通常会指明 java.lang.ref.Reference 类表示的是哪种引用类型。值通过枚举类进行定义，代码如下：

```
源代码位置：openjdk/hotspot/src/share/vm/memory/referenceType.hpp

enum ReferenceType {
  REF_NONE,                    // 普通类，也就是非引用类型
  // 表示 java/lang/ref/Reference 子类,但是这个子类不是 REF_SOFT、REF_WEAK、REF_
  // FINAL 和 REF_PHANTOM 中的任何一种
  REF_OTHER,
  REF_SOFT,                    // 表示 java/lang/ref/SoftReference 类及其子类
  REF_WEAK,                    // 表示 java/lang/ref/WeakReference 类及其子类
  REF_FINAL,                   // 表示 java/lang/ref/FinalReference 类及其子类
  REF_PHANTOM                  // 表示 java/lang/ref/PhantomReference 类及其子类
};
```

当为引用类型但是又不是 REF_SOFT、REF_WEAK、REF_FINAL 和 REF_PHANTOM 中的任何一种类型时，_reference_type 属性的值为 REF_OTHER。通过_reference_type 可以将普通类与引用类型区分开，因为引用类型需要垃圾收集器进行特殊处理。

2. 表示java.lang.Class类的InstanceMirrorKlass

InstanceMirrorKlass 类实例表示特殊的 java.lang.Class 类，这个类中新增了一个静态属性_offset_of_static_fields，用来保存静态字段的起始偏移量。代码如下：

```
源代码位置：openjdk/hotspot/src/share/vm/oops/instanceMirrorKlass.hpp

static int _offset_of_static_fields;
```

正常情况下，HotSpot VM 使用 Klass 表示 Java 类，用 oop 表示 Java 对象。而 Java 类中可能定义了静态或非静态字段，因此将非静态字段值存储在 oop 中，静态字段值存储在表示当前 Java 类的 java.lang.Class 对象中。

需要特别说明一下，java.lang.Class 类比较特殊，用 InstanceMirror- Klass 实例表示，java.lang.Class 对象用 oop 对象表示。由于 java.lang.Class 类自身也定义了静态字段，这些值同样存储在 java.lang.Class 对象中，也就是存储在表示 java.lang.Class 对象的 oop 中，这样静态与非静态字段就存储在一个 oop 上，需要参考_offset_of_static_ fields 属性的值进行偏移来定位静态字段的存储位置。

在 init_offset_of_static_fields()函数中初始化_offset_of_static_fields 属性，代码如下：

```
源代码位置：openjdk/hotspot/src/share/vm/oops/instanceMirrorKlass.hpp

static void init_offset_of_static_fields() {
  _offset_of_static_fields = InstanceMirrorKlass::cast(
```

```
                              SystemDictionary::Class_klass())->size_
helper() << LogHeapWordSize;
    }
```

调用 size_helper() 函数获取 oop（表示 java.lang.Class 对象）的大小，左移 3 位将字转换为字节。紧接着 oop 后开始存储静态字段的值。

调用 size_helper() 函数的代码如下：

源代码位置：openjdk/hotspot/src/share/vm/oops/instanceKlass.hpp

```
int size_helper() const {
    return layout_helper_to_size_helper(layout_helper());
}
```

上面的代码调用了 layout_helper() 函数获取 Klass 类中定义的 _layout_helper 属性的值，然后调用了 layout_helper_to_size_helper() 函数获取对象所需的内存空间。对象占用的内存空间在类解析过程中会计算好并存储到 _layout_helper 属性中。layout_helper_to_size_helper() 函数的代码如下：

源代码位置：openjdk/hotspot/src/share/vm/oops/klass.hpp

```
static int layout_helper_to_size_helper(jint lh) {
    return lh >> LogHeapWordSize;
}
```

调用 size_helper() 函数获取 oop 对象（表示 java.lang.Class 对象）的值，这个值是 java.lang.Class 类中声明的一些属性需要占用的内存空间，紧随其后的就是静态存储区域。

添加虚拟机参数命令 -XX:+PrintFieldLayout 后，打印的 java.lang.Class 对象的非静态字段布局如下：

```
java.lang.Class: field layout
  @ 12 --- instance fields start ---
  @ 12 "cachedConstructor" Ljava.lang.reflect.Constructor;
  @ 16 "newInstanceCallerCache" Ljava.lang.Class;
  @ 20 "name" Ljava.lang.String;
  @ 24 "reflectionData" Ljava.lang.ref.SoftReference;
  @ 28 "genericInfo" Lsun.reflect.generics.repository.ClassRepository;
  @ 32 "enumConstants" [Ljava.lang.Object;
  @ 36 "enumConstantDirectory" Ljava.util.Map;
  @ 40 "annotationData" Ljava.lang.Class$AnnotationData;
  @ 44 "annotationType" Lsun.reflect.annotation.AnnotationType;
  @ 48 "classValueMap" Ljava.lang.ClassValue$ClassValueMap;
  @ 52 "protection_domain" Ljava.lang.Object;
  @ 56 "init_lock" Ljava.lang.Object;
  @ 60 "signers_name" Ljava.lang.Object;
  @ 64 "klass" J
  @ 72 "array_klass" J
  @ 80 "classRedefinedCount" I
  @ 84 "oop_size" I
  @ 88 "static_oop_field_count" I
  @ 92 --- instance fields end ---
  @ 96 --- instance ends ---
```

以上就是 java.lang.Class 对象非静态字段的布局，在类解析过程中已经计算出了各个字段的偏移量。当完成非静态字段的布局后，紧接着会布局静态字段，此时的_offset_of_static_fields 属性的值为 96。

我们需要分清 Java 类及对象在 HotSpot VM 中的表示形式，如图 2-4 所示。

图 2-4　Java 类及对象在 HotSpot VM 中的表示形式

java.lang.Class 对象是通过对应的 oop 实例保存类的静态属性的，需要通过特殊的方式计算它们的大小并遍历各个属性。

Klass 类的_java_mirror 属性指向保存该 Java 类静态字段的 oop 对象，可通过该属性访问类的静态字段。oop 是 HotSpot VM 的对象表示方式，将在 2.2 节中详细介绍。

3．表示java.lang.ClassLoader类的InstanceClassLoaderKlass

InstanceClassLoaderKlass 类没有添加新的字段，但增加了新的 oop 遍历方法，在垃圾回收阶段遍历类加载器加载的所有类来标记引用的所有对象。

下面介绍一下 HotSpot VM 创建 Klass 类的实例的过程。调用 InstanceKlass::allocate_instance_klass()函数创建 InstanceKlass 实例。在创建时首先需要分配内存，这涉及 C++对new 运算符重载的调用，通过重载 new 运算符的函数为对象分配内存空间，然后再调用类的构造函数初始化相关的属性。相关函数的实现代码如下：

```
源代码位置：openjdk/hotspot/src/share/vm/oops/instanceKlass.cpp

InstanceKlass* InstanceKlass::allocate_instance_klass(
    ClassLoaderData* loader_data,
    int vtable_len,
    int itable_len,
    int static_field_size,
    int nonstatic_oop_map_size,
    ReferenceType rt,
    AccessFlags access_flags,
    Symbol* name,
    Klass* super_klass,
    bool is_anonymous,
    TRAPS
) {
  // 获取创建 InstanceKlass 实例时需要分配的内存空间
  int size = InstanceKlass::size(vtable_len, itable_len, nonstatic_oop_
map_size,
```

```
                                       access_flags.is_interface(), is_anonymous);
  InstanceKlass* ik;
  if (rt == REF_NONE) {// 通过 InstanceMirrorKlass 实例表示 java.lang.Class 类
    if (name == vmSymbols::java_lang_Class()) {
      ik = new (loader_data, size, THREAD) InstanceMirrorKlass(
        vtable_len, itable_len, static_field_size, nonstatic_oop_map_size, rt,
        access_flags, is_anonymous);
    }
    // 通过 InstanceClassLoaderKlass 实例表示 java.lang.ClassLoader 或相关子类
    else if (name == vmSymbols::java_lang_ClassLoader() ||
        (SystemDictionary::ClassLoader_klass_loaded() &&
        super_klass != NULL &&
        super_klass->is_subtype_of(SystemDictionary::ClassLoader_klass()))) {
      ik = new (loader_data, size, THREAD) InstanceClassLoaderKlass(
        vtable_len, itable_len, static_field_size, nonstatic_oop_map_size, rt,
        access_flags, is_anonymous);
    }
    // 通过 InstanceKlass 实例表示普通类
    else {
      // normal class
      ik = new (loader_data, size, THREAD) InstanceKlass(
        vtable_len, itable_len, static_field_size, nonstatic_oop_map_size, rt,
        access_flags, is_anonymous);
    }
  }
  // 通过 InstanceRefKlass 实例表示引用类型
  else {
    // reference klass
    ik = new (loader_data, size, THREAD) InstanceRefKlass(
      vtable_len, itable_len, static_field_size, nonstatic_oop_map_size, rt,
      access_flags, is_anonymous);
  }
  ...
  return ik;
}
```

在上面的代码中，首先调用 InstanceKlass::size() 函数获取表示 Java 类的 Klass 实例的内存空间，这个函数在 2.1.2 节中介绍过，这里不再介绍。然后根据需要创建的类型 rt 创建不同的 C++ 类实例。当 rt 为 REF_NONE 时，普通的 Java 类通过 InstanceKlass 实例表示，java. lang.Class 类通过 InstanceMirrorKlass 实例表示，java.lang.ClassLoader 类通过 Instance-ClassLoaderKlass 实例表示。当 rt 不为 REF_NONE 时，会创建表示 java.lang.Reference 类的 InstanceRefKlass 实例。

通过重载 new 运算符开辟 C++ 类实例的内存空间，代码如下：

```
源代码位置：openjdk/hotspot/src/share/vm/oops/klass.cpp

void* Klass::operator new(size_t size, ClassLoaderData* loader_data,
size_t word_size, TRAPS) throw() {
  // 在元数据区分配内存空间
  return Metaspace::allocate(loader_data, word_size, /*read_only*/false,
                MetaspaceObj::ClassType, CHECK_NULL);
}
```

对于 OpenJDK 8 来说，Klass 实例在元数据区分配内存。Klass 一般不会卸载，因此没有放到堆中进行管理，堆是垃圾收集器回收的重点，将类的元数据放到堆中时回收的效率会降低。

2.1.4　ArrayKlass 类

ArrayKlass 类继承自 Klass 类，是所有数组类的抽象基类，该类及其重要属性的定义如下：

```
源代码位置：openjdk/hotspot/src/share/vm/oops/arrayKlass.hpp

class ArrayKlass: public Klass {
 ...
private:
  int            _dimension;          // 当前实例表示的是 n 维的数组
  Klass* volatile _higher_dimension;  // 指向 n+1 维的数组
  Klass* volatile _lower_dimension;   // 指向 n-1 维的数组
  int            _vtable_len;         // vtable 的大小
  oop            _component_mirror;   // 组件类型对应的 java.lang.Class 对象
 ...
}
```

ArrayKlass 类在 Klass 类的基础上增加了一些新的属性，如表 2-3 所示。

表 2-3　ArrayKlass类中的属性说明

字　　段	说　　明
_dimension	int类型，表示数组的维度，记为 n
_higher_dimension	Klass指针类型，表示对 $n+1$ 维数组Klass的引用
_lower_dimension	Klass指针类型，表示对 $n-1$ 维数组Klass的引用
_vtable_len	int类型，保存虚函数表的长度
_component_mirror	oop类型，保存数组的组件类型对应的java.lang.Class对象的oop

数组元素类型（Element Type）指的是数组去掉所有维度的类型，而数组的组件类型（Component Type）指的是数组去掉一个维度的类型。

_vtable_len 的值为 5，因为数组是引用类型，父类为 Object 类，而 Object 类中有 5 个虚方法可被继承和重写，具体如下：

```
void      finalize()
boolean   equals(Object)
String    toString()
int       hashCode()
Object    clone()
```

因此数组类型也有从 Object 类继承的方法。

2.1.5　TypeArrayKlass 类

ArrayKlass 的子类中有表示数组组件类型是 Java 基本类型的 TypeArrayKlass，以及表示组件类型是对象类型的 ObjArrayKlass，本节将介绍 TypeArrayKlass。

TypeArrayKlass 是 ArrayKlass 类的子类。类及重要属性的定义如下：

源代码位置：openjdk/hotspot/src/share/vm/oops/TypeArrayKlass.hpp

```
class TypeArrayKlass : public ArrayKlass {
 ...
 private:
  jint _max_length;
 ...
}
```

其中，_max_length 属性用于保存数组允许的最大长度。数组类和普通类不同，数组类没有对应的 Class 文件，因此数组类是虚拟机直接创建的。HotSpot VM 在初始化时就会创建 Java 中 8 个基本类型的一维数组实例 TypeArrayKlass。前面在介绍 HotSpot VM 启动时讲过 initializeJVM()函数，这个函数会调用 Universe::genesis()函数，在 Universe::genesis()函数中初始化基本类型的一维数组实例 TypeArrayKlass。例如，初始化 boolean 类型的一维数组，调用语句如下：

源代码位置：openjdk/hotspot/src/share/vm/memory/universe.cpp

```
_boolArrayKlassObj = TypeArrayKlass::create_klass(T_BOOLEAN, sizeof
(jboolean), CHECK);
```

其中，_boolArrayKlassObj 是 Universe 类中定义的静态属性，定义如下：

源代码位置：openjdk/hotspot/src/share/vm/memory/universe.hpp

```
static Klass* _boolArrayKlassObj;
```

调用 TypeArrayKlass::create_klass()函数创建 TypeArrayKlass 实例，代码如下：

源代码位置：openjdk/hotspot/src/share/vm/oops/TypeArrayKlass.hpp

```
static inline Klass* create_klass(BasicType type, int scale, TRAPS) {
    TypeArrayKlass* tak = create_klass(type, external_name(type), CHECK_
NULL);
    return tak;
}
```

调用另外一个 TypeArrayKlass::create_klass()函数创建 TypeArrayKlass 实例，代码如下：

源代码位置：openjdk/hotspot/src/share/vm/oops/TypeArrayKlass.cpp

```
TypeArrayKlass* TypeArrayKlass::create_klass(BasicType type,
                              const char* name_str, TRAPS) {
  // 在 HotSpot 中，所有的字符串都通过 Symbol 实例来表示，以达到重用的目的
  Symbol* sym = NULL;
```

```
if (name_str != NULL) {
  sym = SymbolTable::new_permanent_symbol(name_str, CHECK_NULL);
}
// 使用系统类加载器加载数组类型
ClassLoaderData* null_loader_data = ClassLoaderData::the_null_class_
loader_data();
// 创建 TypeArrayKlass 并完成部分属性的初始化
TypeArrayKlass* ak = TypeArrayKlass::allocate(null_loader_data, type,
sym, CHECK_NULL);

null_loader_data->add_class(ak);

// 初始化 TypeArrayKlass 中的属性
complete_create_array_klass(ak, ak->super(), CHECK_NULL);

return ak;
}
```

以上函数中调用了两个函数完成 TypeArrayKlass 实例的创建和属性的初始化，下面分别进行介绍。

1. TypeArrayKlass::allocate()函数

TypeArrayKlass::allocate()函数的实现代码如下：

```
TypeArrayKlass* TypeArrayKlass::allocate(ClassLoaderData* loader_data,
                         BasicType type, Symbol* name, TRAPS) {
  int size = ArrayKlass::static_size(TypeArrayKlass::header_size());

  return new (loader_data, size, THREAD) TypeArrayKlass(type, name);
}
```

首先获取 TypeArrayKlass 实例需要占用的内存，然后通过重载 new 运算符为对象分配内存，最后调用 TypeArrayKlass 的构造函数初始化相关属性。

header_size()函数的实现代码如下：

```
源代码位置：openjdk/hotspot/src/share/vm/oops/TypeArrayKlass.hpp

static int header_size() {
    return sizeof(TypeArrayKlass)/HeapWordSize;
}
```

static_size()函数的实现代码如下：

```
源代码位置：openjdk/hotspot/src/share/vm/oops/arrayKlass.hpp

int ArrayKlass::static_size(int header_size) {
  header_size = InstanceKlass::header_size();
  int vtable_len = Universe::base_vtable_size();
  int size = header_size + align_object_offset(vtable_len);
  return align_object_size(size);
}
```

注意，header_size 属性的值应该是 TypeArrayKlass 类自身占用的内存空间，但是现在获取的是 InstanceKlass 类自身占用的内存空间。这是因为 InstanceKlass 占用的内存比 TypeArrayKlass 大，有足够内存来存放相关数据。更重要的是，为了统一从固定的偏移位置获取 vtable 等信息，在实际操作 Klass 实例的过程中无须关心是数组还是类，直接偏移固定位置后就可获取。

前面介绍过 InstanceKlass 实例的内存布局，相比之下 TypeArrayKlass 的内存布局比较简单，如图 2-5 所示。ObjectArrayKlass 实例的布局也和 TypeArrayKlass 一样。

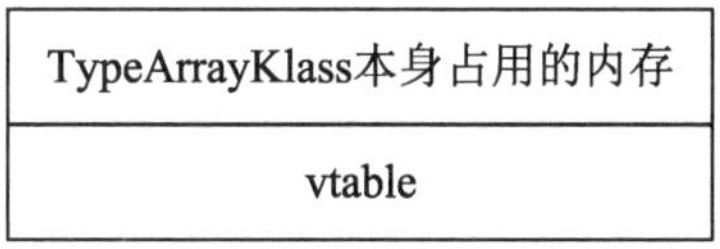

TypeArrayKlass本身占用的内存
vtable

图 2-5　TypeArrayKlass 实例的内存布局

TypeArrayKlass 的构造函数如下：

源代码位置：openjdk/hotspot/src/share/vm/oops/TypeArrayKlass.cpp

```
TypeArrayKlass::TypeArrayKlass(BasicType type, Symbol* name) : ArrayKlass
(name) {
  int lh = array_layout_helper(type);
  set_layout_helper(lh);

  // 设置数组的最大长度
  set_max_length(arrayOopDesc::max_array_length(type));
  ...
}
```

以上代码对 TypeArrayKlass 类中的_layout_helper 与_max_length 属性进行了设置，调用 Klass::array_layout_helper()函数获取_layout_helper 属性的值。这个函数已经在 2.1.1 节中介绍过，为了方便阅读，这里再次给出实现代码：

源代码位置：openjdk/hotspot/src/share/vm/oops/klass.cpp

```
jint Klass::array_layout_helper(BasicType etype) {
  int hsize = arrayOopDesc::base_offset_in_bytes(etype);
  int esize = type2aelembytes(etype);
  bool isobj = (etype == T_OBJECT);
  int tag  = isobj ? _lh_array_tag_obj_value : _lh_array_tag_type_value;
  int lh = array_layout_helper(tag, hsize, etype, exact_log2(esize));

  return lh;
}
```

由于 T_BOOLEAN 为基本类型，所以 tag 取值为 0xC0。调用 arrayOopDesc::base_offset_in_bytes()函数获取 hsize 的值，此值为 16。数组对象由对象头、对象字段数据和对齐填充组成，这里获取的就是对象头的大小。esize 表示对应类型存储所需要的字节数，对于 T_BOOLEAN 来说，只需要一个字节即可。最后调用 array_layout_helper()函数按照约定组合成一个 int 类型的数字并返回。

2. ArrayKlass::complete_create_array_klass()函数

ArrayKlass::complete_create_array_klass()函数的实现代码如下：

源代码位置：openjdk/hotspot/src/share/vm/oops/arrayKlass.hpp

```
void ArrayKlass::complete_create_array_klass(ArrayKlass* k, KlassHandle
super_klass, TRAPS) {
  ResourceMark rm(THREAD);
  k->initialize_supers(super_klass(), CHECK);
  k->vtable()->initialize_vtable(false, CHECK);
  java_lang_Class::create_mirror(k, Handle(NULL), CHECK);
}
```

在 2.1.1 节中介绍 Klass 类时详细介绍过 initialize_supers()函数，该函数会初始化_primary_supers、_super_check_offset 等属性。该函数还会初始化 vtable 表，vtable 将在 6.3 节中介绍。调用 java_lang_Class::create_mirror()函数对_component_mirror 属性进行设置，代码如下：

源代码位置：openjdk/hotspot/src/share/vm/classfile/javaClasses.cpp

```
oop java_lang_Class::create_mirror(KlassHandle k, Handle protection_
domain, TRAPS) {
  ...
  if (SystemDictionary::Class_klass_loaded()) {
    Handle mirror = InstanceMirrorKlass::cast(
                          SystemDictionary::Class_klass())->allocate_
instance(k, CHECK_0);

    InstanceMirrorKlass* mk = InstanceMirrorKlass::cast(mirror->klass());
    java_lang_Class::set_static_oop_field_count(mirror(), mk->compute_
static_oop_field_count(mirror()));

    if (k->oop_is_array()) {                    // k 是 ArrayKlass 实例
      Handle comp_mirror;
      if (k->oop_is_typeArray()) {              // k 是 TypeArrayKlass 实例
        BasicType type = TypeArrayKlass::cast(k())->element_type();
        comp_mirror = Universe::java_mirror(type);
      } else {                                  // k 是 ObjArrayKlass 实例
        assert(k->oop_is_objArray(), "Must be");
        Klass* element_klass = ObjArrayKlass::cast(k())->element_klass();
        comp_mirror = element_klass->java_mirror();
      }

      ArrayKlass::cast(k())->set_component_mirror(comp_mirror());
      set_array_klass(comp_mirror(), k());
    } else {
      assert(k->oop_is_instance(), "Must be");
      ...
      // 初始化本地静态字段的值，静态字段存储在 java.lang.Class 对象中
      InstanceKlass::cast(k())->do_local_static_fields(&initialize_static_
field, CHECK_NULL);
```

```
        }
        return mirror();
    } else {
        ...
        return NULL;
    }
}
```

当 k 是 TypeArrayKlass 实例时，调用 Universe::java_mirror()函数获取对应类型 type
的 mirror 值；当 k 为 ObjArrayKlass 实例时，获取的是组件类型的_java_mirror 属性值。另
外，上面代码中的 create_mirror()函数还初始化了 java.lang.Class 对象中静态字段的值，这
样静态字段就可以正常使用了。

基本类型的 mirror 值在 HotSpot VM 启动时就会创建，代码如下：

源代码位置：openjdk/hotspot/src/share/vm/memory/universe.cpp

```
void Universe::initialize_basic_type_mirrors(TRAPS) {
    ...
    // 创建表示基本类型的 java.lang.Class 对象，该对象用 oop 表示，所以_bool_mirror
    // 的类型为 oop
    _bool_mirror = java_lang_Class::create_basic_type_mirror("boolean",
T_BOOLEAN, CHECK);
    ...
}
```

调用 create_basic_type_mirror()函数的代码如下：

源代码位置：openjdk/hotspot/src/share/vm/classfile/javaClasses.cpp

```
oop java_lang_Class::create_basic_type_mirror(const char* basic_type_
name, BasicType type, TRAPS) {
    oop java_class = InstanceMirrorKlass::cast(
                            SystemDictionary::Class_klass())->allocate_
instance(NULL, CHECK_0);
    if (type != T_VOID) {
        Klass* aklass = Universe::typeArrayKlassObj(type);
        set_array_klass(java_class, aklass);
    }
    return java_class;
}
```

在以上代码中，调用 InstanceMirrorKlass 实例（表示 java.lang.Class 类）的 allocate_
instance()函数创建 oop（表示 java.lang.Class 对象），_component_mirror 最终设置的就是
这个 oop。一维或多维数组的元素类型如果是对象，使用 Klass 实例表示，如 Object[]的元
素类型为 Object，使用 InstanceKlass 实例表示；一维或多维数组的元素类型如果是基本类
型，因为没有对应的 Klass 实例，所以使用 java.lang.Class 对象描述 boolean 和 int 等类型，
这样基本类型的数组就会与 oop 对象（表示 java.lang.Class 对象）产生关联，相关属性
的指向如图 2-6 所示。

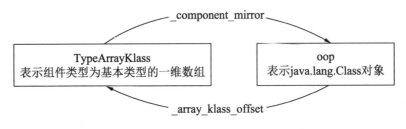

图 2-6 TypeArrayKlass 与 oop 的关系

可以在 oop 对象中通过_array_klass_offset 保存的偏移找到对应的 TypeArrayKlass
实例。

2.1.6　ObjArrayKlass 类

ObjArrayKlass 是 ArrayKlass 的子类，其属性用于判断数组元素是类还是数组。
ObjArrayKlass 类的重要属性定义如下：

```
源代码位置：openjdk/hotspot/src/share/vm/oops/ObjArrayKlass.hpp

class ObjArrayKlass : public ArrayKlass {
 ...
 private:
  Klass* _element_klass;              // 数组的组件类型
  Klass* _bottom_klass;              // 数组的元素类型
  ...
}
```

ObjArrayKlass 类新增了以下两个属性：

- _element_klass：该属性保存的是数组元素的组件类型而不是元素类型；
- _bottom_klass：可以是 InstanceKlass 或者 TypeArrayKlass，因此可能是元素类型或
  TypeArrayKlass，一维基本类型数组使用 TypeArrayKlass 表示，二维基本类型数组
  使用 ObjArrayKlass 来表示，此时的 ObjArrayKlass 的_bottom_klass 是 TypeArray-
  Klass。

HotSpot 在 Universe::genesis()函数中创建 Object 数组，代码如下：

```
源代码位置：openjdk/hotspot/src/share/vm/memory/universe.cpp

InstanceKlass* ik = InstanceKlass::cast(SystemDictionary::Object_klass());
// 调用表示 Object 类的 InstanceKlass 类的 array_klass()函数
_objectArrayKlassObj = ik->array_klass(1, CHECK);
```

HotSpot VM 调用表示 Object 类的 InstanceKlass()函数创建一维数组，因此 Object 数
组的创建要依赖于 InstanceKlass 对象（表示 Object 类）。

传递的参数 1 表示创建 Object 的一维数组类型，array_klass()函数及调用的相关函数

的实现代码如下：

源代码位置：openjdk/hotspot/src/share/vm/oops/klass.hpp

```
Klass* array_klass(int rank, TRAPS) {
    return array_klass_impl(false, rank, THREAD);
}
```

调用 array_klass_impl()函数的实现代码如下：

源代码位置：openjdk/hotspot/src/share/vm/oops/instanceKlass.cpp

```
Klass* InstanceKlass::array_klass_impl(bool or_null, int n, TRAPS) {
  instanceKlassHandle this_oop(THREAD, this);
  return array_klass_impl(this_oop, or_null, n, THREAD);
}

Klass* InstanceKlass::array_klass_impl(instanceKlassHandle this_oop, bool
or_null, int n, TRAPS) {
  if (this_oop->array_klasses() == NULL) {
    if (or_null) return NULL;

    ResourceMark rm;
    JavaThread *jt = (JavaThread *)THREAD;
    {
      // 通过锁保证创建一维数组类型的原子性
      MutexLocker mc(Compile_lock, THREAD);
      MutexLocker ma(MultiArray_lock, THREAD);

      if (this_oop->array_klasses() == NULL) {
        // 创建以当前 InstanceKlass 实例为基本类型的一维类型数组，创建成功后保存到
        // _array_klasses 属性中，避免下次再重新创建
        Klass*    k = ObjArrayKlass::allocate_objArray_klass(
                        this_oop->class_loader_data(), 1, this_oop, CHECK_
NULL);
        this_oop->set_array_klasses(k);
      }
    }
  }

  // 创建了以 InstanceKlass 实例为基本类型的一维数组，继续调用下面的 array_klass_
  // or_null()或 array_klass 函数创建符合要求的 n 维数组
  // 如果 dim+1 维的 ObjArrayKlass 仍然不等于 n，则会间接递归调用本函数继续创建
  // dim+2 和 dim+3 等，直到等于 n
  ObjArrayKlass* oak = (ObjArrayKlass*)this_oop->array_klasses();
  if (or_null) {
    return oak->array_klass_or_null(n);
  }
  return oak->array_klass(n, CHECK_NULL);
}
```

　　表示 Java 类型的 Klass 实例在 HotSpot VM 中唯一，所以当_array_klass 为 NULL 时，表示首次以 Klass 为组件类型创建高一维的数组。创建成功后，将高一维的数组保存到

_array_klass 属性中，这样下次直接调用 array_klasses() 函数获取即可。

现在创建 Object 一维数组的 ObjArrayKlass 实例，首次创建 ObjTypeKlass 时，Instance-Klass::_array_klasses 属性的值为 NULL，这样就会调用 ObjArrayKlass::allocate_objArray_klass() 函数创建一维对象数组并保存到 InstanceKlass::_array_klasses 属性中。有了一维的对象类型数组后就可以接着调用 array_klass_or_null() 或 array_klass() 函数创建 n 维的对象类型数组了。

1. 调用 ObjArrayKlass::allocate_objArray_klass() 函数创建一维类型数组

实现代码如下：

```
源代码位置：openjdk/hotspot/src/share/vm/oops/objArrayKlass.cpp

// 创建组合类型为 element_klass 的 n 维数组
Klass* ObjArrayKlass::allocate_objArray_klass(
    ClassLoaderData* loader_data,
    int n,
    KlassHandle element_klass,
    TRAPS
) {

...

    // 为 n 维数组的 ObjArrayKlass 创建名称
    Symbol* name = NULL;
    if (!element_klass->oop_is_instance() ||
        (name = InstanceKlass::cast(element_klass())->array_name()) == NULL) {

        ResourceMark rm(THREAD);
        char *name_str = element_klass->name()->as_C_string();
        int len = element_klass->name()->utf8_length();
        char *new_str = NEW_RESOURCE_ARRAY(char, len + 4);
        int idx = 0;
        new_str[idx++] = '[';
        if (element_klass->oop_is_instance()) { // it could be an array or simple
type
            new_str[idx++] = 'L';
        }
        memcpy(&new_str[idx], name_str, len * sizeof(char));
        idx += len;
        if (element_klass->oop_is_instance()) {
            new_str[idx++] = ';';
        }
        new_str[idx++] = '\0';
        name = SymbolTable::new_permanent_symbol(new_str, CHECK_0);
        if (element_klass->oop_is_instance()) {
            InstanceKlass* ik = InstanceKlass::cast(element_klass());
            ik->set_array_name(name);
        }
    }

    // 创建组合类型为 element_klass、维度为 n、名称为 name 的数组
```

```
    ObjArrayKlass* oak = ObjArrayKlass::allocate(loader_data, n, element_
klass, name, CHECK_0);

    // 将创建的类型加到类加载器列表中，在垃圾回收时会当作强根处理
    loader_data->add_class(oak);

    ArrayKlass::complete_create_array_klass(oak, super_klass, CHECK_0);

    return oak;
}
```

allocate_objArray_klass()函数的参数 element_klass 有可能为 TypeArrayKlass、Instance-Klass 或 ObjArrayKlass。最终会调用 ObjArrayklass::allocate()函数创建一个组合类型为 element_klass、维度为 n、名称为 name 的 ObjArrayKlass。例如，TypeArrayKlass 表示一维字节数组，n 为 2，name 为[[B，最终会创建出对应的 ObjArrayKlass 实例。最后还会调用 ArrayKlass::complete_create_array_klass()函数完成 _component_mirror 等属性设置，complete_create_array_klass()函数在前面已经介绍过，这里不再介绍。

调用 ObjArrayKlass::allocate()函数的实现代码如下：

```
源代码位置：openjdk/hotspot/src/share/vm/oops/objArrayKlass.cpp

ObjArrayKlass* ObjArrayKlass::allocate(ClassLoaderData* loader_data, int n,
                                       KlassHandle klass_handle, Symbol*
 name, TRAPS) {
  assert(ObjArrayKlass::header_size() <= InstanceKlass::header_size(),
     "array klasses must be same size as InstanceKlass");

  int size = ArrayKlass::static_size(ObjArrayKlass::header_size());

  return new (loader_data, size, THREAD) ObjArrayKlass(n, klass_handle,
 name);
}
```

首先需要调用 ArrayKlass::static_size()计算出 ObjArrayKlass 实例所需的内存，然后调用 new 重载运算符从元空间中分配指定大小的内存，最后调用 ObjArrayKlass 的构造函数初始化相关属性。

调用 ArrayKlass::static_size()函数的实现代码如下：

```
int ArrayKlass::static_size(int header_size) {
  header_size = InstanceKlass::header_size();
  int vtable_len = Universe::base_vtable_size();
  int size = header_size + align_object_offset(vtable_len);
  return align_object_size(size);
}
```

需要注意 ArrayKlass 实例所需的内存的计算逻辑，以上函数在计算 header_size 时获取的是 InstanceKlass 本身占用的内存空间，而不是 ArrayKlass 本身占用的内存空间。这是因为 InstanceKlass 本身占用的内存空间比 ArrayKlass 大，所以以 InstanceKlass 本身占用的内存空间为标准进行统一操作，在不区分 Klass 实例的具体类型时，只要偏移 InstanceKlass::header_size()后就可以获取 vtable 等信息。

ArrayKlass::complete_create_array_klass()函数的实现代码如下：

源代码位置：openjdk/hotspot/src/share/vm/oops/arrayKlass.cpp

```
void ArrayKlass::complete_create_array_klass(ArrayKlass* k, KlassHandle
super_klass, TRAPS) {
  ResourceMark rm(THREAD);
  // 初始化数组类的父类
  k->initialize_supers(super_klass(), CHECK);
  // 初始化虚函数表
  k->vtable()->initialize_vtable(false, CHECK);
  java_lang_Class::create_mirror(k, Handle(NULL), CHECK);
}
```

在上面的代码中，调用 initialize_vtable()函数完成了虚函数表的初始化，虚函数表将在 6.3 节中详细介绍。调用 java_lang_Class::create_mirror()函数完成当前 ObjTypeArray 对象对应的 java.lang.Class 对象的创建并设置相关属性。

举个例子，表示 Object 类的 InstanceKlass 与表示一维数组 Object[]的 ObjArrayKlass 之间的相关属性指向如图 2-7 所示。

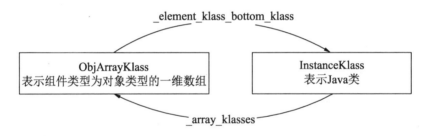

图 2-7　表示 Java 类的 InstanceKlass 与表示一维数组的 ObjArrayKlass 之间的关系

如果 InstanceKlass 实例表示 java.lang.Object 类，那么_array_name 的值为"[Ljava/lang/Object;"。

2. 调用ObjArrayKlass::array_klass()函数创建*n*维类型数组

在 InstanceKlass::array_klass_impl()函数中，如果创建好了一维类型的数组，依据这个一维类型数组就可以创建出 *n* 维类型数组,无论调用 array_klass()还是 array_klass_or_null()函数，最终都会调用 array_klass_impl()函数，该函数的实现代码如下：

源代码位置：openjdk/hotspot/src/share/vm/oops/objArrayKlass.cpp

```
Klass* ObjArrayKlass::array_klass_impl(bool or_null, TRAPS) {
  // 创建比当前维度多一个维度的数组
  return array_klass_impl(or_null, dimension() + 1, CHECK_NULL);
}

Klass* ObjArrayKlass::array_klass_impl(bool or_null, int n, TRAPS) {
```

```
assert(dimension() <= n, "check order of chain");
int dim = dimension();
if (dim == n)
    return this;

if (higher_dimension() == NULL) {
  if (or_null)  return NULL;

  ResourceMark rm;
  JavaThread *jt = (JavaThread *)THREAD;
  {
    MutexLocker mc(Compile_lock, THREAD);
    // Ensure atomic creation of higher dimensions
    MutexLocker mu(MultiArray_lock, THREAD);

    if (higher_dimension() == NULL) {
      // 以当前的 ObjArrayKlass 实例为组件类型，创建比当前 dim 维度多一维度的数组
      Klass* k = ObjArrayKlass::allocate_objArray_klass(
                  class_loader_data(), dim + 1, this, CHECK_NULL);
      ObjArrayKlass* ak = ObjArrayKlass::cast(k);
      ak->set_lower_dimension(this);
      OrderAccess::storestore();
      set_higher_dimension(ak);
    }
  }
}

// 如果 dim+1 维的 ObjArrayKlass 仍然不是 n 维的，则会间接递归调用当前的 array_
    klass_impl() 函数继续
// 创建 dim+2 和 dim+3 等 ObjArrayKlass 实例，直到此实例的维度等于 n
ObjArrayKlass *ak = ObjArrayKlass::cast(higher_dimension());
if (or_null) {
  return ak->array_klass_or_null(n);
}
return ak->array_klass(n, CHECK_NULL);
}
```

多维数组会间接递归调用以上函数创建符合维度要求的数组类型。表示 Java 类的 InstanceKlass 实例与以此 Java 类为元素类型的一维与二维数组之间的关系如图 2-8 所示。

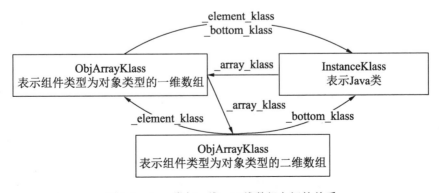

图 2-8　Java 类与一维、二维数组之间的关系

二维数组 Object[][]、一维数组 Object[]和 Object 类之间的关系就符合图 2-8 所示的关系。

2.2　Java 对象的表示——oop

Java 对象用 oop 来表示，在 Java 创建对象的时候创建。也就是说，在 Java 应用程序运行过程中每创建一个 Java 对象，在 HotSpot VM 内部都会创建一个 oop 实例来表示 Java 对象。

oopDesc 类的继承关系如图 2-9 所示。

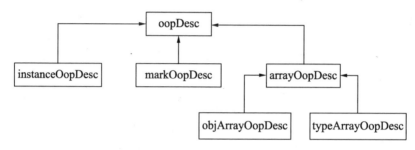

图 2-9　oopDesc 类的继承类关系

markOopDesc 不是指 Java 对象，而是指 Java 对象的头信息，因此表示普通 Java 类对象的 instanceOopDesc 实例和表示数组对象的 objArrayOopDesc 与 typeArrayOopDesc 实例都含有 markOopDesc 实例。

2.2.1　oopDesc 类

oopDesc 类的别名为 oop，因此 HotSpot VM 中一般使用 oop 表示 oopDesc 类型。oopDesc 是所有类名格式为 xxxOopDesc 类的基类，这些类的实例表示 Java 对象，因此类名格式为 xxxOopDesc 的类中会声明一些保存 Java 对象信息的字段，这样就可以直接被 C++获取。类及重要属性的定义如下：

```
源代码位置：/openjdk/hotspot/src/share/vm/oops/oop.hpp

class oopDesc {
 ...
private:
  volatile markOop _mark;
  union _metadata {
    Klass*     _klass;
    narrowKlass _compressed_klass;
  } _metadata;
```

```
    ...
}
```

Java 对象内存布局主要分为 header（头部）和 fields（实例字段）。header 由_mark 和_metadata 组成。_mark 字段保存了 Java 对象的一些信息，如 GC 分代年龄、锁状态等；_metadata 使用联合体（union）来声明，这样是为了在 64 位平台能对指针进行压缩。从 32 位平台到 64 位平台，指针由 4 字节变为了 8 字节，因此通常 64 位的 HotSpot VM 消耗的内存比 32 位的大，造成堆内存损失。不过从 JDK 1.6 update14 开始，64 位的 HotSpot VM 正式支持-XX:+UseCompressedOops 命令（默认开启）。该命令可以压缩指针，起到节约内存占用的作用。

注：这里所说的 64 位平台、32 位平台指的是一个体系，包括软件和硬件，也包括 HotSpot VM。

在 64 位平台上，存放_metadata 的空间是 8 字节，_mark 是 8 字节，对象头为 16 字节。在 64 位开启指针压缩的情况下，存放_metadata 的空间是 4 字节，_mark 是 8 字节，对象头为 12 字节。

64 位地址分为堆的基地址+偏移量，当堆内存小于 32GB 时，在压缩过程中会把偏移量除以 8 后的结果保存到 32 位地址中，解压时再把 32 位地址放大 8 倍，因此启用-XX:+UseCompressedOops 命令的条件是堆内存要在 4GB×8=32GB 以内。具体实现方式是在机器码中植入压缩与解压指令，但这样可能会给 HotSpot VM 增加额外的开销。

总结一下：
- 如果 GC 堆内存在 4GB 以下，直接忽略高 32 位，以避免编码、解码过程；
- 如果 GC 堆内存在 4GB 以上 32GB 以下，则启用-XX:+UseCompressedOops 命令；
- 如果 GC 堆内存大于 32GB，压缩指针的命令失效，使用原来的 64 位 HotSpot VM。

另外，OpenJDK 8 使用元空间存储元数据，在-XX:+UseCompressedOops 命令之外，额外增加了一个新的命令-XX:+UseCompressedClassPointer。这个命令打开后，类元信息中的指针也用 32 位的 Compressed 版本。而这些指针指向的空间被称作 Compressed Class Space，默认是 1GB，可以通过-XX:CompressedClassSpaceSize 命令进行调整。

联合体中定义的_klass 或_compressed_klass 指针指向的是 Klass 实例，这个 Klass 实例保存了 Java 对象的实际类型，也就是 Java 对象所对应的 Java 类。

调用 header_size() 函数获取 header 占用的内存空间，具体实现代码如下：

源代码位置：/openjdk/hotspot/src/share/vm/oops/oop.inline.hpp

```
static int header_size() {
    return sizeof(oopDesc)/HeapWordSize;
}
```

计算占用的字的大小，对于 64 位平台来说，一个字的大小为 8 字节，因此 HeapWordSize 的值为 8。

Java 对象的 header 信息可以存储在 oopDesc 类中定义的 _mark 和 _metadata 属性中，而 Java 对象的 fields 没有在 oopDesc 类中定义相应的属性来存储，因此只能申请一定的内存空间，然后按一定的布局规则进行存储。对象字段存放在紧跟着 oopDesc 实例本身占用的内存空间之后，在获取时只能通过偏移来取值。

oopDesc 类的 field_base() 函数用于获取字段地址，实现代码如下：

```
源代码位置：/openjdk/hotspot/src/share/vm/oops/oop.inline.hpp

inline void* field_base(int offset) const {
    return (void*)&((char*)this)[offset];
}
```

其中，offset 是偏移量，可以通过相对于当前实例 this 的内存首地址的偏移量来存取字段的值。

2.2.2　markOopDesc 类

markOopDesc 类的实例可以表示 Java 对象的头信息 Mark Word，包含的信息有哈希码、GC 分代年龄、偏向锁标记、线程持有的锁、偏向线程 ID 和偏向时间戳等。

markOopDesc 类的实例并不能表示一个具体的 Java 对象，而是通过一个字的各个位来表示 Java 对象的头信息。对于 32 位平台来说，一个字为 32 位，对于 64 位平台来说，一个字为 64 位。由于目前 64 位是主流，所以不再对 32 位的结构进行说明。图 2-10 所示为 Java 对象在不同锁状态下的 Mark Word 各个位区间的含义。

Mark Word（64位）	锁状态
unused:25 | identity_hashcode:31 | unused:1 | age:4 | biased_lock:0 | lock:01	正常
thread:54 |　　epoch:2　　| unused:1 | age:4 | biased_lock:1 | lock:01	偏向锁
ptr_to_lock_record:62　　　　　　　　　　| lock:00	轻量级锁
ptr_to_heavyweight_monitor:62　　　　　　| lock:10	重量级锁
forwarding ptr（可选）　　　　　　　　　　| lock:11	GC标记

图 2-10　Mark Word 各个位区间的含义

其中，各部分的说明如下：

- lock：2 位的锁状态标记位。为了用尽可能少的二进制位表示尽可能多的信息，因此设置了 lock 标记。该标记的值不同，整个 Mark Word 表示的含义就不同。biased_lock 和 lock 表示锁的状态。
- biased_lock：对象是否启用偏向锁标记，只占一个二进制位。值为 1 时表示对象启用偏向锁，值为 0 时表示对象没有偏向锁。lock 和 biased_lock 共同表示对象的锁状态。
- age：占用 4 个二进制位，存储的是 Java 对象的年龄。在 GC 中，如果对象在 Survivor

区复制一次，则年龄增加 1。当对象的年龄达到设定的阈值时，将会晋升到老年代。默认情况下，并行 GC 的年龄阈值为 15，并发 GC 的年龄阈值为 6。由于 age 只有 4 位，所以最大值为 15，这就是-XX:MaxTenuringThreshold 选项最大值为 15 的原因。

- identity_hashcode：占用 31 个二进制位，用来存储对象的 HashCode，采用延时加载技术。调用 System.identityHashCode()方法计算 HashCode 并将结果写入该对象头中。如果当前对象的锁状态为偏向锁，而偏向锁没有存储 HashCode 的地方，因此调用 identityHashCode()方法会造成锁升级，而轻量级锁和重量级锁所指向的 lock record 或 monitor 都有存储 HashCode 的空间。HashCode 只针对 identity hash code。用户自定义的 hashCode()方法所返回的值不存储在 Mark Word 中。identity hash code 是未被覆写的 java.lang.Object.hashCode() 或者 java.lang.System.identityHashCode()方法返回的值。

- thread：持有偏向锁的线程 ID。

- epoch：偏向锁的时间戳。

- ptr_to_lock_record：轻量级锁状态下，指向栈中锁记录的指针。

- ptr_to_heavyweight_monitor：重量级锁状态下，指向对象监视器 Monitor 的指针。

2.2.3　instanceOopDesc 类

instanceOopDesc 类的实例表示除数组对象外的其他对象。在 HotSpot 虚拟机中，对象在内存中存储的布局可以分为如图 2-11 所示的三个区域：对象头（header）、对象字段数据（field data）和对齐填充（padding）。

下面详细介绍这三个组成部分。

1．对象头

对象头分为两部分，一部分是 Mark Word，另一部分是存储指向元数据区对象类型数据的指针_klass 或_compressed_klass。它们两个在介绍 oopDesc 类时详细讲过，这里不再赘述。

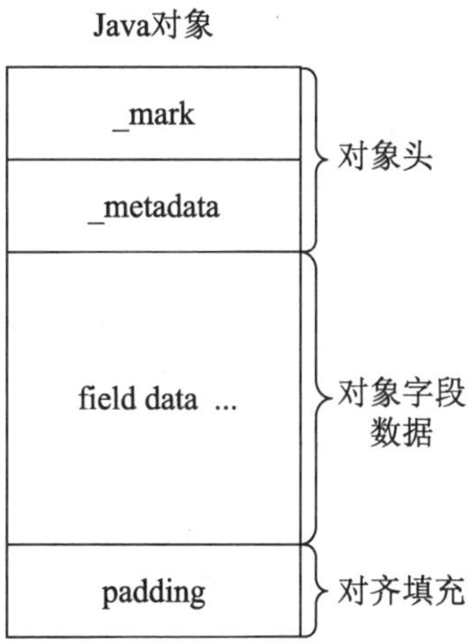

2．对象字段数据

图 2-11　Java 对象的内存布局

Java 对象中的字段数据存储了 Java 源代码中定义的各种类型的字段内容，具体包括父类继承及子类定义的字段。

存储顺序受 HotSpot VM 布局策略命令-XX:FieldsAllocationStyle 和字段在 Java 源代码中定义的顺序的影响，默认布局策略的顺序为 long/double、int、short/char、boolean、oop

（对象指针，32 位系统占用 4 字节，64 位系统占用 8 字节），相同宽度的字段总被分配到一起。

如果虚拟机的-XX:+CompactFields 参数为 true，则子类中较窄的变量可能插入空隙中，以节省使用的内存空间。例如，当布局 long/double 类型的字段时，由于对齐的原因，可能会在 header 和 long/double 字段之间形成空隙，如 64 位系统开启压缩指针，header 占 12 字节，剩下的 4 字节就是空隙，这时就可以将一些短类型插入 long/double 和 header 之间的空隙中。

3．对齐填充

对齐填充不是必需的，只起到占位符的作用，没有其他含义。HotSpot VM 要求对象所占的内存必须是 8 字节的整数倍，对象头刚好是 8 字节的整数倍，因此填充是对实例数据没有对齐的情况而言的。对象所占的内存如果是以 8 字节对齐，那么对象在内存中进行线性分配时，对象头的地址就是以 8 字节对齐的，这时候就为对象指针压缩提供了条件，可以将地址缩小 8 倍进行存储。

在创建 instanceOop 实例时会调用 allocate_instance()函数，实现代码如下：

```
源代码位置：openjdk/hotspot/src/share/vm/oops/instanceKlass.cpp

instanceOop InstanceKlass::allocate_instance(TRAPS) {
  int size = size_helper();

  KlassHandle h_k(THREAD, this);

  instanceOop i;

  i = (instanceOop)CollectedHeap::obj_allocate(h_k, size, CHECK_NULL);
  ...
  return i;
}
```

上面的代码中调用了 instanceKlass 类中的 size_helper()函数获取创建 instanceOop 实例所需要的内存空间，调用了 CollectedHeap::obj_allocate()函数分配 size 的内存。size_helper()函数在前面介绍过，用于从_layout_helper 属性中获取 Java 对象所需要的内存空间大小。代码如下：

```
源代码位置：openjdk/hotspot/src/share/vm/oops/klass.hpp

static int layout_helper_to_size_helper(jint lh) {
  // LogHeapWordSize 的值为 3，向右移 3 位
  return lh >> LogHeapWordSize;
}
```

当调用者为 InstanceKlass 时，可以通过_layout_helper 属性获取 instanceOop 实例的大小，在设置时调用的是 instance_layout_helper()函数，代码如下：

```
源代码位置：openjdk/hotspot/src/share/vm/oops/klass.hpp
```

```
static jint instance_layout_helper(jint size, bool slow_path_flag) {
    // 保存时，size 值左移 3 位，低 3 位用来保存其他信息
    return (size << LogHeapWordSize)
      |  (slow_path_flag ? _lh_instance_slow_path_bit : 0);
}
```

instance_layout_helper()函数会将 size 的值左移 3 位，因此获取 size 时需要向右移动 3 位。调用 parseClassFile()函数计算实例的大小，然后调用 instance_layout_helper()函数将其保存在_layout_helper 属性中。

获取 size 的值后，调用 CollectedHeap::obj_allocate()函数分配 size 的内存并将内存初始化为零值，相关知识将在第 9 章中详细介绍。

2.2.4　arrayOopDesc 类

arrayOopDesc 类的实例表示 Java 数组对象。具体的基本类型数组或对象类型数组由具体的 C++中定义的子类实例表示。在 HotSpot VM 中，数组对象在内存中的布局可以分为如图 2-12 所示的三个区域：对象头（header）、对象字段数据（field data）和对齐填充（padding）。

与 Java 对象内存布局唯一不同的是，数组对象的对象头中还会存储数组的长度 length，它占用的内存空间为 4 字节。在 64 位系统下，存放_metadata 的空间是 8 字节，_mark 是 8 字节，length 是 4 字节，对象头为 20 字节，由于要按 8 字节对齐，所以会填充 4 字节，最终占用 24 字节。64 位开启指针压缩的情况下，存放_metadata 的空间是 4 字节，_mark 是 8 字节，length 是 4 字节，对象头为 16 字节。

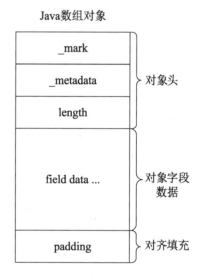

图 2-12　Java 数组对象的内存布局

2.2.5　arrayOopDesc 类的子类

arrayOopDesc 类的子类有两个，分别是表示组件类型为基本类型的 typeArrayOopDesc 和表示组件类型为对象类型的 objArrayOopDesc。二维及二维以上的数组都用 objArray-OopDesc 的实例来表示。

当需要创建 typeArrayOopDesc 实例时，通常会调用 oopFactory 类中定义的工厂方法。例如，调用 new_boolArray()创建一个 boolean 数组，代码如下：

```
源代码位置：openjdk/hotspot/src/share/vm/memory/oopFactory.hpp

static typeArrayOop new_boolArray (int length, TRAPS) {
```

```
    return TypeArrayKlass::cast(Universe::boolArrayKlassObj())->allocate
(length, CHECK_NULL);
}
```

代码中调用 Universe::boolArrayKlassObj() 函数获取 _charArrayKlassObj 属性的值。
_charArrayKlassObj 属性保存的是表示 boolean 数组的 TypeArrayKlass 实例，该实例是通过
调用 TypeArrayKlass::create_klass() 函数创建的，在 2.1.5 节中介绍过。然后调用 TypeArrayKlass
类中的 allocate() 函数创建 typeArrayOop 实例，代码如下：

源代码位置：openjdk/hotspot/src/share/vm/oops/typeArrayKlass.hpp

```
typeArrayOop allocate(int length, TRAPS) {
    return allocate_common(length, true, THREAD);
}
```

调用 allocate_common() 函数的实现代码如下：

源代码位置：openjdk/hotspot/src/share/vm/oops/typeArrayKlass.cpp

```
typeArrayOop TypeArrayKlass::allocate_common(int length, bool do_zero,
TRAPS) {
  assert(log2_element_size() >= 0, "bad scale");
  if (length >= 0) {
    if (length <= max_length()) {
      size_t size = typeArrayOopDesc::object_size(layout_helper(), length);
      KlassHandle h_k(THREAD, this);
      typeArrayOop t;
      CollectedHeap* ch = Universe::heap();
      if (do_zero) {
        t = (typeArrayOop)CollectedHeap::array_allocate(h_k, (int)size,
length, CHECK_NULL);
      } else {
        t = (typeArrayOop)CollectedHeap::array_allocate_nozero(h_k, (int)
size, length, CHECK_NULL);
      }
      return t;
    } else {
      // 抛出异常
    }
  } else {
    // 抛出异常
  }
}
```

参数 length 表示创建数组的大小，而 do_zero 表示是否需要在分配数组内存时将内存
初始化为零值。首先调用 typeArrayOopDesc::object_size() 函数从 _layout_helper 中获取数组
的大小，然后调用 array_allocate() 或 array_allocate_nozero() 函数分配内存并初始化对象头，
即为 length、_mark 和 _metadata 属性赋值。

typeArrayOopDesc::object_size() 函数的实现代码如下：

源代码位置：openjdk/hotspot/src/share/vm/oops/typeArrayOop.hpp

```
static int object_size(int lh, int length) {
```

```
    int instance_header_size = Klass::layout_helper_header_size(lh);
    int element_shift = Klass::layout_helper_log2_element_size(lh);

    julong size_in_bytes = length;
    size_in_bytes <<= element_shift;
    size_in_bytes += instance_header_size;
    julong size_in_words = ((size_in_bytes + (HeapWordSize-1)) >> LogHeap
WordSize);

    return align_object_size((intptr_t)size_in_words);
}
```

ArrayKlass 实例的 _layout_helper 属性是组合数字，可以通过调用对应的函数从该属性中获取数组头需要占用的字节数及组件类型需要占用的字节数，如果组件类型为 boolean 类型，则值为 1。最终 arrayOopDesc 实例占用的内存空间是通过如下公式计算出来的：

```
size = instance_header_size + length<<element_shift + 对齐填充
```

也就是对象头加上实例数据，然后再加上对齐填充。

在 TypeArrayKlass::allocate_common() 函数中获取 TypeArrayOopDesc 实例需要分配的内存空间后，会调用 CollectedHeap::array_allocate() 或 CollectedHeap::array_allocate_nozero() 函数在堆上分配内存空间，然后初始化对象头信息。CollectedHeap::array_allocate() 和 CollectedHeap::array_allocate_nozero() 两个函数的实现类似，我们只看 CollectedHeap::array_allocate() 函数的实现即可，代码如下：

```
oop CollectedHeap::array_allocate(
  KlassHandle klass,
  int size,
  int length,
  TRAPS
) {
  HeapWord* obj = common_mem_allocate_init(klass, size, CHECK_NULL);
  post_allocation_setup_array(klass, obj, length);
  return (oop)obj;
}
```

调用 common_mem_allocate_init() 函数在堆上分配指定 size 大小的内存。关于在堆上分配内存的知识将在第 9 章中详细介绍，这里不做介绍。调用 post_allocation_setup_array() 函数初始化对象头，代码如下：

```
void CollectedHeap::post_allocation_setup_array(KlassHandle klass,
                                                HeapWord* obj,
                                                int length) {
  // 初始化数组中的 length 值
  ((arrayOop)obj)->set_length(length);
  post_allocation_setup_common(klass, obj);
}

void CollectedHeap::post_allocation_setup_common(KlassHandle klass,
HeapWord* obj) {
  post_allocation_setup_no_klass_install(klass, obj);
  post_allocation_install_obj_klass(klass, oop(obj));
```

```
}

void CollectedHeap::post_allocation_setup_no_klass_install(
KlassHandle klass,
HeapWord* objPtr
) {
  oop obj = (oop)objPtr;
  // 在允许使用偏向锁的情况下，获取 Klass 中的_prototype_header 属性值，其中的锁状
  // 态一般为偏向锁状态，而 markOopDesc::prototype()函数初始化的对象头，其锁状态一
  // 般为无锁状态
  // Klass 中的_prototype_header 完全是为了支持偏向锁增加的属性，后面章节中会详细
  // 介绍偏向锁的实现机制
  if (UseBiasedLocking && (klass() != NULL)) {
    obj->set_mark(klass->prototype_header());
  } else {
    obj->set_mark(markOopDesc::prototype());
  }
}

void CollectedHeap::post_allocation_install_obj_klass(KlassHandle klass,
oop obj) {
  obj->set_klass(klass());
}
```

以上代码中调用的函数比较多，但是实现非常简单，这里不做过多介绍。

objArrayOop 的创建与 typeArrayOop 的创建非常类似，即先调用 oopFactory 类中的工厂方法 new_objectArray()，然后调用 ObjArrayKlass::allocate()函数分配内存，这里不再介绍。

2.3 操作句柄——Handle

可以将 Handle 理解成访问对象的"句柄"。垃圾回收时对象可能被移动（对象地址发生改变），通过 Handle 访问对象可以对使用者屏蔽垃圾回收细节。Handle 涉及的相关类的继承关系如图 2-13 所示。

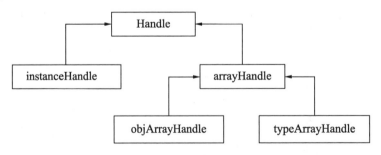

图 2-13 Handle 继承关系

HotSpot 会通过 Handle 对 oop 和某些 Klass 进行操作。如图 2-14 所示为直接引用的情

况，图 2-15 所示为间接引用的情况。

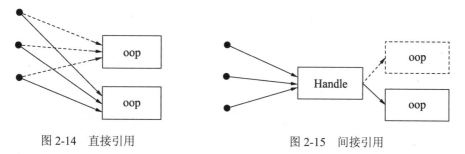

图 2-14　直接引用　　　　　　　　　　图 2-15　间接引用

可以看到，当对 oop 直接引用时，如果 oop 的地址发生变化，那么所有的引用都要更新，图 2-14 中有 3 处引用都需要更新；当通过 Handle 对 oop 间接引用时，如果 oop 的地址发生变化，那么只需要更新 Handle 中保存的对 oop 的引用即可。

每个 oop 都有一个对应的 Handle，Handle 继承关系与 oop 继承关系类似，也有对应的关系，如通过 instanceHandle 操作 instanceOopDesc，通过 objArrayHandle 操作 objArrayOopDesc。oop 涉及的相关类的继承关系可以参考图 2-9，这里不再给出。

2.3.1　句柄 Handle 的定义与创建

下面具体看一下 Handle 的定义，代码如下：

```
源代码位置：openjdk/hotspot/src/share/vm/runtime/handles.hpp

class Handle VALUE_OBJ_CLASS_SPEC {
 private:
  oop* _handle;                       // 可以看到是对 oop 的封装

 protected:
  oop obj() const {
     return _handle == NULL ? (oop)NULL : *_handle;
  }
  oop non_null_obj() const {
     assert(_handle != NULL, "resolving NULL handle");
     return *_handle;
  }
  ...
}
```

获取被封装的 oop 对象，并不会直接调用 Handle 对象的 obj()或 non_null_obj()函数，而是通过 C++的运算符重载来获取。Handle 类重载了()和->运算符，代码如下：

```
源代码位置：openjdk/hotspot/src/share/vm/runtime/handles.hpp

oop operator () () const {
   return obj();
}
```

```
oop operator -> () const {
   return non_null_obj();
}
```

可以这样使用：

```
oop      obj = ...;
Handle  h1(obj);

oop obj1 = h1();
h1->print();
```

由于重载了运算符()，所以 h1()会调用()运算符的重载方法，然后在重载方法中调用 obj()函数获取被封装的 oop 对象。h1->print()同样会通过->运算符的重载方法调用 oop 对象的 print()方法。

另外还需要知道，Handle 被分配在本地线程的 HandleArea 中，这样在进行垃圾回收时只需要扫描每个线程的 HandleArea 即可找出所有 Handle，进而找出所有引用的活跃对象。

每次创建句柄对象时都会调用 Handle 类的构造函数，其中一个构造函数如下：

源代码位置：openjdk/hotspot/src/share/vm/runtime/handles.inline.hpp

```
inline Handle::Handle(oop obj) {
  if (obj == NULL) {
    _handle = NULL;
  } else {
    _handle = Thread::current()->handle_area()->allocate_handle(obj);
  }
}
```

参数 obj 是要通过句柄操作的对象。通过调用当前线程的 handle_area()函数获取 Handle-Area，然后调用 allocate_handle()函数在 HandleArea 中分配存储 obj 的空间并存储 obj。

每个线程都会有一个 _handle_area 属性，定义如下：

```
HandleArea*  _handle_area;                    // 定义在 Thread 类中
```

在创建线程时初始化 _handle_area 属性，然后通过 handle_area()函数获取该属性的值。allocate_handle()函数为对象 obj 分配了一个新的句柄，代码如下：

源代码位置：openjdk/hotspot/src/share/vm/runtime/handles.hpp

```
oop* allocate_handle(oop obj) {
   return real_allocate_handle(obj);
 }

oop* real_allocate_handle(oop obj) {
   oop* handle = (oop*) Amalloc_4(oopSize);
   *handle = obj;
   return handle;
}
```

在代码中分配了一个新的空间并存储 obj。

句柄的释放要通过 HandleMark 来完成。在介绍 HandleMark 之前需要先了解 Handle-Area、Area 及 Chunk 等类的实现方法，下一节内容中将会详细介绍。

2.3.2 句柄 Handle 的释放

本节首先介绍几个与句柄分配和释放密切相关的类，然后重点介绍句柄的释放。

1. HandleArea、Area与Chunk

句柄都是在 HandleArea 中分配并存储的，类的定义代码如下：

```
源代码位置: openjdk/hotspot/src/share/vm/runtime/handles.hpp

class HandleArea: public Arena {
 ...
 HandleArea* _prev;                     // HandleArea 通过 _prev 连接成单链表
 public:
 HandleArea(HandleArea* prev) : Arena(Chunk::tiny_size) {
   _prev = prev;
 }

 private:
 oop* real_allocate_handle(oop obj) {      // 分配内存并存储 obj 对象
   oop* handle = (oop*) Amalloc_4(oopSize);
   *handle = obj;
   return handle;
 }
 ...
};
```

real_allocate_handle()函数在 HandleArea 中分配内存并存储 obj 对象，该函数调用父类 Arena 中定义的 Amalloc_4()函数分配内存。Arena 类的定义如下：

```
源代码位置: openjdk/hotspot/src/share/vm/memory/allocation.hpp

class Arena: public public CHeapObj<mtNone|otArena>{
protected:
 ...
 Chunk *_first;                    // 单链表的第一个 Chunk
 Chunk *_chunk;                    // 当前正在使用的 Chunk
 char  *_hwm, *_max;
public:
 ...
 void *Amalloc_4(size_t x) {
   if (_hwm + x > _max) {
     // 分配新的 Chunk 块, 在新的 Chunk 块中分配内存
     return grow(x);
   } else {
     char *old = _hwm;
     _hwm += x;
     return old;
```

```
      }
   }
   ...
};
```

Amalloc_4()函数会在当前的 Chunk 块中分配内存，如果当前块的内存不够，则调用 grow()方法分配新的 Chunk 块，然后在新的 Chunk 块中分配内存。

Arena 类通过_first、_chunk 等属性管理一个连接成单链表的 Chunk，其中，_first 指向单链表的第一个 Chunk，而_chunk 指向的是当前可提供内存分配的 Chunk，通常是单链表的最后一个 Chunk。_hwm 与_max 指示当前可分配内存的 Chunk 的一些分配信息。

Chunk 类的定义代码如下：

源代码位置：openjdk/hotspot/src/share/vm/memory/allocation.hpp

```
class Chunk: CHeapObj<mtChunk> {
 public:
 ...
  Chunk*      _next;            // 单链表的下一个 Chunk
  size_t      _len;             // 当前 Chunk 的大小

  char* bottom() const {
    return ((char*) this) + sizeof(Chunk);
  }
  char* top()   const {
    return bottom() + _len;
  }
};
```

HandleArea 与 Chunk 类之间的关系如图 2-16 所示。

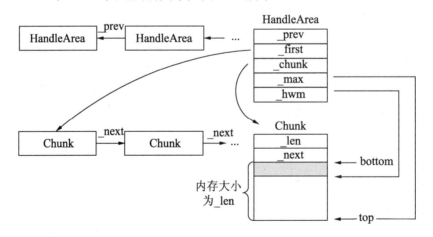

图 2-16　HandleArea 类与 Chunk 类之间的关系

图 2-16 已经清楚地展示了 HandleArea 与 Chunk 的关系，灰色部分表示在 Chunk 中已经分配的内存，那么新的内存分配就可以从_hwm 开始。现在看 Amalloc_4()函数的逻辑就非常容易理解了，这个函数还会调用 grow()函数分配新的 Chunk 块，代码如下：

源代码位置：openjdk/hotspot/src/share/vm/runtime/handles.hpp

```
void* Arena::grow( size_t x ) {
 size_t len = max(x, Chunk::size);

 register Chunk *k = _chunk;
 _chunk = new (len) Chunk(len);

 if( k )
     k->_next = _chunk;
 else
     _first = _chunk;

 _hwm = _chunk->bottom();
 _max = _chunk->top();
 set_size_in_bytes(size_in_bytes() + len);
 void* result = _hwm;
 _hwm += x;
 return result;
}
```

在代码中分配新的 Chunk 块后加入单链表，然后在新的 Chunk 块中分配 x 大小的内存。

2. HandleMark

每一个 Java 线程都有一个私有的句柄区 _handle_area 用来存储其运行过程中的句柄信息，这个句柄区会随着 Java 线程的栈帧而变化。Java 线程每调用一个 Java 方法就会创建一个对应的 HandleMark 保存创建的对象句柄，然后等调用返回后释放这些对象句柄，此时释放的仅是调用当前方法创建的句柄，因此 HandleMark 只需要恢复到调用方法之前的状态即可。

HandleMark 主要用于记录当前线程的 HandleArea 的内存地址 top，当相关的作用域执行完成后，当前作用域之内的 HandleMark 实例会自动销毁。在 HandleMark 的析构函数中会将 HandleArea 当前的内存地址到方法调用前的内存地址 top 之间所有分配的地址中存储的内容都销毁，然后恢复当前线程的 HandleArea 的内存地址 top 为方法调用前的状态。

一般情况下，HandleMark 直接在线程栈内存上分配内存，应该继承自 StackObj，但有时 HandleMark 也需要在堆内存上分配，因此没有继承自 StackObj，并且为了支持在堆内存上分配内存，重载了 new 和 delete 方法。

HandleMark 类的定义代码如下：

源代码位置：openjdk/hotspot/src/share/vm/runtime/handles.hpp

```
class HandleMark {
 private:
  Thread      *_thread;           // 拥有当前 HandleMark 实例的线程
  HandleArea *_area;
  Chunk       *_chunk;            // Chunk 和 Area 配合，获得准确的内存地址
  char        *_hwm, *_max;
  size_t      _size_in_bytes;
```

```
    // 通过如下属性让 HandleMark 形成单链表
    HandleMark* _previous_handle_mark;

    void initialize(Thread* thread);
    void set_previous_handle_mark(HandleMark* mark) { _previous_handle_mark
= mark; }
    HandleMark* previous_handle_mark() const        { return _previous_handle_
mark; }

    size_t size_in_bytes() const { return _size_in_bytes; }
 public:
    HandleMark();
    HandleMark(Thread* thread) {
        initialize(thread);
    }
    ~HandleMark();

    ...
};
```

HandleMark 也会通过 _previous_handle_mark 属性形成一个单链表。

在 HandleMark 的构造方法中会调用 initialize() 方法，代码如下：

源代码位置：openjdk/hotspot/src/share/vm/runtime/handles.cpp

```
void HandleMark::initialize(Thread* thread) {
  _thread = thread;
  _area  = thread->handle_area();
  _chunk = _area->_chunk;
  _hwm   = _area->_hwm;
  _max   = _area->_max;
  _size_in_bytes = _area->_size_in_bytes;

  // 将当前 HandleMark 实例同线程关联起来
  HandleMark* hm = thread->last_handle_mark();
  set_previous_handle_mark(hm);
  // 注意，线程中的 _last_handle_mark 属性用来保存 HandleMark 对象
  thread->set_last_handle_mark(this);
}
```

上面的 initialize() 函数主要用于初始化一些属性。在 Thread 类中定义的 _last_handle_mark 属性如下：

源代码位置：openjdk/hotspot/src/share/vm/runtime/thread.hpp

```
HandleMark* _last_handle_mark;
```

HandleMark 的析构函数如下：

源代码位置：openjdk/hotspot/src/share/vm/runtime/handles.cpp

```
HandleMark::~HandleMark() {
  HandleArea* area = _area;   // help compilers with poor alias analysis

  if( _chunk->next() ) {
```

```
    // reset arena size before delete chunks. Otherwise, the total
    // arena size could exceed total chunk size
    assert(area->size_in_bytes() > size_in_bytes(), "Sanity check");
    area->set_size_in_bytes(size_in_bytes());
    // 删除当前 Chunk 以后的所有 Chunk，即在方法调用期间新创建的 Chunk
    _chunk->next_chop();
  } else {
    // 如果没有下一个 Chunk，说明未分配新的 Chunk，则 area 的大小应该保持不变
    assert(area->size_in_bytes() == size_in_bytes(), "Sanity check");
  }
  // Roll back arena to saved top markers
  // 恢复 area 的属性至 HandleMark 构造时的状态
  area->_chunk = _chunk;
  area->_hwm = _hwm;
  area->_max = _max;

  // 解除当前 HandleMark 与线程的关联
  _thread->set_last_handle_mark(previous_handle_mark());
}
```

　　创建一个新的 HandleMark 以后，它保存当前线程的 area 的_chunk、_hwm 和_max 等属性，代码执行期间新创建的 Handle 实例是在当前线程的 area 中分配内存，这会导致当前线程的 area 的_chunk、_hwm 和_max 等属性发生变化，因此代码执行完成后需要将这些属性恢复至之前的状态，并释放代码执行过程中新创建的 Handle 实例的内存。

第 3 章　类 的 加 载

上一章介绍了 Java 类在 HotSpot VM 中的表示，本章重点介绍类的加载过程。类的加载就是将 Class 文件加载到 HotSpot VM 的内存中，通过 Klass 和 ConstantPool 等实例保存 Class 文件中的元数据信息，以方便虚拟机运行 Java 方法，并执行反射等操作。

3.1　类 加 载 器

类加载器可以装载类，这些类被 HotSpot VM 装载后都以 InstanceKlass 实例表示（其实还可能是更具体的 InstanceRefKlass、InstanceMirrorKlass 和 InstanceClassLoaderKlass 实例）。主要的类加载器有引导类加载器/启动类加载器（Bootstrap ClassLoader）、扩展类加载器（Extension ClassLoader）、应用类加载器/系统类加载器（Application ClassLoader）。

3.1.1　引导类加载器/启动类加载器

引导类加载器由 ClassLoader 类实现，这个 ClassLoader 类是用 C++语言编写的，负责将 <JAVA_HOME>/lib 目录、-Xbootclasspath 选项指定的目录和系统属性 sun.boot.class.path 指定的目录下的核心类库加载到内存中。

用 C++语言定义的类加载器及其重要的函数如下：

```
源代码位置：openjdk/hotspot/src/share/vm/classfile/classLoader.hpp

class ClassLoader::AllStatic {
    private:
    ...
    // 加载类
    static instanceKlassHandle load_classfile(Symbol* h_name,TRAPS);
    ...
}
```

load_classfile()函数可以根据类名加载类，具体代码如下：

```
源代码位置：openjdk/hotspot/src/share/vm/classfile/classLoader.cpp

instanceKlassHandle ClassLoader::load_classfile(Symbol* h_name, TRAPS) {
    // 获取文件名称
```

```
stringStream st;
st.print_raw(h_name->as_utf8());
st.print_raw(".class");
char* name = st.as_string();

// 根据文件名称查找 Class 文件
ClassFileStream* stream = NULL;
int classpath_index = 0;
{
    // 从第一个 ClassPathEntry 开始遍历所有的 ClassPathEntry
    ClassPathEntry* e = _first_entry;
    while (e != NULL) {
        stream = e->open_stream(name, CHECK_NULL);
        // 如果找到目标文件, 则跳出循环
        if (stream != NULL) {
            break;
        }
        e = e->next();
        ++classpath_index;
    }
}

instanceKlassHandle h;
// 如果找到了目标 Class 文件, 则加载并解析
if (stream != NULL) {
    ClassFileParser parser(stream);
    ClassLoaderData* loader_data = ClassLoaderData::the_null_class_loader_
data();
    Handle protection_domain;
    TempNewSymbol parsed_name = NULL;
    // 加载并解析 Class 文件, 注意此时并未开始连接
    instanceKlassHandle result = parser.parseClassFile(h_name,
                                        loader_data,
                                        protection_domain,
                                        parsed_name,
                                        false,
                                        CHECK_(h));

    // 调用 add_package() 函数, 把当前类的包名加入 _package_hash_table 中
    if (add_package(name, classpath_index, THREAD)) {
        h = result;
    }
}

return h;
}
```

每个类加载器都对应一个 ClassLoaderData 实例, 通过 ClassLoaderData::the_null_class_loader_data() 函数获取引导类加载器对应的 ClassLoaderData 实例。

因为 ClassPath 有多个, 所以通过单链表结构将 ClassPathEntry 连接起来。同时, 在 ClassPathEntry 类中还声明了一个虚函数 open_stream(), 这样就可以循环遍历链表上的结构, 直到查找到某个类路径下名称为 name 的 Class 文件为止, 这时 open_stream() 函数会

返回定义此类的 Class 文件的 ClassFileStream 实例。

parseClassFile()函数首先解析 Class 文件中的类、字段和常量池等信息，然后将其转换为 C++内部的对等表示形式，如将类元信息存储在 InstanceKlass 实例中，将常量池信息存储在 ConstantPool 实例中。parseClassFile()函数解析 Class 文件的过程会在第 4 章中介绍。最后调用 add_package()函数保存已经解析完成的类，避免重复加载解析。

3.1.2　扩展类加载器

扩展类加载器由 sun.misc.Launcher$ExtClassLoader 类实现，负责将<JAVA_HOME >/lib/ext 目录或者由系统变量-Djava.ext.dir 指定的目录中的类库加载到内存中。

用 Java 语言编写的扩展类加载器的实现代码如下：

```
源代码位置：openjdk/jdk/src/share/classes/sun/misc/Launcher.java

static class ExtClassLoader extends URLClassLoader {
    // 构造函数
    public ExtClassLoader(File[] dirs) throws IOException {
        // 为 parent 字段传递的参数为 null
        super(getExtURLs(dirs), null, factory);
    }

    public static ExtClassLoader getExtClassLoader() throws IOException {
        final File[] dirs = getExtDirs();      // 获取加载类的加载路径
        ...
        return new ExtClassLoader(dirs);        // 实例化扩展类加载器
        ...
    }

    private static File[] getExtDirs() {
        String s = System.getProperty("java.ext.dirs");
        File[] dirs;
        if (s != null) {
            StringTokenizer st = new StringTokenizer(s, File.pathSeparator);
            int count = st.countTokens();
            dirs = new File[count];
            for (int i = 0; i < count; i++) {
                dirs[i] = new File(st.nextToken());
            }
        } else {
            dirs = new File[0];
        }
        return dirs;
    }
    ...
}
```

在 ExtClassLoader 类的构造函数中调用父类的构造函数时，传递的第 2 个参数的值为 null，这个值会赋值给 parent 字段。当 parent 字段的值为 null 时，在 java.lang.ClassLoader

类中实现的 loadClass()方法会调用 findBootstrapClassOrNull()方法加载类,最终会调用 C++ 语言实现的 ClassLoader 类中的相关函数加载类。

3.1.3　应用类加载器/系统类加载器

应用类加载器由 sun.misc.Launcher$AppClassLoader 类实现,负责将系统环境变量 -classpath、-cp 和系统属性 java.class.path 指定的路径下的类库加载到内存中。

用 Java 语言编写的扩展类加载器的实现代码如下:

```
源代码位置: openjdk/jdk/src/share/classes/sun/misc/Launcher.java

static class AppClassLoader extends URLClassLoader {
    // 构造函数
    AppClassLoader(URL[] urls, ClassLoader parent) {
        // parent 通常是 ExtClassLoader 对象
        super(urls, parent, factory);
    }

    public static ClassLoader getAppClassLoader(final ClassLoader
extcl) throws IOException {
        final String s = System.getProperty("java.class.path");
        final File[] path = (s == null) ? new File[0] : getClassPath(s);
        ...
        return new AppClassLoader(urls, extcl);
    }

    public Class loadClass(String name, boolean resolve) throws
ClassNotFoundException {
        ...
        return (super.loadClass(name, resolve));
    }

    ...
}
```

在 Launcher 类的构造方法中实例化应用类加载器 AppClassLoader 时,会调用 getApp-ClassLoader()方法获取应用类加载器,传入的参数是一个扩展类加载器 ExtClassLoader 对象,这样应用类加载器的父加载器就变成了扩展类加载器(与父加载器并非继承关系)。用户自定义的无参类加载器的父类加载器默认是 AppClassLoader 类加载器。

3.1.4　构造类加载器实例

HotSpot VM 在启动的过程中会在<JAVA_HOME>/lib/rt.jar 包里的 sun.misc.Launcher 类中完成扩展类加载器和应用类加载器的实例化,并会调用 C++语言编写的 ClassLoader 类的 initialize()函数完成应用类加载器的初始化。

HotSpot VM 在启动时会初始化一个重要的变量,代码如下:

源代码位置：openjdk/hotspot/src/share/vm/classfile/systemDictionary.cpp

```
oop SystemDictionary::_java_system_loader = NULL;
```

其中，_java_system_loader 属性用于保存应用类加载器实例，HotSpot VM 在加载主类时会使用应用类加载器加载主类。_java_system_loader 属性用于在 compute_java_system_loader()函数中进行初始化，调用链路如下：

```
JavaMain()                                              java.c
InitializeJVM()                                         java.c
JNI_CreateJavaVM()                                      jni.cpp
Threads::create_vm()                                    thread.cpp
SystemDictionary::compute_java_system_loader()          systemDictionary.cpp
```

compute_java_system_loader()函数的实现代码如下：

源代码位置：openjdk/hotspot/src/share/vm/classfile/systemDictionary.cpp

```
void SystemDictionary::compute_java_system_loader(TRAPS) {
  KlassHandle  system_klass(THREAD, WK_KLASS(ClassLoader_klass));
  JavaValue    result(T_OBJECT);

  // 调用 java.lang.ClassLoader 类的 getSystemClassLoader()方法
  JavaCalls::call_static(
    &result,                    // 调用 Java 静态方法的返回值，并将其存储在 result 中
    // 调用的目标类为 java.lang.ClassLoader
    KlassHandle(THREAD, WK_KLASS(ClassLoader_klass)),
    // 调用目标类中的目标方法为 getSystemClassLoader()
    vmSymbols::getSystemClassLoader_name(),
    vmSymbols::void_classloader_signature(),  // 调用目标方法的方法签名
    CHECK
  );

  // 获取调用 getSystemClassLoader()方法的返回值并将其保存到_java_system_loader
  // 属性中
  // 初始化属性为应用类加载器/AppClassLoader
  _java_system_loader = (oop)result.get_jobject();
}
```

在上面的代码中，JavaClass::call_static()函数调用了 java.lang.ClassLoader 类的 getSystem-ClassLoader()方法。JavaClass::call_static()函数非常重要，它是 HotSpot VM 调用 Java 静态方法的 API。

下面看一下 getSystemClassLoader()方法的实现代码：

源代码位置：openjdk/jdk/src/share/classes/java/lang/ClassLoader.java

```
private static ClassLoader scl;
public static ClassLoader getSystemClassLoader() {
    initSystemClassLoader();
    if (scl == null) {
        return null;
    }
    return scl;
```

```
    }
private static synchronized void initSystemClassLoader() {
        if (!sclSet) {
            // 获取 Launcher 对象
            sun.misc.Launcher l = sun.misc.Launcher.getLauncher();
            if (l != null) {
                // 获取应用类加载器 AppClassLoader 对象
                scl = l.getClassLoader();
                ...
            }
            sclSet = true;
        }
}
```

以上方法及变量定义在 java.lang.ClassLoader 类中。

在 initSystemClassLoader()方法中调用 Launcher.getLauncher()方法获取 Launcher 对象，这个对象已保存在 launcher 静态变量中。代码如下：

源代码位置：openjdk/jdk/src/share/classes/sum/misc/Launcher.java

```
private static Launcher launcher = new Launcher();
```

在定义静态变量时就会初始化 Launcher 对象。调用的 Launcher 构造函数如下：

源代码位置：openjdk/jdk/src/share/classes/sun/misc/Launcher.java

```
private ClassLoader loader;

public Launcher() {
        // 首先创建扩展类加载器
        ClassLoader extcl;
        try {
            extcl = ExtClassLoader.getExtClassLoader();
        } catch (IOException e) {
            throw new InternalError("Could not create extension class
loader", e);
        }

        // 以 ExtClassloader 为父加载器创建 AppClassLoader
        try {
            loader = AppClassLoader.getAppClassLoader(extcl);
        } catch (IOException e) {
            throw new InternalError("Could not create application class
loader", e);
        }

        // 设置默认线程上下文加载器为 AppClassloader
        Thread.currentThread().setContextClassLoader(loader);
}

public ClassLoader getClassLoader() {
        return loader;
}
```

以上方法及变量都定义在 sum.misc.Lanucher 类中。

在 Launcher 类的构造方法中创建 ExtClassLoader 与 AppClassLoader 对象，而 loader 变量被初始化为 AppClassLoader 对象，最终在 initSystemClassLoader()函数中调用 getClass-Loader()方法返回的就是这个对象。HotSpot VM 可以通过_java_system_loader 属性获取 AppClassLoader 对象，通过 AppClassLoader 对象中的 parent 属性获取 ExtClassLoader 对象。

3.1.5 类的双亲委派机制

前面介绍了 3 种类加载器，每种类加载器都可以加载指定路径下的类库，它们在具体使用时并不是相互独立的，而是相互配合对类进行加载。另外，开发者还可以编写自定义的类加载器。类加载器的双亲委派模型如图 3-1 所示。

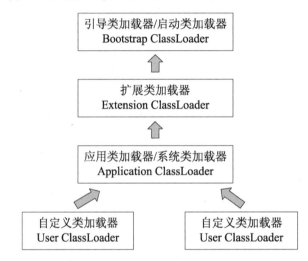

图 3-1 类加载器的双亲委派模型

需要注意的是，图 3-1 中的各个类加载器之间并不是继承关系，而是表示工作过程，具体说就是，对于一个加载类的具体请求，首先要委派给自己的父类加载器去加载，只有父类加载器无法完成加载请求时子类加载器才会尝试加载，这就叫"双亲委派"。具体的委派逻辑在 java.lang.ClassLoader 类的 loadClass()方法中实现。loadClass()方法的实现代码如下：

```
源代码位置：openjdk/jdk/src/share/classes/java/lang/ClassLoader.java

protected Class<?> loadClass(Stringname,boolean resolve) throws ClassNot
FoundException {
    synchronized (getClassLoadingLock(name)) {
        // 首先从 HotSpot VM 缓存查找该类
        Class c = findLoadedClass(name);
        if (c ==null) {
```

```
        try {  // 然后委派给父类加载器进行加载
            if (parent !=null) {
                c = parent.loadClass(name,false);
            } else {      // 如果父类加载器为 null, 则委派给启动类加载器加载
                c = findBootstrapClassOrNull(name);
            }
        } catch (ClassNotFoundException) {
            // 如果父类加载器抛出 ClassNotFoundException 异常, 则表明父类无
            // 法完成加载请求
        }

        if (c ==null) {
            // 当前类加载器尝试自己加载类
            c = findClass(name);
            ...
        }
    }
    ...
    return c;
}
```

首先调用 findLoadedClass()方法查找此类是否已经被加载了, 如果没有, 则优先调用父类加载器去加载。除了用 C++语言实现的引导类加载器需要通过调用 findBootstrapClass-OrNull()方法加载以外, 其他用 Java 语言实现的类加载器都有 parent 字段(定义在 java.lang.ClassLoader 类中的字段), 可直接调用 parent 的 loadClass()方法委派加载请求。除了引导类加载器之外, 其他加载器都继承了 java.lang.ClassLoader 基类, 如实现了扩展类加载器的 ExtClassLoader 类和实现了应用类加载器的 AppClass-Loader 类。类加载器的继承关系如图 3-2 所示。

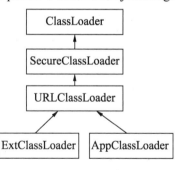

图 3-2 类加载器的继承关系

当父类无法完成加载请求也就是 c 为 null 时, 当前类加载器会调用 findClass()方法尝试自己完成类加载的请求。

【实例 3-1】 编写一个自定义的类加载器, 代码如下:

```java
package com.classloading;

import java.net.URL;
import java.net.URLClassLoader;

public class UserClassLoader extends URLClassLoader {

    public UserClassLoader(URL[] urls) {
        super(urls);
    }

    @Override
    protected Class<?> loadClass(String name, boolean resolve) throws
ClassNotFoundException {
```

```
        return super.loadClass(name, resolve);
    }
}
```

UserClassLoader 类继承了 URLClassLoader 类并覆写了 loadClass()方法，调用 super.
loadClass()方法其实就是在调用 java.lang.ClassLoader 类中实现的 loadClass()方法。

在 UserClassLoader 类的构造函数中，调用 super()方法会设置当前类加载器的 parent
字段值为 AppClassLoader 对象，因此也会严格遵守双亲委派逻辑。

接着上面的代码继续往下看：

```
package com.classloading;

public class Student { }
package com.classloading;

import java.net.URL;

public class TestClassLoader {
    public static void main(String[] args) throws Exception {
        URL url[] = new URL[1];
        url[0] = Thread.currentThread().getContextClassLoader().
getResource("");

        UserClassLoader ucl = new UserClassLoader(url);
        Class clazz = ucl.loadClass("com.classloading.Student");

        Object obj = clazz.newInstance();
    }
}
```

在上面的代码中，通过 UserClassLoader 类加载器加载 Student 类，并调用 class.new-
Instance()方法获取 Student 对象。

下面详细介绍 java.lang.ClassLoader 类的 loadClass()方法调用的 findLoadedClass()、
findBootstrapClassOrNull()与 findClass()方法的实现过程。

1．findLoadedClass()方法

findLoadedClass()方法调用本地函数 findLoadedClass0()判断类是否已经加载。代码
如下：

```
源代码位置：openjdk/jdk/src/share/classes/java/lang/ClassLoader.java

JNIEXPORT jclass JNICALL
Java_java_lang_ClassLoader_findLoadedClass0(JNIEnv *env, jobject loader,
                                            jstring name)
{
    if (name == NULL) {
        return 0;
    } else {
        return JVM_FindLoadedClass(env, loader, name);
```

```
    }
}
```

调用 JVM_FindLoadedClass()函数的代码如下：

源代码位置：openjdk/hotspot/src/share/vm/prims/jvm.cpp

```
JVM_ENTRY(jclass, JVM_FindLoadedClass(JNIEnv *env, jobject loader, jstring
name))

  Handle h_name (THREAD, JNIHandles::resolve_non_null(name));
  // 获取类名对应的 Handle
  Handle string = java_lang_String::internalize_classname(h_name, CHECK_
NULL);

  // 检查类名是否为空
  const char* str  = java_lang_String::as_utf8_string(string());
  if (str == NULL) return NULL;

  // 判断类名是否过长
  const int str_len = (int)strlen(str);
  if (str_len > Symbol::max_length()) {
    return NULL;
  }

  // 创建一个临时的 Symbol 实例
  TempNewSymbol klass_name = SymbolTable::new_symbol(str, str_len, CHECK_
NULL);

  // 获取类加载器对应的 Handle
  Handle h_loader(THREAD, JNIHandles::resolve(loader));

  // 查找目标类是否存在
  Klass* k = SystemDictionary::find_instance_or_array_klass(klass_name,h_
loader,Handle(),CHECK_NULL);

  // 将 Klass 实例转换成 java.lang.Class 对象
  return (k == NULL) ? NULL : (jclass) JNIHandles::make_local(env, k->
java_mirror());
JVM_END
```

JVM_ENTRY 是宏定义，用于处理 JNI 函数调用的预处理，如获取当前线程的 Java-Thread 指针。因为垃圾回收等原因，JNI 函数不能直接访问 Klass 和 oop 实例，只能借助 jobject 和 jclass 等来访问，所以会调用 JNIHandles::resolve_non_null()、JNIHandles::resolve()与 JNIHandles::mark_local()等函数进行转换。

调用 SystemDictionary::find_instance_or_array_klass()函数的代码如下：

源代码位置：openjdk/hotspot/src/share/vm/classfile/systemDicitonary.cpp

```
// 查找 InstanceKlass 或 ArrayKlass 实例，不进行任何类加载操作
Klass* SystemDictionary::find_instance_or_array_klass(
  Symbol*  class_name,
  Handle   class_loader,
```

```
    Handle    protection_domain,
    TRAPS
){
    Klass* k = NULL;

    if (FieldType::is_array(class_name)) {          // 数组的查找逻辑
FieldArrayInfo fd;
// 获取数组的元素类型
        BasicType t = FieldType::get_array_info(class_name, fd, CHECK_(NULL));
        if (t != T_OBJECT) {                        // 元素类型为 Java 基本类型
            k = Universe::typeArrayKlassObj(t);
        } else {                                    // 元素类型为 Java 对象
            Symbol* sb = fd.object_key();
            k = SystemDictionary::find(sb, class_loader, protection_domain,
THREAD);
        }
        if (k != NULL) {
            // class_name 表示的可能是多维数组，因此需要根据维度创建 ObjArrayKlass 实例
            k = k->array_klass_or_null(fd.dimension());
        }
    } else {                                        // 类的查找逻辑
        k = find(class_name, class_loader, protection_domain, THREAD);
    }
    return k;
}
```

上面代码中的 find_instance_or_array_klass()函数包含对数组和类的查询逻辑，并不涉及类的加载。如果是数组，首先要找到数组的元素类型 t，如果是基本类型，则调用 Universe::typeArrayKlassObj()函数找到 TypeArrayKlass 实例，如果基本元素的类型是对象，则调用 SystemDictionary::find()函数从字典中查找 InstanceKlass 实例，所有已加载的 InstanceKlass 实例都会存储到字典中。

调用 SystemDictionary::find()函数查找实例，代码如下：

```
源代码位置: openjdk/hotspot/src/share/vm/classfile/systemDicitonary.cpp

Klass* SystemDictionary::find(Symbol* class_name,
                        Handle class_loader,
                        Handle protection_domain,
                        TRAPS) {
    ...
    class_loader = Handle(THREAD, java_lang_ClassLoader::non_reflection_
class_loader(class_loader()));
    ClassLoaderData* loader_data = ClassLoaderData::class_loader_data_or_
null(class_loader());
    ...
    unsigned int d_hash = dictionary()->compute_hash(class_name, loader_
data);
    int d_index = dictionary()->hash_to_index(d_hash);

    {
        ...
        return dictionary()->find(d_index, d_hash, class_name, loader_data,
```

```
protection_domain, THREAD);
  }
}
```

HotSpot VM 会将已经加载的类存储在 Dictionary 中，为了加快查找速度，采用了 Hash 存储方式。只有类加载器和类才能确定唯一的表示 Java 类的 Klass 实例，因此在计算 d_hash 时必须传入 class_name 和 loader_data 这两个参数。计算出具体索引 d_index 后，就可以调用 Dictionary 类的 find() 函数进行查找。调用 Dictionary::find() 函数的代码如下：

```
源代码位置：openjdk/hotspot/src/share/vm/classfile/systemDicitonary.cpp

Klass* Dictionary::find(int index, unsigned int hash, Symbol* name,
                    ClassLoaderData* loader_data, Handle protection_
domain, TRAPS) {
  // 根据类名和类加载器计算对应的 Klass 实例在字典里存储的 key
  DictionaryEntry* entry = get_entry(index, hash, name, loader_data);
  if (entry != NULL && entry->is_valid_protection_domain(protection_domain)) {
    return entry->klass();
  } else {
    return NULL;
  }
}
```

调用 get_entry() 函数从 Hash 表中查找 Klass 实例，如果找到并且验证是合法的，则返回 Klass 实例，否则返回 NULL。

findLoadedClass() 方法的执行流程如图 3-3 所示。

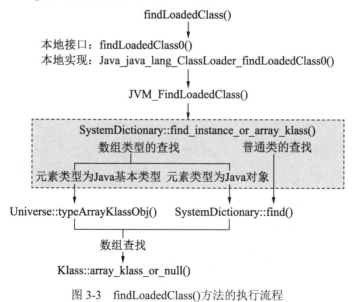

图 3-3　findLoadedClass() 方法的执行流程

2. findBootstrapClassOrNull() 方法

findBootstrapClassOrNull() 方法用于请求引导类加载器完成类的加载请求，该方法会调用本地函数 findBootstrapClass()。代码如下：

```
源代码位置：openjdk/jdk/src/share/classes/java/lang/ClassLoader.java

private Class<?> findBootstrapClassOrNull(String name){
    return findBootstrapClass(name);
}

private native Class<?> findBootstrapClass(String name);
```

调用 findBootstrapClass()函数的代码如下：

```
源代码位置：openjdk/jdk/src/share/native/java/lang/ClassLoader.c

JNIEXPORT jclass JNICALL Java_java_lang_ClassLoader_findBootstrapClass(
    JNIEnv     *env,
    jobject     loader,
    jstring     classname
){
    char *clname;
    jclass cls = 0;
    char buf[128];

    if (classname == NULL) {
        return 0;
    }

    clname = getUTF(env, classname, buf, sizeof(buf));
    ...
    cls = JVM_FindClassFromBootLoader(env, clname);
    ...
    return cls;
}
```

调用 JVM_FindClassFromBootLoader()函数可以查找启动类加载器加载的类，如果没有查到，该函数会返回 NULL。代码如下：

```
源代码位置：openjdk/hotspot/src/share/vm/prims/jvm.cpp

JVM_ENTRY(jclass, JVM_FindClassFromBootLoader(JNIEnv* env,const char* name))

    // 检查类名是否合法
    if (name == NULL || (int)strlen(name) > Symbol::max_length()) {
      return NULL;
    }

    TempNewSymbol h_name = SymbolTable::new_symbol(name, CHECK_NULL);
    // 调用 SystemDictionary.resolve_or_null()函数解析目标类,如果未找到,返回 null
    Klass* k = SystemDictionary::resolve_or_null(h_name, CHECK_NULL);
    if (k == NULL) {
      return NULL;
    }
    // 将 Klass 实例转换成 java.lang.Class 对象
    return (jclass) JNIHandles::make_local(env, k->java_mirror());
JVM_END
```

调用 SystemDictionary::resolve_or_null()函数可以对类进行查找。代码如下：

源代码位置：openjdk/hotspot/src/share/vm/classfile/systemDicitonary.cpp

```
Klass* SystemDictionary::resolve_or_null(Symbol* class_name, TRAPS) {
  return resolve_or_null(class_name, Handle(), Handle(), THREAD);
}

Klass* SystemDictionary::resolve_or_null(Symbol* class_name, Handle
class_loader,
                                           Handle protection_domain, TRAPS) {
  // 数组，通过签名的格式来判断
  if (FieldType::is_array(class_name)) {
    return resolve_array_class_or_null(class_name, class_loader, protection_
domain, CHECK_NULL);
  }
  // 普通类，通过签名的格式来判断
  else if (FieldType::is_obj(class_name)) {
    // 去掉签名中的开头字符 L 和结束字符;
    TempNewSymbol name = SymbolTable::new_symbol(class_name->as_C_string()
+ 1,
                                           class_name->utf8_length() - 2,
CHECK_NULL);
    return resolve_instance_class_or_null(name, class_loader, protection_
domain, CHECK_NULL);
  } else {
    return resolve_instance_class_or_null(class_name, class_loader,
protection_domain, CHECK_NULL);
  }
}
```

调用 resolve_array_class_or_null()函数查找数组时，如果数组元素的类型为对象类型，则同样会调用 resolve_instance_class_or_null()函数查找类对应的 Klass 实例。代码如下：

源代码位置：openjdk/hotspot/src/share/vm/classfile/systemDicitonary.cpp

```
Klass* SystemDictionary::resolve_array_class_or_null(
  Symbol*   class_name,
  Handle    class_loader,
  Handle    protection_domain,
  TRAPS
){
  Klass*            k = NULL;
  FieldArrayInfo  fd;
  // 获取数组元素的类型
  BasicType t = FieldType::get_array_info(class_name, fd, CHECK_NULL);
  if (t == T_OBJECT) {                            // 数组元素的类型为对象
    Symbol* sb = fd.object_key();
    k = SystemDictionary::resolve_instance_class_or_null(sb,class_loader,
protection_domain,CHECK_NULL);
    if (k != NULL) {
      k = k->array_klass(fd.dimension(), CHECK_NULL);
    }
  } else {                                        // 数组元素的类型为 Java 基本类型
```

```
        k = Universe::typeArrayKlassObj(t);
        int x = fd.dimension();
        TypeArrayKlass* tak = TypeArrayKlass::cast(k);
        k = tak->array_klass(x, CHECK_NULL);
    }
    return k;
}
```

对元素类型为对象类型和元素类型为基本类型的一维数组的 Klass 实例进行查找。查找基本类型的一维数组和 find_instance_or_array_klass()函数的实现方法类似。下面调用 resolve_instance_class_or_null()函数查找对象类型，代码如下：

源代码位置：openjdk/hotspot/src/share/vm/classfile/systemDictionary.cpp

```
Klass* SystemDictionary::resolve_instance_class_or_null(
    Symbol*    name,
    Handle     class_loader,
    Handle     protection_domain,
    TRAPS
){
    // 在变量 SystemDictionary::_dictionary 中查找是否已经加载类，如果加载了就直接返回
    Dictionary* dic = dictionary();
    // 通过类名和类加载器计算 Hash 值
    unsigned int d_hash = dic->compute_hash(name, loader_data);
    // 计算在 Hash 表中的索引位置
    int d_index = dic->hash_to_index(d_hash);
    // 根据 hash 和 index 查找对应的 Klass 实例
    Klass* probe = dic->find(d_index, d_hash, name, loader_data,protection_
domain, THREAD);
    if (probe != NULL){
        return probe;                    // 如果在字典中找到，就直接返回
    }
    ...
    // 在字典中没有找到时，需要对类进行加载
    if (!class_has_been_loaded) {
        k = load_instance_class(name, class_loader, THREAD);
        ...
    }
    ...
}
```

如果类还没有加载，那么当前的函数还需要负责加载类。在实现的过程中考虑的因素比较多，比如解决并行加载、触发父类的加载和域权限的验证等，不过这些都不是要讨论的重点。当类没有加载时，调用 load_instance_class()函数进行加载，代码如下：

源代码位置：openjdk/hotspot/src/share/vm/classfile/systemDictionary.cpp

```
// "双亲委派"机制体现，只要涉及类的加载，都会调用这个函数
instanceKlassHandle SystemDictionary::load_instance_class(
Symbol* class_name,
Handle class_loader, TRAPS
) {
  instanceKlassHandle nh = instanceKlassHandle();        // 空的 Handle
```

```
    if (class_loader.is_null()) {              // 使用引导类加载器加载类

      // 在共享系统字典中搜索预加载到共享空间中的类, 默认不使用共享空间, 因此查找的结果
      // 为 NULL
      instanceKlassHandle k;
      {
        k = load_shared_class(class_name, class_loader, THREAD);
      }

      if (k.is_null()) {
        // 使用引导类加载器进行类加载
        k = ClassLoader::load_classfile(class_name, CHECK_(nh));
      }
      // 调用 SystemDictionary::find_or_define_instance_class->SystemDictionary::
      // update_dictionary -> Dictionary::add_klass() 将生成的 Klass 实例保存起来
      // Dictionary 的底层是 Hash 表数据结构, 使用开链法解决 Hash 冲突
      if (!k.is_null()) {
        // 支持并行加载, 也就是允许同一个类加载器同时加载多个类
        k = find_or_define_instance_class(class_name, class_loader, k, CHECK_(nh));
      }
      return k;
    }
    // 使用指定的类加载器加载, 最终会调用 java.lang.ClassLoader 类中的 loadClass()
    // 方法执行类加载
    else {

      JavaThread* jt = (JavaThread*) THREAD;

      Handle s = java_lang_String::create_from_symbol(class_name, CHECK_(nh));
      Handle string = java_lang_String::externalize_classname(s, CHECK_(nh));

      JavaValue result(T_OBJECT);

      KlassHandle spec_klass (THREAD, SystemDictionary::ClassLoader_klass());
      // 调用 java.lang.ClassLoader 对象中的 loadClass() 方法进行类加载
      JavaCalls::call_virtual(&result,
                        class_loader,
                        spec_klass,
                        vmSymbols::loadClass_name(),
                        vmSymbols::string_class_signature(),
                        string,
                        CHECK_(nh));

      // 获取调用 loadClass() 方法返回的 java.lang.Class 对象
      oop obj = (oop) result.get_jobject();

      // 调用 loadClass() 方法加载的必须是对象类型
      if ((obj != NULL) && !(java_lang_Class::is_primitive(obj))) {
        // 获取 java.lang.Class 对象表示的 Java 类, 也就是获取表示 Java 类的 instance
        // Klass 实例
        instanceKlassHandle k = instanceKlassHandle(THREAD, java_lang_Class::
as_Klass(obj));
```

```
        if (class_name == k->name()) {
          return k;
        }
      }
      // Class 文件不存在或名称错误，返回空的 Handle 实例
      return nh;
    }
  }
```

当 class_loader 为 NULL 时，表示使用启动类加载器加载类，调用 ClassLoader::load_classfile()函数加载类；当 class_loader 不为 NULL 时，会调用 java.lang.ClassLoader 类中的 loadClass()方法加载。这种判断逻辑也是"双亲委派"机制的体现。

findBootstrapClassOrNull()方法的执行流程如图 3-4 所示。

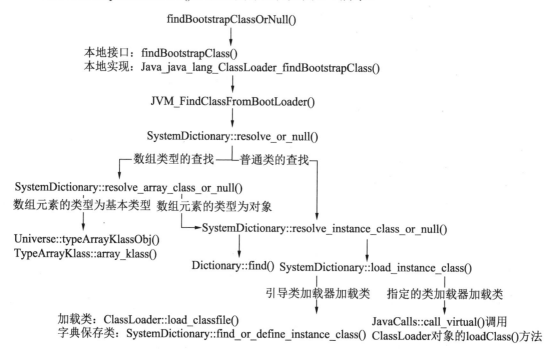

图 3-4　findBootstrapClassOrNull()方法的执行流程

使用引导类加载器加载类时，调用 ClassLoader::load_classfile()函数加载类，如果得到了 Klass 实例，随后调用的 SystemDictionary::find_or_define_instance_class()函数会将这个 Klass 实例添加到字典中。代码如下：

源代码位置：openjdk/hotspot/src/share/vm/classfile/systemDictionary.cpp

```
instanceKlassHandle SystemDictionary::find_or_define_instance_class(
    Symbol*            class_name,
    Handle             class_loader,
    instanceKlassHandle  k,
    TRAPS
```

```
) {
    instanceKlassHandle  nh = instanceKlassHandle(); // 空的 Handle
    Symbol*              name_h = k->name();
    ClassLoaderData*     loader_data = class_loader_data(class_loader);

    unsigned int         d_hash = dictionary()->compute_hash(name_h, loader_
data);
    int                  d_index = dictionary()->hash_to_index(d_hash);

    ...
    {
      MutexLocker mu(SystemDictionary_lock, THREAD);
      // 检查类是否已经加载过了，如果已经加载过，则存在对应的 InstanceKlass 实例
      if (UnsyncloadClass || (is_parallelDefine(class_loader))) {
        Klass* check = find_class(d_index, d_hash, name_h, loader_data);
        if (check != NULL) {
          return(instanceKlassHandle(THREAD, check));
        }
      }
      ...
    }
    // 在 SystemDictionary::load_instance_class() 函数里已经调用 ClassLoader::
    // load_classfile()
    // 函数加载了类，因此这里只需要创建 InstanceKlass 实例并将其保存到字典中即可
    define_instance_class(k, THREAD);
    ...
    return k;
}
```

其中，find_or_define_instance_class()函数同样会调用 find_class()函数从字典中检查这个类是否已经保存到系统字典中（因为并行加载的原因，其他线程可能已经创建了 InstanceKlass 实例并将其保存到字典中了），如果找到实例就直接返回，否则调用 define_instance_class()函数定义一个 InstanceKlass 实例并将其保存到字典中，define_instance_class()函数最终会调用 SystemDictionary::update_dictionary()函数将已经加载的类添加到系统词典 SystemDictionary 里。代码如下：

源代码位置：openjdk/hotspot/src/share/vm/classfile/systemDictionary.cpp

```
void SystemDictionary::update_dictionary(
    int                 d_index,
    unsigned int        d_hash,
    int                 p_index,
    unsigned int        p_hash,
    instanceKlassHandle k,
    Handle              class_loader,
    TRAPS
) {
    Symbol* name = k->name();
    ClassLoaderData *loader_data = class_loader_data(class_loader);

    {
```

```
        MutexLocker mul(SystemDictionary_lock, THREAD);
        Klass* sd_check = find_class(d_index, d_hash, name, loader_data);
        if (sd_check == NULL) {
            dictionary()->add_klass(name, loader_data, k);
        }
    }
}
```

SystemDictionary 用来保存类加载器加载过的类信息。准确地说，SystemDictionary 并不是一个容器，真正用来保存类信息的容器是 Dictionary。每个 ClassLoaderData 中都保存着一个私有的 Dictionary，而 SystemDictionary 只是一个拥有很多静态函数的工具类而已。

Dictionary 的底层数据存储结构为 Hash，key 由类名（含有包路径）和类加载器两者确定，value 则为具体加载的类对应的 instanceKlassHandle 实例。在系统词典里使用类加载器和类的包路径+类名唯一确定一个类。这也验证了在 Java 中同一个类使用两个类加载器进行加载后，加载的两个类是不一样的，也是不能相互赋值的。

3. findClass()方法

调用 findClass()方法可以完成类的加载请求，该方法会调用本地函数 defineClass1()，definClass1()对应的本地方法为 Java_java_lang_ClassLoader_defineClass1()。代码如下：

```
源代码位置：openjdk/jdk/src/share/native/java/lang/ClassLoader.c

JNIEXPORT jclass JNICALL Java_java_lang_ClassLoader_defineClass1(
    JNIEnv    *env,
    jclass    cls,
    jobject   loader,
    jstring   name,
    jbyteArray data,
    jint      offset,
    jint      length,
    jobject   pd,
    jstring   source
){
    ...
    result = JVM_DefineClassWithSource(env, utfName, loader, body, length,
pd, utfSource);
    ...
    return result;
}
```

Java_java_lang_ClassLoader_defineClass1()函数主要调用了 JVM_DefineClassWithSource()函数加载类，JVM_DefineClassWithSource()函数最终调用的是 jvm_define_class_common()函数。核心代码如下：

```
源代码位置：openjdk/hotspot/src/share/vm/prims/jvm.cpp

JVM_ENTRY(jclass, JVM_DefineClassWithSource(JNIEnv *env,const char *name,
    jobject loader,const jbyte *buf,jsize len,jobject pd,const char
*source
))
```

```
      return jvm_define_class_common(env, name, loader, buf, len, pd, source,
true, THREAD);
JVM_END


static jclass jvm_define_class_common(JNIEnv *env,const char *name,jobject
loader,
   const jbyte  *buf,jsize len,jobject pd,const char *source,jboolean
verify,TRAPS
) {

  TempNewSymbol class_name = NULL;
  // 在 HotSpot VM 中，字符串使用 Symbol 实例表示，以达到重用和唯一的目的
  if (name != NULL) {
   const int str_len = (int)strlen(name);
   class_name = SymbolTable::new_symbol(name, str_len, CHECK_NULL);
  }

  ClassFileStream st((u1*) buf, len, (char *)source);
  Handle class_loader (THREAD, JNIHandles::resolve(loader));
  Handle protection_domain (THREAD, JNIHandles::resolve(pd));
  Klass* k = SystemDictionary::resolve_from_stream(class_name, class_loader,
                                 protection_domain, &st,verify != 0,
CHECK_NULL);

  return (jclass) JNIHandles::make_local(env, k->java_mirror());
}
```

HotSpot VM 利用 ClassFileStream 将要加载的 Class 文件转换成文件流，然后调用
SystemDictionary::resolve_from_stream()函数生成 Klass 实例。代码如下：

```
源代码位置：openjdk/hotspot/src/share/vm/classfile/systemDictionary.cpp

Klass* SystemDictionary::resolve_from_stream(Symbol* class_name,
                                 Handle class_loader,
                                 Handle protection_domain,
                                 ClassFileStream* st,
                                 bool verify,
                                 TRAPS) {
...
  // 解析文件流，生成 InstanceKlass
  ClassFileParser cfp = ClassFileParser(st);
  instanceKlassHandle k = cfp.parseClassFile(class_name,
                                 loader_data,
                                 protection_domain,
                                 parsed_name,
                                 verify,
                                 THREAD);

...
  if (!HAS_PENDING_EXCEPTION) {
   if (is_parallelCapable(class_loader)) { // 支持并行加载
    k = find_or_define_instance_class(class_name, class_loader, k, THREAD);
   } else {
```

```
      // 如果禁止并行加载，那么直接利用 SystemDictionary 将 InstanceKlass 实例
      // 注册到 SystemDictionary 中
      define_instance_class(k, THREAD);
    }
  }

  return k();
}
```

调用 parseClassFile()函数完成类的解析之后会生成 Klass 实例，调用 find_or_define_instance_class()或 define_instance_class()函数可以将 Klass 实例注册到 SystemDictionary 中。关于 parseClassFile()函数，将在第 4 章中详细介绍。

findClass()方法的执行流程如图 3-5 所示。

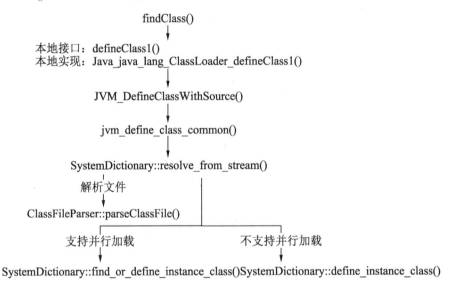

图 3-5 findClass()方法的执行流程

【实例 3-2】更改实例 3-1 中 UserClassLoader 类的 loadClass()方法，代码如下：

```
@Override
protected Class<?> loadClass(String name, boolean resolve) throws Class
NotFoundException {
    if (name.startsWith("com.classloading")) {
        return findClass(name);
    }
    return super.loadClass(name, resolve);
}
```

此时像 Student 这样在 com.classloading 包下的类就会由用户自定义的类加载器 User-ClassLoader 类来加载了。

更改实例 3-1 中 TestClassLoader 类的实现代码，使用 Student 类型接收 clazz.newInstance()获取的 Student 对象，代码如下：

```
Student obj = (Student)clazz.newInstance();
```

实例运行后，抛出异常的简要信息如下：

```
Exception in thread "main" java.lang.ClassCastException: com.classloading.
Student cannot be cast to com.classloading.Student
```

因为实例化的 Student 对象所属的 InstanceKlass 实例是由 UserClassLoader 加载生成的，而我们要强制转换的 Student 类型对应的 InstanceKlass 实例是由系统默认的 AppClassLoader 加载而生成的，所以本质上它们是两个毫无关联的 InstanceKlass 实例，当然不能强制转换。

3.2　预 加 载 类

Universe::genesis() 函数中有对数组及核心类的加载逻辑。数组类没有对应的 Class 文件，因此在类加载阶段，基本类型的一维数组会被 HotSpot VM 直接创建，并且不需要进行验证、准备和初始化等操作。类加载就是通过宏来定义一些需要加载的核心类，然后调用前面介绍的一些类加载器方法来加载类。下面介绍核心类和数组类型的预加载。

3.2.1　核心类的预加载

HotSpot VM 在启动过程中会预加载一些核心类，如 Object 和 String 等。需要预加载的类通过如下宏进行定义：

源代码位置：openjdk/hotspot/src/share/vm/classfile/systemDictionary.hpp

```
#define WK_KLASSES_DO(do_klass)                              \
do_klass(Object_klass,       java_lang_Object ,        Pre)  \
do_klass(String_klass,       java_lang_String,         Pre ) \
do_klass(Class_klass,        java_lang_Class,          Pre ) \
do_klass(Cloneable_klass,    java_lang_Cloneable,      Pre ) \
do_klass(ClassLoader_klass,  java_lang_ClassLoader,    Pre ) \
do_klass(Serializable_klass, java_io_Serializable,     Pre)  \
do_klass(System_klass,       java_lang_System,         Pre ) \
...
```

通过宏定义了需要预加载的类，这个宏在枚举类 WKID 中使用，代码如下：

源代码位置：openjdk/hotspot/src/share/vm/classfile/systemDictionary.hpp

```
enum WKID {
    NO_WKID = 0,

    #define WK_KLASS_ENUM(name, symbol, ignore_o) WK_KLASS_ENUM_NAME(name),
WK_KLASS_ENUM_NAME(symbol) = WK_KLASS_ENUM_NAME(name),
    WK_KLASSES_DO(WK_KLASS_ENUM)
    #undef WK_KLASS_ENUM
```

```
    WKID_LIMIT,
    FIRST_WKID = NO_WKID + 1
};
```

将宏扩展后，变为如下形式：

```
enum WKID {
  NO_WKID = 0,

  Object_klass_knum, java_lang_Object_knum = Object_klass_knum, \
  String_klass_knum, java_lang_String_knum = String_klass_knum, \
  Class_klass_knum, java_lang_Class_knum = Class_klass_knum, \
  Cloneable_klass_knum, java_lang_Cloneable_knum = Cloneable_klass_knum, \
  ClassLoader_klass_knum, java_lang_ClassLoader_knum = ClassLoader_klass_
knum, \
  ...

  WKID_LIMIT,                              // 70
  FIRST_WKID = NO_WKID + 1                 // 1
};
```

根据枚举类中定义的名称我们可以知道加载的是哪些核心类，这些类在 HotSpot VM 启动时就会预加载，调用链路如下：

```
Universe::genesis()                                universe.cpp
SystemDictionary::initialize()                     systemDictionary.cpp
SystemDictionary::initialize_preloaded_classes()   systemDictionary.cpp
SystemDictionary::initialize_wk_klasses_through()  systemDictionary.hpp
SystemDictionary::initialize_wk_klasses_until()    systemDictionary.cpp
```

SystemDictionary::initialize_preloaded_classes()函数分批次预加载类。首先会调用 System-Dictionary::initialize_wk_klasses_until()函数遍历 WK_KLASSES_DO 宏中表示的所有需要预加载的类，代码如下：

```
源代码位置：openjdk/hotspot/src/share/vm/classfile/systemDictionary.cpp

void SystemDictionary::initialize_wk_klasses_until(WKID limit_id, WKID
&start_id, TRAPS) {
  assert((int)start_id <= (int)limit_id, "IDs are out of order!");
  for (int id = (int)start_id; id < (int)limit_id; id++) {
    assert(id >= (int)FIRST_WKID && id < (int)WKID_LIMIT, "oob");
    int info = wk_init_info[id - FIRST_WKID];
    int sid = (info >> CEIL_LG_OPTION_LIMIT);
    // right_n_bits 的宏扩展为
    // ((CEIL_LG_OPTION_LIMIT >= BitsPerWord ? 0 : OneBit << (CEIL_LG_OPTION_
LIMIT)) - 1)
    int opt = (info & right_n_bits(CEIL_LG_OPTION_LIMIT));

    initialize_wk_klass((WKID)id, opt, CHECK);
  }
  start_id = limit_id;
}
```

其中，wk_init_info 数组的定义如下：

源代码位置：openjdk/hotspot/src/share/vm/classfile/systemDictionary.cpp

```
static const short wk_init_info[] = {
  #define WK_KLASS_INIT_INFO(name, symbol, option) \
    ( ((int)vmSymbols::VM_SYMBOL_ENUM_NAME(symbol) \
        << SystemDictionary::CEIL_LG_OPTION_LIMIT) \
      | (int)SystemDictionary::option ),
  WK_KLASSES_DO(WK_KLASS_INIT_INFO)
  #undef WK_KLASS_INIT_INFO
  0
};
```

wk_init_info 数组经过宏扩展后最终变为如下形式：

```
static const short wk_init_info[] = {
( ((int)vmSymbols::java_lang_Object_enum \
  << SystemDictionary::CEIL_LG_OPTION_LIMIT) \
  | (int)SystemDictionary::Pre ), \
( ((int)vmSymbols::java_lang_String_enum \
  << SystemDictionary::CEIL_LG_OPTION_LIMIT)     \
  | (int)SystemDictionary::Pre ), \
( ((int)vmSymbols::java_lang_Class_enum \
  << SystemDictionary::CEIL_LG_OPTION_LIMIT)    \
  | (int)SystemDictionary::Pre ), \
( ((int)vmSymbols::java_lang_Cloneable_enum \
  << SystemDictionary::CEIL_LG_OPTION_LIMIT) \
  | (int)SystemDictionary::Pre ), \
( ((int)vmSymbols::java_lang_ClassLoader_enum \
  << SystemDictionary::CEIL_LG_OPTION_LIMIT) \
  | (int)SystemDictionary::Pre ), \
...
0
};
```

在 SystemDictionary::initialize_wk_klasses_until() 函数或上面的 wk_init_info 数组中用到的 CEIL_LG_OPTION_LIMIT 是枚举变量，定义在 InitOption 枚举类中，代码如下：

源代码位置：openjdk/hotspot/src/share/vm/classfile/systemDictionary.hpp

```
enum InitOption {
    // 标记为 Pre 和 Pre_JSR292 的类会调用 resolve_or_fail() 函数进行预加载
    // 如果类不存在，则报错
    Pre,
    Pre_JSR292,
    // 标记为 Opt、Opt_Only_JDK14NewRef 和 Opt_Only_JDK15 的类会调用
    // resolve_or_null() 函数进行预加载，如果不存在，则返回 NULL
    Opt,
    Opt_Only_JDK14NewRef,
    Opt_Only_JDK15,
    OPTION_LIMIT, // 5
    CEIL_LG_OPTION_LIMIT = 4
};
```

在宏 WK_KLASSES_DO 中定义每个需要加载的核心类时也会指定 InitOption 的值，这些值会影响类加载的行为。

在 initialize_wk_klasses_until() 函数中调用 initialize_wk_klasses() 函数，代码如下：

源代码位置：openjdk/hotspot/src/share/vm/classfile/systemDictionary.cpp

```
bool SystemDictionary::initialize_wk_klass(WKID id, int init_opt, TRAPS) {
  assert(id >= (int)FIRST_WKID && id < (int)WKID_LIMIT, "oob");
  int  info = wk_init_info[id - FIRST_WKID];
  int  sid  = (info >> CEIL_LG_OPTION_LIMIT);
  Symbol* symbol = vmSymbols::symbol_at((vmSymbols::SID)sid);
  Klass** klassp = &_well_known_klasses[id];
  bool must_load = (init_opt < SystemDictionary::Opt);
  if ((*klassp) == NULL) {
    if (must_load) {
      // load required class
      (*klassp) = resolve_or_fail(symbol, true, CHECK_0);
    } else {
      (*klassp) = resolve_or_null(symbol, CHECK_0); // load optional klass
    }
  }
  return ((*klassp) != NULL);
}
```

调用 resolve_or_fail() 或 resolve_or_null() 函数进行类的加载时，最终会调用 System-Dictionary::load_instance_class() 函数，例如在加载核心类时调用链路如下：

```
SystemDictionary::resolve_or_fail()                      systemDictionary.cpp
SystemDictionary::resolve_or_fail()                      systemDictionary.cpp
SystemDictionary::resolve_or_null()                      systemDictionary.cpp
SystemDictionary::resolve_instance_class_or_null()       systemDictionary.cpp
SystemDictionary::load_instance_class()                  systemDictionary.cpp
```

调用 resolve_or_fail() 函数的代码如下：

源代码位置：openjdk/hotspot/src/share/vm/classfile/systemDictionary.cpp

```
Klass* SystemDictionary::resolve_or_fail(Symbol* class_name, Handle class_
loader,
                                       Handle protection_domain, bool throw_
error, TRAPS) {
  Klass* klass = resolve_or_null(class_name, class_loader, protection_
domain, THREAD);
  // 如果之前已经产生了异常或 klass 为空，则抛出异常
  if (HAS_PENDING_EXCEPTION || klass == NULL) {
    KlassHandle k_h(THREAD, klass);
    klass = handle_resolution_exception(class_name, class_loader,
                       protection_domain, throw_error, k_h, THREAD);
  }
  return klass;
}
```

调用 resolve_or_null() 函数加载类，但是 klass 一定不能为空，如果为空则抛出异常，而调用 resolve_or_null() 函数时，即使 klass 为空也不会抛出异常。调用 resolve_or_null()

函数的代码如下:

```
源代码位置: openjdk/hotspot/src/share/vm/classfile/systemDictionary.cpp

Klass* SystemDictionary::resolve_or_null(Symbol* class_name, Handle class_
loader,
                                Handle protection_domain, TRAPS) {
  // 数组，通过签名的格式来判断
  if (FieldType::is_array(class_name)) {
    return resolve_array_class_or_null(class_name, class_loader, protection_
domain, CHECK_NULL);
  }
  // 普通类，通过签名的格式来判断
  else if (FieldType::is_obj(class_name)) {
    ResourceMark rm(THREAD);
    // Ignore wrapping L and ;.
    TempNewSymbol name = SymbolTable::new_symbol(class_name->as_C_string() + 1,
                                class_name->utf8_length() - 2,
                CHECK_NULL);
    return resolve_instance_class_or_null(name, class_loader, protection_
domain, CHECK_NULL);
  }
  else {
    return resolve_instance_class_or_null(class_name, class_loader,
protection_domain, CHECK_NULL);
  }
}
```

在以上代码中，调用 resolve_array_class_or_null()函数加载数组，调用 resolve_instance_
class_or_null()函数加载类。这两个函数在前面已经详细介绍过，这里不再赘述。

3.2.2 数组的预加载

Java 中并没有表示数组的对应类，但是在 HotSpot VM 内部却定义了相关的类来表示
Java 数组。在 Universe::genesis()函数中创建元素类型为基本类型的一维数组，代码如下:

```
源代码位置: openjdk/hotspot/src/share/vm/memory/universe.cpp

void Universe::genesis(TRAPS) {
  {
    {
    MutexLocker mc(Compile_lock);
    // 计算数组的 vtable 的大小，值为 5
    compute_base_vtable_size();

    if (!UseSharedSpaces) {              // UseSharedSpaces 默认的值为 false
      _boolArrayKlassObj    = TypeArrayKlass::create_klass(T_BOOLEAN,
sizeof(jboolean), CHECK);
      _charArrayKlassObj    = TypeArrayKlass::create_klass(T_CHAR,
sizeof(jchar),   CHECK);
      _singleArrayKlassObj  = TypeArrayKlass::create_klass(T_FLOAT,
sizeof(jfloat),  CHECK);
```

```
              _doubleArrayKlassObj      = TypeArrayKlass::create_klass(T_DOUBLE,
sizeof(jdouble),   CHECK);
              _byteArrayKlassObj        = TypeArrayKlass::create_klass(T_BYTE,
sizeof(jbyte),    CHECK);
              _shortArrayKlassObj       = TypeArrayKlass::create_klass(T_SHORT,
sizeof(jshort),   CHECK);
              _intArrayKlassObj         = TypeArrayKlass::create_klass(T_INT,
sizeof(jint),     CHECK);
              _longArrayKlassObj        = TypeArrayKlass::create_klass(T_LONG,
sizeof(jlong),    CHECK);

         _typeArrayKlassObjs[T_BOOLEAN] = _boolArrayKlassObj;
         _typeArrayKlassObjs[T_CHAR]    = _charArrayKlassObj;
         _typeArrayKlassObjs[T_FLOAT]   = _singleArrayKlassObj;
         _typeArrayKlassObjs[T_DOUBLE]  = _doubleArrayKlassObj;
         _typeArrayKlassObjs[T_BYTE]    = _byteArrayKlassObj;
         _typeArrayKlassObjs[T_SHORT]   = _shortArrayKlassObj;
         _typeArrayKlassObjs[T_INT]     = _intArrayKlassObj;
         _typeArrayKlassObjs[T_LONG]    = _longArrayKlassObj;

         ...
     }
  }
  ...
}
```

元素类型为基本类型的一维数组的创建过程在 2.1.5 节中已经介绍过，这里不再赘述。有了元素类型为基本类型的一维数组后，可以方便地创建出多维数组。

创建出来的一维数组会被存储到类型为 Klass*的 typeArrayKlassObjs 数组中，这样就可以根据这些一维数组的 TypeArrayKlass 实例创建出多维数组了。前面介绍 java_lang_Class::create_basic_type_mirror()函数时曾调用了 typeArrayKlassObj()函数，其实就是获取创建出来的一维数组的实例。

对于对象类型数组而言，只要创建代表对象类型的 InstanceKlass 实例，就可以根据 InstanceKlass 及 ObjArrayKlass 中的一些字段表示 n 维对象类型数组，这一点在 2.1.6 节中已经介绍过，这里不再赘述。

3.3　Java 主类的装载

我们在 1.4 节中曾经介绍过 HotSpot VM 的启动过程，启动完成后会调用 JavaMain()函数执行 Java 应用程序，也就是执行 Java 主类的 main()方法之前需要先在 JavaMain()函数（定义在 openjdk/jdk/src/share/bin/java.c 文件中）中调用 LoadMainClass()函数装载 Java 主类，代码如下：

源代码位置：openjdk/jdk/src/share/bin/java.c

```
static jclass LoadMainClass(JNIEnv *env, int mode, char *name){
```

```
    jmethodID   mid;
    jstring     str;
    jobject     result;
    jlong       start, end;

    // 加载 sun.launcher.LauncherHelper 类
    jclass cls = GetLauncherHelperClass(env);

    // 获取 sun.launcher.LauncherHelper 类中定义的 checkAndLoadMain()方法的指针
    NULL_CHECK0(mid = (*env)->GetStaticMethodID(
                    env,cls,"checkAndLoadMain","(ZILjava/lang/String;)
Ljava/lang/Class;"));

    // 调用 sun.launcher.LauncherHelper 类中的 checkAndLoadMain()方法
    str = NewPlatformString(env, name);
    result = (*env)->CallStaticObjectMethod(env, cls, mid, USE_STDERR,
mode, str);

    return (jclass)result;
}
```

下面介绍以上代码中调用的一些函数。

1．GetLauncherHelperClass()函数

调用 GetLauncherHelperClass()函数的代码如下：

源代码位置：openjdk/jdk/src/share/bin/java.c

```
jclass GetLauncherHelperClass(JNIEnv *env){
    if (helperClass == NULL) {
        NULL_CHECK0(helperClass = FindBootStrapClass(env,"sun/launcher/
LauncherHelper"));
    }
    return helperClass;
}
```

调用 FindBootStrapClass()函数的代码如下：

源代码位置：openjdk/jdk/src/solaris/bin/java_md_commons.c

```
static FindClassFromBootLoader_t *findBootClass = NULL;

// 参数 classname 的值为"sun/launcher/LauncherHelper"。
jclass FindBootStrapClass(JNIEnv *env, const char* classname){
    if (findBootClass == NULL) {
        // 返回指向 JVM_FindClassFromBootLoader()函数的函数指针
        findBootClass = (FindClassFromBootLoader_t *)dlsym(
                        RTLD_DEFAULT,"JVM_FindClassFromBootLoader");
    }
    return findBootClass(env, classname);
}
```

通过函数指针 findBootClass 来调用 JVM_FindClassFromBootLoader()函数，代码如下：

源代码位置：openjdk/hotspot/src/share/vm/prims/jvm.cpp

```
JVM_ENTRY(jclass, JVM_FindClassFromBootLoader(JNIEnv* env,const char*
name))

  TempNewSymbol h_name = SymbolTable::new_symbol(name, CHECK_NULL);
  Klass* k = SystemDictionary::resolve_or_null(h_name, CHECK_NULL);
  if (k == NULL) {
    return NULL;
  }

  return (jclass) JNIHandles::make_local(env, k->java_mirror());
JVM_END
```

调用 SystemDictionary::resolve_or_null()函数查找类 sun.launcher.LauncherHelper，如果查找不到还会加载类。该函数在前面已经详细介绍过，这里不再赘述。

2. GetStaticMethodID()函数

通过 JNI 的方式调用 Java 方法时，首先要获取方法的 methodID。调用 GetStaticMethodID()函数可以查找 Java 启动方法（Java 主类中的 main()方法）的 methodID。调用 GetStatic-MethodID()函数其实调用的是 jni_GetStaticMethodID()函数，代码如下：

源代码位置：openjdk/hotspot/src/share/vm/prims/jni.cpp

```
// 传递的参数 name 为"checkAndLoadMain"，而 sig 为"(ZILjava/lang/String;)
Ljava/lang/Class;",
// 也就是 checkAndLoadMain()方法的签名
JNI_ENTRY(jmethodID, jni_GetStaticMethodID(JNIEnv *env, jclass clazz,
const char *name, const char *sig))
  jmethodID ret = get_method_id(env, clazz, name, sig, true, thread);
  return ret;
JNI_END
```

调用 get_method_id()函数的代码如下：

源代码位置：openjdk/hotspot/src/share/vm/prims/jni.cpp

```
static jmethodID get_method_id(JNIEnv *env, jclass clazz, const char
*name_str,
                              const char *sig, bool is_static, TRAPS) {
  const char *name_to_probe = (name_str == NULL)
                  ? vmSymbols::object_initializer_name()->as_C_string()
                  : name_str;
  TempNewSymbol name = SymbolTable::probe(name_to_probe, (int)strlen
(name_to_probe));
  TempNewSymbol signature = SymbolTable::probe(sig, (int)strlen(sig));
  // 确保 sun.launcher.LauncherHelper 类已经初始化完成
  KlassHandle klass(THREAD,java_lang_Class::as_Klass(JNIHandles::resolve_
non_null(clazz)));
  klass()->initialize(CHECK_NULL);

  Method* m;
```

```
if (name == vmSymbols::object_initializer_name() ||  // name 为<init>
    name == vmSymbols::class_initializer_name()) {   // name 为<clinit>
  // 在查找构造函数时，只查找当前类中的构造函数，不查找超类构造函数
  if (klass->oop_is_instance()) {
    m = InstanceKlass::cast(klass())->find_method(name, signature);
  } else {
    m = NULL;
  }
} else {
  m = klass->lookup_method(name, signature);        // 在特定类中查找方法
  if (m == NULL &&  klass->oop_is_instance()) {
    m = InstanceKlass::cast(klass())->lookup_method_in_ordered_interfaces
(name, signature);
  }
}
// 获取方法对应的 methodID，methodID 指定后不会变，所以可以重复使用 methodID
return m->jmethod_id();
}
```

在查找构造方法时调用了 InstanceKlass 类中的 find_method()函数，这个函数不会查找超类；在查找普通方法时调用了 Klass 类中的 lookup_method()或 InstanceKlass 类中的 lookup_method_in_ordered_interfaces()函数，这两个函数会从父类和接口中查找，lookup_method()函数的实现代码如下：

```
源代码位置：openjdk/hotspot/src/share/vm/oops/klass.hpp

Method* lookup_method(Symbol* name, Symbol* signature) const {
    return uncached_lookup_method(name, signature);
}

Method* InstanceKlass::uncached_lookup_method(Symbol* name, Symbol*
signature) const {
  Klass* klass = const_cast<InstanceKlass*>(this);
  bool dont_ignore_overpasses = true;
  while (klass != NULL) {
    // 调用 find_method()函数从当前 InstanceKlass 的_methods 数组中查找
    // 名称和签名相同的方法
    Method* method = InstanceKlass::cast(klass)->find_method(name, signature);
    if ((method != NULL) && (dont_ignore_overpasses || !method->is_
overpass())) {
      return method;
    }
    klass = InstanceKlass::cast(klass)->super();
    dont_ignore_overpasses = false;
  }
  return NULL;
}
```

如果调用 find_method()函数无法从当前类中找到对应的方法，那么就通过 while 循环一直从继承链往上查找，如果找到就直接返回，否则返回 NULL。find_method()函数的实现代码如下：

源代码位置：openjdk/hotspot/src/share/vm/oops/instanceklass.cpp

```
// 从当前的 InstanceKlass 中的_methods 数组中查找，这个数组中只存储了当前类中定义的
   方法
Method* InstanceKlass::find_method(Symbol* name, Symbol* signature) const {
  return InstanceKlass::find_method(methods(), name, signature);
}

Method* InstanceKlass::find_method(Array<Method*>* methods, Symbol* name,
Symbol* signature) {
  int hit = find_method_index(methods, name, signature);
  return hit >= 0 ? methods->at(hit): NULL;
}
```

方法解析完成后会返回存储所有方法的数组，调用 ClassFileParser::sort_methods()函数对数组排序后保存在 InstanceKlass 类的_methods 属性中。调用 find_method_index()函数使用二分查找算法在_methods 属性中查找方法，如果找到方法，则返回数组的下标位置，否则返回-1。正常情况下肯定能找到 sun.launcher.LauncherHelper 类中的 checkAndLoadMain()方法。找到以后，就可以在 LoadMainClass()函数中通过 CallStaticObjectMethod()函数调用 checkAndLoadMain()方法了。

3. CallStaticObjectMethod()函数

在 LoadMainClass()函数中调用 CallStaticObjectMethod()函数会执行 sun.launcher. LauncherHelper 类的 checkAndLoadMain()方法。CallStaticObjectMethod()函数会通过 jni_invoke_static()函数执行 checkAndLoadMain()方法。jni_invoke_static()函数的实现代码如下：

源代码位置：openjdk/hotspot/src/share/vm/prims/jni.cpp

```
static void jni_invoke_static(JNIEnv *env, JavaValue* result, jobject
receiver, JNICallType call_type,
      jmethodID method_id, JNI_ArgumentPusher *args, TRAPS) {
  methodHandle method(THREAD, Method::resolve_jmethod_id(method_id));

  ResourceMark rm(THREAD);
  int number_of_parameters = method->size_of_parameters();
  //将要传给 Java 的参数转换为 JavaCallArguments 实例传下去
  JavaCallArguments java_args(number_of_parameters);
  args->set_java_argument_object(&java_args);

  // 填充 JavaCallArguments 实例
  args->iterate( Fingerprinter(method).fingerprint() );
  // 初始化返回类型
  result->set_type(args->get_ret_type());

  // 供 C/C++程序调用 Java 方法
  JavaCalls::call(result, method, &java_args, CHECK);
```

```
    // 转换结果类型
    if (result->get_type() == T_OBJECT || result->get_type() == T_ARRAY) {
        result->set_jobject(JNIHandles::make_local(env, (oop) result->get_
jobject()));
    }
}
```

最终通过 JavaCalls::call() 函数调用 Java 方法，在后续介绍方法执行引擎时会详细介绍
JavaCalls::call() 函数的实现细节。jni_invoke_static() 函数看起来比较复杂，是因为 JNI 调用
时需要对参数进行转换，在 JNI 环境下只能使用句柄访问 HotSpot VM 中的实例，因此在
每次函数的开始和结束时都需要调用相关函数对参数进行转换，如调用 Method::resolve_
jmethod_id()、调用 JNIHandles::make_local() 等函数。

最后看一下调用 JavaCalls::call() 函数执行的 Java 方法 checkAndLoadMain() 方法的实现
代码：

源代码位置：openjdk/jdk/src/share/classes/sun/launcher/LauncherHelper.java

```java
public static Class<?> checkAndLoadMain(boolean printToStderr,int mode,
String what) {
    initOutput(printToStderr);
    // 获取类名称
    String cn = null;
    switch (mode) {
        case LM_CLASS:
            cn = what;
            break;
        case LM_JAR:
            cn = getMainClassFromJar(what);
            break;
        default:
            throw new InternalError("" + mode + ": Unknown launch mode");
    }
    cn = cn.replace('/', '.');
    Class<?> mainClass = null;
    try {
        mainClass = scloader.loadClass(cn);  // 根据类名称加载主类
    } catch (NoClassDefFoundError | ClassNotFoundException cnfe) {
        ...
    }
    appClass = mainClass;

    return mainClass;
}
```

如果我们为虚拟机指定运行主类为 com.classloading/Test，那么这个参数会被传递到
checkAndLoadMain() 方法中作为 what 参数的值。这个类最终会通过应用类加载器进行加
载，也就是 AppClassLoader。

scloader 是全局变量，定义如下：

源代码位置：openjdk/jdk/src/share/classes/sun/launcher/LauncherHelper.java

```
private static final ClassLoader scloader = ClassLoader.getSystemClass
Loader();
```

调用 scloader 的 loadClass()方法会调用 java.lang.ClassLoader 的 loadClass()方法，前面已经介绍过该方法，首先通过 findLoadedClass()方法判断当前加载器是否已经加载了指定的类，如果没有加载并且 parent 不为 NULL，则调用 parent.loadClass()方法完成加载。而 AppClassLoader 的父加载器是 ExtClassLoader，这是加载 JDK 中的扩展类，并不会加载 Java 主类，最终根类加载器也不会加载 Java 的主类（因为这个主类不在根类加载器负责加载的范围之内），因此只能调用 findClass()方法完成主类的加载。对于 AppClassLoader 来说，调用的是 URLClassLoader 类中实现的 findClass()方法，该方法在前面已经详细介绍过，这里不再赘述。

在 checkAndLoadMain()方法中调用 AppClassLoader 类加载器的 loadClass()方法就完成了主类的加载，后续 HotSpot VM 会在主类中查找 main()方法然后运行 main()方法。

3.4 触发类的装载

首先来介绍一下类加载的时机。下面 5 种情况下会导致类初始化，因此必须在发生这 5 种情况之前对类进行加载。

- 当虚拟机启动时加载主类，3.3 节已经详细介绍过主类的加载过程。
- 使用 java.lang.reflect 包的方法对类进行反射调用时，如果类还没有初始化，则需要进行初始化。
- new 一个类的对象，调用类的静态成员（除了由 final 修饰的常量外）和静态方法，无论是解析执行还是编译执行的情况下，都会在处理 new、getstatic、putstatic 或 invokestatic 字节码指令时对类进行初始化。在第 9 章中会介绍使用 new 字节码指令创建对象的过程，其中就会有触发类装载的逻辑判断。
- 当初始化一个类时，如果其父类没有被初始化，则先初始化其父类。后续在介绍函数 InstanceKlass::initialize_impl()时会看到这个判断逻辑。
- 在使用 JDK 7 的动态语言支持时，如果一个 java.lang.invoke.MethodHandle 对象最后的解析结果是 REF_getStatic、REF_putStatic 和 REF_invokeStatic 的方法句柄，并且这个方法句柄所对应的类没有进行初始化，则需要先进行初始化。

可以通过调用 ClassLoader 类的 loadClass()方法装载类，还可以调用 java.lang.Class. forName()方法通过反射的方式完成装载类。loadClass()方法只是将 Class 文件装载到 HotSpot VM 中，而 forName()方法会完成类的装载、链接和初始化过程。

forName()方法的实现代码如下：

源代码位置：openjdk/jdk/src/share/classes/java/lang/Class.java

```
public static Class<?> forName(String className) throws ClassNotFound
```

```
Exception {
        Class<?> caller = Reflection.getCallerClass();
        // 第 2 个参数的值为 true，表示要对类进行初始化
        return forName0(className, true, ClassLoader.getClassLoader(caller),
caller);
}
```

调用的 forName0() 是一个本地静态方法，HotSpot VM 提供了这个方法的本地实现，代码如下：

源代码位置：openjdk/jdk/src/share/native/java/lang/Class.c

```
JNIEXPORT jclass JNICALL
Java_java_lang_Class_forName0(JNIEnv *env, jclass this, jstring classname,
                      jboolean initialize, jobject loader)
{
    char *clname;
    jclass cls = 0;

    cls = JVM_FindClassFromClassLoader(env, clname, initialize, loader,
JNI_FALSE);

    return cls;
}
```

调用 JVM_FindClassFromClassLoader() 函数的实现代码如下：

源代码位置：openjdk/hotspot/src/share/vm/prims/jvm.cpp

```
JVM_ENTRY(jclass, JVM_FindClassFromClassLoader(JNIEnv* env, const char*
name,
                                          jboolean init, jobject loader,
                                          jboolean throwError))
    ...
  TempNewSymbol h_name = SymbolTable::new_symbol(name, CHECK_NULL);
  Handle h_loader(THREAD, JNIHandles::resolve(loader));
  jclass result = find_class_from_class_loader(env, h_name, init, h_loader,
                                      Handle(), throwError, THREAD);
  return result;
JVM_END
```

调用 find_class_from_class_loader() 函数的实现代码如下：

源代码位置：openjdk/hotspot/src/share/vm/prims/jvm.cpp

```
jclass find_class_from_class_loader(JNIEnv* env, Symbol* name, jboolean
init,
                    Handle loader, Handle protection_domain,
                    jboolean throwError, TRAPS) {
  // 遵循双亲委派机制加载类
  Klass* klass = SystemDictionary::resolve_or_fail(name, loader,
                    protection_domain, throwError != 0, CHECK_NULL);

  KlassHandle klass_handle(THREAD, klass);
  if (init && klass_handle->oop_is_instance()) {   // init 的值为 true
    klass_handle->initialize(CHECK_NULL);                // 对类进行初始化操作
```

```
    }
    return (jclass) JNIHandles::make_local(env, klass_handle->java_mirror());
}
```

　　SystemDictionary::resolve_or_fail()函数在前面介绍过，该函数会遵循双亲委派机制加载类，通常会创建或从 Dictionary 中查询已经加载的 InstanceKlass 实例，不涉及对类的连接和初始化等操作。通过 forName()方法调用 find_class_from_class_loader()函数时，还会调用 initialize()函数执行类的初始化操作，后面的内容中会专门介绍类的初始化，这里暂不展开介绍。

第4章　类与常量池的解析

第3章在介绍类的双亲委派机制时，多次涉及对 ClassFileParser 类中的 parseClassFile() 函数的调用。因为类的加载不仅仅是找到类对应的 Class 文件，更要解析出 Class 文件中包含的信息，然后将其转换为 HotSpot VM 的内部表示方式，这样虚拟机在运行的过程中才能方便地操作。

4.1　类 的 解 析

4.1.1　Class 文件格式

每个 Class 文件都对应唯一一个类或接口的定义信息，但类或接口不一定定义在 Class 文件里（类或接口通过类加载器直接生成）。每个 Class 文件都可以看作是由字节流组成的，可按照 1、2、4、8 个字节为单位进行读取。多字节数据项是按照 Big-Endian 的顺序进行存储的。项 item 用来描述类结构格式的内容，在 Class 文件中，各项按照严格的顺序连续存放，各项之间无任何填充或分割符。

Class 文件格式采用一种类似于 C 语言结构体的伪结构来存储数据。常用的数据结构如下：

- 无符号数：基本数据类型，用 u1、u2、u4 和 u8 分别代表 1 个字节、2 个字节、4 个字节和 8 个字节的无符号数，可用来描述数字、索引引用、数量值和 UTF-8 编码构成的字符串值。
- 表：多个无符号数或者其他表作为数据项构成的复合数据类型，以"_info"结尾，用于描述有层次关系的复合结构的数据，整个 Class 文件本质上是一张表。

在描述同一类型但数量不定的多个数据时，可使用数量加若干个连续的数据项形式表示类型的集合。

Class 文件的结构如表 4-1 所示。

表 4-1　Class文件的结构

名　　称	类　型	描　　述
magic	u4	魔数，Class文件的唯一标识
minor_version	u2	次版本号
major_version	u2	主版本号
constant_pool_count	u2	常量池数量
constant_pool[constant_pool_count-1]	cp_info	常量池数组
access_flags	u2	当前类的访问修饰符
this_calss	u2	当前类的全限定名
super_class	u2	当前类的父类的全限定名
interfaces_count	u2	当前类所实现的接口数量
interfaces[interfaces_count]	u2	接口数组
fields_count	u2	类的成员变量数量，包括实例变量和类变量
fields[fields_count]	field_info	成员变量数组
methods_count	u2	方法数量
methods[methods_count]	method_info	方法数组
attributes_count	u2	属性数量
attributes[attributes_count]	attribute_info	属性数组

　　其中，在"类型"列中以_info 结尾的表示表类型；在"名称"列中，方括号里的项表示当前这个结构的数量，如果没有方括号，默认的数量为 1。

4.1.2　ClassFileParser 类简介

　　HotSpot VM 定义了 ClassFileParser 类辅助读取及保存类解析的相关信息，该类及其重要属性的定义代码如下：

```
源代码位置: openjdk/hotspot/src/share/vm/classfile/classLoader.hpp

class ClassFileParser VALUE_OBJ_CLASS_SPEC {
 private:
  // 类的主版本号与次版本号
  u2    _major_version;
  u2    _minor_version;
  // 类名称
  Symbol*  _class_name;
  // 加载类的类加载器
  ClassLoaderData*  _loader_data;

  ...
  // 父类
  instanceKlassHandle  _super_klass;
```

```
  // 常量池引用
  ConstantPool*    _cp;
  // 类中定义的变量和方法
  Array<u2>*       _fields;
  Array<Method*>*  _methods;
  // 直接实现的接口
  Array<Klass*>*   _local_interfaces;
  // 实现的所有接口（包括直接和间接实现的接口）
  Array<Klass*>*   _transitive_interfaces;
  ...
  // 表示类的 InstanceKlass 实例，类最终解析的结果会存储到该实例中
  InstanceKlass*   _klass;
  …
  // Class 文件对应的字节流，从字节流中读取信息并解析
  ClassFileStream* _stream;
  ...
}
```

在类解析的过程中，解析出的信息会暂时保存在 ClassFileParser 实例的相关变量中，最后会创建 InstanceKlass 实例保存这些信息，然后将 InstanceKlass 实例放入字典中，在保证唯一性的同时也提高了查询效率。

ClassFileParser 类还定义了许多重要的函数，如解析常量池的 parse_constant_pool()与 parse_constant_pool_entries()函数、解析方法的 parse_methods()函数和解析字段的 parse_fields()函数等，后面会详细介绍这些函数。

4.1.3　ClassFileStream 类简介

如果要读取 Class 文件的内容，首先需要获取 Class 文件对应的字节流，ClassFileStream 类的定义代码如下：

```
源代码位置：openjdk/hotspot/src/share/vm/classfile/classFileStream.hpp

class ClassFileStream: public ResourceObj {
 private:
  u1* _buffer_start;          // 指向流的第一个字符位置
  u1* _buffer_end;            // 指向流的最后一个字符的下一个位置
  u1* _current;               // 当前读取的字符位置
  ...
}
```

ClassFileStream 类的内部保存了指向 Class 文件字节流的_current 指针，通过_current 指针可以读取整个 Class 文件的内容。

ClassFileStream 实例是在 ClassLoader::load_classfile()函数中创建的，3.1.1 节介绍过该函数的实现。如果使用启动类加载器，那么可能需要调用 load_classfile()函数装载类。另外，在装载一个类时可能还会调用 SystemDictionary::load_instance_class()函数，并且在该函数中可能会调用 load_classfile()函数。

为了方便阅读，这里再次给出 load_classfile()函数的实现代码，具体如下：

源代码位置：openjdk/hotspot/src/share/vm/classfile/classLoader.cpp

```
instanceKlassHandle ClassLoader::load_classfile(Symbol* h_name, TRAPS) {
  ...
  ClassFileStream* stream = NULL;
  {
    ClassPathEntry* e = _first_entry;
    while (e != NULL) {
      stream = e->open_stream(name, CHECK_NULL);
      if (stream != NULL) {
        break;
      }
      e = e->next();
    }
  }
  ...
}
```

以上代码循环遍历 ClassPathEntry 链表结构，直到查找到某个类路径下名称为 name 的文件为止，此时 open_stream()函数会返回名称为 name 的 Class 文件的 ClassFile-Stream 实例，并且返回的实例中的_buffer_start、_buffer_end 和_current 属性已经有了初始值。

下面介绍 ClassFileStream 类中被频繁调用的函数，代码如下：

源代码位置：openjdk/hotspot/src/share/vm/classfile/classLoader.cpp

```
u1 ClassFileStream::get_u1(TRAPS) {
  return *_current++;
}

u2 ClassFileStream::get_u2(TRAPS) {
  u1* tmp = _current;
  _current += 2;
  return Bytes::get_Java_u2(tmp);
}

u4 ClassFileStream::get_u4(TRAPS) {
  u1* tmp = _current;
  _current += 4;
  return Bytes::get_Java_u4(tmp);
}

u8 ClassFileStream::get_u8(TRAPS) {
  u1* tmp = _current;
  _current += 8;
  return Bytes::get_Java_u8(tmp);
}

void ClassFileStream::skip_u1(int length, TRAPS) {
  _current += length;
}

void ClassFileStream::skip_u2(int length, TRAPS) {
```

```
    _current += length * 2;
}

void ClassFileStream::skip_u4(int length, TRAPS) {
    _current += length * 4;
}
```

以上是一系列以 1、2、4 和 8 个字节为单位的操作方法，如读取和跳过。多字节数据项总是按照 Big-Endian 的顺序进行存储，而 x86 等处理器则使用相反的 Little-Endian 顺序存储数据。因此，在 x86 架构下需要进行转换，代码如下：

源代码位置：openjdk/hotspot/src/cpu/x86/vm/bytes_x86.hpp

```
static inline u2  get_Java_u2(address p)
                                    { return swap_u2(get_native_u2(p)); }
static inline u4  get_Java_u4(address p)
                                    { return swap_u4(get_native_u4(p)); }
static inline u8  get_Java_u8(address p)
                                    { return swap_u8(get_native_u8(p)); }
```

调用的相关函数如下：

源代码位置：openjdk/hotspot/src/cpu/x86/vm/bytes_x86.hpp

```
static inline u2  get_native_u2(address p)      { return *(u2*)p; }
static inline u4  get_native_u4(address p)      { return *(u4*)p; }
static inline u8  get_native_u8(address p)      { return *(u8*)p; }
```

调用的 swap_u2()、swap_u4() 与 swap_u8() 函数的实现代码如下：

源代码位置：openjdk/hotspot/src/os_cpu/linux_x86/vm/bytes_linux_x86.inline.hpp

```
inline u2  Bytes::swap_u2(u2 x) {
  return bswap_16(x);
}
inline u4  Bytes::swap_u4(u4 x) {
  return bswap_32(x);
}
inline u8 Bytes::swap_u8(u8 x) {
  return bswap_64(x);
}
```

以上是基于 Linux 内核的 x86 架构下 64 位系统的代码实现过程，其中调用的 bswap_16()、bswap_32() 和 bswap_64() 函数是 GCC 提供的内建函数。

由于 HotSpot VM 需要跨平台兼容，因此会增加一些针对各平台的特定实现，如 Bytes::swap_u2() 函数的完整实现代码如下：

源代码位置：openjdk/hotspot/src/os_cpu/linux_x86/vm/bytes_linux_x86.inline.hpp

```
inline u2  Bytes::swap_u2(u2 x) {
#ifdef AMD64
  return bswap_16(x);
#else
  u2 ret;
```

```
    __asm__ __volatile__ (
    "movw %0, %%ax;"
    "xchg %%al, %%ah;"
    "movw %%ax, %0"
    :"=r" (ret)             // output : register 0 => ret
    :"0"  (x)               // input  : x => register 0
    :"ax", "0"              // clobbered registers
  );
  return ret;
#endif                      // AMD64
}
```

其中，AMD64 表示 x86 架构下的 64 位系统实现。如果是非 AMD64 位的系统，可以使用 GCC 内联汇编实现相关的功能。具体就是将 x 的值读入某个寄存器中，然后在指令中使用相应寄存器并将 x 的值移动到%ax 寄存器中，通过 xchg 指令交换%eax 寄存器中的高低位，再将最终的结果送入某个寄存器，最后将该结果送到 ret 中。

4.1.4　解析类文件

类文件解析的入口是 ClassFileParser 类中定义的 parseClassFile()函数。4.1.3 节通过调用 ClassLoader::load_classfile()函数得到了表示 Class 文件字节流的 ClassFileStream 实例，接着在 ClassLoader::load_classfile()函数中进行如下调用：

源代码位置：openjdk/hotspot/src/share/vm/classfile/classLoader.cpp

```
instanceKlassHandle h;
if (stream != NULL) {
    // 创建 ClassFileParser 实例，解析过程中得到的 Class 元信息将暂时保存到此实例的
    // 相关属性中
    ClassFileParser parser(stream);
    ClassLoaderData* loader_data = ClassLoaderData::the_null_class_loader_
data();
    Handle protection_domain;
    TempNewSymbol parsed_name = NULL;
    // 对 Class 文件进行解析
    instanceKlassHandle result = parser.parseClassFile(h_name,loader_data,
                    protection_domain,parsed_name,false,CHECK_(h));

    if (add_package(name, classpath_index, THREAD)) {
      h = result;
    }
}
```

调用 parseClassFile()函数的实现代码如下：

源代码位置：openjdk/hotspot/src/share/vm/classfile/classFileParser.hpp

```
instanceKlassHandle parseClassFile(Symbol* name,
                        ClassLoaderData* loader_data,
                        Handle protection_domain,
                        TempNewSymbol& parsed_name,
```

```
                                    bool verify,
                                    TRAPS) {
    KlassHandle no_host_klass;
  return parseClassFile(name, loader_data, protection_domain, no_host_klass,
  NULL, parsed_name, verify, THREAD);
  }
```

调用的另外一个函数的原型如下：

源代码位置：openjdk/hotspot/src/share/vm/classfile/classFileParser.cpp

```
instanceKlassHandle ClassFileParser::parseClassFile(Symbol* name,
                                    ClassLoaderData* loader_data,
                                    Handle protection_domain,
                                    KlassHandle host_klass,
                                    GrowableArray<Handle>* cp_
patches,

                                    TempNewSymbol& parsed_name,
                                    bool verify,
                                    TRAPS)
```

ClassFileParser::parseClassFile()函数的实现代码比较多，但却是严格按照 Java 虚拟机规范定义的 Class 文件格式解析的。下面详细介绍具体的解析过程。

1. 解析魔数、次版本号与主版本号

魔数（magic）是一个 u4 类型的数据，次版本号（minor_version）与主版本号（major_version）都是一个 u2 类型的数据。具体的解析过程如下：

```
// 获取 Class 文件字节流
ClassFileStream* cfs = stream();
...
// 解析魔数
u4 magic = cfs->get_u4_fast();
// 验证魔数
guarantee_property(magic == JAVA_CLASSFILE_MAGIC,"Incompatible magic
value %u in class file %s",magic, CHECK_(nullHandle));

// 解析次版本号与主版本号
u2 minor_version = cfs->get_u2_fast();
u2 major_version = cfs->get_u2_fast();

// 保存到 ClassFileParser 实例的相关属性中
_major_version = major_version;
_minor_version = minor_version;
```

在上面的代码中，首先读取魔数并验证值是否为 0xCAFEBABE，然后读取 Class 文件的次版本号和主版本号并保存到 ClassFileParser 实例的_minor_version 和_major_version 属性中。

2. 解析访问标识

访问标识（access_flags）是一个 u2 类型的数据。具体的解析过程如下：

```
AccessFlags access_flags;
// 获取访问标识
jint flags = cfs->get_u2_fast() & JVM_RECOGNIZED_CLASS_MODIFIERS;
// 验证访问标识的合法性
verify_legal_class_modifiers(flags, CHECK_(nullHandle));
access_flags.set_flags(flags);
```

以上代码读取并验证了访问标识，与 JVM_RECOGNIZED_CLASS_MODIFIERS 进行与运算操作的目的是过滤掉一些非法的访问标识。JVM_RECOGNIZED_CLASS_MODIFIERS 是一个宏，定义如下：

源代码位置：openjdk/hotspot/src/share/vm/prims/jvm.h

```
#define JVM_RECOGNIZED_CLASS_MODIFIERS (JVM_ACC_PUBLIC      |   \
                            JVM_ACC_FINAL        |   \
                            // 辅助 invokespecial 指令
                            JVM_ACC_SUPER        |   \
                            JVM_ACC_INTERFACE    |   \
                            JVM_ACC_ABSTRACT     |   \
                            JVM_ACC_ANNOTATION   |   \
                            JVM_ACC_ENUM         |   \
                            JVM_ACC_SYNTHETIC)
```

JVM_ACC_SUPER 标识用来辅助 invokespecial 指令，JVM_ACC_SYNTHETIC 标识是由前端编译器（如 Javac 等）添加的，表示合成的类型。访问标识的合法值只局限于以上宏定义中含有的标识。

3. 解析当前类索引

类索引（this_class）是一个 u2 类型的数据，用于确定这个类的全限定名。类索引指向常量池中类型为 CONSTANT_Class_info 的类描述符，再通过类描述符中的索引值找到常量池中类型为 CONSTANT_Utf8_info 的字符串。

类索引的解析过程如下：

```
u2 this_class_index = cfs->get_u2_fast();
Symbol*  class_name  = cp->unresolved_klass_at(this_class_index);
_class_name = class_name;
```

以上代码将读取的当前类的名称（通过 Symbol 实例表示）保存到 ClassFileParser 实例的 _class_name 属性中。调用 ConstantPool 类中的 unresolved_klass_at() 函数的实现代码如下：

源代码位置：openjdk/hotspot/src/share/vm/oops/constantPool.hpp

```
Symbol* unresolved_klass_at(int which) {
    Symbol* s = CPSlot((Symbol*)OrderAccess::load_ptr_acquire(obj_at_addr_
raw(which))).get_symbol();
    return s;
}
```

在解析当前类索引之前，其实会调用 ClassFileParser::parse_constant_pool() 函数解析常

量池。在解析常量池的过程中,会将 CONSTANT_Class_info 项最终解析为一个指向 Symbol 实例的指针,因为该项中有用的信息是一个 name_index,这是一个常量池下标索引,在 name_index 索引处存储着 CONSTANT_Utf8_info 项,此项用一个字符串表示类的全限定名,而在 HotSpot VM 中,所有的字符串都用 Symbol 实例来表示,因此最终在解析常量池时,会在存储 CONSTANT_Class_info 项的下标索引处存储一个指向 Symbol 实例的指针。

【实例 4-1】　有以下代码:

```
#3 = Class        #17          // TestClass
...
#17 = Utf8        TestClass
```

在以上代码中,类索引为 3,在常量池里找索引为 3 的类描述符,类描述符中的索引为 17,再去找索引为 17 的字符串,即 TestClass。调用 obj_at_addr_raw()函数找到的是一个指针,这个指针指向表示 TestClass 字符串的 Symbol 实例,也就是在解析常量池项时会将本来存储的索引值为 17 的位置替换为存储指向 Symbol 实例的指针。

调用的 obj_at_addr_raw()函数的实现代码如下:

```
源代码位置: openjdk/hotspot/src/share/vm/oops/constantPool.hpp

intptr_t*  obj_at_addr_raw(int which) const {
   return (intptr_t*) &base()[which];
}
intptr_t*  base() const {
  return (intptr_t*) ( ( (char*) this ) + sizeof(ConstantPool) );
}
```

以上代码中,base()是 ConstantPool 类中定义的函数,因此 this 指针指向当前 ConstantPool 实例在内存中的首地址,加上 ConstantPool 类本身需要占用的内存大小的值之后,指针指向了常量池的数据区。数据区通常就是 length 个指针宽度的数组,其中 length 为常量池数量。通过(intptr_t*)&base()[which]获取常量池索引 which 处保存的值,对于实例 4-1 来说就是一个指向 Symbol 实例的指针。在 4.2 节介绍常量池时会详细介绍常量池的内存布局和解析过程。

CPSlot 类的实现代码如下:

```
源代码位置: openjdk/hotspot/src/share/vm/oops/constantPool.hpp

class CPSlot VALUE_OBJ_CLASS_SPEC {
  intptr_t _ptr;
 public:
  CPSlot(intptr_t ptr): _ptr(ptr) {}
  CPSlot(Klass*  ptr): _ptr((intptr_t)ptr) {}
  CPSlot(Symbol* ptr): _ptr((intptr_t)ptr | 1) {} // 或1表示还未进行解析

  intptr_t value()    { return _ptr; }
  bool is_resolved()  { return (_ptr & 1) == 0; }
  bool is_unresolved() { return (_ptr & 1) == 1; }

  Symbol* get_symbol() {
```

```
    assert(is_unresolved(), "bad call");
    return (Symbol*)(_ptr & ~1);
  }
 Klass* get_klass() {
    assert(is_resolved(), "bad call");
    return (Klass*)_ptr;
  }
};
```

CPSlot 表示常量池中的一个槽位，借助此工具类可以从槽中获取指向 Symbol 实例的指针，还可以获取指向 Klass 实例的指针。类描述符最终会解析为一个指向 Klass 实例的指针，因此最终槽中存储的指向 Symbol 实例（表示类型描述符）的指针会更新为指向 Klass 实例的指针。

4．解析父类索引

父类索引（super_class）是一个 u2 类型的数据，用于确定当前正在解析的类的父类全限定名。由于 Java 语言不允许多重继承，所以父类索引只有一个。父类索引指向常量池中类型为 CONSTANT_Class_info 的类描述符，再通过类描述符中的索引值找到常量池中类型为 CONSTANT_Utf8_info 的字符串。具体的解析过程如下：

```
u2 super_class_index = cfs->get_u2_fast();
instanceKlassHandle super_klass = parse_super_class(super_class_index,
CHECK_NULL);
```

调用 parse_super_class()函数的实现代码如下：

源代码位置：openjdk/hotspot/src/share/vm/classfile/classFileParser.cpp

```
instanceKlassHandle ClassFileParser::parse_super_class(int super_class_
index,TRAPS) {

  instanceKlassHandle super_klass;
  if (super_class_index == 0) {      // 当前类为 java.lang.Object 时，没有父类
    ...
  } else {
    // 判断常量池中 super_class_index 下标索引处存储的是否为 JVM_CONSTANT_Class
    // 常量池项，如果是，则 is_klass()函数将返回 true
    if (_cp->tag_at(super_class_index).is_klass()) {
      super_klass = instanceKlassHandle(THREAD, _cp->resolved_klass_at
(super_class_index));
    }
  }
  return super_klass;
}
```

调用 tag_at()函数的实现代码如下：

源代码位置：openjdk/hotspot/src/share/vm/oops/constantPool.hpp

```
constantTag tag_at(int which) const {
 return (constantTag)tags()->at_acquire(which);
}
```

constantTag 可以看作是一个操作 tag 的工具类，里面提供了许多判断函数，如提供了 is_klass()函数判断 tag 是否为 JVM_CONSTANT_Class 常量池项等。

调用 resolved_klass_at()函数的实现代码如下：

源代码位置：openjdk/hotspot/src/share/vm/oops/constantPool.hpp

```
Klass* resolved_klass_at(int which) const {
  return CPSlot((Klass*)OrderAccess::load_ptr_acquire(obj_at_addr_raw
(which))).get_klass();
}
```

类索引和父类索引都指向常量池中的 JVM_CONSTANT_Class 常量池项，所以如果类还没有执行连接操作，获取的是指向 Symbol 实例的指针，如果已经连接，可以获取指向 Klass 实例的指针。

5. 解析实现接口

接口表 interfaces[interfaces_count]中的每个成员的值必须是一个对 constant_pool 表中项目的有效索引值，该索引值在常量池中对应 CONSTANT_Class_info 常量池项。接口表中的每个成员所表示的接口顺序和对应的 Java 源代码中给定的接口顺序（从左至右）一致，即 interfaces[0]对应的是 Java 源代码中最左边的接口。具体的解析过程如下：

```
// 获取接口数量
u2 itfs_len = cfs->get_u2_fast();
// 解析接口表
Array<Klass*>* local_interfaces = parse_interfaces(itfs_len, protection_
domain, _class_name,
                                                   &has_default_methods,
CHECK_(nullHandle));
```

调用 parse_interfaces()函数的实现代码如下：

源代码位置：openjdk/hotspot/src/share/vm/classfile/classFileParser.cpp

```
Array<Klass*>* ClassFileParser::parse_interfaces(
  int    length,
  Handle  protection_domain,
  Symbol* class_name,
  bool*   has_default_methods,
  TRAPS
){
  if (length == 0) {
    _local_interfaces = Universe::the_empty_klass_array();
  } else {
    ClassFileStream* cfs = stream();
    // 调用工厂函数创建一个大小为 length 的数组，元素的类型为 Klass*
    _local_interfaces = MetadataFactory::new_array<Klass*>(_loader_data,
length, NULL, CHECK_NULL);

    int index;
    for (index = 0; index < length; index++) {
```

```
    u2 interface_index = cfs->get_u2(CHECK_NULL);
    KlassHandle interf;

    if (_cp->tag_at(interface_index).is_klass()) {
      interf = KlassHandle(THREAD, _cp->resolved_klass_at(interface_index));
    } else {
      Symbol* unresolved_klass = _cp->klass_name_at(interface_index);
      Handle   class_loader(THREAD, _loader_data->class_loader());

      Klass* k = SystemDictionary::resolve_super_or_fail(class_name,
unresolved_klass,
                          class_loader,protection_domain,false, CHECK_
NULL);
      // 将代表接口的 InstanceKlass 实例封装为 KlassHandle 实例
      interf = KlassHandle(THREAD, k);
    }
    _local_interfaces->at_put(index, interf());
  }

  if (!_need_verify || length <= 1) {
    return _local_interfaces;
  }
 }
 return _local_interfaces;
}
```

循环对类实现的每个接口进行处理，通过 interface_index 找到接口在 C++类中代表的实例 InstanceKlass，然后封装为 KlassHandle 并存储到_local_interfaces 数组中。需要注意的是，如何通过 interface_index 找到对应的 InstanceKlass 实例。如果接口索引在常量池中已经是对应的 InstanceKlass 实例，说明已经连接过了，直接通过 resolved_klass_at()函数获取即可；如果只是一个字符串表示，则需要调用 SystemDictionary::resolve_super_or_fail()函数进行类的加载，该函数在 SystemDictionary 中如果没有查到对应的 Klass 实例，还会调用 SystemDictionary::resolve_or_null()函数加载类。

klass_name_at()函数的实现代码如下：

源代码位置：openjdk/hotspot/src/share/vm/oops/constantPool.cpp

```
Symbol* ConstantPool::klass_name_at(int which) {
  CPSlot entry = slot_at(which);
  if (entry.is_resolved()) {  // 已经连接时，获取指向 InstanceKlass 实例的指针
    return entry.get_klass()->name();
  } else {                    // 未连接时，获取指向 Symbol 实例的指针
    return entry.get_symbol();
  }
}
```

其中的 slot_at()函数的实现代码如下：

源代码位置：openjdk/hotspot/src/share/vm/oops/constantPool.hpp

```
CPSlot slot_at(int which) {
  volatile intptr_t adr = (intptr_t)OrderAccess::load_ptr_acquire(obj_at
```

```
_addr_raw(which));
    return CPSlot(adr);
}
```

以上代码调用了 obj_at_addr_raw()函数获取 ConstantPool 中对应索引处存储的值，然后封装为 CPSlot 实例返回。这样在 klass_name_at()函数中就可以根据地址 adr 的最后一位是 0 还是 1 来判断存储的到底是 Klass 还是 Symbol 实例。

6．解析类属性

解析过程如下：

```
ClassAnnotationCollector parsed_annotations;
parse_classfile_attributes(&parsed_annotations, CHECK_(nullHandle));
```

以上代码调用 parse_classfile_attributes()函数解析类属性，过程比较烦琐，只需要按照各属性的格式解析即可，这里不再过多介绍。

4.1.5　保存解析结果

ClassFileParser::parseClassFile()函数会将解析 Class 文件的大部分结果保存到 Instance-Klass 实例（还可能是更具体的 InstanceRefKlass、InstanceMirrorKlass 或 InstanceClass-LoaderKlass 实例）中。创建 InstanceKlass 实例的代码如下：

```
// 计算 OopMapBlock 需要占用的内存，这个结构用来辅助进行 GC
int total_oop_map_size2 = InstanceKlass::nonstatic_oop_map_size(info.
total_oop_map_count);

 // 确定当前的 Klass 实例属于哪种引用类型，如强引用、弱引用或软引用等
ReferenceType rt;
if (super_klass() == NULL) {
    rt = REF_NONE;
} else {
    rt = super_klass->reference_type();
}

InstanceKlass*  skc = super_klass();
bool            isnotnull = !host_klass.is_null();

// 计算 InstanceKlass 实例需要占用的内存空间并在堆中分配内存，然后调用
// InstanceKlass 的构造函数通过 Class 文件解析的结果初始化相关属性
_klass = InstanceKlass::allocate_instance_klass(loader_data,
                          vtable_size,
                          itable_size,
                          info.static_field_size,
                          total_oop_map_size2,
                          rt,
                          access_flags,
                          name,
                          skc,
```

```
                                        isnotnull,
                                        CHECK_(nullHandle));
```

```
// 将 InstanceKlass 封装为句柄进行操作
instanceKlassHandle   this_klass(THREAD, _klass);
```

调用 InstanceKlass::allocate_instance_klass()函数的实现代码在 2.1.3 节中介绍过，首先是计算 InstanceKlass 实例需要占用的内存空间，然后在堆中分配内存，最后调用构造函数创建实例。调用构造函数的实现代码如下：

源代码位置：openjdk/hotspot/src/share/vm/oops/instanceKlass.cpp

```
InstanceKlass::InstanceKlass(
    int vtable_len,
    int itable_len,
    int static_field_size,
    int nonstatic_oop_map_size,
    ReferenceType rt,
    AccessFlags access_flags,
    bool is_anonymous
) {
    // 计算创建 InstanceKlass 实例需要占用的内存空间
    int iksize = InstanceKlass::size(vtable_len,
                                     itable_len,
                                     nonstatic_oop_map_size,
                                     access_flags.is_interface(),
                                     is_anonymous);
    // 在创建的 InstanceKlass 实例中保存 Class 文件解析的部分结果
    set_vtable_length(vtable_len);
    set_itable_length(itable_len);
    set_static_field_size(static_field_size);
    set_nonstatic_oop_map_size(nonstatic_oop_map_size);
    set_access_flags(access_flags);
    set_is_anonymous(is_anonymous);
    assert(size() == iksize, "wrong size for object");

    ...
    set_init_state(InstanceKlass::allocated);          // 设置类的状态为已分配
    ...

    // 初始化 InstanceKlass 实例，除 header 之外都为 0
    intptr_t* p = (intptr_t*)this;
    for (int index = InstanceKlass::header_size(); index < iksize; index++) {
      p[index] = NULL_WORD;
    }

    // 暂时将 _layout_helper 的值初始化为 0，等类解析完成后会更新此值
    // 可以从更新后的值中获取创建实例（当前 InstanceKlass 实例表示 Java 类，这里指 oop
    // 实例，也就是 Java 对象）的内存空间
    jint tti = Klass::instance_layout_helper(0, true);
    set_layout_helper(tti);
}
```

InstanceKlass 实例会保存解析 Class 文件的结果，以支持 HotSpot VM 的运行。在构造函数中会将除了 header 以外的内存初始化为 0（在 64 位平台下，一个指针占 8 个字节，也就是一个字，因此以字为单位的初始化比以字节为单位的初始化速度更快），header 就是 InstanceKlass 本身占用的内存经过 8 字节对齐后的值。

在创建 InstanceKlass 实例时，通过向构造函数中传递参数来保存部分 Class 文件解析的结果，另外还会在 ClassFileParser::parseClassFile() 函数中调用 set 方法保存结果，代码如下：

```
// 在完成字段解析后，就会计算出 oop 实例的内存空间，更新 InstanceKlass 中的 _layout
// _helper 属性的值
jint lh = Klass::instance_layout_helper(info.instance_size, false);
this_klass->set_layout_helper(lh);

// 保存加载当前类的类加载器
this_klass->set_class_loader_data(loader_data);
// 通过 _static_field_size 保存非静态字段需要占用的内存空间，在计算 oop 实例（表示
// Java 对象）需要占用的内存空间时非常重要，因为非静态字段存储在 oop 实例中
this_klass->set_nonstatic_field_size(info.nonstatic_field_size);
this_klass->set_has_nonstatic_fields(info.has_nonstatic_fields);
// 通过 _static_oop_field_count 属性保存静态字段中对象类型字段的数量
this_klass->set_static_oop_field_count(fac.count[STATIC_OOP]);

// 通过调用如下函数将类直接实现的接口保存在 _local_interfaces 属性中
// 将类直接和间接实现的接口保存在 _transitive_interfaces 属性中
apply_parsed_class_metadata(this_klass, java_fields_count, CHECK_NULL);

if (has_final_method) {
  this_klass->set_has_final_method();
}

...
// 通过 _name 属性保存类的名称
this_klass->set_name(cp->klass_name_at(this_class_index));
...
this_klass->set_minor_version(minor_version);
this_klass->set_major_version(major_version);
// 如果有从接口继承的默认方法，则设置当前类中有默认方法
this_klass->set_has_default_methods(has_default_methods);

...

// Klass::initialize_supers() 函数会初始化 _primary_supers、_super_check_
// offset、_secondary_supers 与 _secondary_super_cache 属性，以加快判断类之间的
// 关系
Klass* sk = super_klass();
this_klass->initialize_supers(sk, CHECK_(nullHandle));

...

// 通过 _access_flags 中的位标识当前类的一些属性，如是否有 finalize() 方法等
```

```
  set_precomputed_flags(this_klass);

  // 为 InstanceKlass 实例创建 java.lang.Class 对象并初始化静态字段
  java_lang_Class::create_mirror(this_klass, protection_domain, CHECK_
(nullHandle));
```

InstanceKlass 实例保存了 Class 文件解析的结果，每个 InstanceKlass 实例还会有 java. lang.Class 对象，通过 oop 实例来表示，因此在设置完 InstanceKlass 实例的相关属性后，会调用 create_mirror() 函数创建 oop 实例。create_mirror() 函数的实现代码如下：

源代码位置：openjdk/hotspot/src/share/vm/classfile/javaClasses.cpp

```
oop java_lang_Class::create_mirror(KlassHandle k, Handle protection_
domain, TRAPS) {
  ...

  if (SystemDictionary::Class_klass_loaded()) {
    // allocate_instance() 函数会计算 oop 实例所占用的内存大小，然后分配内存空间
    // 最后创建 oop 实例，不过在分配内存空间时，会考虑静态变量，所以说 Java 类的静态变
    // 量存储在 java.lang.Class 对象中
    InstanceMirrorKlass* imk = InstanceMirrorKlass::cast(SystemDictionary::
Class_klass());
    // 创建表示 java.lang.Class 的 oop 实例
    Handle               mirror = imk->allocate_instance(k, CHECK_0);

    // mirror 是 instanceOop 实例，调用 mirror->klass() 可以获取指向 Instance
    // MirrorKlass 实例的指针
    InstanceMirrorKlass* mk = InstanceMirrorKlass::cast(mirror->klass());
    int                  sofc = mk->compute_static_oop_field_count(mirror());
    java_lang_Class::set_static_oop_field_count(moop, sofc);

    if (k->oop_is_array()) {                       // 数组
      Handle comp_mirror;
      if (k->oop_is_typeArray()) {                 // 基本类型数组
        BasicType type = TypeArrayKlass::cast(k())->element_type();
        // oop 转换为 Handle 类型，会调用转换构造函数
        comp_mirror = Universe::java_mirror(type);
      } else {                                     // 对象类型数组
        assert(k->oop_is_objArray(), "Must be");
        Klass* element_klass = ObjArrayKlass::cast(k())->element_klass();
        assert(element_klass != NULL, "Must have an element klass");
        // oop 转换为 Handle 类型，会调用转换构造函数
        comp_mirror = element_klass->java_mirror();
      }

      ArrayKlass::cast(k())->set_component_mirror(comp_mirror());
      set_array_klass(comp_mirror(), k());
    } else {
      assert(k->oop_is_instance(), "Must be");
      ...
      // do_local_static_fields() 函数会对静态字段进行初始化
      // 注意此时传入的是 initialize_static_field() 函数指针
```

```
      InstanceKlass* ik = InstanceKlass::cast(k());
      ik->do_local_static_fields(&initialize_static_field, CHECK_NULL);
    }
    return mirror();
  }
  else {
    if (fixup_mirror_list() == NULL) {
      GrowableArray<Klass*>* list = new (ResourceObj::C_HEAP, mtClass)
GrowableArray<Klass*>(40, true);
      set_fixup_mirror_list(list);
    }
    GrowableArray<Klass*>* list = fixup_mirror_list();
    Klass* kls = k();
    list->push(kls);
    return NULL;
  }
}
```

在 2.1.5 节中介绍 create_mirror()函数时，主要讲的是当 k 为数组时的情况，这里详细介绍当 k 为类时的情况。任何一个 Java 类都对应一个 java.lang.Class 对象，因此在创建了表示普通 Java 类的 InstanceKlass 实例后，还需要创建对应的 instanceOop 实例（代表 java.lang.Class 对象）。如果 java.lang.Class 类还没有被解析，则将相关信息暂时存储到数组中，等 java.lang.Class 类解析完成后再做处理。

instanceOop 实例是通过调用 InstanceMirrorKlass::allocate_instance()函数创建，该函数的实现代码如下：

源代码位置：openjdk/hotspot/src/share/vm/oops/instanceMirrorKlass.cpp

```
instanceOop InstanceMirrorKlass::allocate_instance(KlassHandle k, TRAPS) {
  int         size = instance_size(k);
  KlassHandle h_k(THREAD, this);
  instanceOop i = (instanceOop) CollectedHeap::Class_obj_allocate(h_k,
size, k, CHECK_NULL);
  return i;
}
```

调用 CollectedHeap::Class_obj_allocate()函数的实现代码如下：

源代码位置：openjdk/hotspot/src/share/vm/gc_interface/collectedHeap.cpp

```
// klass 是操作 InstanceMirrorKlass 实例的句柄，而 real_klass 是操作 Instance
// Klass 实例的句柄
// 调用 CollectedHeap::Class_obj_allocate()函数可以创建 real_klass 的 oop 实例
// （java.lang.Class 对象）
oop CollectedHeap::Class_obj_allocate(KlassHandle klass, int size,
KlassHandle real_klass, TRAPS) {

  HeapWord* obj;
  // 在 Java 堆中为 oop 实例分配内存并初始化为 0
  obj = common_mem_allocate_init(real_klass, size, CHECK_NULL);
```

```
    // 初始化 oop 实例的对象头
    post_allocation_setup_common(klass, obj);

    oop mirror = (oop)obj;
    // 在 oop 实例中的偏移位置为_oop_size_offset 处保存当前实例的大小
    java_lang_Class::set_oop_size(mirror, size);

    // oop 实例和 InstanceKlass 实例之间可以通过属性或偏移相互引用
    if (!real_klass.is_null()) {
      // 在 oop 实例的某个偏移位置存放指定 InstanceKlass 的指针
      java_lang_Class::set_klass(mirror, real_klass());
      // InstanceKlass 实例中的_java_mirror 属性保存指向 oop 实例的指针
      real_klass->set_java_mirror(mirror);
    }

    return mirror;
}
```

创建表示 java.lang.Class 对象的 oop 实例后，将其设置为 InstanceKlass 实例的_java_mirror 属性，同时设置 oop 实例的偏移位置为_klass_offset 处存储的指向 InstanceKlass 实例的指针，如图 4-1 所示。

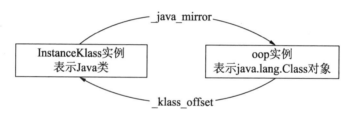

图 4-1　InstanceKlass 与 oop 实例之间的相互引用

CollectedHeap::Class_obj_allocate()函数执行完成后，在 java_lang_Class::create_mirror()函数中就有了表示 java.lang.Class 对象的 oop 实例。如果当前类是非数组类，可以调用 do_local_static_fields()函数将静态变量存储到 oop 实例中；如果当前类是数组类时则不需要，因为数组类没有静态变量。

do_local_static_fields()函数的实现代码如下：

```
源代码位置: openjdk/hotspot/src/share/vm/oops/instanceKlass.cpp

// 调用如下函数时，传递的 f 是 initialize_static_field()函数指针
void InstanceKlass::do_local_static_fields(void f(fieldDescriptor*, TRAPS),
TRAPS) {
  instanceKlassHandle h_this(THREAD, this);
  do_local_static_fields_impl(h_this, f, CHECK);
}

void InstanceKlass::do_local_static_fields_impl(instanceKlassHandle this_
oop,
                            void f(fieldDescriptor* fd, TRAPS), TRAPS) {
```

```
    instanceKlassHandle ikh = this_oop();
    // 通过 JavaFieldStream 提供的方法迭代遍历 InstanceKlass 实例中声明的所有字段
    for (JavaFieldStream fs(ikh); !fs.done(); fs.next()) {
        // 只处理静态字段，因为只有静态字段的值会保存到 java.lang.Class 对象中
      if (fs.access_flags().is_static()) {
         fieldDescriptor& fd = fs.field_descriptor();
         f(&fd, CHECK);
      }
    }
}
```

在以上代码中，通过 JavaFieldStream 提供的方法迭代遍历 InstanceKlass 实例中声明的所有字段，并对每个静态字段调用 initialize_static_field()函数进行处理。initialize_static_field()函数的实现代码如下：

源代码位置：openjdk/hotspot/src/share/vm/classfile/javaClasses.cpp

```
static void initialize_static_field(fieldDescriptor* fd, TRAPS) {
  InstanceKlass* fh = fd->field_holder();
  Handle   mirror( THREAD,fh->java_mirror());
  assert(mirror.not_null() && fd->is_static(), "just checking");
  // 如果静态字段有初始值，则将此值保存到 oop 实例中对应的存储静态字段的槽位上
  if (fd->has_initial_value()) {
   BasicType t = fd->field_type();
   switch (t) {
     case T_BYTE:
        mirror()->byte_field_put(fd->offset(), fd->int_initial_value());
        break;
     case T_BOOLEAN:
        mirror()->bool_field_put(fd->offset(), fd->int_initial_value());
        break;
     case T_CHAR:
        mirror()->char_field_put(fd->offset(), fd->int_initial_value());
        break;
     case T_SHORT:
        mirror()->short_field_put(fd->offset(), fd->int_initial_value());
        break;
     case T_INT:
        mirror()->int_field_put(fd->offset(), fd->int_initial_value());
        break;
     case T_FLOAT:
        mirror()->float_field_put(fd->offset(), fd->float_initial_value());
        break;
     case T_DOUBLE:
        mirror()->double_field_put(fd->offset(), fd->double_initial_value());
        break;
     case T_LONG:{
        jlong offset = fd->offset();
        jlong vo = fd->long_initial_value();
        mr->long_field_put(offset,mirror());
        break;
     }
     case T_OBJECT:
        {
```

```
        oop string = fd->string_initial_value(CHECK);
        mirror()->obj_field_put(fd->offset(), string);
      }
      break;
    default:
      THROW_MSG(vmSymbols::java_lang_ClassFormatError(),"Illegal
ConstantValue attribute in class file");
    }                                // 结束 switch 语句
  }
}
```

获取定义当前静态字段的 InstanceKlass 实例，通过 _java_mirror 找到 oop 实例，然后在 oop 实例的对应槽位上存储初始值，具体存储在哪里，是通过调用 fieldDescriptor 类的 offset()函数获取的。无论是静态字段还是非静态字段，都需要计算具体的布局，也就是计算每个字段存储在实例的哪个位置上。5.3.1 节和 5.3.3 节将详细介绍静态字段的布局，并且通过偏移指明每个字段存储的具体位置。

4.2　常量池的解析

在调用 ClassFileParser::parseClassFile()函数对 Class 文件解析时，根据 Class 文件格式可知，在次版本号和主版本号后存储的就是常量池信息。因此在解析完次版本号和主版本号的信息后有如下调用：

源代码位置：openjdk/hotspot/src/share/vm/classfile/classFileParser.cpp

```
constantPoolHandle cp = parse_constant_pool(CHECK_(nullHandle));
```

即调用函数 parse_constant_pool()解析常量池，该函数的实现代码如下：

源代码位置：openjdk/hotspot/src/share/vm/classfile/classFileParser.cpp

```
constantPoolHandle ClassFileParser::parse_constant_pool(TRAPS) {
  ClassFileStream* cfs = stream();
  constantPoolHandle nullHandle;
  // 获取常量池大小
  u2 length = cfs->get_u2_fast();
  ConstantPool* constant_pool = ConstantPool::allocate(_loader_data,
length,CHECK_(nullHandle));
  _cp = constant_pool;
  constantPoolHandle cp (THREAD, constant_pool);
  ...
  // 解析常量池项
  parse_constant_pool_entries(length, CHECK_(nullHandle));
  return cp;
}
```

在以上代码中，先调用 ConstantPool::allocate()函数创建 ConstantPool 实例，然后调用 parse_constant_pool_entries()函数解析常量池项并将这些项保存到 ConstantPool 实例中。

4.2.1　ConstantPool 类

ConstantPool 类的定义代码如下：

源代码位置：openjdk/hotspot/src/share/vm/oops/constantPool.hpp

```
class ConstantPool : public Metadata {
 private:
  // 每个常量池项的类型
  Array<u1>*          _tags;
  // 拥有当前常量池的类
  InstanceKlass*      _pool_holder;
  ...
  // 常量池中含有的常量池项总数
  int                 _length;

  ...
}
```

ConstantPool 实例表示常量池，也是类元信息的一部分，因此继承了类 Metadata。_tags 表示每个常量池项的类型，常量池中的总项数通过_length 保存，因此_tags 数组的长度也为_length，具体存储的内容就是每一项的 tag 值，这是虚拟机规范定义好的。

4.2.2　创建 ConstantPool 实例

在解析常量池的函数 ClassFileParser::parse_constant_pool()中首先会调用 ConstantPool:: allocate()函数创建 ConstantPool 实例。ConstantPool::allocate()函数的实现代码如下：

源代码位置：openjdk/hotspot/src/share/vm/oops/constantPool.cpp

```
ConstantPool* ConstantPool::allocate(ClassLoaderData* loader_data, int
length, TRAPS) {
  Array<u1>* tags = MetadataFactory::new_writeable_array<u1>(loader_data,
length, 0, CHECK_NULL);

  int size = ConstantPool::size(length);

  return new (loader_data, size, false, MetaspaceObj::ConstantPoolType,
THREAD) ConstantPool(tags);
}
```

在以上代码中，参数 length 表示常量池项的数量，调用 ConstantPool::size()函数计算创建 ConstantPool 实例所需要分配的内存大小，然后创建 ConstantPool 实例。size()函数的实现代码如下：

源代码位置：openjdk/hotspot/src/share/vm/oops/constantPool.hpp

```
static int size(int length){
```

```
        int s = header_size();
        return align object_size(s + length);
    }

    static int header_size() {
        int num = sizeof(ConstantPool);
        return num/HeapWordSize;
    }
```

由 size()函数的计算方式可知，ConstantPool 实例的内存布局其实就是 ConstantPool 本身占用的内存大小加上 length 个指针长度，如图 4-2 所示。

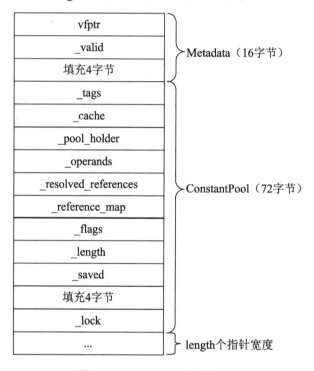

图 4-2　ConstantPool 实例布局 1

_valid 是定义在 Metadata 中的 int 类型，只有 debug 版本才有这个属性。如果是 product 版本，则没有这个属性，那么 Metadata 就只占用 8 个字节。

调用 header_size()函数在 debug 版本中得到的值为 88（在不压缩指针的情况下，也就是使用命令-XX:-UseCompressedOops 禁止指针压缩），然后还需要加上 length 个指针宽度，得出的结果就是 ConstantPool 实例需要占用的内存空间大小。

通过重载 new 运算符进行内存分配，new 运算符的重载定义在 MetaspaceObj（ConstantPool 间接继承此类）类中，代码如下：

源代码位置：openjdk/hotspot/src/share/vm/memory/allocation.cpp

```
void* MetaspaceObj::operator new(size_t size, ClassLoaderData* loader_
```

```
data,
                              size_t word_size, bool read_only,
                      MetaspaceObj::Type type, TRAPS) throw() {
  // 在元数据区为 ConstantPool 实例分配内存空间
  return Metaspace::allocate(loader_data, word_size, read_only,type,
CHECK_NULL);
}
```

　　调用的 Metaspace::allocate()函数在元数据区中分配内存，分配 size 大小的内存并且会对内存执行清零操作。

　　调用 ConstantPool 类的构造函数初始化相关属性，代码如下：

源代码位置：openjdk/hotspot/src/share/vm/oops/constantPool.cpp

```
ConstantPool::ConstantPool(Array<u1>* tags) {
  set_length(tags->length());
  set_tags(NULL);
  set_reference_map(NULL);
  set_resolved_references(NULL);
  set_pool_holder(NULL);
  set_flags(0);

  set_lock(new Monitor(Monitor::nonleaf + 2, "A constant pool lock"));

  int length = tags->length();
  for (int index = 0; index < length; index++) {
    tags->at_put(index, JVM_CONSTANT_Invalid);
  }
  set_tags(tags);
}
```

　　初始化 tags、_length 及_lock 等属性，调用 tags->length()获取的值就是常量池项的数量，因此_length 属性保存的是常量池项的数量。tags 数组中的元素值都被初始化为 JVM_CONSTANT_Invalid，在分析具体的常量池项时会更新为以下枚举类中定义的枚举常量。

源代码位置：openjdk/hotspot/src/share/vm/prims/jvm.h

```
enum {
    JVM_CONSTANT_Utf8 = 1,                    // 1
    JVM_CONSTANT_Unicode,                     // 2   （这个常量值目前没有使用）
    JVM_CONSTANT_Integer,                     // 3
    JVM_CONSTANT_Float,                       // 4
    JVM_CONSTANT_Long,                        // 5
    JVM_CONSTANT_Double,                      // 6
    JVM_CONSTANT_Class,                       // 7
    JVM_CONSTANT_String,                      // 8
    JVM_CONSTANT_Fieldref,                    // 9
    JVM_CONSTANT_Methodref,                   // 10
    JVM_CONSTANT_InterfaceMethodref,          // 11
    JVM_CONSTANT_NameAndType,                 // 12
    JVM_CONSTANT_MethodHandle       = 15,// JSR 292
```

```
    JVM_CONSTANT_MethodType              = 16, // JSR 292
    JVM_CONSTANT_InvokeDynamic           = 18, // JSR 292

    JVM_CONSTANT_ExternalMax             = 18  // Last tag found in classfiles
};
```

以上就是常量池项中的 tag 值，由于常量池中的第一项保留，所以这一项永远为 JVM_
CONSTANT_Invalid。

下面介绍 Java 虚拟机规范中规定的常量池项的具体格式，代码如下：

```
CONSTANT_Utf8_info {
    u1 tag;
    u2 length;
    u1 bytes[length];
}

CONSTANT_Integer_info {
    u1 tag;
    u4 bytes;
}

CONSTANT_Float_info {
    u1 tag;
    u4 bytes;
}

CONSTANT_Long_info {
    u1 tag;
    u4 high_bytes;
    u4 low_bytes;
}

CONSTANT_Double_info {
    u1 tag;
    u4 high_bytes;
    u4 low_bytes;
}

CONSTANT_Class_info {
    u1 tag;
    u2 name_index;
}

CONSTANT_String_info {
    u1 tag;
    u2 string_index;
}

CONSTANT_Fieldref_info {
    u1 tag;
```

```
    u2 class_index;
    u2 name_and_type_index;
}

CONSTANT_Methodref_info {
    u1 tag;
    u2 class_index;
    u2 name_and_type_index;
}

CONSTANT_InterfaceMethodref_info {
    u1 tag;
    u2 class_index;
    u2 name_and_type_index;
}

CONSTANT_NameAndType_info {
    u1 tag;
    u2 name_index;
    u2 descriptor_index;
}


CONSTANT_MethodHandle_info {
    u1 tag;
    u1 reference_kind;
    u2 reference_index;
}

CONSTANT_MethodType_info {
    u1 tag;
    u2 descriptor_index;
}

CONSTANT_InvokeDynamic_info {
    u1 tag;
    u2 bootstrap_method_attr_index;
    u2 name_and_type_index;
}
```

在常量池解析过程中，通过常量池下标索引获取常量池项后会将 tag 属性的值放到 ConstantPool 实例的_tags 数组中，数组的下标与常量池下标索引相对应。剩下的信息只能存储到 ConstantPool 实例开辟的 length 个指针宽度的空间中，也可以看成是 length 长度的指针数组，其中的下标也与常量池下标索引对应。指针在 64 位上的长度为 8，因此能够存储除了 CONSTANT_Utf8_info 之外的所有常量池项信息（除 tag 外）。例如，对于 CONSTANT_Double_info 来说，高位 4 个字节存储 high_bytes，低位 4 个字节存储 low_bytes。遇到 CONSTANT_Utf8_info 常量池项时，直接封装为 Symbol 实例，这样只要存储指向 Symbol 实例的指针即可。

4.2.3 解析常量池项

在 ClassFileParser::parse_constant_pool()函数中调用 ClassFileParser::parse_constant_pool_entries()函数对常量池中的各个项进行解析，被调用函数的实现代码如下：

```
源代码位置：openjdk/hotspot/src/share/vm/classfile/classFileParser.cpp
void ClassFileParser::parse_constant_pool_entries(int length, TRAPS) {
  ClassFileStream* cfs0 = stream();
  ClassFileStream  cfs1 = *cfs0;
  ClassFileStream* cfs  = &cfs1;

  Handle class_loader(THREAD, _loader_data->class_loader());
  ...
  // index 初始化为 1，常量池中第 0 项保留
  for (int index = 1; index < length; index++) {
    u1 tag = cfs->get_u1_fast();              // 获取常量池项中的 tag 属性值
    switch (tag) {
      // 省略 JVM_CONSTANT_Class、CONSTANT_Fieldref_info 等判断逻辑
      // 后面在具体介绍各个常量池项时会给出对应的解析代码
      default:
        classfile_parse_error("Unknown constant tag %u in class file %s",
tag, CHECK);
        break;
    }
  }
  ...
  cfs0->set_current(cfs1.current());
}
```

循环处理 length 个常量池项，但第一个常量池项不需要处理，因此循环下标 index 的值初始化为 1。

在 for 循环中处理常量池项，所有常量池项的第一个字节都是用来描述常量池项类型的 tag 属性，调用 cfs->get_u1_fast()函数获取常量池项类型后，就可以通过 switch 语句分情况进行处理。

1. JVM_CONSTANT_Class项的解析

CONSTANT_Class_info 项的格式如下：

代码中的 JVM_CONSTANT_Class 项就是 Java 虚拟机规范中提到的 CONSTANT_Class_info 项，代码中其他项也与 Java 虚拟机规范中的项有类似对应关系。

```
CONSTANT_Class_info {
    u1 tag;
    u2 name_index;
}
```

CONSTANT_Class_info 项与 JVM_CONSTANT_Class 项的常量值相同，因此 JVM_CONSTANT_Class 常量池项的结构按照 CONSTANT_Class_info 的结构解析即可，后面的情况也类似。

ClassFileParser::parse_constant_pool_entries()函数对 JVM_CONSTANT_Class 项的解析代码如下：

```
case JVM_CONSTANT_Class :
{
    u2 name_index = cfs->get_u2_fast();
    _cp->klass_index_at_put(index, name_index);
}
break;
```

在以上代码中，调用 cfs->get_u2_fast()函数获取 name_index，然后调用_cp->klass_index_at_put()函数保存 name_index。_cp 的类型为 ConstantPool*，ConstantPool 类中的 klass_index_at_put()函数的实现代码如下：

```
源代码位置：openjdk/hotspot/src/share/vm/oops/constantPool.hpp

void klass_index_at_put(int which, int name_index) {
    tag_at_put(which, JVM_CONSTANT_ClassIndex);
    *int_at_addr(which) = name_index;
}

void tag_at_put(int which, jbyte t) {
    tags()->at_put(which, t);
}

jint* int_at_addr(int which) const {
    return (jint*) &base()[which];
}
intptr_t* base() const {
    return (intptr_t*) ( ( (char*) this ) + sizeof(ConstantPool) );
}
```

常量池项的下标与数组的下标是相同的，也就是说，如果当前的 JVM_CONSTANT_Class 项存储在常量池中下标为 1 的位置，则也要将其存储到 tags 数组中下标为 1 的位置，同时要将名称索引 name_index 保存到 ConstantPool 数据区（Length 个指针代表的区域）的对应位置上。

【实例 4-2】　有以下代码：

```
#1 = Class          #5                      // TestClass
...
#5 = Utf8           TestClass
```

假设 JVM_CONSTANT_Class 是常量池第一项，则解析完这一项后的 ConstantPool 对象如图 4-3 所示。

其中，#0（表示常量池索引 0）的值为 0 是因为在分配内存时会将其内存清零。左边的_tags 数组中下标为 1 的地方存储 JVM_CONSTANT_Class，指明常量池项的类型；length 个指针宽度的区域（ConstantPool 数据区）可以看成存储 length 个指针宽度的数组，下标为 1 的地方存储着 name_index 的值，即当前实例的 5。

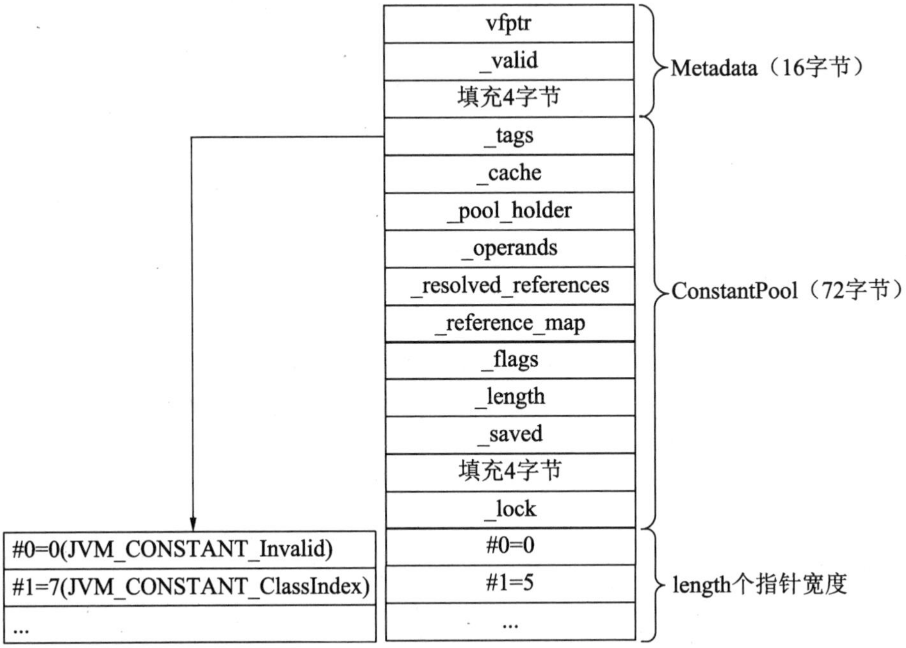

图 4-3　ConstantPool 实例布局 2

在 klass_index_at_put()函数中，tags 数组中存储的是 JVM_CONSTANT_ClassIndex，这个值在这一轮 for 循环处理完所有的常量池项后还会进一步处理一部分常量池项，主要是验证一些值的合法性并且更新 JVM_CONSTANT_ClassIndex 和 JVM_CONSTANT_StringIndex 常量池项中存储的值。例如，当前的 tags 中存储的就是 JVM_CONSTANT_ClassIndex，更新逻辑如下：

```
case JVM_CONSTANT_ClassIndex :
    {
      int class_index = cp->klass_index_at(index);
      check_property(valid_symbol_at(class_index),
          "Invalid constant pool index %u in class file %s",
          class_index, CHECK_(nullHandle));
      cp->unresolved_klass_at_put(index, cp->symbol_at(class_index));
    }
    break;
```

调用 klass_index_at()函数获取 ConstantPool 数据区 index 槽位上存储的值，对于实例 4-2 来说，这个值为 5。由于是对常量池项 CONSTANT_Utf8_info 的引用，所以调用 valid_symbol_at()函数验证 class_index 的值必须是一个合法的常量池索引。

调用 symbol_at()函数取出 ConstantPool 数据区 class_index 槽位上的值，其实是一个指向 Symbol 实例的指针，因为 CONSTANT_Utf8_info 表示一个字符串，而 HotSpot VM 通过 Symbol 实例表示字符串，所以会在对应槽位上存储指向 Symbol 实例的指针。取出

Symbol 指针后，调用 unresolved_klass_at_put()函数更新槽位上的值为指向 Symbol 实例的指针，调用的相关函数如下：

```
源代码位置: openjdk/hotspot/src/share/vm/oops/constantPool.hpp

Symbol* symbol_at(int which) {
    assert(tag_at(which).is_utf8(), "Corrupted constant pool");
    return *symbol_at_addr(which);
}
Symbol** symbol_at_addr(int which) const {
    assert(is_within_bounds(which), "index out of bounds");
    return (Symbol**) &base()[which];
}

void unresolved_klass_at_put(int which, Symbol* s) {
    release_tag_at_put(which, JVM_CONSTANT_UnresolvedClass);
    slot_at_put(which, s);
}
void release_tag_at_put(int which, jbyte t) {
 tags()->release_at_put(which, t);
}
void slot_at_put(int which, CPSlot s) const {
    assert(is_within_bounds(which), "index out of bounds");
    assert(s.value() != 0, "Caught something");
    *(intptr_t*)&base()[which] = s.value();
}
```

以上代码将_tags 数组中保存的 tag 值更新为 JVM_CONSTANT_UnresolvedClass。更新后的 ConstantPool 实例布局如图 4-4 所示。

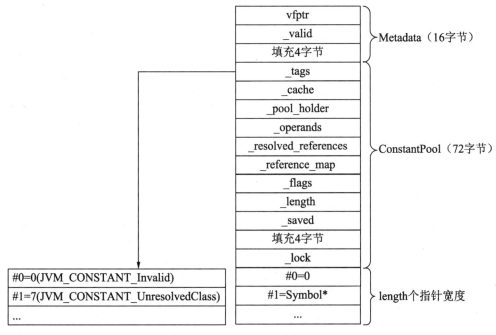

图 4-4　ConstantPool 实例布局 3

在 4.1.4 节中介绍解析类文件时，讲到当对当前类和父类索引进行解析时，会调用 unresolved_klass_at()函数，这个函数就是直接根据 class_index 取出了指向 Symbol 的指针。

在 HotSpot VM 运行过程中，如果需要获取 Klass 实例，而槽位上存储的是指向 Symbol 实例的指针时，就会调用 ConstantPool::klass_at_impl()函数，该函数的实现代码如下：

源代码位置：openjdk/hotspot/src/share/vm/oops/constantPool.cpp

```cpp
Klass* ConstantPool::klass_at_impl(constantPoolHandle this_oop, int which,
TRAPS) {

  CPSlot entry = this_oop->slot_at(which);
  if (entry.is_resolved()) {
    // 如果槽位上存储的是指向 Klass 实例的指针，则直接返回即可
    return entry.get_klass();
  }

  bool do_resolve = false;

  Handle mirror_handle;

  Symbol* name = NULL;
  Handle      loader;
  {
    MonitorLockerEx ml(this_oop->lock());
    if (this_oop->tag_at(which).is_unresolved_klass()) {
      do_resolve = true;
      name  = this_oop->unresolved_klass_at(which);
      loader = Handle(THREAD, this_oop->pool_holder()->class_loader());
    }
  }

  if (do_resolve) {
    oop protection_domain = this_oop->pool_holder()->protection_domain();
    Handle h_prot (THREAD, protection_domain);
    // 调用如下函数获取 Klass 实例
    Klass* k_oop = SystemDictionary::resolve_or_fail(name, loader, h_prot,
true, THREAD);
    KlassHandle k;
    if (!HAS_PENDING_EXCEPTION) {
      k = KlassHandle(THREAD, k_oop);
      mirror_handle = Handle(THREAD, k_oop->java_mirror());
    }
    ...

  MonitorLockerEx ml(this_oop->lock());
  do_resolve = this_oop->tag_at(which).is_unresolved_klass();
  if (do_resolve) {
    // 更新常量池中槽上的值，将原来指向 Symbol 实例的指针改写为指向 Klass 实例的指针
    this_oop->klass_at_put(which, k());
  }
  ...
  }
```

```
    entry = this_oop->resolved_klass_at(which);
    return entry.get_klass();
}
```

在以上代码中，SystemDictionary::resolve_or_fail()函数首先会从系统字典中查找对应的 Klass 实例，如果找不到，加载并解析类，最终会生成一个 Klass 实例并返回。获取 Klass 实例后，调用 klass_at_put()函数更新常量池槽上的值为指向 Klass 实例的指针即可。klass_at_put()函数的实现代码如下：

源代码位置：openjdk/hotspot/src/share/vm/oops/constantPool.hpp

```
void klass_at_put(int which, Klass* k) {
    OrderAccess::release_store_ptr((Klass* volatile *)obj_at_addr_raw
(which), k);
    release_tag_at_put(which, JVM_CONSTANT_Class);
}
```

_tags 数组中存储的类型也应该更新为 JVM_CONSTANT_Class，最终，实例 4-2 的常量池如图 4-5 所示。

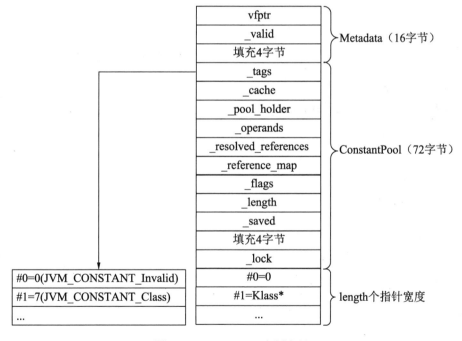

图 4-5　ConstantPool 实例布局 4

2. CONSTANT_Fieldref_info项的解析

CONSTANT_Fieldref_info 项的格式如下：

```
CONSTANT_Fieldref_info {
    u1 tag;
```

```
    u2 class_index;
    u2 name_and_type_index;
}
```

解析的代码如下：

```
case JVM_CONSTANT_Fieldref :
{
  u2 class_index = cfs->get_u2_fast();
  u2 name_and_type_index = cfs->get_u2_fast();
  _cp->field_at_put(index, class_index, name_and_type_index);
}
break;
```

以上代码调用了 field_at_put() 函数存储 class_index 与 name_and_type_index 属性的值，该函数的实现代码如下：

源代码位置：openjdk/hotspot/src/share/vm/oops/constantPool.hpp

```
void field_at_put(int which, int class_index, int name_and_type_index) {
    tag_at_put(which, JVM_CONSTANT_Fieldref);
    *int_at_addr(which) = ((jint) name_and_type_index<<16) | class_index;
}
```

由于 ConstantPool 数据区的一个槽是一个指针类型的宽度，所以至少有 32 个位，又由于 class_index 与 name_and_type_index 属性的类型为 u2，所以使用高 16 位存储 name_and_type_index、低 16 位存储 class_index 即可。

3. JVM_CONSTANT_Methodref项的解析

CONSTANT_Methodref_info 项的格式如下：

```
CONSTANT_Methodref_info {
    u1 tag;
    u2 class_index;
    u2 name_and_type_index;
}
```

解析代码如下：

```
case JVM_CONSTANT_Methodref :
{
  u2 class_index = cfs->get_u2_fast();
  u2 name_and_type_index = cfs->get_u2_fast();
  _cp->method_at_put(index, class_index, name_and_type_index);
}
break;
```

在以上代码中按照格式读取 Class 文件，获取相关属性值后调用 ConstantPool 类的 method_at_put() 函数进行存储，该函数的实现代码如下：

源代码位置：openjdk/hotspot/src/share/vm/oops/constantPool.hpp

```
void method_at_put(int which, int class_index, int name_and_type_index) {
    tag_at_put(which, JVM_CONSTANT_Methodref);
```

```
    *int_at_addr(which) = ((jint) name_and_type_index<<16) | class_index;
}
```

method_at_put()函数的实现逻辑与 field_at_put()函数的实现逻辑类似，都是使用一个槽的高 16 位存储 name_and_type_index，低 16 位存储 class_index。

4. JVM_CONSTANT_InterfaceMethodref项的解析

CONSTANT_InterfaceMethodref_info 项的格式如下：

```
CONSTANT_InterfaceMethodref_info {
    u1 tag;
    u2 class_index;
    u2 name_and_type_index;
}
```

解析代码如下：

```
case JVM_CONSTANT_InterfaceMethodref :
{
  u2 class_index = cfs->get_u2_fast();
  u2 name_and_type_index = cfs->get_u2_fast();
  _cp->interface_method_at_put(index, class_index, name_and_type_index);
}
break;
```

调用 interface_method_at_put()函数的实现代码如下：

源代码位置: openjdk/hotspot/src/share/vm/oops/constantPool.hpp

```
void interface_method_at_put(int which, int class_index, int name_and_
type_index) {
    tag_at_put(which, JVM_CONSTANT_InterfaceMethodref);
    *int_at_addr(which) = ((jint) name_and_type_index<<16) | class_index;
}
```

5. JVM_CONSTANT_String项的解析

CONSTANT_String_info 项的格式如下：

```
CONSTANT_String_info {
    u1 tag;
    u2 string_index;
}
```

解析代码如下：

```
case JVM_CONSTANT_String :
{
  u2 string_index = cfs->get_u2_fast();
  _cp->string_index_at_put(index, string_index);
}
break;
```

调用的 string_index_at_put()函数的实现代码如下：

源代码位置：openjdk/hotspot/src/share/vm/oops/constantPool.hpp

```
void string_index_at_put(int which, int string_index) {
    tag_at_put(which, JVM_CONSTANT_StringIndex);
    *int_at_addr(which) = string_index;
}
```

之后也会对 JVM_CONSTANT_StringIndex 进行修正，代码如下：

```
case JVM_CONSTANT_StringIndex :
    {
        int string_index = cp->string_index_at(index);
        check_property(valid_symbol_at(string_index),
            "Invalid constant pool index %u in class file %s",
            string_index, CHECK_(nullHandle));
        Symbol* sym = cp->symbol_at(string_index);
        cp->unresolved_string_at_put(index, sym);
    }
    break;
```

以上代码中更新了 ConstantPool 数据区对应槽位上的值，这个值之前是一个对 CONSTANT_Utf8_info 常量池的索引，所以和 CONSTANT_Class_info 项的处理一样，将对应槽位上的值更新为直接指向 Symbol 实例的指针。

6. JVM_CONSTANT_MethodHandle项的解析

CONSTANT_MethodHandle_info 项的格式如下：

```
CONSTANT_MethodHandle_info {
    u1 tag;
    u1 reference_kind;
    u2 reference_index;
}
```

解析代码如下：

```
case JVM_CONSTANT_MethodHandle :
case JVM_CONSTANT_MethodType :
if (tag == JVM_CONSTANT_MethodHandle) {
 u1 ref_kind = cfs->get_u1_fast();
 u2 method_index = cfs->get_u2_fast();
 _cp->method_handle_index_at_put(index, ref_kind, method_index);
} else if (tag == JVM_CONSTANT_MethodType) {
 u2 signature_index = cfs->get_u2_fast();
 _cp->method_type_index_at_put(index, signature_index);
} else {
 ShouldNotReachHere();
}
break;
```

调用的 method_handle_index_at_put()函数的实现代码如下：

源代码位置：openjdk/hotspot/src/share/vm/oops/constantPool.hpp

```
void method_handle_index_at_put(int which, int ref_kind, int ref_index) {
    tag_at_put(which, JVM_CONSTANT_MethodHandle);
```

```
   *int_at_addr(which) = ((jint) ref_index<<16) | ref_kind;
}
```

7. JVM_CONSTANT_MethodType项的解析

CONSTANT_MethodType_info 项的格式如下：

```
CONSTANT_MethodType_info {
    u1 tag;
    u2 descriptor_index;
}
```

解析代码和 JVM_CONSTANT_MethodHandle 项一样。调用 method_type_index_at_put()
函数的实现代码如下：

源代码位置：openjdk/hotspot/src/share/vm/oops/constantPool.hpp

```
void method_type_index_at_put(int which, int ref_index) {
    tag_at_put(which, JVM_CONSTANT_MethodType);
    *int_at_addr(which) = ref_index;
}
```

8. JVM_CONSTANT_InvokeDynamic项的解析

CONSTANT_InvokeDynamic_info 项的格式如下：

```
CONSTANT_InvokeDynamic_info {
    u1 tag;
    u2 bootstrap_method_attr_index;
    u2 name_and_type_index;
}
```

解析代码如下：

```
case JVM_CONSTANT_InvokeDynamic :
{
  u2 bootstrap_specifier_index = cfs->get_u2_fast();
  u2 name_and_type_index = cfs->get_u2_fast();
  if (_max_bootstrap_specifier_index < (int) bootstrap_specifier_index)
    _max_bootstrap_specifier_index = (int) bootstrap_specifier_index;
  _cp->invoke_dynamic_at_put(index, bootstrap_specifier_index, name_and_
type_index);
}
break;
```

调用 invoke_dynamic_at_put()函数的实现代码如下：

源代码位置：openjdk/hotspot/src/share/vm/oops/constantPool.hpp

```
void invoke_dynamic_at_put(int which, int bootstrap_specifier_index, int
name_and_type_index) {
    tag_at_put(which, JVM_CONSTANT_InvokeDynamic);
    *int_at_addr(which) = ((jint) name_and_type_index<<16) | bootstrap_
specifier_index;
}
```

9. JVM_CONSTANT_Integer项与JVM_CONSTANT_Float项的解析

CONSTANT_Integer_info 项与 CONSTANT_Float_info 项的格式如下：

```
CONSTANT_Integer_info {
    u1 tag;
    u4 bytes;
}
CONSTANT_Float_info {
    u1 tag;
    u4 bytes;
}
```

解析代码如下：

```
case JVM_CONSTANT_Integer :
{
  u4 bytes = cfs->get_u4_fast();
  _cp->int_at_put(index, (jint) bytes);
}
break;
case JVM_CONSTANT_Float :
{
  u4 bytes = cfs->get_u4_fast();
  _cp->float_at_put(index, *(jfloat*)&bytes);
}
break;
```

调用 int_at_put()和 float_at_put()函数的实现代码如下：

```
源代码位置：openjdk/hotspot/src/share/vm/oops/constantPool.hpp

void int_at_put(int which, jint i) {
    tag_at_put(which, JVM_CONSTANT_Integer);
    *int_at_addr(which) = i;
}

void float_at_put(int which, jfloat f) {
    tag_at_put(which, JVM_CONSTANT_Float);
    *float_at_addr(which) = f;
}
```

ConstantPool 数据区的槽中存储的是对应类型的值。

10. JVM_CONSTANT_Long项与JVM_CONSTANT_Double项的解析

CONSTANT_Long_info 项与 CONSTANT_Double_info 项的格式如下：

```
CONSTANT_Long_info {
    u1 tag;
    u4 high_bytes;
    u4 low_bytes;
}

CONSTANT_Double_info {
```

```
    u1 tag;
    u4 high_bytes;
    u4 low_bytes;
}
```

解析代码如下：

```
case JVM_CONSTANT_Long :
{
  u8 bytes = cfs->get_u8_fast();
  _cp->long_at_put(index, bytes);
}
index++;
break;
case JVM_CONSTANT_Double :
{
  u8 bytes = cfs->get_u8_fast();
  _cp->double_at_put(index, *(jdouble*)&bytes);
}
index++;
break;
```

调用 long_at_put() 和 double_at_put() 函数的实现代码如下：

```
源代码位置：openjdk/hotspot/src/share/vm/oops/constantPool.hpp

void long_at_put(int which, jlong l) {
    tag_at_put(which, JVM_CONSTANT_Long);
    Bytes::put_native_u8((address)long_at_addr(which), *( (u8*) &l ));
}

void double_at_put(int which, jdouble d) {
    tag_at_put(which, JVM_CONSTANT_Double);
    Bytes::put_native_u8((address) double_at_addr(which), *((u8*) &d));
}
```

调用 Bytes::put_native_u8() 函数的实现代码如下：

```
static inline void put_native_u8(address p, u8 x)    {
*(u8*)p = x;
}
```

11. JVM_CONSTANT_NameAndType项的解析

CONSTANT_NameAndType_info 项的格式如下：

```
CONSTANT_NameAndType_info {
    u1 tag;
    u2 name_index;
    u2 descriptor_index;
}
```

解析代码如下：

```
case JVM_CONSTANT_NameAndType :
{
  u2 name_index = cfs->get_u2_fast();
  u2 signature_index = cfs->get_u2_fast();
```

```
    _cp->name_and_type_at_put(index, name_index, signature_index);
}
break;
```

调用 name_and_type_at_put()函数的实现代码如下：

源代码位置: openjdk/hotspot/src/share/vm/oops/constantPool.hpp

```
void name_and_type_at_put(int which, int name_index, int signature_index) {
    tag_at_put(which, JVM_CONSTANT_NameAndType);
    *int_at_addr(which) = ((jint) signature_index<<16) | name_index;
}
```

12. JVM_CONSTANT_Utf8项的解析

CONSTANT_Utf8_info 项的格式如下：

```
CONSTANT_Utf8_info {
    u1 tag;
    u2 length;
    u1 bytes[length];
}
```

解析代码如下：

源代码位置: openjdk/hotspot/src/share/vm/classfile/classFileParser.cpp

```
void ClassFileParser::parse_constant_pool_entries(int length, TRAPS) {
  ClassFileStream* cfs0 = stream();
  ClassFileStream cfs1 = *cfs0;
  ClassFileStream* cfs = &cfs1;
  Handle class_loader(THREAD, _loader_data->class_loader());

  // 以下变量辅助进行 Symbol 实例的批处理
  const char* names[SymbolTable::symbol_alloc_batch_size];
  int lengths[SymbolTable::symbol_alloc_batch_size];
  int indices[SymbolTable::symbol_alloc_batch_size];
  unsigned int hashValues[SymbolTable::symbol_alloc_batch_size];
  int names_count = 0;

  for (int index = 1; index < length; index++) {
    u1 tag = cfs->get_u1_fast();
    switch (tag) {
      ...
      case JVM_CONSTANT_Utf8 :
        {
          u2  utf8_length = cfs->get_u2_fast();
          u1* utf8_buffer = cfs->get_u1_buffer();
          cfs->skip_u1_fast(utf8_length);

          ...
          unsigned int hash;
          Symbol* result = SymbolTable::lookup_only((char*)utf8_buffer,
utf8_length, hash);
          if (result == NULL) {
            names[names_count] = (char*)utf8_buffer;
```

```
            lengths[names_count] = utf8_length;
            indices[names_count] = index;
            hashValues[names_count++] = hash;
            if (names_count == SymbolTable::symbol_alloc_batch_size) {
              SymbolTable::new_symbols(_loader_data, _cp, names_count,
                                names, lengths, indices, hashValues, CHECK);
              names_count = 0;
            }
          } else {
            _cp->symbol_at_put(index, result);
          }
        }
        break;
      ...
    }
  }

  // 进行 Symbol 实例的批处理
  if (names_count > 0) {
    SymbolTable::new_symbols(_loader_data, _cp, names_count,
                        names, lengths, indices, hashValues, CHECK);
  }

  cfs0->set_current(cfs1.current());
}
```

在 HotSpot VM 中，字符串通常都会表示为 Symbol 实例，这样可以通过字典表来存储字符串，对于两个相同的字符串来说，完全可以使用同一个 Symbol 实例来表示。在 ConstantPool 数据区相应槽位上只需要存储指向 Symbol 的指针即可。

调用 SymbolTable::lookup_only() 函数从字典表中查找对应的 Symbol 实例，如果查不到需要暂时将相关的信息存储到临时的 names、lengths、indices 与 hashValues 数组中，这样就可以调用 SymbolTable::new_symbols() 函数批量添加 Symbol 实例来提高效率；如果找到对应的 Symbol 实例，则调用 symbol_at_put() 函数向 ConstantPool 数据区对应槽位上存储指向 Symbol 实例的指针。Symbol_at_put 函数的实现代码如下：

源代码位置：openjdk/hotspot/src/share/vm/oops/constantPool.hpp

```
void symbol_at_put(int which, Symbol* s) {
  tag_at_put(which, JVM_CONSTANT_Utf8);
  *symbol_at_addr(which) = s;
}

Symbol** symbol_at_addr(int which) const {
  return (Symbol**) &base()[which];
}
```

第 5 章　字段的解析

在 ClassfileParser::parseClassFile()函数中解析完常量池后，接着调用 parser_fields()函数解析字段信息。代码如下：

源代码位置：openjdk/hotspot/src/share/vm/classfile/classFileParser.cpp

```
u2 java_fields_count = 0;
FieldAllocationCount fac;
Array<u2>* fields = parse_fields(class_name,access_flags.is_interface(),
&fac, &java_fields_count,
                                CHECK_(nullHandle));
```

本章将详细介绍 parse_fields()函数解析字段的具体实现过程。

5.1　字段的解析基础

进行字段解析时会从 Class 文件中获取字段的相关信息，而字段信息是 Class 文件中保存的非常重要的一部分内容，解析完成后会将多个字段的信息保存到数组中，以方便后续对字段进行布局操作。

5.1.1　FieldAllocationCount 与 FieldAllocationType 类

在调用 parse_fields()函数之前先定义一个属性 fac，类型为 FieldAllocationCount。代码如下：

源代码位置：openjdk/hotspot/src/share/vm/classfile/classFileParser.cpp

```
class FieldAllocationCount: public ResourceObj {
 public:
  u2 count[MAX_FIELD_ALLOCATION_TYPE];

  FieldAllocationCount() {
    // MAX_FIELD_ALLOCATION_TYPE 是定义在 FieldAllocationType 中的枚举常量，值
    // 为 10 初始化 count 数组中的值为 0
    for (int i = 0; i < MAX_FIELD_ALLOCATION_TYPE; i++) {
      count[i] = 0;
    }
```

```
  }
  // 更新对应类型字段的总数量
  FieldAllocationType update(bool is_static, BasicType type) {
    FieldAllocationType atype = basic_type_to_atype(is_static, type);
    count[atype]++;
    return atype;
  }
};
```

count 数组用来统计静态与非静态情况下各个类型变量的数量，这些类型通过 Field-AllocationType 枚举类定义。FieldAllocationType 枚举类的定义如下：

源代码位置：openjdk/hotspot/src/share/vm/classfile/classFileParser.cpp

```
enum FieldAllocationType {
  STATIC_OOP,                  // 0 oop
  STATIC_BYTE,                 // 1 boolean, byte, char
  STATIC_SHORT,                // 2 short
  STATIC_WORD,                 // 3 int
  STATIC_DOUBLE,               // 4 long,double

  NONSTATIC_OOP,               // 5
  NONSTATIC_BYTE,              // 6
  NONSTATIC_SHORT,             // 7
  NONSTATIC_WORD,              // 8
  NONSTATIC_DOUBLE,            // 9

  MAX_FIELD_ALLOCATION_TYPE,   // 10
  BAD_ALLOCATION_TYPE = -1
};
```

以上代码主要用来统计静态与非静态情况下 5 种类型变量的数量，这样在分配内存空间时会根据变量的数量计算所需要的内存空间。类型说明如下：

- Oop：引用类型；
- Byte：字节类型；
- Short：短整型；
- Word：双字类型；
- Double：浮点类型。

FieldAllocationCount 类中定义的 update() 函数用来更新对应类型变量的总数量。其中，BasicType 枚举类的代码如下：

源代码位置：openjdk/hotspot/src/share/vm/utilities/globalDefinitions.hpp

```
enum BasicType {
  T_BOOLEAN    = 4,
  T_CHAR       = 5,
  T_FLOAT      = 6,
  T_DOUBLE     = 7,
  T_BYTE       = 8,
  T_SHORT      = 9,
  T_INT        = 10,
```

```
    T_LONG          = 11,
    T_OBJECT        = 12,
    T_ARRAY         = 13,
    T_VOID          = 14,
    T_ADDRESS       = 15,        // ret 指令用到的表示返回地址的 returnAddress 类型
    T_NARROWOOP     = 16,
    T_METADATA      = 17,
    T_NARROWKLASS   = 18,
    T_CONFLICT      = 19,
    T_ILLEGAL       = 99
};
```

以上枚举类主要是针对 Java 类型进行定义的，而 HotSpot VM 中只有 FieldAllocation-Type 枚举类中定义的 5 种类型，因此要对 Java 类型进行转换后再统计。调用 basic_type_to_atype()函数进行类型转换，代码如下：

源代码位置：openjdk/hotspot/src/share/vm/classfile/classFileParser.cpp

```
// T_CONFLICT 枚举常量的值为 19
static FieldAllocationType _basic_type_to_atype[2 * (T_CONFLICT + 1)] = {
    BAD_ALLOCATION_TYPE,  //                              0
    BAD_ALLOCATION_TYPE,  //                              1
    BAD_ALLOCATION_TYPE,  //                              2
    BAD_ALLOCATION_TYPE,  //                              3
    //////////////////////////////////////////////////////
    NONSTATIC_BYTE ,      // T_BOOLEAN          = 4,
    NONSTATIC_SHORT,      // T_CHAR             = 5,
    NONSTATIC_WORD,       // T_FLOAT            = 6,
    NONSTATIC_DOUBLE,     // T_DOUBLE           = 7,
    NONSTATIC_BYTE,       // T_BYTE             = 8,
    NONSTATIC_SHORT,      // T_SHORT            = 9,
    NONSTATIC_WORD,       // T_INT              = 10,
    NONSTATIC_DOUBLE,     // T_LONG             = 11,
    NONSTATIC_OOP,        // T_OBJECT           = 12,
    NONSTATIC_OOP,        // T_ARRAY            = 13,
    //////////////////////////////////////////////////////
    BAD_ALLOCATION_TYPE,  // T_VOID             = 14,
    BAD_ALLOCATION_TYPE,  // T_ADDRESS          = 15,
    BAD_ALLOCATION_TYPE,  // T_NARROWOOP        = 16,
    BAD_ALLOCATION_TYPE,  // T_METADATA         = 17,
    BAD_ALLOCATION_TYPE,  // T_NARROWKLASS      = 18,
    BAD_ALLOCATION_TYPE,  // T_CONFLICT         = 19,

    BAD_ALLOCATION_TYPE,  //                              0
    BAD_ALLOCATION_TYPE,  //                              1
    BAD_ALLOCATION_TYPE,  //                              2
    BAD_ALLOCATION_TYPE,  //                              3
    //////////////////////////////////////////////////////
    STATIC_BYTE ,         // T_BOOLEAN          = 4,
    STATIC_SHORT,         // T_CHAR             = 5,
    STATIC_WORD,          // T_FLOAT            = 6,
    STATIC_DOUBLE,        // T_DOUBLE           = 7,
    STATIC_BYTE,          // T_BYTE             = 8,
    STATIC_SHORT,         // T_SHORT            = 9,
```

```
STATIC_WORD,              // T_INT          = 10,
STATIC_DOUBLE,            // T_LONG         = 11,
STATIC_OOP,               // T_OBJECT       = 12,
STATIC_OOP,               // T_ARRAY        = 13,
////////////////////////////////////////////////////
BAD_ALLOCATION_TYPE,      // T_VOID         = 14,
BAD_ALLOCATION_TYPE,      // T_ADDRESS      = 15,
BAD_ALLOCATION_TYPE,      // T_NARROWOOP    = 16,
BAD_ALLOCATION_TYPE,      // T_METADATA     = 17,
BAD_ALLOCATION_TYPE,      // T_NARROWKLASS  = 18,
BAD_ALLOCATION_TYPE,      // T_CONFLICT     = 19,
};

static FieldAllocationType basic_type_to_atype(bool is_static, BasicType
type) {
  assert(type >= T_BOOLEAN && type < T_VOID, "only allowable values");
  FieldAllocationType result = _basic_type_to_atype[ type + (is_static ?
(T_CONFLICT + 1) : 0)  ];
  return result;
}
```

baseic_type_to_atype()函数的实现过程很简单，对应的类型关系如表 5-1 所示。

表 5-1　Java与HotSpot VM中类型的对应关系

Java中的类型	HotSpot VM中的类型
boolean、byte、char	Byte
short	Short
int	Word
long、double	Double
Java对象	oop

可以看到，boolean、byte 与 char 在 HotSpot VM 中都以 Byte 类型表示，最终占一个字节的存储空间。

5.1.2　为字段分配内存空间

为字段分配内存，在 ClassFileParser::parse_fields()函数中有如下调用：

```
u2* fa = NEW_RESOURCE_ARRAY_IN_THREAD(THREAD, u2, total_fields * (FieldInfo::
field_slots + 1));
```

其中，NEW_RESOURCE_ARRAY_IN_THREAD 为宏，扩展后，以上的调用语句如下：

```
u2* fa = (u2*) resource_allocate_bytes(THREAD, (total_fields * (FieldInfo::
field_slots + 1)) * sizeof(u2))
```

FieldInfo::field_slots 枚举常量的值为 6，在内存中开辟 total_fields * 7 个 sizeof(u2)大小的内存空间，因为字段 f1、f2、...、fn 在存储时要按如下的格式存储：

```
f1: [access, name index, sig index, initial value index, low_offset,
high_offset]
f2: [access, name index, sig index, initial value index, low_offset,
high_offset]
    ...
fn: [access, name index, sig index, initial value index, low_offset,
high_offset]
    [generic signature index]
    [generic signature index]
    ...
```

也就是说，如果有 *n* 个字段，那么每个字段要占用 6 个 u2 类型的存储空间，不过每个字段还可能会有 generic signature index（占用 1 个 u2 类型的存储空间），因此只能暂时开辟 7 个 u2 大小的存储空间，后面会按照实际情况分配真正需要的内存空间，然后进行复制操作即可，这样就避免了由于某些字段没有 generic signature index 而浪费了分配的空间。

字段在 Class 文件中的存储格式如下：

```
field_info {
    u2              access_flags;
    u2              name_index;
    u2              descriptor_index;
    u2              attributes_count;
    attribute_info attributes[attributes_count];
}
```

其中，access_flags、name_index 与 descriptor_index 对应的就是每个 fn 中的 access、name index 与 sig index。另外，initial value index 用来存储常量值（如果这个变量是一个常量），low_offset 与 high_offset 可以保存该字段在内存中的偏移量。

调用 resource_allocate_bytes()函数的实现代码如下：

源代码位置：openjdk/hotspot/src/share/vm/memory/resourceArea.cpp

```
extern char* resource_allocate_bytes(Thread* thread, size_t size, Alloc
FailType alloc_failmode) {
  return thread->resource_area()->allocate_bytes(size, alloc_failmode);
}
```

最终是在 ResourceArea 中分配空间，每个线程有一个_resource_area 属性。定义代码如下：

源代码位置：openjdk/hotspot/src/share/vm/runtime/thread.hpp

```
ResourceArea* _resource_area;
```

在创建线程实例 Thread 时就会初始化_resource_area 属性，在构造函数中有如下调用：

源代码位置：openjdk/hotspot/src/share/vm/runtime/thread.cpp

```
// 初始化_resource_area 属性
set_resource_area(new (mtThread)ResourceArea());
```

ResourceArea 继承自 Arena 类，通过 ResourceArea 分配内存空间后就可以通过 Resource-Mark 释放，类似于 2.3 节介绍的 HandleArea 和 HandleMark。

调用 allocate_bytes() 函数的实现代码如下：

```
源代码位置：openjdk/hotspot/src/share/vm/memory/resourceArea.hpp

char* allocate_bytes(size_t size, AllocFailType alloc_failmode = Alloc
FailStrategy::EXIT_OOM) {
  return (char*)Amalloc(size, alloc_failmode);
}
```

调用 Amalloc() 函数的实现代码如下：

```
源代码位置：openjdk/hotspot/src/share/vm/memory/allocation.hpp

void* Amalloc(size_t x, AllocFailType alloc_failmode = AllocFailStrategy::
EXIT_OOM) {
    // 进行对齐操作
    x = ARENA_ALIGN(x);

    if (_hwm + x > _max) {
      return grow(x, alloc_failmode);
    } else {
      char *old = _hwm;
      _hwm += x;
      return old;
    }
}
```

继承自 Arena 的 HandleArea 与 ResourceArea 使用的内存都是通过 os.malloc() 函数直接分配的，因此既不会分配在 HotSpot VM 的堆区，也不会分配在元数据区，而属于本地内存的一部分。

调用的 Amalloc() 函数与 2.3.2 节介绍 Handle 句柄释放时提到的 Amalloc_4() 函数非常相似，这里不做过多介绍。

5.1.3　获取字段信息

来看 ClassFileParser::parse_fields() 函数中对字段信息的读取，代码如下：

```
int generic_signature_slot = total_fields * FieldInfo::field_slots;
int num_generic_signature = 0;
for (int n = 0; n < length; n++) {
    // 读取变量的访问标识
    AccessFlags access_flags;
    jint flags = cfs->get_u2_fast() & JVM_RECOGNIZED_FIELD_MODIFIERS;
    access_flags.set_flags(flags);
    // 读取变量的名称索引
    u2 name_index = cfs->get_u2_fast();
    // 读取常量池中的数量
    int cp_size = _cp->length();
```

```
   Symbol*  name = _cp->symbol_at(name_index);
   // 读取描述符索引
   u2 signature_index = cfs->get_u2_fast();
   Symbol*  sig = _cp->symbol_at(signature_index);

   u2    constantvalue_index = 0;
   bool  is_synthetic = false;
   u2    generic_signature_index = 0;
   bool  is_static = access_flags.is_static();
   FieldAnnotationCollector parsed_annotations(_loader_data);
   // 读取变量属性
   u2 attributes_count = cfs->get_u2_fast();
   if (attributes_count > 0) {
     parse_field_attributes(attributes_count, is_static, signature_index,
                            &constantvalue_index, &is_synthetic,
                            &generic_signature_index, &parsed_annotations,
                            CHECK_NULL);
     if (parsed_annotations.field_annotations() != NULL) {
       if (_fields_annotations == NULL) {
         _fields_annotations = MetadataFactory::new_array<AnnotationArray*>(
                                       _loader_data, length, NULL,
                                       CHECK_NULL);
       }
       _fields_annotations->at_put(n, parsed_annotations.field_annotations());
       parsed_annotations.set_field_annotations(NULL);
     }
     if (parsed_annotations.field_type_annotations() != NULL) {
       if (_fields_type_annotations == NULL) {
         _fields_type_annotations = MetadataFactory::new_array
<AnnotationArray*>(
                                       _loader_data, length, NULL,
                                       CHECK_NULL);
       }
       _fields_type_annotations->at_put(n, parsed_annotations.field_type
_annotations());
       parsed_annotations.set_field_type_annotations(NULL);
     }

     if (is_synthetic) {
       access_flags.set_is_synthetic();
     }
     if (generic_signature_index != 0) {
       access_flags.set_field_has_generic_signature();
       fa[generic_signature_slot] = generic_signature_index;
       generic_signature_slot ++;
       num_generic_signature ++;
     }
   }                                          // 变量属性读取完毕

   FieldInfo* field = FieldInfo::from_field_array(fa, n);
   field->initialize(access_flags.as_short(),
                     name_index,
                     signature_index,
                     constantvalue_index);
```

```
    BasicType type = _cp->basic_type_for_signature_at(signature_index);

    // 对字段的数量进行统计
    FieldAllocationType atype = fac->update(is_static, type);
    field->set_allocation_type(atype);

    if (parsed_annotations.has_any_annotations())
      parsed_annotations.apply_to(field);
  }                                          // 结束了 for 语句
```

按 Java 虚拟机规范规定的字段格式读取字段信息后将其存储到 fa 中，之前已经为 fa 变量分配好了存储空间，只需要按照上一节介绍的字段存储约定存储即可。FieldInfo::from_field_array()函数的实现代码如下：

源代码位置：openjdk/hotspot/src/share/vm/oops/fieldInfo.hpp

```
static FieldInfo* from_field_array(u2* fields, int index) {
    return ((FieldInfo*)(fields + index * field_slots));
}
```

取出第 index 个变量对应的 6 个 u2 类型的内存位置，然后将其强制转换为 FieldInfo*，这样就可以通过 FieldInfo 类存取这 6 个属性。FieldInfo 类的定义代码如下：

源代码位置：openjdk/hotspot/src/share/vm/oops/fieldInfo.hpp

```
class FieldInfo VALUE_OBJ_CLASS_SPEC {
    u2  _shorts[field_slots];
        ...
}
```

FieldInfo 类没有虚函数，并且_shorts 数组中的元素也是 u2 类型，占用 16 个位，可以直接通过类中定义的函数操作_shorts 数组。

调用 field->initialize()函数存储读取的字段的各个值，函数的实现代码如下：

源代码位置：openjdk/hotspot/src/share/vm/oops/fieldInfo.hpp

```
void initialize(u2 access_flags,
                u2 name_index,
                u2 signature_index,
                u2 initval_index  ){
    _shorts[access_flags_offset] = access_flags;
    _shorts[name_index_offset] = name_index;
    _shorts[signature_index_offset] = signature_index;
    _shorts[initval_index_offset] = initval_index;

    _shorts[low_packed_offset] = 0;
    _shorts[high_packed_offset] = 0;
}
```

调用_cp->basic_type_for_signature_at()函数从变量的签名中读取类型，代码如下：

源代码位置：openjdk/hotspot/src/share/vm/oops/constantPool.cpp

```
BasicType ConstantPool::basic_type_for_signature_at(int which) {
```

```
    return FieldType::basic_type(symbol_at(which));
}
```

调用的相关函数的代码如下：

```
源代码位置：openjdk/hotspot/src/share/vm/oops/constantPool.hpp
Symbol* symbol_at(int which) {
    return *symbol_at_addr(which);
}

源代码位置：openjdk/hotspot/src/share/vm/runtime/fieldType.cpp
BasicType FieldType::basic_type(Symbol* signature) {
  return char2type(signature->byte_at(0));
}
源代码位置：openjdk/hotspot/src/share/vm/runtime/fieldType.cpp
BasicType FieldType::basic_type(Symbol* signature) {
  return char2type(signature->byte_at(0));
}

源代码位置：openjdk/hotspot/src/share/vm/utilities/globalDefinitions.hpp
inline BasicType char2type(char c) {
  switch( c ) {
  case 'B': return T_BYTE;
  case 'C': return T_CHAR;
  case 'D': return T_DOUBLE;
  case 'F': return T_FLOAT;
  case 'I': return T_INT;
  case 'J': return T_LONG;
  case 'S': return T_SHORT;
  case 'Z': return T_BOOLEAN;
  case 'V': return T_VOID;
  case 'L': return T_OBJECT;
  case '[': return T_ARRAY;
  }
  return T_ILLEGAL;
}
```

调用 ConstantPool 类中定义的 symbol_at()函数从常量池 which 索引处获取表示签名字符串的 Symbol 实例，然后根据签名的第一个字符就可判断出字段的类型。得到字段的类型后，调用 fac->update()函数增加对应类型的字段数量。

在 ClassFileParser::parse_fields()函数中通过 for 循环处理完所有字段后，接着将临时存储变量信息 fa 中的信息复制到新的数组中，以避免内存浪费。代码如下：

```
Array<u2>* fields = MetadataFactory::new_array<u2>(
        _loader_data, index * FieldInfo::field_slots + num_generic_
signature,
        CHECK_NULL);
_fields = fields;
{
    int i = 0;
    for (; i < index * FieldInfo::field_slots; i++) {
      fields->at_put(i, fa[i]);
    }
    for (int j = total_fields * FieldInfo::field_slots;j < generic_
```

```
signature_slot; j++) {
    fields->at_put(i++, fa[j]);
    }
}
```

在创建 fields 数组时可以看到，元素类型为 u2 的数组的大小变为 index * FieldInfo::
field_slots + num_generic_signature，其中的 index 表示字段总数。另外，根据实际情况分
配了 num_generic_signature 的存储位置，然后将 fa 中存储的信息复制到 fields 中。

5.2　伪　共　享

缓存系统中是以缓存行（Cache Line）为单位存储的。缓存行是 2 的整数幂个连续字
节，一般为 32~256 个字节。最常见的缓存行是 64 个字节。当多线程修改互相独立的变
量时，如果这些变量共享同一个缓存行，就会无意中影响彼此的性能，这就是伪共享（False
Sharing），如图 5-1 所示。

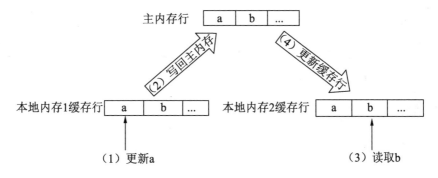

图 5-1　伪共享

OpenJDK 8 引入了 @Contended 注解来减少伪共享的发生。在执行程序时，必须加上
HotSpot VM 参数 -XX:-RestrictContended 后注解才会生效。下面通过几个例子来认识一下
@Contended 注解是如何影响对象在 HotSpot VM 中的内存布局的。

1. 在类上应用@Contended注解

【实例 5-1】　有以下代码：

```
package com.classloading;

@Contended
public static class ContendedTest1 {
    private Object plainField1;
    private Object plainField2;
    private Object plainField3;
    private Object plainField4;
}
```

使用-XX:+PrintFieldLayout 选项输出字段布局的结果如下：

```
com.classloading$ContendedTest1: field layout
    // @140 表示字段在类中的地址偏移量，通过对象头 12 字节加上填充的 128 字节得到
    @140 --- instance fields start ---
    @140 "plainField1" Ljava.lang.Object;
    @144 "plainField2" Ljava.lang.Object;
    @148 "plainField3" Ljava.lang.Object;
    @152 "plainField4" Ljava.lang.Object;
    // 字段内存的末尾也需要填充 128 字节，152 加上 8 字节再加上 128 字节得到 288 字节
    @288 --- instance fields end ---
    @288 --- instance ends ---
```

@Contended 注解将使整个字段块的两端都被填充。注意，这里使用了 128 字节的填充数来避免伪共享，这个数是大多数硬件缓存行的 2 倍。

2. 在字段上应用@Contended注解

【实例 5-2】 有以下代码：

```
package com.classloading;

public static class ContendedTest2 {
    @Contended
    private Object contendedField1;
    private Object plainField1;
    private Object plainField2;
    private Object plainField3;
    private Object plainField4;
}
```

在字段上应用@Contended 注解将导致该字段从连续的字段内存空间中分离出来。最终的内存布局如下：

```
com.classloading$ContendedTest2: field layout
    @ 12 --- instance fields start ---
    @ 12 "plainField1" Ljava.lang.Object;
    @ 16 "plainField2" Ljava.lang.Object;
    @ 20 "plainField3" Ljava.lang.Object;
    @ 24 "plainField4" Ljava.lang.Object;
    // 与普通的字段之间进行填充，填充 128 字节
    @156 "contendedField1" Ljava.lang.Object; (contended, group = 0)
    // 字段内存的末尾也需要填充 128 字节
    @288 --- instance fields end ---
    @288 --- instance ends ---
```

3. 在多个字段上应用@Contended注解

【实例 5-3】 有以下代码：

```
package com.classloading;

public static class ContendedTest3 {
    @Contended
```

```
        private Object contendedField1;

        @Contended
        private Object contendedField2;

        private Object plainField3;
        private Object plainField4;
}
```

被注解的两个字段都被独立地填充。内存布局如下：

```
com.classloading$ContendedTest3: field layout
    @ 12 --- instance fields start ---
    @ 12 "plainField3" Ljava.lang.Object;
    @ 16 "plainField4" Ljava.lang.Object;
    // 当前字段与上一个字段之间填充了 128 字节
    @148 "contendedField1" Ljava.lang.Object; (contended, group = 0)
    // 当前字段与上一个字段之间填充了 128 字节
    @280 "contendedField2" Ljava.lang.Object; (contended, group = 0)
    // 字段内存的末尾也需要填充 128 字节
    @416 --- instance fields end ---
    @416 --- instance ends ---
```

4. 应用@Contended注解进行字段分组

有时需要对字段进行分组，同一组的字段会和其他非同一组的字段有访问冲突，但是和同一组的字段不会有访问冲突。例如，同一个线程的代码同时更新两个字段是很常见的情况，可以同时为两个字段添加@Contended 注解，去掉它们之间的空白填充来提高内存空间的使用效率。举个例子进行说明。

【实例 5-4】　有以下代码：

```
package com.classloading;

public static class ContendedTest4 {
    @Contended("updater1")
    private Object contendedField1;

    @Contended("updater1")
    private Object contendedField2;

    @Contended("updater2")
    private Object contendedField3;

    private Object plainField5;
    private Object plainField6;
}
```

内存布局如下：

```
com.classloading$ContendedTest4: field layout
    @ 12 --- instance fields start ---
    @ 12 "plainField5" Ljava.lang.Object;
    @ 16 "plainField6" Ljava.lang.Object;
    // 当前字段与上一个字段之间填充了 128 字节
```

```
@148 "contendedField1" Ljava.lang.Object; (contended, group = 12)
@152 "contendedField2" Ljava.lang.Object; (contended, group = 12)
// 当前字段与上一个字段之间填充了 128 字节
@284 "contendedField3" Ljava.lang.Object; (contended, group = 15)
// 字段内存的末尾也需要填充 128 字节
@416 --- instance fields end ---
@416 --- instance ends ---
```

可以看到，contendedField1 与 contendedField2 之间并没有填充 128 字节，因为这两个字段属于同一组。

5.3　字段的内存布局

字段的定义顺序和布局顺序是不一样的。我们在写代码的时候不用关心内存对齐问题，如果内存是按照源代码定义顺序进行布局的话，由于 CPU 读取内存时是按寄存器（64位）大小为单位载入的，如果载入的数据横跨两个 64 位，要操作该数据的话至少需要两次读取，加上组合移位，会产生效率问题，甚至会引发异常。比如在一些 ARM 处理器上，如果不按对齐要求访问数据，会触发硬件异常。

在 Class 文件中，字段的定义是按照代码顺序排列的，HotSpot VM 加载后会生成相应的数据结构，包含字段的名称和字段在对象中的偏移值等。重新布局后，只要改变相应的偏移值即可。

在 ClassFileParser::parseClassFile()函数中进行字段内存布局，代码如下：

源代码位置：openjdk/hotspot/src/share/vm/classfile/classFileParser.cpp

```
FieldAllocationCount fac;
Array<u2>* fields = parse_fields(class_name,
                                 access_flags.is_interface(),
                                 &fac, &java_fields_count,
                                 CHECK_(nullHandle));
...
FieldLayoutInfo info;
layout_fields(class_loader, &fac, &parsed_annotations, &info, CHECK_NULL);
```

前面介绍过 parse_fields()函数的实现过程，下面主要介绍调用 layout_fields()函数进行字段布局的实现过程。传入的 fac 是之前介绍的 FieldAllocationCount 类型的变量，里面已经保存了各个类型字段的数量。

5.3.1　静态字段内存块的偏移量

在 layout_fields()函数中计算静态变量的偏移量，由于代码比较多，所以分几部分进行介绍。首先看如下代码：

```
源代码位置: openjdk/hotspot/src/share/vm/classfile/classFileParser.cpp

int next_static_oop_offset;
int next_static_double_offset;
int next_static_word_offset;
int next_static_short_offset;
int next_static_byte_offset;
...
next_static_oop_offset    = InstanceMirrorKlass::offset_of_static_fields();
next_static_double_offset = next_static_oop_offset + (  (fac->count
[STATIC_OOP]) * heapOopSize );
if ( fac->count[STATIC_DOUBLE] &&
    (
        // 方法会返回 true
        Universe::field_type_should_be_aligned(T_DOUBLE) ||
        // 方法会返回 true
        Universe::field_type_should_be_aligned(T_LONG)
    )
){
  next_static_double_offset = align_size_up(next_static_double_offset,
BytesPerLong);
}
next_static_word_offset   = next_static_double_offset + ((fac->count
[STATIC_DOUBLE]) * BytesPerLong);
next_static_short_offset  = next_static_word_offset + ((fac->count
[STATIC_WORD]) * BytesPerInt);
next_static_byte_offset   = next_static_short_offset + ((fac->count
[STATIC_SHORT]) * BytesPerShort);
```

调用 InstanceMirrorKlass::offset_of_static_fields()函数获取_offset_of_static_fields 属性的值，这个属性在 2.1.3 节中介绍过，表示在 java.lang.Class 对象中存储静态字段的偏移量。静态字段紧挨着存储在 java.lang.Class 对象本身占用的内存空间之后。

在计算 next_static_double_offset 时，因为首先布局的是 oop，内存很可能不是按 8 字节对齐，所以需要调用 align_size_up()函数对内存进行 8 字节对齐。后面就不需要对齐了，因为一定是自然对齐，如果是 8 字节对齐则肯定也是 4 字节对齐的，如果是 4 字节对齐则肯定也是 2 字节对齐的。

按照 oop、double、word、short 和 byte 的顺序计算各个静态字段的偏移量，next_static_xxx_offset 指向的就是第一个 xxx 类型的静态变量在 oop 实例（表示 java.lang.Class 对象）中的偏移量。可以看到，在 fac 中统计各个类型字段的数量就是为了方便在这里计算偏移量。

5.3.2　非静态字段内存块的偏移量

计算非静态字段起始偏移量，ClassFileParser::layout_fields()函数代码如下：

```
int nonstatic_field_size = _super_klass() == NULL ? 0 : _super_klass()->
nonstatic_field_size();
...
```

```
int nonstatic_fields_start = instanceOopDesc::base_offset_in_bytes() +
nonstatic_field_size * heapOopSize;
next_nonstatic_field_offset = nonstatic_fields_start;
```

instanceOopDesc 类中的 base_offset_in_bytes()函数代码如下：

源代码位置：openjdk/hotspot/src/share/vm/oops/instanceOop.hpp

```
static int base_offset_in_bytes() {
    return ( UseCompressedOops && UseCompressedClassPointers ) ?
            klass_gap_offset_in_bytes() : // 开启指针压缩后计算的值为 12
            sizeof(instanceOopDesc);      // 在 64 位平台上计算的值为 16
}
```

因为非静态字段存储在 instanceOopDesc 实例中，并且父类字段存储在前，所以 nonstatic_fields_start 变量表示的就是当前类定义的实例字段所要存储的起始偏移量位置。

子类会复制父类中定义的所有非静态字段（包括 private 修饰的非静态字段），以实现字段继承。因此上面在计算子类非静态字段的起始偏移量时会将父类可被继承的字段占用的内存也考虑在内。oop 实例的内存布局如图 5-2 所示。

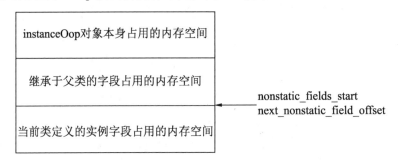

图 5-2　字段内存布局

在计算非静态字段的偏移量时还需要考虑有@Contended 注解的类和字段。对于类上的 @Contended 注解，需要在字段之前填充 ContendedPaddingWidth 字节，对于有@Contended 注解的变量来说，还需要单独考虑布局，因此相关实例字段的数量需要分别进行统计，代码如下：

```
bool is_contended_class    = parsed_annotations->is_contended();
// 类上有@Contended 注解，需要在开始时填充 ContendedPaddingWidth 字节
if (is_contended_class) {
  next_nonstatic_field_offset += ContendedPaddingWidth;  // Contended-
PaddingWidth=128
}

// 计算除去有@Contended 注解的字段的实例字段数量
unsigned int nonstatic_double_count = fac->count[NONSTATIC_DOUBLE] -
                            fac_contended.count[NONSTATIC_DOUBLE];
unsigned int nonstatic_word_count  = fac->count[NONSTATIC_WORD]   -
                            fac_contended.count[NONSTATIC_WORD];
unsigned int nonstatic_short_count = fac->count[NONSTATIC_SHORT]  -
```

```
                                        fac_contended.count[NONSTATIC_SHORT];
unsigned int nonstatic_byte_count    = fac->count[NONSTATIC_BYTE]   -
                                        fac_contended.count[NONSTATIC_BYTE];
unsigned int nonstatic_oop_count     = fac->count[NONSTATIC_OOP]    -
                                        fac_contended.count[NONSTATIC_OOP];

// 计算所有的实例字段总数，包括有@Contended 注解的字段
unsigned int nonstatic_fields_count = fac->count[NONSTATIC_DOUBLE] +
                                fac->count[NONSTATIC_WORD]   +
                                fac->count[NONSTATIC_SHORT]  +
                                fac->count[NONSTATIC_BYTE]   +
                                fac->count[NONSTATIC_OOP];
```

这里涉及对有@Contended 注解的实例字段的处理，为了避免伪共享的问题，可能需要在两个字段的存储布局之间做一些填充。

如果类上有@Contended 注解，相关字段更新后的内存布局如图 5-3 所示。

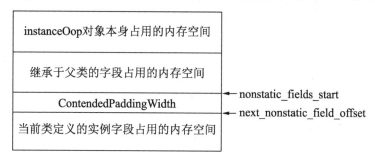

图 5-3　字段内存布局

在 HotSpot VM 中，对象布局有以下 3 种模式：

- allocation_style=0：字段排列顺序为 oop、long/double、int、short/char、byte，最后是填充字段，以满足对齐要求；
- allocation_style=1：字段排列顺序为 long/double、int、short/char、byte、oop，最后是填充字段，以满足对齐要求；
- allocation_style=2：HotSpot VM 在布局时会尽量使父类 oop 和子类 oop 挨在一起。

另外，由于填充会形成空隙，比如使用压缩指针时 oop 对象头占 12 字节，后面如果是 long 类型字段的话，long 的对齐要求是 8 字节，中间会有 4 个字节的空隙，为了提高内存利用率，可以把 int、short、byte 和 oop 等相对内存占用比较小的对象填充进去，并且 HotSpot VM 提供了-XX:+/-CompactFields 命令用于控制该特性，默认是开启的。代码如下：

```
bool compact_fields  = CompactFields;              // 默认值为 true
int  allocation_style = FieldsAllocationStyle;     // 默认的布局为 1
...

// 根据对象布局模式 allocation_style 重新计算相关变量的值
if( allocation_style == 0 ) {
    // 字段布局顺序为 oop、long/double、int、short/char、byte、填充
```

```
      // 首先布局 oop 类型的变量
      next_nonstatic_oop_offset    = next_nonstatic_field_offset;
      next_nonstatic_double_offset = next_nonstatic_oop_offset + (nonstatic_
oop_count * heapOopSize);
}
else if( allocation_style == 1 ) {
      // 字段布局顺序为 long/double、int、short/char、byte、oop、填充
      // 首先布局 long/double 类型的变量
      next_nonstatic_double_offset = next_nonstatic_field_offset;
}
else if( allocation_style == 2 ) {
      // 如果父对象有 oop 字段并且 oop 字段布局到了末尾，那么尽量应该将本对象的实例字段布
      // 局到开始位置，让父对象的 oop 与子对象的 oop 挨在一起
      if(
           // nonstatic_field_size 指的是父类的非静态变量占用的大小
           nonstatic_field_size > 0 &&
           _super_klass() != NULL &&
           _super_klass->nonstatic_oop_map_size() > 0
      ){
        unsigned int  map_count = _super_klass->nonstatic_oop_map_count();
        OopMapBlock*  first_map = _super_klass->start_of_nonstatic_oop_maps();
        OopMapBlock*  last_map  = first_map + map_count - 1;
        int next_offset = last_map->offset() + (last_map->count() * heapOopSize);
        if (next_offset == next_nonstatic_field_offset) {
          allocation_style = 0;                        // oop 布局到开始位置
          next_nonstatic_oop_offset    = next_nonstatic_field_offset;
          next_nonstatic_double_offset = next_nonstatic_oop_offset +
(nonstatic_oop_count * heapOopSize);
        }
      }

      if( allocation_style == 2 ) {
        allocation_style = 1;                         // oop 布局到最后
        next_nonstatic_double_offset = next_nonstatic_field_offset;
      }
}
```

当 allocation_style 属性的值为 2 时，如果父类有 OopMapBlock，那么_super_klass->nonstatic_oop_map_size()大于 0，并且父类将 oop 布局在末尾位置时可使用 allocation_style=0 来布局，这样子类会首先将自己的 oop 布局在开始位置，正好和父类的 oop 连在一起，有利于 GC 扫描处理引用。剩下的其他情况都是按 allocation_style 属性值为 1 来布局的，也就是 oop 在末尾。

选定了布局策略 allocation_style 后，首先要向空隙中填充字段，代码如下：

```
int nonstatic_oop_space_count   = 0;
int nonstatic_word_space_count   = 0;
int nonstatic_short_space_count = 0;
int nonstatic_byte_space_count  = 0;

int nonstatic_oop_space_offset;
int nonstatic_word_space_offset;
int nonstatic_short_space_offset;
```

```
int nonstatic_byte_space_offset;

// 向空隙中填充字段，填充的顺序为 int、short、byte、oop
// 当有 long/double 类型的实例变量存在时，可能存在空隙
if( nonstatic_double_count > 0 ) {
    int offset = next_nonstatic_double_offset;
    next_nonstatic_double_offset = align_size_up(offset, BytesPerLong);
    // 只有开启了-XX:+CompactFields 命令时才会进行空隙填充
    if( compact_fields && offset != next_nonstatic_double_offset ) {
        int length = next_nonstatic_double_offset - offset;

        // nonstatic_word_count 记录了 word 的总数，由于这个空隙算一个特殊位置，因此
        // 把放入这里的 word 从正常情况删除，并加入特殊的 nonstatic_word_space_count 中
        nonstatic_word_space_offset = offset;
        // 由于 long/double 是 8 字节对齐，所以最多只能有 7 个字节的空隙
        // 最多只能填充一个 word 类型的变量
        if( nonstatic_word_count > 0 ) {
            nonstatic_word_count       -= 1;
            nonstatic_word_space_count = 1;
            length -= BytesPerInt;
            offset += BytesPerInt;
        }

        // short、byte 可能会填充多个，所以需要循环填充
        nonstatic_short_space_offset = offset;
        while( length >= BytesPerShort && nonstatic_short_count > 0 ) {
            nonstatic_short_count       -= 1;
            nonstatic_short_space_count += 1;
            length -= BytesPerShort;
            offset += BytesPerShort;
        }

        nonstatic_byte_space_offset = offset;
        while( length > 0 && nonstatic_byte_count > 0 ) {
            nonstatic_byte_count       -= 1;
            nonstatic_byte_space_count += 1;
            length -= 1;
        }

        nonstatic_oop_space_offset = offset;
        // heapOopSize 在开启指针压缩时为 4，否则为 8，所以一个 oop 占用的字节数要看
        // heapOopSize 的大小，理论上空隙最多只能存放一个 oop 实例
        // allocation_style 必须不等于 0，因为等于 0 时 oop 要分配到开始的位置和父类的
        // oop 进行连续存储，不能进行空隙填充
        if( length >= heapOopSize && nonstatic_oop_count > 0 && allocation_
style != 0 ) {
            nonstatic_oop_count       -= 1;
            nonstatic_oop_space_count = 1;
            length -= heapOopSize;
            offset += heapOopSize;
        }
    }
}
```

long/double 类型占用 8 字节，对齐时最多可能留下 7 字节的空白。Java 数据类型与 JVM 内部定义的 5 种数据类型的对应关系如表 5-2 所示。

表 5-2　Java数据类型与JVM内部数据类型的对应关系

Java数据类型	JVM内部数据类型	数 据 宽 度
reference	oop	4字节（指针压缩）/8字节
boolean/byte	byte	1字节
char/short	short	2字节
int/float	word	4字节
long/double	double	8字节

对齐后最多会有 7 字节的空隙，这样就可以按顺序填充 int/float、char/short、boolean/byte 及对象类型，充分利用内存空间。

下面开始计算非静态变量的偏移量，代码如下：

```
next_nonstatic_word_offset  = next_nonstatic_double_offset + (nonstatic_
double_count * BytesPerLong);
next_nonstatic_short_offset = next_nonstatic_word_offset  + (nonstatic_
word_count * BytesPerInt);
next_nonstatic_byte_offset  = next_nonstatic_short_offset + (nonstatic_
short_count * BytesPerShort);
next_nonstatic_padded_offset = next_nonstatic_byte_offset  + nonstatic_
byte_count;

// allocation_style 为 1 时的字段排列顺序为 long/double、int、short/char、byte、
// oop
if( allocation_style == 1 ) {
   next_nonstatic_oop_offset = next_nonstatic_padded_offset;
   if( nonstatic_oop_count > 0 ) {
     next_nonstatic_oop_offset = align_size_up(next_nonstatic_oop_offset,
heapOopSize);
   }
   next_nonstatic_padded_offset = next_nonstatic_oop_offset + (nonstatic_
oop_count * heapOopSize);
}
```

将各个类型字段在 instanceOop 实例中的偏移量计算出来后，下面就可以计算每个字段的实际偏移量位置了。

5.3.3　计算每个字段的偏移量

前两节已经计算出了静态与非静态字段内存块的偏移量，本节将介绍每个字段在 oop 实例中的具体偏移量。代码如下：

```
for (AllFieldStream fs(_fields, _cp); !fs.done(); fs.next()) {
    // 跳过已经计算出布局位置的字段
```

```
    if (fs.is_offset_set())
        continue;
    // 不处理有@Contended注解的实例字段
    if (fs.is_contended() && !fs.access_flags().is_static()){
        continue;
    }

    int real_offset;
    FieldAllocationType atype = (FieldAllocationType) fs.allocation_type();

    switch (atype) {
      case STATIC_OOP:
        real_offset = next_static_oop_offset;
        next_static_oop_offset += heapOopSize;
        break;
      case STATIC_BYTE:
        real_offset = next_static_byte_offset;
        next_static_byte_offset += 1;
        break;
      case STATIC_SHORT:
        real_offset = next_static_short_offset;
        next_static_short_offset += BytesPerShort;
        break;
      case STATIC_WORD:
        real_offset = next_static_word_offset;
        next_static_word_offset += BytesPerInt;
        break;
      case STATIC_DOUBLE:
        real_offset = next_static_double_offset;
        next_static_double_offset += BytesPerLong;
        break;
      case NONSTATIC_OOP:
        if( nonstatic_oop_space_count > 0 ) {
          real_offset = nonstatic_oop_space_offset;
          nonstatic_oop_space_offset += heapOopSize;
          nonstatic_oop_space_count  -= 1;
        } else {
          real_offset = next_nonstatic_oop_offset;
          next_nonstatic_oop_offset += heapOopSize;
        }
        ...
        break;
      case NONSTATIC_BYTE:
        if( nonstatic_byte_space_count > 0 ) {
          real_offset = nonstatic_byte_space_offset;
          nonstatic_byte_space_offset += 1;
          nonstatic_byte_space_count  -= 1;
        } else {
          real_offset = next_nonstatic_byte_offset;
          next_nonstatic_byte_offset += 1;
        }
        break;
      case NONSTATIC_SHORT:
        if( nonstatic_short_space_count > 0 ) {
          real_offset = nonstatic_short_space_offset;
```

```
      nonstatic_short_space_offset += BytesPerShort;
      nonstatic_short_space_count  -= 1;
    } else {
      real_offset = next_nonstatic_short_offset;
      next_nonstatic_short_offset += BytesPerShort;
    }
    break;
  case NONSTATIC_WORD:
    if( nonstatic_word_space_count > 0 ) {
      real_offset = nonstatic_word_space_offset;
      nonstatic_word_space_offset += BytesPerInt;
      nonstatic_word_space_count  -= 1;
    } else {
      real_offset = next_nonstatic_word_offset;
      next_nonstatic_word_offset += BytesPerInt;
    }
    break;
  case NONSTATIC_DOUBLE:
    real_offset = next_nonstatic_double_offset;
    next_nonstatic_double_offset += BytesPerLong;
    break;
  default:
    ShouldNotReachHere();
} // end switch

// 将计算出的具体的字段偏移量保存到每个字段中
fs.set_offset(real_offset);
} // end for
```

由于第一个字段的偏移量已经计算好，所以接下来按顺序进行连续存储即可。由于实例字段会填充到空隙中，所以还需要考虑这一部分的字段，对计算出来的偏移量连续存储即可。最终计算出来的每个字段的偏移量要调用 fs.set_offset()保存起来，这样就能快速找到这些字段的存储位置了。

5.3.4　@Contended 字段的偏移量

@Contended 字段需要单独进行内存布局，因此需要单独计算这些字段的偏移量，代码如下：

```
// 标注有@Contended注解的字段数量大于 0
if (nonstatic_contended_count > 0) {

    // 需要在@Contended字段之前填充 ContendedPaddingWidth 字节
    next_nonstatic_padded_offset += ContendedPaddingWidth;

    // 用 BitMap 保存所有的字段分组信息
    BitMap bm(_cp->size());
    for (AllFieldStream fs(_fields, _cp); !fs.done(); fs.next()) {
      if (fs.is_offset_set()){
```

```
        continue;
    }
    if (fs.is_contended()) {
      bm.set_bit(fs.contended_group());
    }
  }
  // 将同一组的@Contended 字段布局在一起
  int current_group = -1;
  while ((current_group = (int)bm.get_next_one_offset(current_group +
1)) != (int)bm.size()) {
    for (AllFieldStream fs(_fields, _cp); !fs.done(); fs.next()) {
      if (fs.is_offset_set())
        continue;
      if (!fs.is_contended() || (fs.contended_group() != current_group))
        continue;
      // 不对静态字段布局, 在 oop 实例中只对非静态字段布局
      if (fs.access_flags().is_static())
        continue;

      int real_offset;
      FieldAllocationType atype = (FieldAllocationType) fs.allocation_
type();

      switch (atype) {
        case NONSTATIC_BYTE:
          next_nonstatic_padded_offset = align_size_up(next_nonstatic_
padded_offset, 1);
          real_offset = next_nonstatic_padded_offset;
          next_nonstatic_padded_offset += 1;
          break;
        case NONSTATIC_SHORT:
          next_nonstatic_padded_offset = align_size_up(next_nonstatic_
padded_offset, BytesPerShort);
          real_offset = next_nonstatic_padded_offset;
          next_nonstatic_padded_offset += BytesPerShort;
          break;
        case NONSTATIC_WORD:
          next_nonstatic_padded_offset = align_size_up(next_nonstatic_
padded_offset, BytesPerInt);
          real_offset = next_nonstatic_padded_offset;
          next_nonstatic_padded_offset += BytesPerInt;
          break;
        case NONSTATIC_DOUBLE:
          next_nonstatic_padded_offset = align_size_up(next_nonstatic_
padded_offset, BytesPerLong);
          real_offset = next_nonstatic_padded_offset;
          next_nonstatic_padded_offset += BytesPerLong;
          break;
        case NONSTATIC_OOP:
          next_nonstatic_padded_offset = align_size_up(next_nonstatic_
padded_offset, heapOopSize);
          real_offset = next_nonstatic_padded_offset;
          next_nonstatic_padded_offset += heapOopSize;
          ...
          break;
```

```
        default:
          ShouldNotReachHere();
      }

      // 当 fs.contended_group() 为 0 时，表示没有为字段分组，所有字段之间都要填充
      // ContendedPaddingWidth 个字节，包括最后一个字段的末尾
      if (fs.contended_group() == 0) {
        next_nonstatic_padded_offset += ContendedPaddingWidth;
      }
      //  保存每个字段的实际偏移量
      fs.set_offset(real_offset);
    } // end for

    // 如果 current_group 为 0，则表示最后一个字段的末尾已经进行了填充，否则组与组
    // 之间以及最后一个组后都需要填充 ContendedPaddingWidth 个字节
    if (current_group != 0) {
      next_nonstatic_padded_offset += ContendedPaddingWidth;
    }
  } // end while
}
```

同为一组的有@Contended 注解的字段要布局在一起。同一组的字段可能类型不同，并且也不会遵循前面介绍的对实例字段的布局策略，因此需要在每次开始之前调用 align_size_up()函数进行对齐操作。布局完一组后要填充 ContendedPaddingWidth 个字节，然后使用相同的逻辑布局下一组字段。最终的字段偏移量同样会调用 fs.set_offset()函数保存起来，以方便后续根据字段偏移量进行查找。

5.4　字段的注入

HotSpot VM 还可以给 oop 等实例注入一些字段，用于辅助 HotSpot VM 运行。例如之前多次介绍的 java.lang.Class 对象，表示此对象的 oop 实例在必要时会注入一些字段。举个例子如下：

【实例 5-5】　有以下代码：

```
package com.classloading;

class Base{
    public static int a=1;
    public static String b="abc";
    public static Integer c=6;
}
```

Base 类中声明了一些静态字段，这些字段会存储到 java.lang.Class 对象中，表示这个对象的 oop 实例有些特殊，既会存储 java.lang.Class 类中声明的实例字段，也会存储 Base 类中声明的静态字段。

在 java.lang.Class 类中声明的所有字段如下：

```
// 静态字段
ANNOTATION  I
ENUM  I
SYNTHETIC  I
allPermDomain  Ljava/security/ProtectionDomain;
useCaches  Z
serialVersionUID  J
serialPersistentFields  [Ljava/io/ObjectStreamField;
reflectionFactory  Lsun/reflect/ReflectionFactory;
initted  Z

// 非静态字段
cachedConstructor  Ljava/lang/reflect/Constructor;
newInstanceCallerCache  Ljava/lang/Class;
name  Ljava/lang/String;
reflectionData  Ljava/lang/ref/SoftReference;
classRedefinedCount  I
genericInfo  Lsun/reflect/generics/repository/ClassRepository;
enumConstants  [Ljava/lang/Object;
enumConstantDirectory  Ljava/util/Map;
annotationData  Ljava/lang/Class$AnnotationData;
annotationType  Lsun/reflect/annotation/AnnotationType;
classValueMap  Ljava/lang/ClassValue$ClassValueMap;
```

以上每一行信息中都包含有字段的名称和类型描述符，其中，静态字段 9 个，非静态字段 11 个，共有 20 个字段。

打开 -XX:+PrintFieldLayout 选项查看 Base 类对应的 java.lang.Class 对象的内存布局，结果如下：

非静态字段的布局如下：

```
java.lang.Class: field layout
  @ 12 --- instance fields start ---
  @ 12 "cachedConstructor" Ljava.lang.reflect.Constructor;
  @ 16 "newInstanceCallerCache" Ljava.lang.Class;
  @ 20 "name" Ljava.lang.String;
  @ 24 "reflectionData" Ljava.lang.ref.SoftReference;
  @ 28 "genericInfo" Lsun.reflect.generics.repository.ClassRepository;
  @ 32 "enumConstants" [Ljava.lang.Object;
  @ 36 "enumConstantDirectory" Ljava.util.Map;
  @ 40 "annotationData" Ljava.lang.Class$AnnotationData;
  @ 44 "annotationType" Lsun.reflect.annotation.AnnotationType;
  @ 48 "classValueMap" Ljava.lang.ClassValue$ClassValueMap;

  @ 52 "protection_domain" Ljava.lang.Object;
  @ 56 "init_lock" Ljava.lang.Object;
  @ 60 "signers_name" Ljava.lang.Object;
  @ 64 "klass" J
  @ 72 "array_klass" J
  @ 80 "classRedefinedCount" I    // Class 类中声明的字段
  @ 84 "oop_size" I
  @ 88 "static_oop_field_count" I
  @ 92 --- instance fields end ---
  @ 96 --- instance ends ---
```

属性的偏移从 12 开始，这是因为在开启指针压缩情况下，对象头占用 12 字节。另外还有 7 个注入字段布局在非静态字段的后一部分。

静态字段的布局如下：

```
@ 0 --- static fields start ---
@ 0 "allPermDomain" Ljava.security.ProtectionDomain;
@ 4 "serialPersistentFields" [Ljava.io.ObjectStreamField;
@ 8 "reflectionFactory" Lsun.reflect.ReflectionFactory;
@ 16 "serialVersionUID" J
@ 24 "ANNOTATION" I
@ 28 "ENUM" I
@ 32 "SYNTHETIC" I
@ 36 "useCaches" Z
@ 37 "initted" Z
@ 40 --- static fields end ---
```

偏移量从 0 开始，实际上这些静态字段会挨着非静态字段进行布局，为了能找到 java.lang.Class 对象中静态字段的存储区域，在 java.lang.Class 对象对应的 InstanceMirrorKlass 类中定义了一个静态变量_offset_of_static_fields，这个值保存着静态字段的起始偏移量 96。

HotSpot VM 在解析 java.lang.Class 类对应的 Class 文件时会注入一些非静态字段，例如在字段解析的 ClassFileParser::parse_fields() 函数中有如下代码：

```
int num_injected = 0;
InjectedField* injected = JavaClasses::get_injected(class_name, &num_injected);
int total_fields = length + num_injected;
```

调用 JavaClasses::get_injected() 函数得到注入字段的数量并保存到 num_injected 中，将 num_injected 也记入总的字段数量 total_fields 中。调用 get_injected() 函数的代码如下：

```
源代码位置：openjdk/hotspot/src/share/vm/classfile/javaClasses.cpp

InjectedField* JavaClasses::get_injected(Symbol* class_name, int* field_count) {
  *field_count = 0;
  // 如果是用户自定义的类，不进行字段注入，直接返回即可
  vmSymbols::SID sid = vmSymbols::find_sid(class_name);
  if (sid == vmSymbols::NO_SID) {
    return NULL;
  }

  int count = 0;
  int start = -1;

#define LOOKUP_INJECTED_FIELD(klass, name, signature, may_be_java) \
  if (sid == vmSymbols::VM_SYMBOL_ENUM_NAME(klass)) {              \
    count++;                                                        \
    if (start == -1) start = klass##_##name##_enum;                \
  }
  ALL_INJECTED_FIELDS(LOOKUP_INJECTED_FIELD);
#undef LOOKUP_INJECTED_FIELD
```

```
  if (start != -1) {
    *field_count = count;
    return _injected_fields + start;
  }
  return NULL;
}
```

ALL_INJECTED_FIELDS 宏扩展后的结果如下：

```
if (sid == vmSymbols::java_lang_Class_enum) {
  count++;
  if (start == -1) start = java_lang_Class_klass_enum;
}
if (sid == vmSymbols::java_lang_Class_enum) {
  count++;
  if (start == -1) start = java_lang_Class_array_klass_enum;
}
if (sid == vmSymbols::java_lang_Class_enum) {
  count++;
  if (start == -1) start = java_lang_Class_oop_size_enum;
}
if (sid == vmSymbols::java_lang_Class_enum) {
  count++;
  if (start == -1) start = java_lang_Class_static_oop_field_count_enum;
}
if (sid == vmSymbols::java_lang_Class_enum) {
  count++;
  if (start == -1) start = java_lang_Class_protection_domain_enum;
}
if (sid == vmSymbols::java_lang_Class_enum) {
  count++;
  if (start == -1) start = java_lang_Class_init_lock_enum;
}
if (sid == vmSymbols::java_lang_Class_enum) {
  count++;
  if (start == -1) start = java_lang_Class_signers_enum;
}
...
```

如果当前的类是 java.lang.Class，那么最终 count 的值为 7，表示有 7 个字段要注入，而 start 变量的值为 java_lang_Class_klass_enum。

有了 start 值后，可以从_injected_fields 数组中查找 InjectedField。_injected_fields 数组如下：

```
源代码位置：openjdk/hotspot/src/share/vm/classfile/javaClasses.cpp

InjectedField JavaClasses::_injected_fields[] = {
    { SystemDictionary::java_lang_Class_knum,
      vmSymbols::klass_name_enum, vmSymbols::intptr_signature_enum, false },
    { SystemDictionary::java_lang_Class_knum,
      vmSymbols::array_klass_name_enum, vmSymbols::intptr_signature_enum,
false },
```

```
    ...
};
```

函数 JavaClasses::get_injected()最终返回的代码如下：

```
{ SystemDictionary::java_lang_Class_knum,vmSymbols::klass_name_enum,
    vmSymbols::intptr_signature_enum, false }
```

继续查找 ClassFileParser::parse_fields()函数对注入字段的处理逻辑，代码如下：

```
// length 就是解析 Class 文件中的字段数量
int index = length;
if (num_injected != 0) {
    for (int n = 0; n < num_injected; n++) {
        if (injected[n].may_be_java) {
        Symbol* name     = injected[n].name();
        Symbol* signature = injected[n].signature();
        bool duplicate = false;
        for (int i = 0; i < length; i++) {
          FieldInfo* f = FieldInfo::from_field_array(fa, i);
          if (name == _cp->symbol_at(f->name_index()) &&
                signature == _cp->symbol_at(f->signature_index())) {
              // 需要注入字段的名称已经在 java 类中声明了，不需要通过注入的手段
              // 增加此字段了
              duplicate = true;
              break;
          }
        }
        if (duplicate) {
          continue;
        }
    }


    // 对字段进行注入
    FieldInfo* field = FieldInfo::from_field_array(fa, index);
    field->initialize(JVM_ACC_FIELD_INTERNAL,
                      injected[n].name_index,
                      injected[n].signature_index,
                      0);

    BasicType type = FieldType::basic_type(injected[n].signature());

    FieldAllocationType atype = fac->update(false, type);
    field->set_allocation_type(atype);
    index++;
    }                              // for 循环结束
}                                  // if 判断结束
```

前面在介绍 ClassFileParser::parse_fields()函数时没有介绍字段注入，以上就是字段注入的逻辑，和普通类中定义的字段处理逻辑类似。这样后续就可以为需要注入的字段开辟存储空间了。对于 java.lang.Class 类来说，需要注入的字段主要有：

源代码位置：openjdk/hotspot/src/share/vm/classfile/javaClasses.hpp

```
class java_lang_Class : AllStatic {
```

```
private:
 static int _klass_offset;
 static int _array_klass_offset;

 static int _oop_size_offset;
 static int _static_oop_field_count_offset;

 static int _protection_domain_offset;
 static int _init_lock_offset;
 static int _signers_offset;
 ...
}
```

java_lang_Class 类中定义的这 7 个变量对应需要为 java.lang.Class 对象注入的 7 个字段，在这里定义 java_lang_Class 类并定义对应的变量主要是为了方便操作内存中对应字段的信息，因此这个类中定义了许多操作函数。这几个变量的初始化代码如下：

源代码位置：openjdk/hotspot/src/share/vm/classfile/javaClasses.hpp

```
void java_lang_Class::compute_offsets() {
   ...
   java_lang_Class::_klass_offset               =
   JavaClasses::compute_injected_offset(JavaClasses::java_lang_Class_
klass_enum);
   java_lang_Class::_array_klass_offset          =
   JavaClasses::compute_injected_offset(JavaClasses::java_lang_Class_
array_klass_enum);
   java_lang_Class::_oop_size_offset             =
   JavaClasses::compute_injected_offset(JavaClasses::java_lang_Class_
oop_size_enum);
   java_lang_Class::_static_oop_field_count_offset =
   JavaClasses::compute_injected_offset(JavaClasses::java_lang_Class_
static_oop_field_count_enum);
   java_lang_Class::_protection_domain_offset    =
   JavaClasses::compute_injected_offset(JavaClasses::java_lang_Class_
protection_domain_enum);
   java_lang_Class::_init_lock_offset            =
   JavaClasses::compute_injected_offset(JavaClasses::java_lang_Class_
init_lock_enum);
   java_lang_Class::_signers_offset              =
   JavaClasses::compute_injected_offset(JavaClasses::java_lang_Class_
signers_enum);
}
```

上面的 compute_offsets()函数会在 Class 文件解析后调用，计算出这几个变量对应的字段在 oop（表示 java.lang.Class 对象）实例中的偏移量，调用 compute_injected_offset()函数的实现代码如下：

源代码位置：openjdk/hotspot/src/share/vm/classfile/javaClasses.cpp

```
int JavaClasses::compute_injected_offset(InjectedFieldID id) {
  return _injected_fields[id].compute_offset();
}
```

```
int InjectedField::compute_offset() {
  Klass* klass_oop = klass();
  for (AllFieldStream fs(InstanceKlass::cast(klass_oop)); !fs.done();
fs.next()) {
    if (!may_be_java && !fs.access_flags().is_internal()) {
      // 只查看注入的字段
      continue;
    }
    if (fs.name() == name() && fs.signature() == signature()) {
      return fs.offset();
    }
  }
  ...
  return -1;
}
```

调用 klass() 函数的实现代码如下：

源代码位置：openjdk/hotspot/src/share/vm/classfile/javaClasses.cpp

```
Klass* klass() const {
  return SystemDictionary::well_known_klass(klass_id);
}
```

获取注入字段在 oop 实例中的偏移量并通过相关变量保存这个偏移量。这样在得到 java.lang.Class 对象相关字段的值后就可以利用偏移量直接找到对应的内存存储位置，在这个位置上存储相关的字段值，如指向 InstanceKlass 实例的_klass_offset 字段的设置如下：

源代码位置：openjdk/hotspot/src/share/vm/gc_interface/collectedHeap.cpp

```
java_lang_Class::set_klass(mirror, real_klass());
```

其中，real_klass() 函数会获取 InstanceKlass 实例，mirror 是 oop 实例，调用 set_klass() 函数进行设置，代码如下：

```
源代码位置：openjdk/hotspot/src/share/vm/classfile/javaClasses.cpp
void java_lang_Class::set_klass(oop java_class, Klass* klass) {
  assert(java_lang_Class::is_instance(java_class), "must be a Class object");
  java_class->metadata_field_put(_klass_offset, klass);
}

源代码位置：openjdk/hotspot/src/share/vm/oops/oop.inline.hpp
inline void oopDesc::metadata_field_put(int offset, Metadata* value) {
  *metadata_field_addr(offset) = value;
}

inline Metadata** oopDesc::metadata_field_addr(int offset) const {
  return (Metadata**)field_base(offset);
}

// field_base 方法用于计算类实例字段的地址，offset 是偏移量
inline void* oopDesc::field_base(int offset)  const {
  return (void*)&((char*)this)[offset];
}
```

知道了偏移量和设置的值，就可以根据偏移在 java_class 对应的位置上保存值了。

5.5　对象类型字段的遍历

垃圾收集器可以根据存储在 InstanceKlass 实例中的 OopMapBlock，查找 oop 实例中哪些部分包含的是对其他 oop 实例的引用，也就是 Java 对象对其他 Java 对象的引用，这样垃圾收集器 GC 就可以递归遍历标记这些对象，将活跃对象识别出来了。

一个 InstanceKlass 实例中可能含有多个 OopMapBlock 实例，因为每个 OopMapBlock 实例只能描述当前子类中包含的对象类型属性，父类的对象类型属性由单独的 OopMap-Block 描述。OopMapBlock 布局在 InstanceKlass 中，2.1.1 节介绍 InstanceKlass 布局时讲过，如图 5-4 所示。

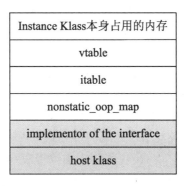

图 5-4　Klass 实例的内存布局

其中，nonstatic_oop_map 区域用于存储多个 OopMapBlock，这个类的定义如下：

```
源代码位置：openjdk/hotspot/src/share/vm/classfile/instanceKlass.hpp

class OopMapBlock VALUE_OBJ_CLASS_SPEC {
 public:
  ...
  // 计算 OopMapBlock 本身占用的内存空间，在 64 位系统中为一个字
  static const int size_in_words() {
    return align_size_up( int(sizeof(OopMapBlock)), HeapWordSize ) >>
        LogHeapWordSize;
  }

 private:
  int   _offset;
  uint  _count;
};
```

_offset 表示第一个所引用的 oop 相对于当前 oop 地址的偏移量，count 表示有 count 个连续存放的 oop。OopMapBlock 表示 oop 中的引用区域，如图 5-5 所示。

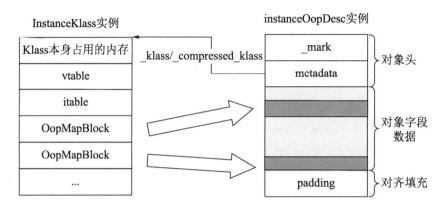

图 5-5　OopMapBlock 表示 oop 中的引用区域

图 5-5 中共有两个 OopMapBlock，表示 oop 实例的字段数据中有两个区域是引用区域。每个 OopMapBlock 占用一个指针的位置（int 及 uint 类型的_offset 和_count 各占 4 个字节，所以是 8 个字节，在 64 位系统下和一个指针占用的内存相同），存储在 InstanceKlass 实例的特定位置上，这个特定位置相对于 InstanceKlass 实例的首地址没有固定距离，但是可以算出来，因为 InstanceKlass 自身占用的内存和 vtable 及 itable 都是可以计算的。

在 ClassFileParser::parseClassFile() 函数中调用 ClassFileParser::parse_fields() 函数从 Class 文件中获取字段的必要信息后，接着调用 ClassFileParser::layout_fields() 函数布局字段。在布局字段的过程中会涉及对引用区域的信息收集，这样最终会将引用区域的信息保存到 OopMapBlock 中。下面介绍 layout_fields() 函数中与 OopMapBlock 有关的实现逻辑，代码如下：

```
int*              nonstatic_oop_offsets;
unsigned int*     nonstatic_oop_counts;
unsigned int    nonstatic_oop_map_count = 0;   // 保存 OopMapBlock 的数量
unsigned int    max_nonstatic_oop_map_count = fac->count[NONSTATIC_OOP] + 1;
// 两个变量初始化为 max_nonstatic_oop_map_count 大小的整数数组
nonstatic_oop_offsets = NEW_RESOURCE_ARRAY_IN_THREAD(THREAD,
                                     int, max_nonstatic_oop_map_count);
nonstatic_oop_counts = NEW_RESOURCE_ARRAY_IN_THREAD(THREAD,
                                     unsigned int, max_nonstatic_oop_map_count);
// 当前类中声明的所有对象类型变量中，第 1 个对象类型变量布局的偏移位置
first_nonstatic_oop_offset = 0;
```

其中，nonstatic_oop_offsets 和 nonstatic_oop_counts 可存储多个 OopMapBlock 信息。接下来就是为这几个变量赋值，代码如下：

```
// 循环遍历当前类中定义的所有字段，如果字段的类型为对象类型，则执行如下逻辑
case NONSTATIC_OOP:
    if( nonstatic_oop_space_count > 0 ) {
      real_offset = nonstatic_oop_space_offset;
      nonstatic_oop_space_offset += heapOopSize;
      nonstatic_oop_space_count  -= 1;
    } else {
```

```
        real_offset = next_nonstatic_oop_offset;
        next_nonstatic_oop_offset += heapOopSize;
    }

    // 生成 OopMapBlock 需要的信息
    if( nonstatic_oop_map_count > 0 &&
        nonstatic_oop_offsets[nonstatic_oop_map_count - 1] ==
        real_offset - int(nonstatic_oop_counts[nonstatic_oop_map_
count - 1]) *
        heapOopSize ) {
        // 扩展当前的 OopMapBlock，也就是更新 _count 的值
        assert(nonstatic_oop_map_count - 1 < max_nonstatic_oop_maps,
"range check");
        nonstatic_oop_counts[nonstatic_oop_map_count - 1] += 1;
    } else {
        // 第 1 次处理当前类的对象类型变量时，由于 nonstatic_oop_map_count 为 0，
        // 因此会进入这个逻辑，创建一个新的 OopMapBlock
        assert(nonstatic_oop_map_count < max_nonstatic_oop_maps, "range
check");
        nonstatic_oop_offsets[nonstatic_oop_map_count] = real_offset;
        nonstatic_oop_counts [nonstatic_oop_map_count] = 1;
        nonstatic_oop_map_count += 1;
        if( first_nonstatic_oop_offset == 0 ) {        // Undefined
            first_nonstatic_oop_offset = real_offset;
        }
    }
    break;
```

在 5.3.3 节中曾介绍过以上代码片段，不过并没有介绍生成 OopMapBlock 的逻辑。这里给出了计算的逻辑，就是通过 first_nonstatic_oop_offset 变量保存第一个对象类型字段的实际偏移量，通过 nonstatic_oop_counts[nonstatic_oop_map_count - 1]保存对象类型字段的总数。

最后将计算出的信息保存到 FieldLayoutInfo 实例中，代码如下：

```
// 计算 InstanceKlass 实例需要的 OopMapBlock 数量
const unsigned int total_oop_map_count = compute_oop_map_count(_super_
klass,
                                nonstatic_oop_map_count,first_nonstatic_
oop_offset);

// FieldLayoutInfo*是 info 的类型
info->nonstatic_oop_offsets   = nonstatic_oop_offsets;
info->nonstatic_oop_counts    = nonstatic_oop_counts;
info->nonstatic_oop_map_count = nonstatic_oop_map_count;
info->total_oop_map_count     = total_oop_map_count;
```

调用 compute_oop_map_count()函数计算当前 InstanceKlass 实例需要的 OopMapBlock 数量，然后通过 FieldLayoutInfo 实例将所有生成 OopMapBlock 需要的信息保存起来。
compute_oop_map_count()函数的实现代码如下：

源代码位置：openjdk/hotspot/src/share/vm/classfile/classFileParser.cpp

```
unsigned int  ClassFileParser::compute_oop_map_count(
  instanceKlassHandle super,
  unsigned int   nonstatic_oop_map_count,
  int   first_nonstatic_oop_offset
) {
  unsigned int map_count = super.is_null() ? 0 : super->nonstatic_oop_
map_count();
  if (nonstatic_oop_map_count > 0) {
if (map_count == 0) {
// 如果当前类中不需要生成 OopMapBlock，那么当前类中的 OopMapBlock 就是继承自父类
// 的 OopMapBlock
    map_count = nonstatic_oop_map_count;
  } else {
    // 计算当前类是自己生成 OopMapBlock，还是扩展父类最后一个 OopMapBlock
    OopMapBlock* const first_map = super->start_of_nonstatic_oop_maps();
    OopMapBlock* const last_map = first_map + map_count - 1;

    // 父类对象类型字段区域末尾的偏移
    int next_offset = last_map->offset() + last_map->count() * heapOopSize;
    if (next_offset == first_nonstatic_oop_offset) {
      // 如果父类对象类型字段的末尾位置和子类对象类型字段的开始位置相同，则说明对象
      // 类型字段中间没有间隔，直接扩展从父类继承的 OopMapBlock 即可
      nonstatic_oop_map_count -= 1;
    } else {
      // 子类自己需要一个新的 OopMapBlock
      assert(next_offset < first_nonstatic_oop_offset, "just checking");
    }
    map_count += nonstatic_oop_map_count;
  }
 }
  return map_count;
}
```

一个类中有对象类型的字段时也不一定会生成 OopMapBlock，如果父类将对象类型字段布局在末尾，而子类将对象字段布局在开始位置，则这些对象字段是连续的，我们只需要将父类的 OopMapBlock 实例中的_count 加上子类对象字段的数量即可。

在 parseClassFile()函数中调用完 layout_fields()函数后有如下调用：

```
int total_oop_map_size2 = InstanceKlass::nonstatic_oop_map_size(info.
total_oop_map_count);
```

调用 nonstatic_oop_map_size()函数的实现代码如下：

源代码位置：openjdk/hotspot/src/share/vm/oops/instanceKlass.cpp

```
static int nonstatic_oop_map_size(unsigned int oop_map_count) {
    return oop_map_count * OopMapBlock::size_in_words();
}
```

调用 nonstatic_oop_map_size()函数计算多个 OopMapBlock 在 InstanceKlass 实例中需要占用的内存空间，最终 oop_map_count 个 OopMapBlock 会存储到 InstanceKlass 实例中

的 itable 之后，第一个 OopMapblock 相对于 InstanceKlass 首地址的偏移量是可以被计算出来的。

计算出 OopMapBlock 需要占用的内存空间后调用 InstanceKlass::allocate_instance_klass()函数分配内存，该函数在创建 InstanceKlass 实例时为多个 OopMapBlock 预留的内存空间就是 total_oop_map_size2 的内存空间。

现在已经为 OopMapBlock 开辟了存储空间，需要的信息也已经保存在 FieldLayoutInfo 实例中了，下面在 parseClassFile()函数中调用 fill_oop_maps()函数填充 OopMapBlock 的信息，代码如下：

```
fill_oop_maps(this_klass, info.nonstatic_oop_map_count, info.nonstatic_
oop_offsets, info.nonstatic_oop_counts);
```

调用 fill_oop_maps()函数的实现代码如下：

源代码位置：openjdk/hotspot/src/share/vm/oops/instanceKlass.cpp

```
void ClassFileParser::fill_oop_maps(
    instanceKlassHandle      k,
    unsigned int             nonstatic_oop_map_count,
    int*                     nonstatic_oop_offsets,
    unsigned int*            nonstatic_oop_counts
) {
  OopMapBlock* this_oop_map = k->start_of_nonstatic_oop_maps();
  const InstanceKlass* const super = k->superklass();
  const unsigned int super_count = super ? super->nonstatic_oop_map_count()
: 0;
  if (super_count > 0) {
    // 将父类的 OopMapBlock 信息复制到当前的 InstanceKlass 实例中
    OopMapBlock* super_oop_map = super->start_of_nonstatic_oop_maps();
    for (unsigned int i = 0; i < super_count; ++i) {
      *this_oop_map++ = *super_oop_map++;
    }
  }

  if (nonstatic_oop_map_count > 0) {
    if (super_count + nonstatic_oop_map_count > k->nonstatic_oop_map_count()) {
      // 扩展从父类复制的最后一个 OopMapBlock，这样子类就不需要自己再创建一个新的
      // OopMapBlock，OopMapBlock 的数量就会少 1
      nonstatic_oop_map_count--;
      nonstatic_oop_offsets++;

      this_oop_map--;
      // 更新父类复制的 OopMapBlock 的 _count 属性
      this_oop_map->set_count(this_oop_map->count() + *nonstatic_oop_counts++);
      this_oop_map++;
    }

    // 当前类需要自己创建一个 OopMapBlock
    while (nonstatic_oop_map_count-- > 0) {
      this_oop_map->set_offset(*nonstatic_oop_offsets++);
      this_oop_map->set_count(*nonstatic_oop_counts++);
```

```
        this_oop_map++;
    }
    assert(k->start_of_nonstatic_oop_maps() + k->nonstatic_oop_map_count()
==  this_oop_map, "sanity");
  }
}

OopMapBlock* start_of_nonstatic_oop_maps() const {
    return (OopMapBlock*)(start_of_itable() + align_object_offset(itable_
length()));
}
unsigned int nonstatic_oop_map_count() const {
    return _nonstatic_oop_map_size / OopMapBlock::size_in_words();
}
```

复制父类的 OopMapBlock 信息，如果能扩展父类的最后一个 OopMapBlock 代表父类和子类连续的对象类型变量区域，则不需要为当前类中定义的对象类型变量新创建一个 OopMapBlock，否则就新创建一个。

在生成 OopMapBlock 的过程中调用的函数比较多，处理逻辑比较分散，下面总结一下，大概步骤如图 5-6 所示。

图 5-6 OopMapBlock 的创建流程

下面看一个具体的实例。

【实例 5-6】 有以下代码：

```
package com.classloading;

class ClassA {
    private int a1 = 1;
    private String a2 = "深入解析 Java 编译器";
    private Integer a3 = 12;
    private int a4 = 22;
}

class ClassB extends ClassA {
    private int b1 = 3;
    private String b2 = "深入剖析 Java 虚拟机";
    private int b3 = 33;
    private ClassA b4 = new ClassA();
```

```
    }

public class TestOopMapBlock {
    public static void main(String[] args) {
        ClassA x1 = new ClassA();
        ClassB x2 = new ClassB();
    }
}
```

ClassA 和 ClassB 分别声明了两个对象类型的变量，因此表示这两个类的 InstanceKlass 实例都含有 OopMapBlock 结构。

如果读者已经按第 1 章编译了 slowdebug 版本的 OpenJDK 8，可以直接调用 Instance-Klass::print_on()函数输出 InstanceKlass 实例的详细信息，同时也会输出 InstanceKlass 实例中包含的 OopMapBlock 信息，不过并没有直接输出 OopMapBlock 的数量，需要稍做改动，改动后的代码如下：

```
st->print(BULLET"non-static oop maps: ");
OopMapBlock* map     = start_of_nonstatic_oop_maps();
OopMapBlock* end_map = map + nonstatic_oop_map_count();
st->print(" %d ",nonstatic_oop_map_count());   // 打印 OopMapBlock 的数量
while (map < end_map) {
    st->print("%d-%d (%d)", map->offset(), map->offset() + heapOopSize*
(map->count() - 1),map->count());
    map++;
}
```

直接在 ClassFileParser::parseClassFile()函数的 return 语句之前调用 print()函数，代码如下：

```
this_klass->print(); // this_klass 的类型为 instanceKlassHandle
```

这样会调用父类的 Metadata 类中的 print()函数，然后调用 InstanceKlass 类中经过重写的虚函数 print_on()。

修改完成后运行以上实例，可以在控制台输出 InstanceKlass 实例的内存布局，同时还会输出对象的内存布局，如 ClassA 的相关打印信息如下：

```
- ---- static fields (0 words):
 - ---- non-static fields (4 words):
- private 'a1' 'I' @16
- private 'a4' 'I' @20
- private 'a2' 'Ljava/lang/String;' @24
- private 'a3' 'Ljava/lang/Integer;' @28
- non-static oop maps: 1  24-28 (2)
```

其中，@后的数字表示字段在对象中存储的偏移量，最后一行表示有一个 OopMap-Block，其偏移量范围为 24～28，共含有两个对象类型的字段，由输出的对象布局可以看出，与 OopMapBlock 表示的信息是一致的。

ClassB 的相关信息如下：

```
- ---- static fields (0 words):
- ---- non-static fields (8 words):
- private 'a1' 'I' @16
```

```
- private 'a4' 'I' @20
- private 'a2' 'Ljava/lang/String;' @24
- private 'a3' 'Ljava/lang/Integer;' @28
- private 'b1' 'I' @32
- private 'b3' 'I' @36
- private 'b2' 'Ljava/lang/String;' @40
- private 'b4' 'Lcom/classloading/ClassA;' @44
- non-static oop maps: 2  24-28 (2)40-44 (2)
```

子类完全复制了父类的字段，并且会完整保留父类的字段，以实现 Java 继承的特性。

通过输出的 non-static oop maps 中的信息结合对象的布局可知，24~28 为对象类型字段，共 2 个；40~44 为对象类型字段，共 2 个，其描述与对象实际的布局严格一致。

可以使用 OpenJDK 8 提供的 HSDB 工具或 JOL 查看两个类对象的具体布局，也可以使用-XX:+PrintFieldLayout 选项进行输出，不过这些工具或命令都不能查看（或者不能直观地查看）OopMapBlock 中保存的相关信息。

配置命令可以更改对象的内存布局，命令如下：

```
-XX:FieldsAllocationStyle=2
```

在 ClassFileParser::layout_fields()函数中对字段的布局处理如下：

```
// 当 FieldsAllocationStyle 的值为 2 时，会尽量将父类的 OopMapBlock 信息与子类的
// OopMapBlock 信息紧挨在一起，这样可以减少一个 OopMapBlock 结构
if( allocation_style == 2 ) {
   // Fields allocation: oops fields in super and sub classes are together.
   if(
      nonstatic_field_size > 0 &&
      // nonstatic_field_size 指的是父类的非静态变量占用的大小
      _super_klass() != NULL &&
      _super_klass->nonstatic_oop_map_size() > 0
   ){
      unsigned int  map_count = _super_klass->nonstatic_oop_map_count();
      OopMapBlock*   first_map = _super_klass->start_of_nonstatic_oop_
maps();
      OopMapBlock*   last_map = first_map + map_count - 1;
      int            next_offset = last_map->offset() + (last_map->count()
* heapOopSize);
      if (next_offset == next_nonstatic_field_offset) {
         allocation_style = 0;         // allocate oops first
         next_nonstatic_oop_offset    = next_nonstatic_field_offset;
         next_nonstatic_double_offset = next_nonstatic_oop_offset + (nonstatic_
oop_count * heapOopSize);
      }
   }

   if( allocation_style == 2 ) {
      allocation_style = 1;            // allocate oops last
      next_nonstatic_double_offset = next_nonstatic_field_offset;
   }
}
```

allocation_style 的值默认为 1，也就是字段排列顺序为 long/double、int、short/char、 byte、oop，这样父类和子类的对象类型字段连接在一起的可能性不大，除非子类中只声明了对象类型字段。当 allocation_style 的值为 2 时，首先会布局 oop，这样父类和子类的对象类型字段就会挨在一起，可通过父类的最后一个 OopMapBlock 来表示这一片连续的存储区域，方便垃圾回收一次性扫描出更多的被引用对象。

实例 5-6 的输出信息如下：

```
- ---- static fields (0 words):
- ---- non-static fields (4 words):
- private 'a1' 'I' @16
 - private 'a4' 'I' @20
 - private 'a2' 'Ljava/lang/String;' @24
 - private 'a3' 'Ljava/lang/Integer;' @28
 - non-static oop maps: 1  24-28 (2)

 - ---- static fields (0 words):
 - ---- non-static fields (8 words):
 - private 'a1' 'I' @16
 - private 'a4' 'I' @20
 - private 'a2' 'Ljava/lang/String;' @24
 - private 'a3' 'Ljava/lang/Integer;' @28
 - private 'b2' 'Ljava/lang/String;' @32
 - private 'b4' 'Lcom/classloading/ClassA;' @36
 - private 'b1' 'I' @40
 - private 'b3' 'I' @44
 - non-static oop maps: 1  24-36 (4)
```

可以看到，由于子类和父类的对象类型字段挨在一起，所以子类和父类可以共用一个 OopMapBlock，偏移量范围从 24 到 36 中共有 4 个对象类型字段。

在后面介绍 Serial 和 Serial Old 收集器时会涉及对象的标记过程，可以了解到 OopMapBlock 在垃圾回收过程中发挥的重要作用。

第 6 章　方法的解析

在 ClassfileParser::parseClassFile()函数中解析完字段后，接着会调用 parser_methods() 函数解析 Java 中的方法。调用语句如下：

```
bool has_final_method = false;
AccessFlags promoted_flags;
promoted_flags.set_flags(0);
Array<Method*>* methods = parse_methods(access_flags.is_interface(),
                                        &promoted_flags,
                                        &has_final_method,
                                        &has_default_methods,
                                        CHECK_(nullHandle));
```

本章将详细介绍 parse_methods()函数解析 Java 方法的过程。

6.1　Method 与 ConstMethod 类

HotSpot VM 通过 Method 与 ConstMethod 类保存方法的元信息。Method 用来保存方法中的一些常见信息，如运行时的解释入口和编译入口，而 ConstMethod 用来保存方法中的不可变信息，如 Java 方法的字节码。本节将详细介绍这两个类。

6.1.1　Method 类

Method 类没有子类，其类继承关系如图 6-1 所示。

Method 实例表示一个 Java 方法，因为一个应用有成千上万个方法，所以保证 Method 类在内存中的布局紧凑非常重要。为了方便回收垃圾，Method 把所有的指针变量和方法都放在了 Method 内存布局的前面。

Java 方法本身的不可变数据如字节码等用 ConstMethod 表示，可变数据如 Profile 统计的性能数据等用 MethodData 表示，它们都可以在 Method 中通过指针访问。

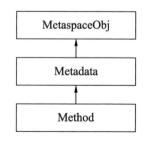

图 6-1　Method 类的继承关系

如果是本地方法,Method 实例的内存布局的最后是 native_function 和 signature_handler 属性，按照解释器的要求，这两个属性必须在固定的偏移处。

Method 类中声明的属性如下：

```
源代码位置：openjdk/hotspot/src/share/vm/oops/method.hpp

class Method : public Metadata {
 friend class VMStructs;
 private:
  ConstMethod*        _constMethod;

  MethodData*         _method_data;
  MethodCounters*     _method_counters;
  AccessFlags         _access_flags;
  int                 _vtable_index;

  u2                  _method_size;
  u1                  _intrinsic_id;

  // 以下 5 个属性对于 Java 方法的解释执行和编译执行非常重要
  address _i2i_entry;
  AdapterHandlerEntry* _adapter;
  volatile address _from_compiled_entry;
  nmethod* volatile _code;
  volatile address _from_interpreted_entry;
  ...
}
```

Method 类中定义的最后 5 个属性对于方法的解释执行和编译执行非常重要。

- _i2i_entry：指向字节码解释执行的入口。
- _adapter：指向该 Java 方法的签名（signature）所对应的 i2c2i adapter stub。当需要 c2i adapter stub 或 i2c adapter stub 的时候，调用_adapter 的 get_i2c_entry()或 get_c2i_entry()函数获取。
- _from_compiled_entry：_from_compiled_entry 的初始值指向 c2i adapter stub，也就是以编译模式执行的 Java 方法在调用需要以解释模式执行的 Java 方法时，由于调用约定不同，所以需要在转换时进行适配，而_from_compiled_entry 指向这个适配的例程入口。一开始 Java 方法没有被 JIT 编译，需要在解释模式下执行。当该方法被 JIT 编译并"安装"完成之后，_from_compiled_entry 会指向编译出来的机器码入口，具体说是指向 verified entry point。如果要抛弃之前编译好的机器码，那么_from_compiled_entry 会恢复为指向 c2i adapter stub。
- code：当一个方法被 JIT 编译后会生成一个 nmethod，code 指向的是编译后的代码。
- _from_interpreted_entry：_from_interpreted_entry 的初始值与_i2i_entry 一样，都是指向字节码解释执行的入口。但当该 Java 方法被 JIT 编译并"安装"之后，_from_interpreted_entry 就会被设置为指向 i2c adapter stub。如果因为某些原因需要抛弃之前已经编译并安装好的机器码，则_from_interpreted_entry 会恢复为指向_i2i_entry。如果有_code，则通过_from_interpreted_entry 转向编译方法，否则通过_i2i_entry 转向解释方法。

除了以上 5 个属性以外，Method 类中的其他属性如表 6-1 所示。

表 6-1　Method类中的部分属性说明

属　　性	说　　明
_constMethod	ConstMethod指针，定义在constMethod.hpp文件中，用于表示方法的不可变的部分，如方法ID、方法的字节码大小、方法名在常量池中的索引等
_method_data	MethodData指针，在methodData.hpp中定义，用于表示一个方法在执行期间收集的相关信息，如方法的调用次数、在C1编译期间代码循环和阻塞的次数、Profile收集的方法性能相关的数据等。 MethodData的结构基础是ProfileData，记录函数运行状态下的数据。 MethodData分为三部分，分别是函数类型运行状态下的相关统计数据、参数类型运行状态下的相关统计数据，以及extra扩展区保存的deoptimization的相关信息
_method_counters	MethodCounters指针，在methodCounters.hpp中定义，用于与大量编译、优化相关的计数，例如： • 解释器调用次数； • 解释执行时由于异常而终止的次数； • 方法调用次数（method里面有多少方法调用）； • 回边个数； • Java方法运行过的分层编译的最高层级（由于HotSpot VM中存在分层编译，所以一个方法可能会被编译器编译为不同的层级，_method_counters只会记录运行过的最高层级）； • 热点方法计数； • 基于调用频率的热点方法的跟踪统计
_access_flags	AccessFlags类，表示方法的访问控制标识
_vtable_index	当前Method实例表示的Java方法在vtable表中的索引
_method_size	当前Method实例的大小，以字为单位
_intrinsic_id	固有方法的ID。固有方法（Intrinsic Method）在HotSpot VM中表示一些众所周知的方法，针对它们可以做特别处理，生成独特的代码例程。HotSpot VM发现一个方法是固有方法时不会对字节码进行解析执行，而是跳到独特的代码例程上执行，这要比解析执行更高效

另外，方法的访问标志_access_flags 的取值如表 6-2 所示。

表 6-2　方法的访问标志

访 问 标 志	标 志 值	说　　明
ACC_PUBLIC	0x0001	方法声明为public
ACC_PRIVATE	0x0002	方法声明为private
ACC_PROTECTED	0x0004	方法声明为protected
ACC_STATIC	0x0008	方法声明为static
ACC_FINAL	0x0010	方法声明为final
ACC_SYNCHRONIZED	0x0020	方法声明为synchronized

（续）

访 问 标 志	标 志 值	说　　明
ACC_BRIDGE	0x0040	由Javac等编译器生成的桥接方法
ACC_VARARGS	0x0080	方法参数中含有变长参数
ACC_NATIVE	0x0100	方法声明为native
ACC_ABSTRACT	0x0400	方法声明为abstract
ACC_STRICT	0x0800	方法声明为strictfp
ACC_SYNTHETIC	0x1000	方法由Javac等编译器生成

_vtable_index 的取值如表 6-3 所示。

表 6-3　_vtable_index的取值说明

flag	值	说　　明
itable_index_max	−10	首个itable索引
pending_itable_index	−9	itable将会被赋值
invalid_vtable_index	−4	无效的虚表index
garbage_vtable_index	−3	还没有初始化vtable的方法，无用值
nonvirtual_vtable_index	−2	不需要虚函数派发，比如调用静态方法

6.1.2　ConstMethod 类

ConstMethod 实例用于保存方法中不可变部分的信息，如方法的字节码和方法参数的大小等。ConstMethod 类的定义如下：

```
源代码位置: openjdk/hotspot/src/share/vm/oops/constMethod.hpp
class ConstMethod : public MetaspaceObj {
  ...
private:
  ...
  ConstantPool*     _constants;

  int               _constMethod_size;
  u2                _flags;

  u2                _code_size;
  u2                _name_index;
  u2                _signature_index;
  u2                _method_idnum;

  u2                _max_stack;
  u2                _max_locals;
  u2                _size_of_parameters;
  ...
}
```

类中定义的相关属性的说明如表 6-4 所示。

表 6-4　ConstMethod类中的属性说明

字 段 名	说　　明
_constants	保存对常量池的引用
_constMethod_size	ConstMethod实例的大小，通过调用ConstMethod::size()函数获取
_flags	访问标识符
code_size	方法的字节码所占用的内存大小，以字节为单位
_name_index	方法名称在常量池中的索引
_signature_index	方法签名在常量池中的索引
_method_idnum	对于方法来说，这是唯一ID，这个ID的值通常是methods数据的下标索引
_max_stack	栈的最大深度
_max_locals	本地变量表的最大深度
_size_of_parameters	方法参数的大小，以字为单位

通过_constants 和_method_idnum 这两个参数可以找到对应的 Method 实例，因为 Method 有 ConstMethod 指针，但 ConstMethod 没有 Method 指针，需要通过以下步骤查找：

ConstantPool → InstanceKlass → Method 数组，通过_method_idnum 获取对应的 Method 实例的指针。

6.2　调用 parse_methods()函数解析方法

在 ClassFileParser::parseClassFile()函数中解析完字段并完成每个字段的布局后，会继续调用 parse_methods()函数对 Java 方法进行解析。调用 parse_methods()函数的代码实现如下：

```
源代码位置: openjdk/hotspot/src/share/vm/classfile/classFileParser.cpp

Array<Method*>* ClassFileParser::parse_methods(
    bool is_interface,
    AccessFlags* promoted_flags,
    bool* has_final_method,
    bool* has_default_methods,
    TRAPS
) {
  ClassFileStream* cfs = stream();
  u2 length = cfs->get_u2_fast();
  if (length == 0) {
    _methods = Universe::the_empty_method_array();
  } else {
    _methods = MetadataFactory::new_array<Method*>(_loader_data, length,
NULL, CHECK_NULL);
```

```
      HandleMark hm(THREAD);
      for (int index = 0; index < length; index++) {
        // 调用 parse_method() 函数解析每个 Java 方法
        methodHandle method = parse_method(is_interface,promoted_flags,
CHECK_NULL);

        if (method->is_final()) {
          // 如果定义了 final 方法，那么 has_final_method 变量的值为 true
          *has_final_method = true;
        }
        if (is_interface
          && !(*has_default_methods)
          && !method->is_abstract()
          && !method->is_static()
          && !method->is_private()) {
          // 如果定义了默认的方法，则 has_default_methods 变量的值为 true
          *has_default_methods = true;
        }
        // 将方法存入_methods 数组中
        _methods->at_put(index, method());
      }
    }
    return _methods;
}
```

以上代码中，has_final_method 与 has_default_methods 属性的值最终会保存到表示方法所属类的 InstanceKlass 实例的_misc_flags 和_access_flags 属性中，供其他地方使用。

调用 parse_method()函数解析每个 Java 方法，该函数会返回表示方法的 Method 实例，但 Method 实例需要通过 methodHandle 句柄来操作，因此最终会封装为 methodHandle 句柄，然后存储到_methods 数组中。

Java 虚拟机规范规定的方法的格式如下：

```
method_info {
    u2            access_flags;
    u2            name_index;
    u2            descriptor_index;
    u2            attributes_count;
    attribute_info attributes[attributes_count];
}

attribute_info {
    u2 attribute_name_index;
    u4 attribute_length;
    u1 info[attribute_length];
}
```

parse_method()函数会按照以上格式读取各个属性值。首先读取 access_flags、name_index 与 descriptor_index 属性的值，代码如下：

源代码位置：openjdk/hotspot/src/share/vm/classfile/classFileParser.cpp

```
methodHandle ClassFileParser::parse_method(bool is_interface,AccessFlags
*promoted_flags,TRAPS) {
  ClassFileStream* cfs = stream();
  methodHandle nullHandle;
  ResourceMark rm(THREAD);

  int flags = cfs->get_u2_fast();              // 读取 access_flags 属性值

  u2 name_index = cfs->get_u2_fast();          // 读取 name_index 属性值
  Symbol*  name = _cp->symbol_at(name_index);

  u2 signature_index = cfs->get_u2_fast(); // 读取 descriptor_index 属性值
  Symbol*  signature = _cp->symbol_at(signature_index);
  ...
}
```

接下来在 parse_method()函数中对属性进行解析，由于方法的属性较多且有些属性并不影响程序的运行，所以我们只对重要的 Code 属性进行解读。Code 属性的格式如下：

```
Code_attribute {
    u2 attribute_name_index;
    u4 attribute_length;
    u2 max_stack;
    u2 max_locals;
    u4 code_length;
    u1 code[code_length];
    u2 exception_table_length;
    {
        u2 start_pc;
        u2 end_pc;
        u2 handler_pc;
        u2 catch_type;
    } exception_table[exception_table_length];
    u2 attributes_count;
    attribute_info attributes[attributes_count];
}
```

在 parse_method()函数中会按照以上格式读取属性值，相关的代码如下：

```
// 读取 attributes_count 属性
u2   method_attributes_count = cfs->get_u2_fast();

// 循环读取多个属性
while (method_attributes_count--) {
    u2     method_attribute_name_index = cfs->get_u2_fast();
    u4     method_attribute_length = cfs->get_u4_fast();
    Symbol* method_attribute_name = _cp->symbol_at(method_attribute_name
_index);
    // 解析 Code 属性
    if (method_attribute_name == vmSymbols::tag_code()) {

      // 读取 max_stack、max_locals 和 code_length 属性
      if (_major_version == 45 && _minor_version <= 2) {
        max_stack = cfs->get_u1_fast();
        max_locals = cfs->get_u1_fast();
```

```
      code_length = cfs->get_u2_fast();
    } else {
      max_stack = cfs->get_u2_fast();
      max_locals = cfs->get_u2_fast();
      code_length = cfs->get_u4_fast();
    }

    // 读取 code[code_length] 数组的首地址
    code_start = cfs->get_u1_buffer();
    // 跳过 code_length 个 u1 类型的数据，也就是跳过整个 code[code_length] 数组
    cfs->skip_u1_fast(code_length);

    // 读取 exception_table_length 属性并处理 exception_table[exception_
    // table_length]
    exception_table_length = cfs->get_u2_fast();
    if (exception_table_length > 0) {
      exception_table_start = parse_exception_table(code_length,
exception_table_length, CHECK_(nullHandle));
    }

    // 读取 attributes_count 属性并处理 attribute_info_attributes[attributes_
    // count] 数组
    u2 code_attributes_count = cfs->get_u2_fast();
    ...
    while (code_attributes_count--) {
      u2 code_attribute_name_index = cfs->get_u2_fast();
      u4 code_attribute_length = cfs->get_u4_fast();
      calculated_attribute_length += code_attribute_length +
                                sizeof(code_attribute_name_index) +
                                sizeof(code_attribute_length);

      if (LoadLineNumberTables &&
          _cp->symbol_at(code_attribute_name_index) == vmSymbols::tag_
line_number_table()) {
          ...
      } else if (LoadLocalVariableTables &&
              _cp->symbol_at(code_attribute_name_index) == vmSymbols::
tag_local_variable_table()) {
          ...
      } else if (_major_version >= Verifier::STACKMAP_ATTRIBUTE_MAJOR_
VERSION &&
              _cp->symbol_at(code_attribute_name_index) == vmSymbols::
tag_stack_map_table()) {
          ...
      } else {
          // Skip unknown attributes
          cfs->skip_u1(code_attribute_length, CHECK_(nullHandle));
      }
    } // end while
  } // end if
  ...
} // end while
```

代码相对简单，只需要按照规定的格式从 Class 文件中读取信息即可，这些读取出来

的信息最终会存储到 Method 或 ConstMethod 实例中，供 HotSpot VM 运行时使用。

6.2.1　创建 Method 与 ConstMethod 实例

ClassFileParser::parse_method()函数解析完方法的各个属性后，接着会创建 Method 与 ConstMethod 实例保存这些属性信息，调用语句如下：

源代码位置：openjdk/hotspot/src/share/vm/classfile/classFileParser.cpp

```
InlineTableSizes sizes(
        total_lvt_length,
        linenumber_table_length,
        exception_table_length,
        checked_exceptions_length,
        method_parameters_length,
        generic_signature_index,
        runtime_visible_annotations_length + runtime_invisible_
annotations_length,
        runtime_visible_parameter_annotations_length + runtime_
invisible_parameter_annotations_length,
        runtime_visible_type_annotations_length + runtime_invisible_
type_annotations_length,
        annotation_default_length,
        0
);
Method* m = Method::allocate(
            _loader_data, code_length, access_flags, &sizes,
            ConstMethod::NORMAL, CHECK_(nullHandle));
```

其中，InlineTableSizes 类中定义了保存方法中相关属性的字段，具体如下：

源代码位置：openjdk/hotspot/src/share/vm/oops/constMethod.hpp

```
class InlineTableSizes : StackObj {
  // 本地变量表
  int _localvariable_table_length;
  // 压缩的代码行号表
  int _compressed_linenumber_size;
  // 异常表
  int _exception_table_length;
  // 异常检查表
  int _checked_exceptions_length;
  // 方法参数
  int _method_parameters_length;
  // 方法签名
  int _generic_signature_index;
  // 方法注解
  int _method_annotations_length;
  int _parameter_annotations_length;
  int _type_annotations_length;
```

```
    int _default_annotations_length;
    ...
}
```

在创建 ConstMethod 实例时，上面的一些属性值会保存到 ConstMethod 实例中，因此
需要开辟相应的存储空间。ConstMethod 实例的内存布局如图 6-2 所示。

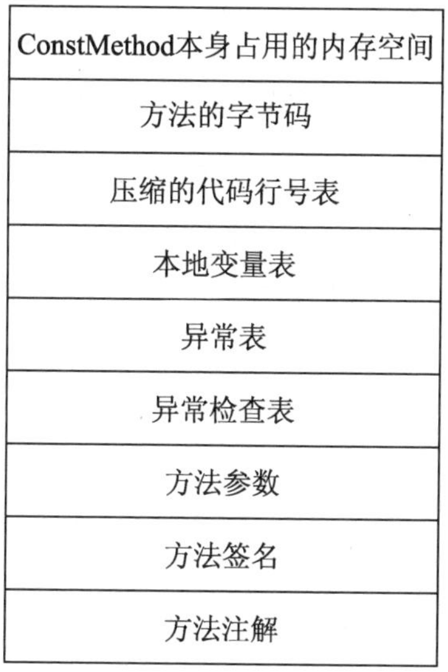

ConstMethod本身占用的内存空间
方法的字节码
压缩的代码行号表
本地变量表
异常表
异常检查表
方法参数
方法签名
方法注解

图 6-2　ConstMethod 实例的内存布局

方法的字节码存储在紧挨着 ConstMethod 本身占用的内存空间之后，在方法解释运行
时会频繁从此处读取字节码信息。

调用 Method::allocate()函数分配内存，代码如下：

源代码位置：openjdk/hotspot/src/share/vm/oops/method.cpp

```
Method* Method::allocate(ClassLoaderData* loader_data,
                         int byte_code_size,
                         AccessFlags access_flags,
                         InlineTableSizes* sizes,
                         ConstMethod::MethodType method_type,
                         TRAPS) {
  // 为 ConstMethod 在元数据区 Metaspace 分配内存并创建 ConstMethod 实例
  ConstMethod* cm = ConstMethod::allocate(loader_data,
                                          byte_code_size,
                                          sizes,
                                          method_type,
                                          CHECK_NULL);
  // 为 Method 在元数据区 Metaspace 分配内存并创建 Method 实例
  // 此实例中保存有对 ConstMethod 实例的引用
  int size = Method::size(access_flags.is_native());
  return new (loader_data, size, false, MetaspaceObj::MethodType, THREAD)
Method(cm, access_flags, size);
}
```

在 Method::allocate()函数中调用 ConstMethod::allocate()函数的实现代码如下：

```
源代码位置: openjdk/hotspot/src/share/vm/oops/constMethod.cpp
ConstMethod* ConstMethod::allocate(ClassLoaderData* loader_data,
                                   int byte_code_size,
                                   InlineTableSizes* sizes,
                                   MethodType method_type,
                                   TRAPS) {
  int size = ConstMethod::size(byte_code_size, sizes);
  return new (loader_data, size, true, MetaspaceObj::ConstMethodType,
THREAD) ConstMethod(
                  byte_code_size, sizes, method_type, size);
}
```

在使用 new 关键字创建 ConstMethod 和 Method 实例时，需要分别调用 ConstMethod::size()和 Method::size()函数获取需要的内存空间。

方法的属性是不可变部分，会存储到 ConstMethod 实例中，因此在调用 ConstMethod::size()函数时需要传递字节码大小 byte_code_size 与其他属性的 sizes，代码如下：

```
源代码位置: openjdk/hotspot/src/share/vm/oops/constMethod.cpp
int ConstMethod::size(int code_size,InlineTableSizes* sizes) {
  int extra_bytes = code_size;
  if (sizes->compressed_linenumber_size() > 0) {
    extra_bytes += sizes->compressed_linenumber_size();
  }
  if (sizes->checked_exceptions_length() > 0) {
    extra_bytes += sizeof(u2);
    extra_bytes += sizes->checked_exceptions_length() * sizeof(Checked
ExceptionElement);
  }
  if (sizes->localvariable_table_length() > 0) {
    extra_bytes += sizeof(u2);
    extra_bytes += sizes->localvariable_table_length() * sizeof(Local
VariableTableElement);
  }
  if (sizes->exception_table_length() > 0) {
    extra_bytes += sizeof(u2);
    extra_bytes += sizes->exception_table_length() * sizeof(Exception
TableElement);
  }
  if (sizes->generic_signature_index() != 0) {
    extra_bytes += sizeof(u2);
  }
  if (sizes->method_parameters_length() > 0) {
    extra_bytes += sizeof(u2);
    extra_bytes += sizes->method_parameters_length() * sizeof(Method
ParametersElement);
  }

  extra_bytes = align_size_up(extra_bytes, BytesPerWord);

  if (sizes->method_annotations_length() > 0) {
    extra_bytes += sizeof(AnnotationArray*);
```

```
  }
  if (sizes->parameter_annotations_length() > 0) {
    extra_bytes += sizeof(AnnotationArray*);
  }
  if (sizes->type_annotations_length() > 0) {
    extra_bytes += sizeof(AnnotationArray*);
  }
  if (sizes->default_annotations_length() > 0) {
    extra_bytes += sizeof(AnnotationArray*);
  }

  int extra_words = align_size_up(extra_bytes, BytesPerWord) / BytesPerWord;
  // 内存大小的单位为字
  return align_object_size(header_size() + extra_words);
}

static int header_size() {
    return sizeof(ConstMethod)/HeapWordSize;
}
```

调用 header_size()函数获取 ConstMethod 本身需要占用的内存空间，然后加上 extra_words 就是需要开辟的内存空间，单位为字。

通过调用重载的 new 运算符函数分配内存，代码如下：

```
源代码位置：openjdk/hotspot/src/share/vm/memory/allocation.cpp

void* MetaspaceObj::operator new(size_t size, ClassLoaderData* loader_
data,
                        size_t word_size, bool read_only,
                        MetaspaceObj::Type type, TRAPS) throw() {
  return Metaspace::allocate(loader_data, word_size, read_only,type,
CHECK_NULL);
}
```

HotSpot VM 中的 ConstMethod 实例存储在元数据区。调用 ConstMethod 类的构造函数初始化相关属性，代码如下：

```
源代码位置：openjdk/hotspot/src/share/vm/oops/constMethod.cpp

ConstMethod::ConstMethod(int byte_code_size,
                        InlineTableSizes* sizes,
                        MethodType method_type,
                        int size) {

  ..
  set_code_size(byte_code_size);
  set_constMethod_size(size);
  set_inlined_tables_length(sizes);
  set_method_type(method_type);
  ..
}
```

将_constMethod_size 属性的值设置为 ConstMethod 实例的大小，其他大部分属性的值初始化为 0 或 NULL。

调用 Method::size()函数计算 Method 实例所需要分配的内存空间，代码如下：

```
源代码位置：openjdk/hotspot/src/share/vm/oops/method.cpp
int Method::size(bool is_native) {
  // 如果是本地方法,还需要为本地方法开辟保存native_function和signature_handler
  // 属性值的内存空间
  int extra_bytes = (is_native) ? 2*sizeof(address*) : 0;
  int extra_words = align_size_up(extra_bytes, BytesPerWord) / BytesPerWord;
  return align_object_size(header_size() + extra_words);  // 返回的是字大小
}

源代码位置：openjdk/hotspot/src/share/vm/oops/method.hpp
static int header_size() {
   return sizeof(Method)/HeapWordSize;
}
```

如果是本地方法，Method 还需要负责保存 native_function 和 signature_handler 属性的信息，因此需要在 Method 本身占用的内存空间之后再开辟两个指针大小的存储空间。Method 实例在表示本地方法时的内存布局如图 6-3 所示。

Method本身占用的内存空间
native_function（一个指针大小）
signature_handler（一个指针大小）

图 6-3　表示本地方法的 Method 实例的内存布局

计算出 Method 实例需要的内存空间后同样会在元数据区分配内存并调用构造函数创建 Method 实例。构造函数的实现代码如下：

```
源代码位置：openjdk/hotspot/src/share/vm/oops/method.cpp

Method::Method(ConstMethod* xconst, AccessFlags access_flags, int size) {
  set_constMethod(xconst);
  set_access_flags(access_flags);
  set_method_size(size);
  set_intrinsic_id(vmIntrinsics::_none);
  ...
  // 表示vtable
  set_vtable_index(Method::garbage_vtable_index);

  set_interpreter_entry(NULL);
  set_adapter_entry(NULL);
  clear_code();

  ...
}
```

Method 实例中通过_constMethod 属性保存对 ConstMethod 实例的引用；通过_method_size 属性保存 Method 实例的大小；设置_vtable_index 为 garbage_vtable_index，表示 vtable 还不可用。

6.2.2　保存方法解析信息

在创建完 Method 与 ConstMethod 实例后，会在 ClassFileParser::parse_method()函数中设置相关的属性，代码如下：

```
m->set_constants(_cp);
m->set_name_index(name_index);
m->set_signature_index(signature_index);

if (args_size >= 0) {
  m->set_size_of_parameters(args_size);
} else {
  m->compute_size_of_parameters(THREAD);
}

m->set_max_stack(max_stack);
m->set_max_locals(max_locals);

m->set_code(code_start);
```

以上代码将前面从 Class 文件中解析出的相关属性信息设置到 Method 实例中进行保存。其中调用了 m->set_code()函数，其代码实现如下：

```
源代码位置：openjdk/hotspot/src/share/vm/oops/constMethod.hpp

void  set_code(address code) {
    return constMethod()->set_code(code);
}

void set_code(address code) {
    if (code_size() > 0) {
        memcpy(code_base(), code, code_size());
    }
}
address code_base() const {
    return (address) (this+1);        // 存储在 ConstMethod 本身占用的内存之后
}
```

当字节码的大小不为 0 时，调用 memcpy()函数将字节码内容存储在紧挨着 Const-Method 本身占用的内存空间之后。除了字节码之外，还会填充 ConstMethod 中的其他属性，因为前面已经开辟好了存储空间，所以根据解析的结果得到相应的属性值后填充即可。

6.3　klassVtable 虚函数表

klassVtable 与 klassItable 类用来实现 Java 方法的多态，也可以称为动态绑定，是指在应用执行期间通过判断接收对象的实际类型，然后调用对应的方法。C++为了实现多态，在对象中嵌入了虚函数表 vtable，通过虚函数表来实现运行期的方法分派，Java 也通过类似的虚函数表实现 Java 方法的动态分发。

6.3.1 klassVtable 类

C++中的 vtable 只包含虚函数，非虚函数在编译期就已经解析出正确的方法调用了。Java 的 vtable 除了虚方法之外还包含其他的非虚方法。

访问 vtable 需要通过 klassVtable 类，klassVtable 类的定义及属性声明如下：

```
源代码位置：openjdk/hotspot/src/share/vm/oops/klassVtable.hpp

class klassVtable : public ResourceObj {
  KlassHandle  _klass;
  int          _tableOffset;
  int          _length;
  ...
}
```

属性介绍如下：

- _klass：该 vtable 所属的 Klass，klassVtable 操作的是_klass 的 vtable；
- _tableOffset：vtable 在 Klass 实例内存中的偏移量；
- _length：vtable 的长度，即 vtableEntry 的数量。因为一个 vtableEntry 实例只包含一个 Method*，其大小等于字宽（一个指针的宽度），所以 vtable 的长度跟 vtable 以字宽为单位的内存大小相同。

vtable 表示由一组变长（前面会有一个字段描述该表的长度）连续的 vtableEntry 元素构成的数组。其中，每个 vtableEntry 封装了一个 Method 实例。

vtable 中的一条记录用 vtableEntry 表示，定义如下：

```
源代码位置：openjdk/hotspot/src/share/vm/oops/klassVtable.hpp

class vtableEntry VALUE_OBJ_CLASS_SPEC {
  ...
 private:
  Method* _method;
  ...
};
```

其中，vtableEntry 类只定义了一个_method 属性，说明只是对 Method*做了简单包装。klassVtable 类提供了操作 vtable 的方法，例如 method_at()函数的实现代码如下：

```
源代码位置：openjdk/hotspot/src/share/vm/oops/klassVtable.hpp

// 获取索引为 i 处存储的方法
inline Method* klassVtable::method_at(int i) const {
  return table()[i].method();
}
```

```
vtableEntry* table() const {
    return (vtableEntry*)(address(_klass()) + _tableOffset);
}
```

以上代码是基于 vtable 的内存起始地址和内存偏移基础上实现的。

vtable 在 Klass 中的内存布局如图 6-4 所示。

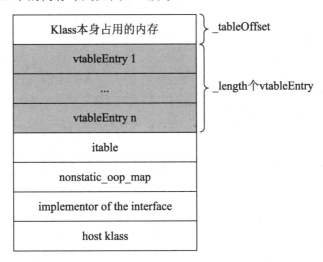

图 6-4 vtable 在 Klass 中的内存布局

可以看到，在 Klass 本身占用的内存大小之后紧接着存储的就是 vtable（灰色区域）。通过 klassVtable 的 _tableOffset 能够快速定位到存储 vtable 的首地址，而_length 属性也指明了存储 vtableEntry 的数量。

在类初始化时，HotSpot VM 将复制父类的 vtable，然后根据自己定义的方法更新 vtableEntry 实例，或向 vtable 中添加新的 vtableEntry 实例。当 Java 方法重写父类方法时，HotSpot VM 将更新 vtable 中的 vtableEntry 实例，使其指向覆盖后的实现方法；如果是方法重载或者自身新增的方法，HotSpot VM 将创建新的 vtableEntry 实例并按顺序添加到 vtable 中。尚未提供实现的 Java 方法也会放在 vtable 中，由于没有实现，所以 HotSpot VM 没有为这个 vtableEntry 项分发具体的方法。

在 7.3.3 节中介绍常量池缓存时会介绍 ConstantPoolCacheEntry。在调用类中的方法时，HotSpot VM 通过 ConstantPoolCacheEntry 的_f2 成员获取 vtable 中方法的索引，从而取得 Method 实例以便执行。常量池缓存中会存储许多方法运行时的相关信息，包括对 vtable 信息的使用。

6.3.2 计算 vtable 的大小

parseClassFile()函数解析完 Class 文件后会创建 InstanceKlass 实例保存 Class 文件解析出的类元信息，因为 vtable 和 itable 是内嵌在 Klass 实例中的，在创建 InstanceKlass 时需

要知道创建的实例的大小，因此必须要在 ClassFileParser::parseClassFile()函数中计算 vtable 和 itable 所需要的大小。下面介绍所需要的 vtable 大小的计算过程，6.4.2 节将介绍所需要的 itable 大小的计算过程。

在 ClassFileParser::parseClassFile()函数中计算 vtable 的大小，代码如下：

```
int    vtable_size = 0;
int    itable_size = 0;
int    num_miranda_methods = 0;
GrowableArray<Method*>  all_mirandas(20);
InstanceKlass*          tmp = super_klass();
// 计算虚函数表的大小和 mirandas 方法的数量
klassVtable::compute_vtable_size_and_num_mirandas(
          &vtable_size,
          &num_miranda_methods,
          &all_mirandas,
          tmp,
          methods,
          access_flags,
          class_loader,
          class_name,
          local_interfaces,
          CHECK_(nullHandle)
        );
```

调用 ClassFileParser::parseClassFile()函数时传递的 methods 就是调用 parse_methods()函数后的返回值，数组中存储了类或接口中定义或声明的所有方法，不包括父类和实现的接口中的任何方法。

调用 compute_vtable_size_and_num_mirandas()函数的实现代码如下：

```
源代码位置：openjdk/hotspot/src/share/vm/oops/klassVtable.cpp

void klassVtable::compute_vtable_size_and_num_mirandas(
        int* vtable_length_ret,
        int* num_new_mirandas,
        GrowableArray<Method*>* all_mirandas,
        Klass* super,
        Array<Method*>* methods,
        AccessFlags class_flags,
        Handle classloader,
        Symbol* classname,
        Array<Klass*>* local_interfaces,
        TRAPS
) {
  int vtable_length = 0;

  InstanceKlass* superklass = (InstanceKlass*)super;
  // 获取父类 vtable 的大小，并将当前类的 vtable 的大小暂时设置为父类 vtable 的大小
  vtable_length = super == NULL ? 0 : superklass->vtable_length();

  // 循环遍历当前 Java 类或接口的每一个方法，调用 needs_new_vtable_entry()函数进
  // 行判断。如果判断的结果是 true，则将 vtable_length 的大小加 1
  int len = methods->length();
```

```
    for (int i = 0; i < len; i++) {
      methodHandle mh(THREAD, methods->at(i));

      if (needs_new_vtable_entry(mh, super, classloader, classname, class_
flags, THREAD)) {
        // 需要在 vtable 中新增一个 vtableEntry
        vtable_length += vtableEntry::size();
      }
    }

    GrowableArray<Method*> new_mirandas(20);
    // 计算 miranda 方法并保存到 new_mirandas 或 all_mirandas 中
    get_mirandas(&new_mirandas, all_mirandas, super, methods, NULL, local_
interfaces);
    *num_new_mirandas = new_mirandas.length();

    // 只有类才需要处理 miranda 方法, 接口不需要处理
    if (!class_flags.is_interface()) {
      // miranda 方法也需要添加到 vtable 中
      vtable_length += *num_new_mirandas * vtableEntry::size();
    }

    // 处理数组类时, 其 vtable_length 应该等于 Object 的 vtable_length, 通常为 5,
    // 因为 Object 中有 5 个方法需要动态绑定
    if (Universe::is_bootstrapping() && vtable_length == 0) {
      vtable_length = Universe::base_vtable_size();
    }

    *vtable_length_ret = vtable_length;
}
```

vtable 通常由三部分组成：父类 vtable 的大小+当前方法需要的 vtable 的大小+miranda 方法需要的大小。

接口的 vtable_length 等于父类 vtable_length，接口的父类为 Object，因此 vtable_length 为 5。如果为类，还需要调用 needs_new_vtable_entry()函数和 get_mirandas()函数进行计算，前一个函数计算当前类或接口需要的 vtable 的大小，后一个函数计算 miranda 方法需要的大小。

1. needs_new_vtable_entry()函数

循环处理当前类中定义的方法，调用 needs_new_vtable_entry()函数判断此方法是否需要新的 vtableEntry，因为有些方法可能不需要新的 vtableEntry，如重写父类方法时，当前类中的方法只需要更新复制父类 vtable 中对应的 vtableEntry 即可。由于 needs_new_vtalbe_entry()函数的实现逻辑比较多，我们分为三部分解读，第一部分的代码如下：

```
源代码位置: openjdk/hotspot/src/share/vm/oops/klassVtable.cpp

bool klassVtable::needs_new_vtable_entry(methodHandle target_method,
                                         Klass*          super,
```

```
                                        Handle       classloader,
                                        Symbol*      classname,
                                        AccessFlags  class_flags,
                                        TRAPS) {
    // 接口不需要新增 vtableEntry 项
    if (class_flags.is_interface()) {
      return false;
    }
    // final 方法不需要一个新的 entry，因为 final 方法是静态绑定的。如果 final 方法覆
    // 写了父类方法那么只需要更新对应父类的 vtableEntry 即可
    if (target_method->is_final_method(class_flags) ||
        ( target_method()->is_static() ) ||  // 静态方法不需要一个新的 entry
        // <init>方法不需要被动态绑定
        ( target_method()->name() == vmSymbols::object_initializer_name() )
    ){
        return false;
    }

    ...

    // 逻辑执行到这里，说明 target_method 是一个非 final、非<init>的实例方法
    // 如果没有父类，则一定不存在需要更新的 vtableEntry
    // 一定需要一个新的 vtableEntry
    if (super == NULL) {
      return true;
    }

    // 私有方法需要一个新的 vtableEntry
    if (target_method()->is_private()) {
      return true;
    }

    // 暂时省略对覆写方法和 miranda 方法的判断逻辑

    return true;
}
```

接口也有 vtable，这个 vtable 是从 Object 类继承而来的，不会再向 vtable 新增任何新的 vtableEntry 项。

接着看 needs_new_vtable_entry()函数的第二部分的代码，主要是对覆写逻辑的判断，代码如下：

```
ResourceMark  rm;
Symbol*      name = target_method()->name();
Symbol*      signature = target_method()->signature();
Klass*       k = super;
Method*      super_method = NULL;
InstanceKlass *holder = NULL;
Method*      recheck_method =  NULL;
while (k != NULL) {
    // 从父类（包括直接父类和间接父类）中查找 name 和 signature 都相等的方法
```

```
      super_method = InstanceKlass::cast(k)->lookup_method(name, signature);
      if (super_method == NULL) {
        break;                   // 跳出循环，后续还有miranda逻辑判断
      }
      // 查找到的super_method既不是静态也不是private的，如果是被覆写的方法，那么不
      // 需要新的vtableEntry，复用从父类继承的vtableEntry即可
      if ( (!super_method->is_static()) && (!super_method->is_private()) ) {
        if (superk->is_override(super_method, classloader, classname, THREAD)) {
          return false;
        // else keep looking for transitive overrides
        }
      }

      k = superk->super();
} // end while
```

以上代码中，调用 lookup_method()函数搜索父类中是否有匹配 name 和 signature 的方法。如果搜索到方法，则可能是重写的情况，在重写情况下不需要为此方法新增 vtableEntry，只需要复用从父类继承的 vtableEntry 即可；如果搜索不到方法，也不一定说明需要一个新的 vtableEntry，因为还有 miranda 方法的情况。

调用 lookup_method()函数的实现代码如下：

```
源代码位置：openjdk/hotspot/src/share/vm/oops/klass.hpp
Method* lookup_method(Symbol* name, Symbol* signature) const {
    return uncached_lookup_method(name, signature);
}

源代码位置：openjdk/hotspot/src/share/vm/oops/instanceKlass.cpp
Method* InstanceKlass::uncached_lookup_method(Symbol* name, Symbol*
signature) const {
  Klass* klass = const_cast<InstanceKlass*>(this);
  bool dont_ignore_overpasses = true;
  while (klass != NULL) {
    Method* method = InstanceKlass::cast(klass)->find_method(name, signature);
    if ((method != NULL) && (dont_ignore_overpasses || !method->is_overpass())) {
      return method;
    }
    klass = InstanceKlass::cast(klass)->super();
    dont_ignore_overpasses = false;
  }
  return NULL;
}

Method* InstanceKlass::find_method(Symbol* name, Symbol* signature) const {
  return InstanceKlass::find_method(methods(), name, signature);
}

Method* InstanceKlass::find_method(Array<Method*>* methods, Symbol* name,
Symbol* signature) {
  int hit = find_method_index(methods, name, signature);
  return hit >= 0 ? methods->at(hit): NULL;
}
```

methods 数组会在方法解析完成后进行排序，因此 find_method_index()函数会对 methods 数组进行二分查找来搜索名称为 name 和签名为 signature 的方法。

在 needs_new_vtable_entry()函数代码的第二部分，如果找到 name 和 signature 都匹配的父类方法，还需要调用 is_override()函数判断是否可覆写，实现代码如下：

```
源代码位置: openjdk/hotspot/src/share/vm/oops/instanceKlass.cpp

bool InstanceKlass::is_override(methodHandle super_method, Handle targetclassloader,
                                                Symbol* targetclassname, TRAPS) {
    // 私有方法不能被覆写
    if (super_method->is_private()) {
      return false;
    }
    // 父类中的public和protected方法一定可以被覆写
    if ((super_method->is_protected()) || (super_method->is_public())) {
      return true;
    }
    // default 访问权限的方法必须要和目标方法处在同一个包之下
    return(is_same_class_package(targetclassloader(), targetclassname));
}
```

【实例 6-1】 在 com.classloading.test1 包下创建 Test2 类，代码如下：

```
package com.classloading.test1;

import com.classloading.test2.Test3;

public class Test2 extends Test3 {}
```

在 com.classloading.test2 包下创建 Test1 和 Test3 类，代码如下：

```
package com.classloading.test2;
import com.classloading.test2.Test2;
class Test3 {
    void md(){}
}

public class Test1 extends Test2{
    void md(){}
}
```

Test1 类中的 md()方法覆写了 Test3 类中的 md()方法，两个类处在同一个包下，所以不需要在 Test1 类的 vtable 中新增加 vtableEntry。如果 Test2 类的定义如下：

```
package com.classloading.test1;

public class Test2 {
    void md(){}
}
```

那么需要为 Test1 类中的 md()方法新增一个 vtableEntry，因为 Test1 与 Test2 类不在同一个包下。

接着看 needs_new_vtable_entry()函数代码的第三部分，主要是对 miranda 方法进行判断。首先介绍一下 miranda 方法。

有一类特殊的 miranda 方法也需要实现"晚绑定"，因此也会有 vtableEntry。miranda 方法是为了解决早期的 HotSpot VM 的一个 Bug，因为早期的虚拟机在遍历 Java 类的方法时只会遍历类及所有父类的方法，不会遍历 Java 类所实现的接口里的方法，这会导致一个问题，即如果 Java 类没有实现接口里的方法，那么接口中的方法将不会被遍历到。为了解决这个问题，Javac 等前端编译器会向 Java 类中添加方法，这些方法就是 miranda 方法。

【实例 6-2】 有以下代码：

```
public interface IA{
   void test();
}

public abstract class CA implements IA{
    public CA(){
       test();
    }
}
```

CA 类实现了 IA 接口，但是并没有实现接口中定义的 test()方法。以上源代码并没有任何问题，但是假如只遍历类及父类，那么是无法查找到 test()方法的，因此早期的 HotSpot VM 需要 Javac 等编译器为 CA 类合成一个 miranda 方法，代码如下：

```
public interface IA{
   void test();
}

public abstract class CA implements IA{
    public CA(){
       test();
    }

    // 合法的 miranda 方法
    public abstract void test();
}
```

这样就解决了 HotSpot VM 不搜索接口的 Bug。现在的虚拟机版本并不需要合成 miranda 方法（Class 文件中不存在 miranda 方法），但是在填充类的 vtable 时，如果这个类实现的接口中存在没有被实现的方法，仍然需要在 vtable 中新增 vtableEntry，其实也是起到了和之前一样的效果。

needs_new_vtable_entry()函数代码的第三部分如下：

```
InstanceKlass *sk = InstanceKlass::cast(super);
if (sk->has_miranda_methods()) {
   if (sk->lookup_method_in_all_interfaces(name, signature, false) != NULL) {
      return false;
   }
}
```

当父类有 miranda 方法时，由于 miranda 方法会使父类有对应 miranda 方法的 vtable-Entry，而在子类中很可能不需要这个 vtableEntry，因此调用 lookup_method_in_all_interfaces() 函数进一步判断，代码如下：

```
源代码位置：openjdk/hotspot/src/share/vm/oops/instanceKlass.cpp

Method* InstanceKlass::lookup_method_in_all_interfaces(
  Symbol* name,
  Symbol* signature,
  bool skip_default_methods
) const {
  Array<Klass*>* all_ifs = transitive_interfaces();
  int num_ifs = all_ifs->length();
  InstanceKlass *ik = NULL;
  for (int i = 0; i < num_ifs; i++) {
    ik = InstanceKlass::cast(all_ifs->at(i));
    Method* m = ik->lookup_method(name, signature);
    if (m != NULL && m->is_public() && !m->is_static() &&
        (!skip_default_methods || !m->is_default_method())) {
      return m;
    }
  }
  return NULL;
}
```

调用 InstanceKlass::lookup_method() 函数查找父类实现的接口中是否有名称为 name、签名为 signature 的方法，如果查找到了 public 和非静态方法则直接返回，也就是说父类的 vtable 中已经存在名称为 name、签名为 signature 的方法对应的 vtableEntry，所以当前类中可重用这个 vtableEntry，不需要新增 vtableEntry。举个例子如下：

【实例 6-3】 有以下代码：

```
interface IA {
    void test();
}

abstract class CA implements IA{ }

public abstract class MirandaTest  extends CA {
    public abstract void test();
}
```

在处理 MirandaTest 类的 test() 方法时，从 CA 和 Object 父类中无法搜索到 test() 方法，但是在处理 CA 时，由于 CA 类没有实现 IA 接口中的 test() 方法，所以 CA 类的 vtable 中含有代表 test() 方法的 vtableEntry，那么 MirandaTest 类中的 test() 方法此时就不需要一个新的 vtableEntry 了，因此方法最终返回 false。

2．get_mirandas()函数

调用 get_mirandas()函数的实现代码如下：

源代码位置：openjdk/hotspot/src/share/vm/oops/klassVtable.cpp

```
void klassVtable::get_mirandas(
  GrowableArray<Method*>* new_mirandas,
  GrowableArray<Method*>* all_mirandas,
  Klass* super,
  Array<Method*>* class_methods,
  Array<Method*>* default_methods,
  Array<Klass*>* local_interfaces
) {
  assert((new_mirandas->length() == 0) , "current mirandas must be 0");

  // 枚举当前类直接实现的所有接口
  int num_local_ifs = local_interfaces->length();
  for (int i = 0; i < num_local_ifs; i++) {
    InstanceKlass *ik = InstanceKlass::cast(local_interfaces->at(i));
    add_new_mirandas_to_lists(new_mirandas, all_mirandas,
                      ik->methods(), class_methods,
                      default_methods, super);
    // 枚举当前类间接实现的所有接口
    Array<Klass*>* super_ifs = ik->transitive_interfaces();
    int num_super_ifs = super_ifs->length();
    for (int j = 0; j < num_super_ifs; j++) {
      InstanceKlass *sik = InstanceKlass::cast(super_ifs->at(j));
      add_new_mirandas_to_lists(new_mirandas, all_mirandas,
                        sik->methods(), class_methods,
                        default_methods, super);
    }
  }
}
```

get_mirandas()函数遍历当前类实现的所有直接和间接的接口，然后调用 add_new_mirandas_to_lists()函数进行处理，代码如下：

源代码位置：openjdk/hotspot/src/share/vm/oops/klassVtable.cpp

```
void klassVtable::add_new_mirandas_to_lists(
    GrowableArray<Method*>* new_mirandas,
    GrowableArray<Method*>* all_mirandas,
    Array<Method*>*     current_interface_methods,
    Array<Method*>*     class_methods,
    Array<Method*>*     default_methods,
    Klass*          super
){

  // 扫描当前接口中的所有方法并查找 miranda 方法
  int num_methods = current_interface_methods->length();
  for (int i = 0; i < num_methods; i++) {
      Method* im = current_interface_methods->at(i);
```

```
        bool is_duplicate = false;
        int num_of_current_mirandas = new_mirandas->length();

        // 如果不同接口中需要相同的 miranda 方法，则 is_duplicate 变量的值为 true
        for (int j = 0; j < num_of_current_mirandas; j++) {
          Method* miranda = new_mirandas->at(j);
          if ((im->name() == miranda->name()) && (im->signature() ==
miranda->signature()) ){
              is_duplicate = true;
              break;
          }
        }

        // 重复的 miranda 方法不需要重复处理
        if (!is_duplicate) {
          if (is_miranda(im, class_methods, default_methods, super)) {
              InstanceKlass *sk = InstanceKlass::cast(super);
              // 如果父类（包括直接和间接的）已经有了相同的 miranda 方法，则不需要再添加
              if (sk->lookup_method_in_all_interfaces(im->name(), im->signature(),
false) == NULL) {
                  new_mirandas->append(im);
              }
              // 为了方便 miranda 方法的判断，需要将所有的 miranda 方法保存到 all_mirandas
              // 数组中
              if (all_mirandas != NULL) {
                  all_mirandas->append(im);
              }
          }
        }

    } // end for
}
```

add_new_mirandas_to_lists()函数遍历当前类实现的接口（直接或间接）中定义的所有方法，如果这个方法还没有被判定为 miranda 方法（就是在 new_mirandas 数组中不存在），则调用 is_miranda()函数判断此方法是否为 miranda 方法。如果是，那么还需要调用当前类的父类的 lookup_method_in_all_interfaces()函数进一步判断父类是否也有名称为 name、签名为 signature 的方法，如果有，则不需要向 new_mirandas 数组中添加当前类的 miranda 方法，也就是不需要在当前类中新增一个 vtableEntry。

【实例 6-4】 有以下代码：

```
interface IA {
    void test();
}

abstract class CA implements IA{ }
```

在处理 CA 类时，由于 CA 实现的接口 IA 中的 test()方法没有对应的实现方法，所以接口中定义的 test()方法会添加到 new_mirandas 数组中，意思就是需要在当前 CA 类的 vtable 中添加对应的 vtableEntry。

【实例 6-5】　有以下代码：

```
interface IA {
    void test();
}

abstract class CA implements IA{  }

interface IB {
    void test();
}
public abstract class MirandaTest  extends CA  implements IB{

}
```

如果当前类为 MirandaTest，那么实现的 IB 接口中的 test()方法没有对应的实现方法，但是并不一定会添加到 new_mirandas 数组中，这就意味着不一定会新增 vtableEntry，还需要调用 lookup_method_in_all_interfaces()函数进一步判断。由于当前类的父类 CA 中已经有名称和签名都相等的 test()方法对应的 vtableEntry 了，所以只需要重用此 vtableEntry 即可。

调用 is_miranda()函数的实现代码如下：

源代码位置：openjdk/hotspot/src/share/vm/oops/klassVtable.cpp

```
bool klassVtable::is_miranda(
  Method* m,
  Array<Method*>* class_methods,
  Array<Method*>* default_methods,
  Klass* super
) {
  if (m->is_static() || m->is_private() || m->is_overpass()) {
    return false;
  }
  Symbol* name = m->name();
  Symbol* signature = m->signature();

  if (InstanceKlass::find_instance_method(class_methods, name, signature)
== NULL) {
    // 如果 miranda 方法没有提供默认的方法
    if ( (default_methods == NULL) ||
      InstanceKlass::find_method(default_methods, name, signature) ==
NULL) {
    // 当前类没有父类，那么接口中定义的方法肯定没有对应的实现方法，此接口中的方法是
    // miranda 方法
    if (super == NULL) {
      return true;
    }
```

```
        // 需要从父类中找一个非静态的名称为 name、签名为 signauture 的方法，如果是静态
        // 方法，则需要继续查找，因为静态方法不参与动态绑定，也就不需要判断是否重写与实
        // 现等特性
        Method* mo = InstanceKlass::cast(super)->lookup_method(name, signature);
        while (
                mo != NULL &&
                mo->access_flags().is_static() &&
                mo->method_holder() != NULL &&
                mo->method_holder()->super() != NULL
        ){
            mo = mo->method_holder()->super()->uncached_lookup_method(name,
signature);
        }
        // 如果找不到或找到的是私有方法，那么说明接口中定义的方法没有对应的实现方法
        // 此接口中的方法是 miranda 方法
        if (mo == NULL || mo->access_flags().is_private() ) {
            return true;
        }
    }
}

return false;
}
```

接口中的静态、私有等方法一定是非 miranda 方法，直接返回 false。从 class_methods 数组中查找名称为 name、签名为 signature 的方法，其中的 class_methods 就是当前分析的类中定义的所有方法，找不到说明没有实现对应接口中定义的方法，有可能是 miranda 方法，还需要继续进行判断。在判断 miranda 方法时传入的 default_methods 为 NULL，因此需要继续在父类中判断。如果没有父类或在父类中找不到对应的方法实现，那么 is_miranda()函数会返回 true，表示是 miranda 方法。

6.3.3　vtable 的初始化

6.3.2 节介绍了类在解析过程中会完成 vtable 大小的计算并且为相关信息的存储开辟对应的内存空间，也就是在 Klass 本身需要占用的内存空间之后紧接着存储 vtable，vtable 后接着存储 itable。在 InstanceKlass::link_class_impl()函数中完成方法连接后就会继续初始化 vtable 与 itable，相关的调用语句如下：

```
if (!this_oop()->is_shared()) {
    // 创建并初始化 klassVtable
    ResourceMark rm(THREAD);
    klassVtable* kv = this_oop->vtable();
    kv->initialize_vtable(true, CHECK_false);

    // 创建并初始化 klassItable，在 6.4 节中将详细介绍
    klassItable* ki = this_oop->itable();
```

```
        ki->initialize_itable(true, CHECK_false);
}
```

调用 vtable()函数的实现代码如下：

源代码位置：openjdk/hotspot/src/share/vm/oops/instanceKlass.cpp

```
klassVtable* InstanceKlass::vtable() const {
  intptr_t* base = start_of_vtable();
  int length = vtable_length() / vtableEntry::size();
  return new klassVtable(this, base, length);
}
```

start_of_vtable()函数用于获取 vtable 的起始地址，因为 vtable 存储在紧跟 Klass 本身占用的内存空间之后，所以可以轻易获取。vtable_length()函数用于获取 Klass 中_vtable_len 属性的值，这个值在解析 Class 文件、创建 Klass 实例时已经计算好，这里只需要获取即可。

6.3.1 节已经介绍过 klassVtable 类，为了方便阅读，这里再次给出该类的定义，具体如下：

源代码位置：openjdk/hotspot/src/share/vm/oops/klassVtable.hpp

```
class klassVtable : public ResourceObj {
  KlassHandle  _klass;
  int          _tableOffset;
  int          _length;
  ...
 public:
  // 构造函数
  klassVtable(KlassHandle h_klass, void* base, int length) : _klass(h_klass) {
    _tableOffset = (address)base - (address)h_klass();
    _length = length;
  }
  ...
}
```

可以看到，调用的构造函数中会初始化_tableOffset 与_length 属性。_tableOffset 表示相对 Klass 实例首地址的偏移量，length 表示 vtable 中存储的 vtableEntry 的数量。

在 vtable()函数中调用 klassVtable 类的构造函数获取 klassVtable 实例后，再在 InstanceKlass::link_class_impl()函数中调用 klassVtable 实例的 initialize_vtable()函数初始化 vtable 虚函数表，代码如下：

源代码位置：openjdk/hotspot/src/share/vm/oops/klassVtable.cpp

```
void klassVtable::initialize_vtable(bool checkconstraints, TRAPS) {

  KlassHandle  super(THREAD, klass()->java_super());
  int nofNewEntries = 0;
  ...

  int super_vtable_len = initialize_from_super(super);
  if (klass()->oop_is_array()) {
```

```
    assert(super_vtable_len == _length, "arrays shouldn't introduce new
methods");
  } else {
    assert(_klass->oop_is_instance(), "must be InstanceKlass");
    InstanceKlass*   ikl = ik();
    Array<Method*>*  methods = ikl->methods();
    int             len = methods->length();
    int             initialized = super_vtable_len;

    // 第 1 部分：将当前类中定义的每个方法和父类比较，如果是覆写父类方法，只需要更改从
    // 父类中继承的 vtable 对应的 vtableEntry 即可，否则新追加一个 vtableEntry

    // 第 2 部分：通过接口中定义的默认方法更新 vtable

    // 第 3 部分：添加 miranda 方法

    ...
  }
}
```

如果 klassVtable 所属的 Klass 实例表示非数组类型，那么执行的逻辑有三部分，需要分别处理当前类或接口中定义的普通方法、默认方法及 miranda 方法。

调用 initialize_from_super()函数的实现代码如下：

源代码位置：openjdk/hotspot/src/share/vm/oops/klassVtable.cpp

```
int klassVtable::initialize_from_super(KlassHandle super) {
  if (super.is_null()) {                // Object 没有父类，因此直接返回
    return 0;
  } else {
    // super 一定是 InstanceKlass 实例，不可能为 ArrayKlass 实例
    assert(super->oop_is_instance(), "must be instance klass");
    InstanceKlass* sk = (InstanceKlass*)super();
    klassVtable*   superVtable = sk->vtable();
    assert(superVtable->length() <= _length, "vtable too short");

    vtableEntry*   vte = table();
    // 将父类的 vtable 复制到子类 vtable 的前面
    superVtable->copy_vtable_to(vte);

    return superVtable->length();
  }
}
```

将父类的 vtable 复制一份存储到子类 vtable 的前面，以完成继承。调用 vtable()与 table()函数的实现代码如下：

源代码位置：openjdk/hotspot/src/share/vm/oops/instanceKlass.cpp

```
klassVtable* InstanceKlass::vtable() const {
  intptr_t* base = start_of_vtable();
  int length = vtable_length() / vtableEntry::size();
```

```
    return new klassVtable(this, base, length);
}

vtableEntry* table() const{
    return (vtableEntry*)( address(_klass()) + _tableOffset );
}
```

代码比较简单，调用 vtable()函数会生成一个操作 vtable 的工具类 klassVtable，调用该类的 copy_vtable_to()函数执行复制操作，代码如下：

源代码位置：openjdk/hotspot/src/share/vm/oops/klassVtable.cpp

```
void klassVtable::copy_vtable_to(vtableEntry* start) {
  Copy::disjoint_words(
                    (HeapWord*)table(),
                    (HeapWord*)start,
                        _length * vtableEntry::size()
                 );
}
```

源代码位置：openjdk/hotspot/src/share/vm/utilities/copy.hpp
```
static void disjoint_words(HeapWord* from, HeapWord* to, size_t count) {
    pd_disjoint_words(from, to, count);
}

static void pd_disjoint_words(HeapWord* from, HeapWord* to, size_t count) {
  switch (count) {
  case 8:  to[7] = from[7];
  case 7:  to[6] = from[6];
  case 6:  to[5] = from[5];
  case 5:  to[4] = from[4];
  case 4:  to[3] = from[3];
  case 3:  to[2] = from[2];
  case 2:  to[1] = from[1];
  case 1:  to[0] = from[0];
  case 0:  break;
  default:
    (void)memcpy(to, from, count * HeapWordSize);
    break;
  }
}
```

代码比较简单，为了高效进行复制，还采用了一些复制技巧。

下面解读 klassVtable::initialize_vtable()中的重要逻辑，主要分为三部分。

1. 对普通方法的处理

在 klassVtable::initialize_vtable()函数中，复制完父类 vtable 后，接下来就是遍历当前类中的方法，然后更新或填充当前类的 vtable。第一部分代码如下：

```
// 将当前类中定义的每个方法和父类进行比较，如果是覆写父类方法，只需要更新从父类继承的
// vtable 中对应的 vtableEntry 即可，否则新追加一个 vtableEntry
for (int i = 0; i < len; i++) {
    HandleMark hm(THREAD);
```

```
        methodHandle methodH(THREAD, methods->at(i));
        InstanceKlass* instanceK = ik();
        bool needs_new_entry = update_inherited_vtable(instanceK, methodH,
                        super_vtable_len, -1, checkconstraints, CHECK);
        if (needs_new_entry) {
            // 将 Method 实例存储在下标索引为 initialized 的 vtable 中
            put_method_at(methodH(), initialized);
             // 在 Method 实例中保存自己在 vtable 中的下标索引
            methodH()->set_vtable_index(initialized);
            initialized++;
        }
    }
```

循环处理当前类中定义的普通方法，通过调用 update_inherited_vtable()函数判断是更新父类对应的 vtableEntry 还是新添加一个 vtableEntry，代码如下：

源代码位置：openjdk/hotspot/src/share/vm/oops/klassVtable.cpp

```
// 如果是方法覆写，更新当前类中复制的父类部分中对应的 vtableEntry，否则函数返回 true
// 表示需要新增一个 vtableEntry
bool klassVtable::update_inherited_vtable(
    InstanceKlass* klass,
    methodHandle    target_method,
    int             super_vtable_len,
    int             default_index,
    bool            checkconstraints, TRAPS
){
  ResourceMark rm;
  bool allocate_new = true;

  Array<int>* def_vtable_indices = NULL;
  bool is_default = false;

  if (default_index >= 0 ) {
    is_default = true;
    def_vtable_indices = klass->default_vtable_indices();
  } else { // 在对普通方法进行处理时，default_index 参数的值为-1
    assert(klass == target_method()->method_holder(), "caller resp.");
    // 初始化 Method 类中的 _vtable_index 属性的值为 Method::nonvirtual_vtable_
    // index（这是个枚举常量，值为-2）如果我们分配了一个新的 vtableEntry，则会更新
    // _vtable_index 为一个非负值
    target_method()->set_vtable_index(Method::nonvirtual_vtable_index);
  }

  // static 和<init>方法不需要动态分派
  if (target_method()->is_static() || target_method()->name() == vmSymbols::
object_initializer_name()) {
    return false;
  }

  // 执行这里的代码时，说明方法为非静态方法或非<init>方法
  if (target_method->is_final_method(klass->access_flags())) {
```

```
    // final 方法一定不需要新的 vtableEntry，如果是 final 方法覆写了父类方法，只需
    // 要更新 vtableEntry 即可
    allocate_new = false;
  } else if (klass->is_interface()) {
    // 当 klass 为接口时，allocate_new 的值会更新为 false，也就是接口中的方法不需要
    // 分配 vtableEntry
    allocate_new = false;
    // 当不为默认方法或没有指定 itable index 时，为 _vtable_index 赋值
    if (!is_default || !target_method()->has_itable_index()) {
      // Method::pending_itable_index 是一个枚举常量，值为-9
      target_method()->set_vtable_index(Method::pending_itable_index);
    }
  }

  // 当前类没有父类时，当前方法需要一个新的 vtableEntry
  if (klass->super() == NULL) {
    return allocate_new;
  }

  // 私有方法需要一个新的 vtableEntry
  if (target_method()->is_private()) {
    return allocate_new;
  }

  Symbol*  name = target_method()->name();
  Symbol*  signature = target_method()->signature();

  KlassHandle  target_klass(THREAD, target_method()->method_holder());
  if (target_klass == NULL) {
    target_klass = _klass;
  }

  Handle  target_loader(THREAD, target_klass->class_loader());
  Symbol*  target_classname = target_klass->name();

  for(int i = 0; i < super_vtable_len; i++) {
    // 在当前类的 vtable 中获取索引下标为 i 的 vtableEntry，取出封装的 Method
    // 循环中每次获取的都是从父类继承的 Method
    Method* super_method = method_at(i);
    if (super_method->name() == name && super_method->signature() == signature) {
      InstanceKlass* super_klass = super_method->method_holder();
      if( is_default ||
          (
            // 判断 super_klass 中的 super_method 方法是否可以被重写，如果可以，
            // 那么 is_override() 函数将返回 true
            (super_klass->is_override(super_method, target_loader, target_
classname, THREAD)) ||
            (
              // 方法可能重写了间接父类 vtable_transitive_override_version
              ( klass->major_version() >= VTABLE_TRANSITIVE_OVERRIDE_
VERSION ) &&
              ( (super_klass = find_transitive_override(super_klass,
target_method, i,
```

```
                                          target_loader,target_classname, THREAD))!=
(InstanceKlass*)NULL
                )
            )
        )
    ){
        // 当前的名称为 name，签名为 signautre 代表的方法覆写了父类方法，不需要分配新
        // 的 vtableEntry
        allocate_new = false;
        // 将 Method 实例存储在下标索引为 i 的 vtable 中
        put_method_at(target_method(), i);
        if (!is_default) {
          target_method()->set_vtable_index(i);
        } else {
          if (def_vtable_indices != NULL) {
            // 保存在 def_vtable_indices 中下标为 default_index 的 Method 实例与
            // 保存在 vtable 中下标为 i 的 vtableEntry 的对应关系
            def_vtable_indices->at_put(default_index, i);
          }
          assert(super_method->is_default_method() ||
                 super_method->is_overpass() ||
                 super_method->is_abstract(), "default override error");
        }
    } else {
        // allocate_new = true; default. We might override one entry,
        // but not override another. Once we override one, not need new
    }
  }
}                                          // 结束 for 循环
  return allocate_new;
}
```

【实例 6-6】 有以下代码：

```
public abstract class TestVtable {
    public void md(){}
}
```

在 TestVtable 类中会遍历两个方法：

- <init>方法：可以看到 update_inherited_vtable()函数对 vmSymbols::object_initializer_name()名称的处理是直接返回 false，表示不需要新的 vtableEntry。
- md()方法：会临时给对应的 Method::_vtable_index 赋值为 Method::nonvirtual_vtable_index，然后遍历父类，看是否定义了名称为 name、签名为 signature 的方法，如果有，很可能不需要新的 vtableEntry，只需要更新已有的 vtableEntry 即可。由于 TestVtable 的默认父类为 Object，Object 中总共有 5 个方法会存储到 vtable 中（分别为 finalize()、equals()、toString()、hashCode()和 clone()），很明显 md()并没有重写父类的任何方法，直接返回 true，表示需要为此方法新增一个 vtableEntry。这样 Method::vtable_index 的值会更新为 initialized，也就是在 vtable 中下标索引为 5（下

标索引从 0 开始）的地方将存储 md()方法。

【实例 6-7】　有以下代码：

```
public abstract  class TestVtable  {
    public String toString(){
        return "TestVtable";
    }
}
```

上面的 TestVtable 类的方法共有两个：<init>与 toString()。<init>不需要 vtableEntry，toString()方法重写了 Object 类中的 toString()方法，因此也不需要新的 vtableEntry。toString()是可被重写的，在 klassVtable::update_inherited_vtable()函数中会调用 is_override()函数进行判断，这个函数在 6.3.2 节中介绍过，这里不再介绍。

调用 put_method_at()函数更新当前类中从父类继承的 vtable 中对应的 vtableEntry，代码如下：

```
源代码位置：openjdk/hotspot/src/share/vm/oops/klassVtable.cpp

void klassVtable::put_method_at(Method* m, int index) {
  vtableEntry* vte = table();
  vte[index].set(m);
}
```

2. 默认方法的处理

klassVtable::initialize_vtable()函数的第二部分是对接口中定义的默认方法进行处理。代码如下：

```
// 通过接口中定义的默认方法更新 vtable
Array<Method*>* default_methods = ik()->default_methods();
if (default_methods != NULL) {
    len = default_methods->length();
    if (len > 0) {
      Array<int>* def_vtable_indices = NULL;
      if (  (def_vtable_indices = ik()->default_vtable_indices()) == NULL ) {
          def_vtable_indices = ik()->create_new_default_vtable_indices
(len, CHECK);
      } else {
          assert(def_vtable_indices->length() == len, "reinit vtable len?");
      }
      for (int i = 0; i < len; i++) {
        HandleMark hm(THREAD);
        methodHandle mh(THREAD, default_methods->at(i));

        bool needs_new_entry = update_inherited_vtable(ik(), mh,
                        super_vtable_len, i, checkconstraints, CHECK);

        if (needs_new_entry) {
          put_method_at(mh(), initialized);
          // 通过 def_vtable_indices 保存默认方法在 vtable 中存储位置的对应信息
          def_vtable_indices->at_put(i, initialized);
          initialized++;
```

```
            }
          }
        } // end if(len > 0)
    }
```

同样会调用 update_inherited_vtable() 函数判断默认方法是否需要新的 vtableEntry，不过传入的 default_index 的值是大于等于 0 的。

【实例 6-8】 有以下代码：

```
interface IA{
    default void test(){ }
}

public abstract  class TestVtable implements IA{ }
```

在处理 TestVtable 时有一个默认的方法 test()，由于表示当前类的 InstanceKlass 实例的 _default_vtable_indices 属性为 NULL，所以首先会调用 create_new_vtable_indices() 函数根据默认方法的数量 len 初始化属性，代码如下：

```
Array<int>* InstanceKlass::create_new_default_vtable_indices(int len,
TRAPS) {
  Array<int>* vtable_indices = MetadataFactory::new_array<int>(class_
loader_data(), len, CHECK_NULL);
  set_default_vtable_indices(vtable_indices);
  return vtable_indices;
}
```

对于实例 6-8 来说，调用 update_inherited_vtable() 函数时传入的 default_index 的值为 0。由于没有重写任何父类方法，所以函数返回 true，表示需要一个新的 vtableEntry，不过还需要在 InstanceKlass::_default_vtable_indices 属性中记录映射关系。也就是说第 0 个默认方法要存储到下标索引为 5 的 vtableEntry 中。

3．miranda方法的处理

klassVtable::initialize_vtable() 函数代码的第三部分是对 miranda 方法的处理，代码如下：

```
// 添加 miranda 方法
if (!ik()->is_interface()) {
  initialized = fill_in_mirandas(initialized);
}
```

调用 fill_in_mirandas() 函数处理 miranda 方法，代码如下：

源代码位置：openjdk/hotspot/src/share/vm/oops/klassVtable.cpp

```
int klassVtable::fill_in_mirandas(int initialized) {
  GrowableArray<Method*> mirandas(20);
  get_mirandas(  &mirandas, NULL,
                ik()->super(),
                ik()->methods(),
                ik()->default_methods(),
                ik()->local_interfaces());
```

```
for (int i = 0; i < mirandas.length(); i++) {
  put_method_at(mirandas.at(i), initialized);
  ++initialized;
}
return initialized;
}
```

调用的 get_mirandas()函数在 6.3.2 节中介绍过,这个方法会将当前类需要新加入的 miranda 方法添加到 mirandas 数组中,然后为这些 miranda 方法添加新的 vtableEntry。

【实例 6-9】 有以下代码:

```
interface IA{
  int md();
}

public abstract  class TestVtable  implements IA {}
```

对于上例来说,TestVtable 类没有实现 IA 接口中定义的 md()方法,因此会添加到 fill_in_mirandas()方法中定义的 mirandas 数组中。最后调用 put_method_at()方法将 miranda 方法存放到下标索引为 5 的 vtableEntry 中。

6.4　klassItable 虚函数表

klassItable 与 klassVtable 的作用类似,都是为了实现 Java 方法运行时的多态,但通过 klassItable 可以查找到某个接口对应的实现方法。本节将详细介绍 klassItable 的实现。

6.4.1　klassItable 类

Java 的 itable 是 Java 接口函数表,可以方便查找某个接口对应的实现方法。itable 的结构比 vtable 复杂,除了记录方法地址之外还要记录该方法所属的接口类 Klass,如图 6-5 所示。

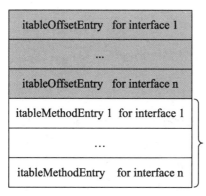

图 6-5　itable 的结构

如图 6-5 所示，itable 表由偏移表 itableOffset 和方法表 itableMethod 两个表组成，这两个表的长度是不固定的，即长度不一样。每个偏移表 itableOffset 保存的是类实现的一个接口 Klass 和该接口方法表所在的偏移位置；方法表 itableMethod 保存的是实现的接口方法。在初始化 itable 时，HotSpot VM 将类实现的接口及实现的方法填写在上述两张表中。接口中的非 public 方法和 abstract 方法（在 vtable 中占一个槽位）不放入 itable 中。

调用接口方法时，HotSpot VM 通过 ConstantPoolCacheEntry 的 _f1 成员拿到接口的 Klass，在 itable 的偏移表中逐一匹配。如果匹配上则获取 Klass 的方法表的位置，然后在方法表中通过 ConstantPoolCacheEntry 的 _f2 成员找到实现的方法 Method。

类似于 klassVtable，对于 itable 也有专门操作的工具类 klassItable，类及属性的定义如下：

源代码位置：openjdk/hotspot/src/share/vm/oops/klassVtable.hpp

```
class klassItable : public ResourceObj {
 private:
  instanceKlassHandle   _klass;
  int                   _table_offset;
  int                   _size_offset_table;
  int                   _size_method_table;
  ...
}
```

klassItable 类包含 4 个属性：

- _klass：itable 所属的 Klass；
- _table_offset：itable 在所属 Klass 中的内存偏移量；
- _size_offset_table：itable 中 itableOffsetEntry 的大小；
- _size_method_table：itable 中 itableMethodEntry 的大小。

在接口表 itableOffset 中含有的项为 itableOffsetEntry，类及属性的定义如下：

源代码位置：openjdk/hotspot/src/share/vm/oops/klassVtable.hpp

```
class itableOffsetEntry VALUE_OBJ_CLASS_SPEC {
 private:
  Klass*  _interface;
  int     _offset;
  ...
}
```

其中包含两个属性：

- _interface：方法所属的接口；
- _offset：接口下的第一个方法 itableMethodEntry 相对于所属 Klass 的偏移量。

方法表 itableMethod 中含有的项为 itableMethodEntry，类及属性的定义如下：

源代码位置：openjdk/hotspot/src/share/vm/oops/klassVtable.hpp

```
class itableMethodEntry VALUE_OBJ_CLASS_SPEC {
 private:
```

```
Method*  _method;
    ...
}
```

与 vtableEntry 一样，itableMethodEntry 也是对 Method 的一个封装。

增加 itable 而不用 vtable 解决所有方法分派问题，是因为一个类可以实现多个接口，而每个接口的函数编号是和其自身相关的，vtable 无法解决多个对应接口的函数编号问题。而一个子类只能继承一个父亲，子类只要包含父类 vtable，并且和父类的函数包含部分的编号是一致的，因此可以直接使用父类的函数编号找到对应的子类实现函数。

6.4.2　计算 itable 的大小

在 ClassFileParser::parseClassFile() 函数中计算 vtable 和 itable 的大小，前面介绍了 vtable 大小的计算过程，本节将详细介绍 itable 大小的计算过程。实现代码如下：

```
if( access_flags.is_interface() ){
    itable_size = 0 ;              // 当为接口时，itable_size 的值为 0
}else{
    itable_size = klassItable::compute_itable_size(_transitive_interfaces);
}
```

接口不需要 itable，只有类才有 itable。调用 klassItable::compute_itable_size() 函数计算 itable 的大小，代码如下：

```
源代码位置：openjdk/hotspot/src/share/vm/oops/klassVtable.cpp

int klassItable::compute_itable_size(Array<Klass*>* transitive_interfaces) {
  // 计算接口总数和方法总数
  CountInterfacesClosure cic;
  visit_all_interfaces(transitive_interfaces, &cic);

  int itable_size = calc_itable_size(cic.nof_interfaces() + 1, cic.nof_
methods());

  return itable_size;
}
```

在上面的代码中，调用 visit_all_interfaces() 函数计算类实现的所有接口总数（包括直接与间接实现的接口）和接口中定义的所有方法，并通过 CountInterfacesClosure 类的 _nof_interfaces 与 _nof_methods 属性进行保存。调用 visit_all_interfaces() 函数的实现代码如下：

```
源代码位置：openjdk/hotspot/src/share/vm/oops/klassVtable.cpp

void visit_all_interfaces(Array<Klass*>* transitive_intf, Interface
VisiterClosure *blk) {
  for(int i = 0; i < transitive_intf->length(); i++) {
    Klass* intf = transitive_intf->at(i);
```

```
    int method_count = 0;

    // 将 Klass 类型的 intf 转换为 InstanceKlass 类型后调用 methods()方法
    Array<Method*>* methods = InstanceKlass::cast(intf)->methods();
    if (methods->length() > 0) {
      for (int i = methods->length(); --i >= 0; ) {
        // 当为非静态和<init>、<clinit>方法时，以下函数将返回 true
        if (interface_method_needs_itable_index(methods->at(i))) {
          method_count++;
        }
      }
    }

    // method_count 表示接口中定义的方法需要添加到 itable 的数量
    if (method_count > 0) {
      blk->doit(intf, method_count);
    }
  }
}
```

以上代码循环遍历了每个接口中的每个方法，并调用 interface_method_needs_itable_index()函数判断接口中声明的方法是否需要在 itable 中添加一个新的 itableEntry（指 itableOffsetEntry 和 itableMethodEntry）。如果当前接口中有方法需要新的 itableEntry，那么会调用 CountInterfacesClosure 类中的 doit()函数对接口和方法进行统计。

调用 interface_method_needs_itable_index()函数的实现代码如下：

```
源代码位置: openjdk/hotspot/src/share/vm/oops/klassVtable.cpp

inline bool interface_method_needs_itable_index(Method* m) {
  if (m->is_static())
    return false;
  // 当为<init>或<clinit>方法时，返回 false
  if (m->is_initializer())
    return false;   // <init> or <clinit>
  return true;
}
```

在 visit_all_interfaces()函数中会调用 CountInterfacesClosure 类的 doit()函数，代码如下：

```
源代码位置: openjdk/hotspot/src/share/vm/oops/klassVtable.cpp

class CountInterfacesClosure : public InterfaceVisiterClosure {
 private:
  int _nof_methods;
  int _nof_interfaces;
 public:
  ...
  void doit(Klass* intf, int method_count) {
    _nof_methods += method_count;
    _nof_interfaces++;
  }
};
```

doit()函数只是对接口数量和方法进行简单的统计并保存到了_nof_interfaces 与_nof_methods 属性中。

在 klassItable::compute_itable_size()函数中调用 calc_itable_size()函数计算 itable 需要占用的内存空间，代码如下：

源代码位置：openjdk/hotspot/src/share/vm/oops/klassVtable.hpp

```
static int calc_itable_size(int num_interfaces, int num_methods) {
    return (num_interfaces * itableOffsetEntry::size()) + (num_methods *
itableMethodEntry::size());
}
```

可以清楚地看到，对于 itable 大小的计算逻辑，就是接口占用的内存加上方法占用的内存之和。但是在 compute_itable_size()函数中调用 calc_itable_size()函数时，num_interfaces 为类实现的所有接口总数加 1，因此最后会多出一个 itableOffsetEntry 大小的内存位置，这也是遍历接口的终止条件。

6.4.3　itable 的初始化

计算好 itable 需要占用的内存后就可以初始化 itable 了。itable 中的偏移表 itableOffset 在解析类时会初始化，在 parseClassFile()函数中有以下调用语句：

```
klassItable::setup_itable_offset_table(this_klass);
```

调用 setup_itable_offset_table()函数的实现代码如下：

源代码位置：openjdk/hotspot/src/share/vm/oops/klassVtable.cpp

```
void klassItable::setup_itable_offset_table(instanceKlassHandle klass) {
  if (klass->itable_length() == 0){
    return;
  }

  // 统计出接口和接口中需要存储在 itable 中的方法的数量
  CountInterfacesClosure cic;
  visit_all_interfaces(klass->transitive_interfaces(), &cic);
  int nof_methods    = cic.nof_methods();
  int nof_interfaces = cic.nof_interfaces();

  // 在 itableOffset 表的结尾添加一个 Null 表示终止，因此遍历偏移表时如果遇到 Null
  // 就终止遍历
  nof_interfaces++;

  itableOffsetEntry* ioe = (itableOffsetEntry*)klass->start_of_itable();
  itableMethodEntry* ime = (itableMethodEntry*)(ioe + nof_interfaces);
  intptr_t* end          = klass->end_of_itable();

  // 对 itableOffset 表进行填充
```

```
    SetupItableClosure sic((address)klass(), ioe, ime);
    visit_all_interfaces(klass->transitive_interfaces(), &sic);
}
```

第一次调用 visit_all_interfaces()函数计算接口和接口中需要存储在 itable 中的方法总数，第二次调用 visit_all_interfaces()函数初始化 itable 中的 itableOffset 信息，也就是在 visit_all_interfaces()函数中调用 doit()函数，不过这次调用的是 SetupItableClosure 类中定义的 doit()函数。SetupItableClosure 类及 doit()函数的定义如下：

源代码位置：openjdk/hotspot/src/share/vm/oops/klassVtable.cpp

```
class SetupItableClosure : public InterfaceVisiterClosure {
 private:
  itableOffsetEntry* _offset_entry;
  itableMethodEntry* _method_entry;
  address            _klass_begin;
 public:
  SetupItableClosure(address klass_begin, itableOffsetEntry* offset_entry,
itableMethodEntry* method_entry) {
    _klass_begin = klass_begin;
    _offset_entry = offset_entry;
    _method_entry = method_entry;
  }
  ...
  void doit(Klass* intf, int method_count) {
    int offset = ((address)_method_entry) - _klass_begin;
    // 初始化 itableOffsetEntry 中的相关属性
    _offset_entry->initialize(intf, offset);
    _offset_entry++;                      // 指向下一个 itableOffsetEntry
    // 指向下一个接口中存储方法的 itableMethodEntry
    _method_entry += method_count;
  }
};
```

初始化 itableOffsetEntry 中的_interface 与_offset 属性，在 6.4.1 节中已经介绍过 itableOffsetEntry 类及相关属性，这里不再赘述。

itable 的 itableOffset 偏移表在类解析时完成初始化，而 itable 的方法表 itableMethod 需要等到方法连接时才会初始化。在 InstanceKlass::link_class_impl()函数中完成方法连接后会初始化 vtable 与 itable。前面已经介绍过 vtable，接下来介绍方法表 itableMethod 的初始化过程。在 InstanceKlass::link_class_impl()函数中的调用语句如下：

```
klassItable* ki = this_oop->itable();
ki->initialize_itable(true, CHECK_false);
```

调用 itable()函数及相关函数，代码分别如下：

源代码位置：openjdk/hotspot/src/share/vm/oops/instanceKlass.cpp
```
klassItable* InstanceKlass::itable() const {
  return new klassItable(instanceKlassHandle(this));
}
```

源代码位置：openjdk/hotspot/src/share/vm/oops/klassVtable.cpp

```
klassItable::klassItable(instanceKlassHandle klass) {
  _klass = klass;

  if (klass->itable_length() > 0) {
    itableOffsetEntry* offset_entry = (itableOffsetEntry*)klass->start_
of_itable();
    if (offset_entry != NULL && offset_entry->interface_klass() != NULL) {
      intptr_t* method_entry = (intptr_t *)(((address)klass()) + offset_
entry->offset());
      intptr_t* end          = klass->end_of_itable();

      _table_offset      = (intptr_t*)offset_entry - (intptr_t*)klass();
      _size_offset_table = (method_entry - ((intptr_t*)offset_entry)) /
itableOffsetEntry::size();
      _size_method_table = (end - method_entry)  / itableMethodEntry::size();
      return;
    }
  }

  _table_offset      = 0;
  _size_offset_table = 0;
  _size_method_table = 0;
}

源代码位置: openjdk/hotspot/src/share/vm/oops/instanceKlass.hpp
intptr_t* start_of_itable() const         {
    return start_of_vtable() + align_object_offset(vtable_length());
}

intptr_t* end_of_itable() const           {
    return start_of_itable() + itable_length();
}
```

在 klassItable 的构造函数中会初始化 klassItable 类中定义的各个属性，这几个属性在
6.4.1 节中介绍过，各个属性的说明如图 6-6 所示。

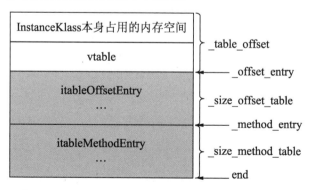

图 6-6　klassItable 中各属性的说明

在 InstanceKlass::link_class_impl()函数中调用 klassItable::initialize_itable()函数对 itable

进行初始化，代码如下：

源代码位置：openjdk/hotspot/src/share/vm/oops/klassVtable.cpp

```
void klassItable::initialize_itable(bool checkconstraints, TRAPS) {
  if (_klass->is_interface()) {
    // This needs to go after vtable indices are assigned but
    // before implementors need to know the number of itable indices.
    assign_itable_indices_for_interface(_klass());
  }

  // 当 HotSpot VM 启动时，当前的类型为接口和 itable 的长度只有 1 时
  // 不需要添加 itable。长度为 1 时就表示空，因为之前会为 itable 多分配一个内存位置
  // 作为 itable 遍历终止条件
  if (
    Universe::is_bootstrapping() ||
    _klass->is_interface() ||
    _klass->itable_length() == itableOffsetEntry::size()
  ) {
    return;
  }

  int num_interfaces = size_offset_table() - 1;
  if (num_interfaces > 0) {
    int i;
    for(i = 0; i < num_interfaces; i++) {
      itableOffsetEntry* ioe = offset_entry(i);
      HandleMark hm(THREAD);
      KlassHandle interf_h (THREAD, ioe->interface_klass());
      initialize_itable_for_interface(ioe->offset(), interf_h, checkconstraints,
CHECK);
    }
  }
}
```

initialize_itable()函数中的调用比较多，完成的逻辑也比较多，下面详细介绍。

1. assign_itable_indices_for_interface()函数

如果当前处理的是接口，那么会调用 klassItable::assign_itable_indices_for_interface()
函数为接口中的方法指定 itableEntry 索引，函数的实现代码如下：

源代码位置：openjdk/hotspot/src/share/vm/oops/klassVtable.cpp

```
// 只有 Klass 实例表示的是 Java 接口时才会调用此函数
int klassItable::assign_itable_indices_for_interface(Klass* klass) {
  // 接口不需要 itable 表，不过方法需要编号
  Array<Method*>* methods = InstanceKlass::cast(klass)->methods();
  int             nof_methods = methods->length();
  int             ime_num = 0;
  for (int i = 0; i < nof_methods; i++) {
    Method* m = methods->at(i);
    // 当为非静态和<init>、<clinit>方法时，以下函数将返回 true
```

```
    if (interface_method_needs_itable_index(m)) {
        // 当_vtable_index>=0 时，表示指定了 vtable index，如果没有指定，则指定 itable
        // index
        if (!m->has_vtable_index()) {
            assert(m->vtable_index() == Method::pending_itable_index, "set by
initialize_vtable");
            m->set_itable_index(ime_num);
            ime_num++;
        }
    }
  }
  return ime_num;
}
```

对于需要 itableMethodEntry 的方法来说，需要为对应的方法指定编号，也就是为 Method
的_itable_index 赋值。interface_method_needs_itable_index()函数在 6.4.2 节中已经介绍过，
这里不再赘述。

接口默认也继承了 Object 类，因此也会继承来自 Object 的 5 个方法。不过这 5 个方法
并不需要 itableEntry，已经在 vtable 中有对应的 vtableEntry，因此这些方法调用 has_vtable_
index()函数将返回 true，不会再指定 itable index。

2．initialize_itable_for_interface()函数

调用 klassItable::initialize_itable_for_interface()函数处理类实现的每个接口，代码如下：

源代码位置：openjdk/hotspot/src/share/vm/oops/klassVtable.cpp

```
void klassItable::initialize_itable_for_interface(int method_table_offset,
KlassHandle interf_h, bool checkconstraints, TRAPS) {
  Array<Method*>* methods = InstanceKlass::cast(interf_h())->methods();
  int nof_methods = methods->length();
  HandleMark hm;
  Handle interface_loader (THREAD, InstanceKlass::cast(interf_h())->class_
loader());

  // 获取 interf_h()接口中需要添加到 itable 中的方法的数量
  int ime_count = method_count_for_interface(interf_h());
  for (int i = 0; i < nof_methods; i++) {
    Method* m = methods->at(i);
    methodHandle target;
    if (m->has_itable_index()) {
      LinkResolver::lookup_instance_method_in_klasses(target, _klass, m->name(),
m->signature(), CHECK);
    if (target == NULL || !target->is_public() || target->is_abstract()) {
        // Entry does not resolve. Leave it empty for AbstractMethodError.
        if (!(target == NULL) && !target->is_public()) {
          // Stuff an IllegalAccessError throwing method in there instead.
          itableOffsetEntry::method_entry(_klass(), method_table_offset)
[m->itable_index()].
            initialize(Universe::throw_illegal_access_error());
        }
```

```
    } else {
      int ime_num = m->itable_index();
      assert(ime_num < ime_count, "oob");
      itableOffsetEntry::method_entry(_klass(), method_table_offset)[ime_
num].initialize(target());
    }
  }
}

// 方法的参数 interf 一定是一个表示接口的 InstanceKlass 实例
int klassItable::method_count_for_interface(Klass* interf) {
  Array<Method*>* methods = InstanceKlass::cast(interf)->methods();
  int nof_methods = methods->length();
  while (nof_methods > 0) {
    Method* m = methods->at(nof_methods-1);
    if (m->has_itable_index()) {
      int length = m->itable_index() + 1;
      return length;
    }
    nof_methods -= 1;
  }
  return 0;
}
```

遍历接口中的每个方法，如果方法指定了_itable_index，调用 LinkResolver::lookup_instance_method_in_klasses()函数进行处理，代码如下：

源代码位置：openjdk/hotspot/src/share/vm/interpreter/linkResolver.cpp

```
void LinkResolver::lookup_instance_method_in_klasses(methodHandle& result,
            KlassHandle klass, Symbol* name, Symbol* signature, TRAPS) {
  Method* result_oop = klass->uncached_lookup_method(name, signature);
  result = methodHandle(THREAD, result_oop);
  // 循环查找方法的接口实现
  while (!result.is_null() && result->is_static() && result->method_holder()->
super() != NULL) {
    KlassHandle super_klass = KlassHandle(THREAD, result->method_holder()->
super());
    result = methodHandle(THREAD, super_klass->uncached_lookup_method
(name, signature));
  }

  // 当从拥有 Itable 的类或父类中找到接口中方法的实现方法时，result 不为 NULL，否则为
  // NULL
  // 这时候就要查找默认的方法了
  if (result.is_null()) {
    Array<Method*>* default_methods = InstanceKlass::cast(klass())->default_
methods();
    if (default_methods != NULL) {
      result = methodHandle(InstanceKlass::find_method(default_methods,
name, signature));
      assert(result.is_null() || !result->is_static(), "static defaults not
allowed");
    }
```

```
    }
}
```

在 klassItable::initialize_itable_for_interface()函数中调用 initialize()函数，代码如下：

源代码位置：openjdk/hotspot/src/share/vm/oops/klassVtable.cpp

```
void itableMethodEntry::initialize(Method* m) {
  if (m == NULL)
      return;
  _method = m;
}
```

初始化 itableMethodEntry 类中定义的唯一属性_method。

第 7 章　类的连接与初始化

类的生命周期可以分为 5 个阶段，分别为加载、连接、初始化、使用和卸载，如图 7-1 所示。

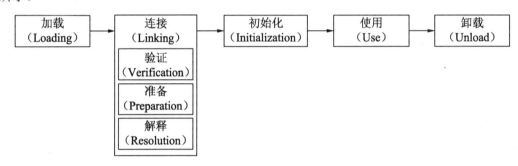

图 7-1　类的生命周期

类的加载过程包括加载、连接和初始化三个阶段。在第 3 章至第 6 章中已经介绍了加载阶段，此时已经成功将 Class 文件中的元数据信息转换成了 C++内部的表示形式。本章将详细介绍类的连接和初始化阶段，类的连接具体包括对类的验证、准备和解释。

7.1　类 的 连 接

在连接类之前要保证已经对类进行了解析。在初始化类的 initialize_class()函数中有如下调用：

```
源代码位置: openjdk/hotspot/src/share/vm/runtime/thread.cpp

static void initialize_class(Symbol* class_name, TRAPS) {
  Klass* klass = SystemDictionary::resolve_or_fail(class_name, true, CHECK);
  InstanceKlass::cast(klass)->initialize(CHECK);
}
```

在类的初始化过程中，首先要调用 SystemDictionary::resolve_or_fail()函数以保证类被正确装载。如果类没有被装载，那么最终会调用 ClassFileParser::parseClassFile()函数装载类，并通过创建 ConstantPool、Method 和 InstanceKlass 等实例将元数据保存到 HotSpot VM

中。然后调用 InstanceKlass::initialize()函数进行类的连接，这个函数最终会调用 InstanceKlass::
link_class_impl()函数，代码如下：

源代码位置：openjdk/hotspot/src/share/vm/oops/instanceKlass.cpp

```
bool InstanceKlass::link_class_impl(instanceKlassHandle this_oop, bool
throw_verifyerror, TRAPS) {

  // 通过_init_state 属性的值判断类是否已经连接，如果已经连接，直接返回
  if (this_oop->is_linked()) {
    return true;
  }

  JavaThread* jt = (JavaThread*)THREAD;

  // 在连接子类之前必须先连接父类
  instanceKlassHandle super(THREAD, this_oop->super());
  if (super.not_null()) {
    if (super->is_interface()) {
      return false;
    }
    // 递归调用当前函数进行父类的连接
    link_class_impl(super, throw_verifyerror, CHECK_false);
  }

  // 在连接当前类之前连接当前类实现的所有接口
  Array<Klass*>* interfaces = this_oop->local_interfaces();
  int num_interfaces = interfaces->length();
  for (int index = 0; index < num_interfaces; index++) {
    HandleMark hm(THREAD);
    instanceKlassHandle ih(THREAD, interfaces->at(index));
    // 递归调用当前函数进行接口连接
    link_class_impl(ih, throw_verifyerror, CHECK_false);
  }

  // 在处理父类连接的过程中可能会导致当前类被连接，如果当前类已经连接，则直接返回
  if (this_oop->is_linked()) {
    return true;
  }

  // 接下来会完成类的验证和重写逻辑
  {
    oop          init_lock = this_oop->init_lock();
    ObjectLocker ol(init_lock, THREAD, init_lock != NULL);

    if (!this_oop->is_linked()) {
      if (!this_oop->is_rewritten()) {
        {
          // 进行字节码验证
```

```
        bool verify_ok = verify_code(this_oop, throw_verifyerror, THREAD);
        if (!verify_ok) {
            return false;
        }
    }
    // 有时候在验证的过程中会导致类的连接，不过并不会进行类的初始化
    if (this_oop->is_linked()) {
        return true;
    }
    // 重写类
    this_oop->rewrite_class(CHECK_false);
} // end rewritten

// 完成类的重写后进行方法连接
this_oop->link_methods(CHECK_false);

// 初始化 vtable 和 itable，在第 6 章中已经详细介绍过
if (!this_oop()->is_shared()) {
    ResourceMark rm(THREAD);
    klassVtable* kv = this_oop->vtable();
    kv->initialize_vtable(true, CHECK_false);

    klassItable* ki = this_oop->itable();
    ki->initialize_itable(true, CHECK_false);
}

// 将表示类状态的 _init_state 属性标记为已连接状态
this_oop->set_init_state(linked);
}// 结束类的连接

}// 结束类的验证和重写逻辑

return true;
}
```

在对类执行连接的相关操作时，使用 ObjectLocker 锁保证任何时候只有一个线程在执行某个类的连接操作，执行完成后更新类的状态，这样就能避免重复对类进行连接操作了。

类的连接步骤总结如下：

（1）连接父类和实现的接口，子类在连接之前要保证父类和接口已经连接。

（2）进行字节码验证。

（3）重写类。

（4）连接方法。

（5）初始化 vtable 和 itable。

以上步骤执行完成后将表示类状态的_init_state 属性标记为已连接状态。

InstanceKlass::link_class_impl()函数的执行流程如图 7-2 所示。

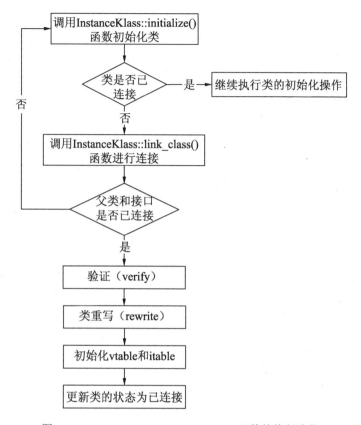

图 7-2 InstanceKlass::link_class_impl()函数的执行流程

InstanceKlass 类中定义了一个_init_state 属性用来表示类的生命周期的不同阶段,定义如下:

```
u1 _init_state;
```

_init_state 的取值只能是 ClassState 枚举类中定义的枚举常量,代码如下:

源代码位置:openjdk/hotspot/src/share/vm/oops/instanceKlass.hpp

```
enum ClassState {
    allocated,                  // 已经为 InstanceKlass 实例分配了内存
    loaded,                     // 类已经加载
    linked,                     // 类已经连接,但还没有初始化
    being_initialized,          // 正在进行类的初始化
    fully_initialized,          // 完成类的初始化
    initialization_error        // 在初始化的过程中出错
};
```

这些值主要标注一个类的加载、连接和初始化 3 个状态,这些已经在虚拟机规范中有明确的规定,参考地址为 https://docs.oracle.com/javase/specs/jvms/se8/html/jvms-5.html。下面详细介绍一下这几个状态。

- allocated：已经分配内存，在 InstanceKlass 的构造函数中通常会将_init_state 初始化为这个状态。
- loaded：表示类已经装载并且已经插入继承体系中，在 SystemDictionary::add_to_hierarchy()函数中会更新 InstanceKlass 的_init_state 属性为此状态。
- linked：表示已经成功连接/校验，只在 InstanceKlass::link_class_impl()方法中更新为这个状态。
- being_initialized、fully_initialized 与 initialization_error：在类的初始化函数 Instance-Klass::initialize_impl()中会用到，分别表示类的初始化过程中的不同状态——正在初始化、已经完成初始化和初始化出错，函数会根据不同的状态执行不同的逻辑。

7.2 类 的 验 证

类在连接过程中会涉及验证。HotSpot VM 会遵守 Java 虚拟机的规范，对 Class 文件中包含的信息进行合法性验证，以保证 HotSpot VM 的安全。从整体上看，大致进行如下 4 方面的验证。本节详细介绍前三方面的验证，符号引用验证比较简单，不再展开介绍。
- 文件格式验证：包括魔数和版本号等；
- 元数据验证：对程序进行语义分析，如是否有父类，是否继承了不被继承的类，是否实现了父类或者接口中所有要求实现的方法；
- 字节码验证：指令级别的语义验证，如跳转指令不会跳转到方法体以外的代码上；
- 符号引用验证：符号引用转化为直接引用的时候，可以看作对类自身以外的信息进行匹配验证，如通过全限定名是否能找到对应的类等。

1. 文件格式验证

文件格式的验证大部分都会在解析类文件的 parseClassFile()函数中进行，如对魔数和版本号的验证，实现代码如下：

```
// 验证当前的文件流至少有 8 字节的内容
cfs->guarantee_more(8, CHECK_(nullHandle)); // magic, major, minor
u4 magic = cfs->get_u4_fast();
// 验证 magic 的值必须为 0xCAFEBABY
guarantee_property(magic == JAVA_CLASSFILE_MAGIC,"Incompatible magic
value %u in class file %s",magic, CHECK_(nullHandle));

u2 minor_version = cfs->get_u2_fast();
u2 major_version = cfs->get_u2_fast();

// 验证当前虚拟机是否支持此 Class 文件的版本
if (!is_supported_version(major_version, minor_version)) {
    if (name == NULL) {
      Exceptions::fthrow(
```

```
          THREAD_AND_LOCATION,
          vmSymbols::java_lang_UnsupportedClassVersionError(),
          "Unsupported major.minor version %u.%u",
          major_version,
          minor_version);
      } else {
        ResourceMark rm(THREAD);
        Exceptions::fthrow(
          THREAD_AND_LOCATION,
          vmSymbols::java_lang_UnsupportedClassVersionError(),
          "%s : Unsupported major.minor version %u.%u",
          name->as_C_string(),
          major_version,
          minor_version);
      }
      return nullHandle;
}
```

从文件流中读取相关内容时，通常会调用 guarantee_more()函数以保证文件流中有足够的字节内容。更多关于文件格式的验证，读者可自行查看相关源代码进行了解。

2. 元数据验证

元数据验证的逻辑大部分都在类解析阶段完成。例如，在 parseClassFile()函数中对父类的验证逻辑如下：

```
if (super_klass.not_null()) {
  // 保证父类不为接口
  if (super_klass->is_interface()) {
    ResourceMark rm(THREAD);
    Exceptions::fthrow(
      THREAD_AND_LOCATION,
      vmSymbols::java_lang_IncompatibleClassChangeError(),
      "class %s has interface %s as super class",
      class_name->as_klass_external_name(),
      super_klass->external_name()
    );
    return nullHandle;
  }
  // 保证父类不为 final 类
  if (super_klass->is_final()) {
    THROW_MSG_(vmSymbols::java_lang_VerifyError(), "Cannot inherit from
final class", nullHandle);
  }
}
```

验证父类不能是接口或者是 final 修饰的类，否则将抛出异常。

在 openjdk/hotspot/src/share/vm/classfile/classFileParser.cpp 文件中定义了一系列 verify_xxx()和 check_xxx()函数，它们都用来对元数据进行验证，有兴趣的读者可自行查阅。

3. 字节码验证

在 7.1 节介绍的 InstanceKlass::link_class_impl()函数中调用 verify_code()函数进行字节码验证，代码如下：

源代码位置：openjdk/hotspot/src/share/vm/oops/instanceKlass.cpp

```
bool InstanceKlass::verify_code(instanceKlassHandle this_oop, bool throw_
verifyerror, TRAPS) {
  Verifier::Mode mode = throw_verifyerror ? Verifier::ThrowException :
Verifier::NoException;
  return Verifier::verify(this_oop, mode, this_oop->should_verify_class(),
CHECK_false);
}
```

调用 Verifier::verify()函数进行字节码验证，实现代码如下：

源代码位置：openjdk/hotspot/src/share/vm/classfile/verifier.cpp

```
bool Verifier::verify(instanceKlassHandle klass, Verifier::Mode mode, bool
should_verify_class, TRAPS) {
  HandleMark hm;
  ResourceMark rm(THREAD);

  Symbol*        exception_name = NULL;
  const size_t   message_buffer_len = klass->name()->utf8_length() + 1024;
  char*          message_buffer = NEW_RESOURCE_ARRAY(char, message_buffer_len);
  char*          exception_message = message_buffer;

  const char* klassName = klass->external_name();
  // can_failover 表示失败回退，对于小于 NOFAILOVER_MAJOR_VERSION 主版本号（值为
  // 51）的 Class 文件，可以使用 StackMapTable 属性进行验证，这是类型检查，之前的是
  // 类型推导验证。如果 can_failover 的值为 true，则表示类型检查失败时可回退使用类型
  // 推导验证
  bool can_failover = FailOverToOldVerifier &&
                      klass->major_version() < NOFAILOVER_MAJOR_VERSION;

  if (is_eligible_for_verification(klass, should_verify_class)) {
    // STACKMAP_ATTRIBUTE_MAJOR_VERSION 的值为 50
    if (klass->major_version() >= STACKMAP_ATTRIBUTE_MAJOR_VERSION) {
    // 使用类型检查，如果失败，则使用类型推导验证
      ClassVerifier split_verifier(klass, THREAD);
      split_verifier.verify_class(THREAD);
      exception_name = split_verifier.result();
      if (
          can_failover &&
          !HAS_PENDING_EXCEPTION &&
          (
            exception_name == vmSymbols::java_lang_VerifyError() ||
            exception_name == vmSymbols::java_lang_ClassFormatError()
          )
      ) {
```

```
        // 只有主版本号大于等于 50 并且 can_failover 为 true 时才会执行到这里,
        // can_failover 为 true 时表示主版本号必定小于 51, 因此只有 50 版本允许回退
        // 到类型推导验证
        exception_name = inference_verify(klass, message_buffer, message_
buffer_len, THREAD);
      }
      if (exception_name != NULL) {
        exception_message = split_verifier.exception_message();
      }
    } else {
      // 使用类型推导验证
      exception_name = inference_verify(klass, message_buffer, message_
buffer_len, THREAD);
    }
  }
  ...
}
```

JDK 6 之后的 Javac 编译器给方法体的 Code 属性的属性表中增加了一项名为 Stack-MapTable 的属性,通过这项属性进行类型检查验证比类型推导验证的字节码验证过程更快。

对于主版本号小于 51 的 Class 文件(确切来说只有 50 这个版本)来说,可以采用类型检查验证,如果失败,还可以回退到类型推导验证。对于主版本号大于等于 51 的 Class 文件来说,只能采用类型检查验证,而不再允许回退到类型推导验证。

验证阶段不是必需的,如果代码运行已经稳定,可以通过设置-Xverify:none 参数关闭类验证,以减少虚拟机的类加载时间,从而提高运行效率。

在 openjdk/hotspot/src/share/vm/classfile/verifier.cpp 文件中定义了一系列 verify_xxx() 函数,它们都用来对字节码进行验证,有兴趣的读者可自行查阅。

7.3　类 的 重 写

InstanceKlass::link_class_impl()函数在调用 verify_code()函数完成字节码验证之后会调用 rewrite_class()函数重写部分字节码。重写字节码大多是为了在解释执行字节码过程中提高程序运行的效率。rewrite_class()函数的代码如下:

```
源代码位置: openjdk/hotspot/src/share/vm/oops/instanceKlass.cpp

void InstanceKlass::rewrite_class(TRAPS) {
  instanceKlassHandle this_oop(THREAD, this);
  ...
  Rewriter::rewrite(this_oop, CHECK);
  this_oop->set_rewritten();
}
```

调用 Rewriter::rewrite()函数进行字节码重写,重写完成后调用 set_rewritten()函数记录

重写完成的状态，保证任何类只会被重写一次。rewrite()函数的实现代码如下：

源代码位置：openjdk/hotspot/src/share/vm/interpreter/rewriter.cpp

```
void Rewriter::rewrite(instanceKlassHandle klass, TRAPS) {
  ResourceMark     rm(THREAD);
  Array<Method*>*  mds = klass->methods();
  ConstantPool*    cp  = klass->constants();
  Rewriter         rw(klass, cp, mds, CHECK);
}
```

Rewriter 类是专门为重写而创建的类，这个类中提供了许多用于重写字节码的函数。Rewriter 类的构造函数的实现代码如下：

源代码位置：openjdk/hotspot/src/share/vm/interpreter/rewriter.cpp

```
Rewriter::Rewriter(instanceKlassHandle klass, constantPoolHandle cpool,
      Array<Method*>* methods, TRAPS)
    : _klass(klass),_pool(cpool),_methods(methods) {
  assert(_pool->cache() == NULL, "constant pool cache must not be set yet");

  // 第 1 部分：生成常量池缓存项索引
  compute_index_maps();

  // 第 2 部分：重写部分字节码指令
  int len = _methods->length();
  bool invokespecial_error = false;
  for (int i = len-1; i >= 0; i--) {
    Method* method = _methods->at(i);
    scan_method(method, false, &invokespecial_error);
    ...
  }
  ...

  // 第 3 部分：创建常量池缓存
  make_constant_pool_cache(THREAD);
  ...
}
```

以上函数省略了重写 Object 类构造方法的代码，有可能将构造方法的 return 指令改写为 Bytecodes::_return_register_finalizer，这是 HotSpot VM 内部使用的扩展指令，方便后续处理该指令时调用 Finalizer.register()方法注册 Finalizer 对象，在第 13 章中将详细介绍。

以上函数的实现比较复杂，下面分为三个部分来介绍。

7.3.1　生成常量池缓存项索引

调用 compute_index_maps()函数可以生成常量池缓存项索引，但同时要保证常量池项索引和常量池缓存项索引之间的映射关系，如图 7-3 所示。

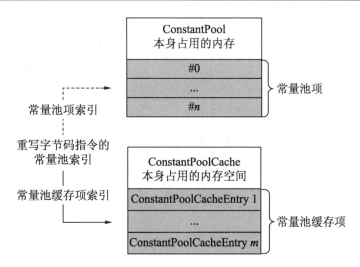

图 7-3　常量池项与常量池缓存项

对于某些使用常量池索引作为操作数的字节码指令来说，当重写字节码指令后，原常量池索引会更改为指向常量池缓存项的索引。本节介绍如何生成常量池缓存项索引并建立常量池项索引和常量池缓存项索引之间的映射关系。

compute_index_maps()函数的实现代码如下：

```
源代码位置：openjdk/hotspot/src/share/vm/interpreter/rewriter.cpp

void Rewriter::compute_index_maps() {
  const int length  = _pool->length();
  // 初始化 Rewriter 类中保存映射关系的一些变量
  init_maps(length);
  bool saw_mh_symbol = false;
  // 通过循环查找常量池中特定的项，为这些项建立常量池缓存项索引
  for (int i = 0; i < length; i++) {
    constantTag ct = _pool->tag_at(i);
    int tag = ct.value();
    switch (tag) {
     case JVM_CONSTANT_InterfaceMethodref:
     case JVM_CONSTANT_Fieldref        :
     case JVM_CONSTANT_Methodref       :
       add_cp_cache_entry(i);
       break;
     case JVM_CONSTANT_String:
     case JVM_CONSTANT_MethodHandle    :
     case JVM_CONSTANT_MethodType      :
       add_resolved_references_entry(i);
       break;
     ...
    }
  }

  record_map_limits();
```

```
    ...
}
```

调用的 init_maps()函数会初始化 Rewriter 类中的以下重要变量：

源代码位置：openjdk/hotspot/src/share/vm/interpreter/rewriter.hpp

```
intArray          _cp_map;
intStack          _cp_cache_map;

intArray          _reference_map;
intStack          _resolved_references_map;

int               _resolved_reference_limit;
int               _first_iteration_cp_cache_limit;
```

init_maps()函数的实现代码如下：

源代码位置：openjdk/hotspot/src/share/vm/interpreter/rewriter.hpp

```
void init_maps(int length) {
    // _cp_map 是整数类型数组，长度和常量池项的总数相同，因此可以直接将常量池项的索引
    // 作为数组下标来获取常量池缓存项的索引
    _cp_map.initialize(length, -1);
    // _cp_cache_map 是整数类型栈，初始化容量的大小为常量池项总数的一半
    // 因为并不是所有的常量池都需要生成常量池项索引，向栈中压入常量池项后生成常量
    // 池缓存项的索引，通过常量池索引项可以找到常量池项索引
    _cp_cache_map.initialize(length/2);

    // _reference_map 是整数类型数组
    _reference_map.initialize(length, -1);
    // _resolved_references_map 是整数类型的栈
    _resolved_references_map.initialize(length/2);

    _resolved_reference_limit = -1;
    _first_iteration_cp_cache_limit = -1;
}
```

Java 虚拟机规范规定的 JVM_CONSTANT_InterfaceMethodref、JVM_CONSTANT_Fieldref 与 JVM_CONSTANT_Methodref 常量池项的格式如下：

```
CONSTANT_Fieldref_info {
    u1 tag;
    u2 class_index;
    u2 name_and_type_index;
}

CONSTANT_Methodref_info {
    u1 tag;
    u2 class_index;
    u2 name_and_type_index;
}

CONSTANT_InterfaceMethodref_info {
    u1 tag;
```

```
u2 class_index;
u2 name_and_type_index;
}
```

对于这 3 个常量池项来说，在 Rewriter::compute_index_maps()函数中调用 add_cp_cache_entry()函数可以创建常量池缓存项索引并建立两者之间的映射关系。调用 add_cp_cache_entry()函数的实现代码如下：

源代码位置：openjdk/hotspot/src/share/vm/interpreter/rewriter.cpp

```
int add_cp_cache_entry(int cp_index) {
    int cache_index = add_map_entry(cp_index, & _cp_map, & _cp_cache_map);
    return cache_index;
}

int add_map_entry(int cp_index, intArray* cp_map, intStack* cp_cache_map) {
    // cp_cache_map 是整数类型的栈
    int cache_index = cp_cache_map->append(cp_index);
    cp_map->at_put(cp_index, cache_index);       // cp_map 是整数类型的数组
    return cache_index;
}
```

在以上代码中通过 cp_cache_map 和 cp_map 建立了 cp_index 与 cache_index 的对应关系，下面举个例子。

【实例 7-1】　有以下代码：

```
package com.classloading;

interface Computable {
    void calculate();
}

class Computer implements Computable {
    public int a = 1;

    public void calculate() { }
}

public class Test {

    public static final String k = "test";

    public Test(Computable x1, Computer x2, int v) {
        x1.calculate();
        x2.calculate();
        v = x2.a;
    }
}
```

反编译后的代码如下：

```
public class com.classloading.Test
  minor version: 0
  major version: 52
  flags: ACC_PUBLIC, ACC_SUPER
```

```
    Constant pool:
      #1 = Methodref          #6.#14         // java/lang/Object."<init>":()V
      #2 = InterfaceMethodref #15.#16        // com/classloading/Computable.
                                                calculate:()V
      #3 = Methodref          #17.#16        // com/classloading/Computer.
                                                calculate:()V
      #4 = Fieldref           #17.#18        // com/classloading/Computer.a:I
      #5 = Class              #19            // com/classloading/Test
      #6 = Class              #20            // java/lang/Object
      #7 = Utf8               k
      #8 = Utf8               Ljava/lang/String;
      #9 = Utf8               ConstantValue
     #10 = String             #21            // test
     #11 = Utf8               <init>
     #12 = Utf8               (Lcom/classloading/Computable;Lcom/
                              classloading/Computer;I)V
     #13 = Utf8               Code
     #14 = NameAndType        #11:#22        // "<init>":()V
     #15 = Class              #23            // com/classloading/Computable
     #16 = NameAndType        #24:#22        // calculate:()V
     #17 = Class              #25            // com/classloading/Computer
     #18 = NameAndType        #26:#27        // a:I
     #19 = Utf8               com/classloading/Test
     #20 = Utf8               java/lang/Object
     #21 = Utf8               test
     #22 = Utf8               ()V
     #23 = Utf8               com/classloading/Computable
     #24 = Utf8               calculate
     #25 = Utf8               com/classloading/Computer
     #26 = Utf8               a
     #27 = Utf8               I
    {
      public static final java.lang.String k;
        descriptor: Ljava/lang/String;
        flags: ACC_PUBLIC, ACC_STATIC, ACC_FINAL
        ConstantValue: String test

      public com.classloading.Test(com.classloading.Computable, com.classloading.
    Computer, int);
        descriptor: (Lcom/classloading/Computable;Lcom/classloading/Computer;I)V
        flags: ACC_PUBLIC
        Code:
          stack=1, locals=4, args_size=4
             0: aload_0
             1: invokespecial    #1         // Method java/lang/Object."<init>":()V
             4: aload_1
             5: invokeinterface  #2, 1      // InterfaceMethod com/classloading/
                                            // Computable.calculate:()V
            10: aload_2
            11: invokevirtual    #3         // Method com/classloading/Computer.
                                            // calculate:()V
            14: aload_2
            15: getfield         #4         // Field com/classloading/Computer.a:I
            18: istore_3
```

```
    19: return
  }
```

在常量池中，下标为 1 和 3 的是 CONSTANT_Methodref_info，下标为 2 的是 CONSTANT_InterfaceMethodref_info，下标为 4 的是 CONSTANT_Fieldref_info，如图 7-4 所示。

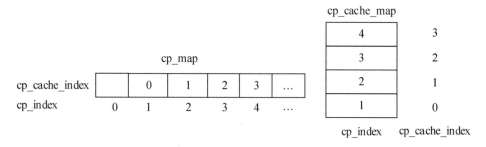

图 7-4　cp_map 与 cp_cache_map 之间的关系

cp_map 数组的下标就是常量池项索引，通过此索引可直接获取常量池缓存项索引，也就是 cp_cache_map 栈的槽位索引。通过 cp_cache_map 的常量池缓存项索引可直接获取常量池项索引。

在 Rewriter::compute_index_maps() 函数中调用 add_resolved_references_entry() 函数，为 CONSTANT_String_info、CONSTANT_MethodHandle 与 CONSTANT_MethodType 项生成已经解析过的常量池项索引。这里只介绍 CONSTANT_String_info，另外两个常量池项是为了让 Java 语言支持动态语言特性而在 OpenJDK 7 版本中新增的常量池项，这里不做介绍。CONSTANT_String_info 项的格式如下：

```
CONSTANT_String_info {
  u1 tag;
  u2 string_index;            // 指向字符串字面量的索引,是 CONSTANT_Utf8_info 项
}
```

调用 add_resolved_references_entry() 函数的实现代码如下：

源代码位置：openjdk/hotspot/src/share/vm/interpreter/rewriter.hpp

```
int add_resolved_references_entry(int cp_index) {
    int ref_index = add_map_entry(cp_index, &_reference_map, &_resolved_references_map);
    return ref_index;
}
```

add_resolved_references_entry() 函数的实现与 add_cp_cache_entry() 类似，这里不再介绍。

实例 7-1 会生成 CONSTANT_String_info 常量池项，如常量池的第 10 项就是 CONSTANT_String_info 常量池项，因此在 _reference_map 中的下标索引 10 处存储 0，而在 _resolved_references_map 的槽位 0 处存储下标索引 10。

在 Rewriter::compute_index_maps()函数中调用 record_map_limits()函数的实现代码如下：

源代码位置：openjdk/hotspot/src/share/vm/interpreter/rewriter.hpp

```
void record_map_limits() {
    // _cp_cache_map 是整数类型的栈
    _first_iteration_cp_cache_limit = _cp_cache_map.length();
    // _resolved_references_map 是整数类型的数组
    _resolved_reference_limit = _resolved_references_map.length();
}
```

更新变量_resolved_reference_limit 与_first_iteration_cp_cache_limit 的值，对于实例 7-1 来说，值分别为 4 和 1。

7.3.2　重写字节码指令

有些字节码指令的操作数在 Class 文件里与运行时不同，因为 HotSpot VM 在连接类的时候会对部分字节码进行重写，把某些指令的操作数从常量池下标改写为常量池缓存下标。之所以创建常量池缓存，部分原因是这些指令所需要引用的信息无法使用一个常量池项来表示，而需要使用一个更大的数据结构表示常量池项的内容，另外也是为了不破坏原有的常量池信息。在 Rewriter::scan_method()函数中对部分字节码进行了重写，代码如下：

源代码位置：openjdk/hotspot/src/share/vm/interpreter/rewriter.cpp

```
void Rewriter::scan_method(Method* method, bool reverse, bool* invoke
special_error) {

 int    nof_jsrs = 0;
 bool  has_monitor_bytecodes = false;
 {
  No_Safepoint_Verifier nsv;
  Bytecodes::Code c;

  const address code_base = method->code_base();
  const int code_length = method->code_size();

  int bc_length;
  for (int bci = 0; bci < code_length; bci += bc_length) {
    address bcp = code_base + bci;
    int prefix_length = 0;
    c = (Bytecodes::Code)(*bcp);

    // 获取字节码指令的长度，有些字节码指令的长度无法通过 length_for()函数来计算，
    // 因此会返回 0，需要进一步调用 length_at()函数来获取
    bc_length = Bytecodes::length_for(c);
    if (bc_length == 0) {
      bc_length = Bytecodes::length_at(method, bcp);
      // 对于 wild 指令的处理逻辑
```

```
        if (c == Bytecodes::_wide) {
          prefix_length = 1;
          c = (Bytecodes::Code)bcp[1];
        }
      }

      // 对部分字节码指令进行重写
      switch (c) {
        ...
        case Bytecodes::_invokespecial : {
          rewrite_invokespecial(bcp, prefix_length+1, reverse, invoke
special_error);
          break;
        }
        case Bytecodes::_getstatic     : // fall through
        case Bytecodes::_putstatic     : // fall through
        case Bytecodes::_getfield      : // fall through
        case Bytecodes::_putfield      : // fall through
        case Bytecodes::_invokevirtual : // fall through
        case Bytecodes::_invokestatic  :
        case Bytecodes::_invokeinterface:
        case Bytecodes::_invokehandle  : // if reverse=true
          rewrite_member_reference(bcp, prefix_length+1, reverse);
          break;
        ...
        case Bytecodes::_ldc:
        case Bytecodes::_fast_aldc: // if reverse=true
          maybe_rewrite_ldc(bcp, prefix_length+1, false, reverse);
          break;
        case Bytecodes::_ldc_w:
        case Bytecodes::_fast_aldc_w: // if reverse=true
          maybe_rewrite_ldc(bcp, prefix_length+1, true, reverse);
          break;
        ...
      }
    }
  }
  ...
}
```

在 Rewriter::scan_method()函数中循环当前方法的所有字节码，然后对需要重写的字节码指令进行重写。下面介绍重写字节码的过程。

1. Rewriter::rewrite_invokespecial()函数重写invokespecial指令

由于 invokespecial 指令调用的是 private 方法和构造方法，因此在编译阶段就确定最终调用的目标而不用进行动态分派。代码如下：

源代码位置: openjdk/hotspot/src/share/vm/interpreter/rewriter.cpp

```
void Rewriter::rewrite_invokespecial(address bcp, int offset, bool reverse,
bool* invokespecial_error) {
  address p = bcp + offset;
  if (!reverse) {
```

```
    // 获取常量池中要调用的方法的索引
    int cp_index = Bytes::get_Java_u2(p);
    if (_pool->tag_at(cp_index).is_interface_method()) {
        int cache_index = add_invokespecial_cp_cache_entry(cp_index);
        if (cache_index != (int)(jushort) cache_index) {
            *invokespecial_error = true;
        }
        Bytes::put_native_u2(p, cache_index);
    } else {
        rewrite_member_reference(bcp, offset, reverse);
    }
  }
  ...
}
```

当 reverse 为 true 时表示出错，需要逆写回去，也就是将字节码中已经替换为 cache_index 的值替换为原来的 cp_index。这里假设不会出错，因此省略了逆写回去的相关代码，后续类似的方法也会省略。

调用 add_invokespecial_cp_cache_entry()函数，根据 cp_index 获取 cache_index，代码如下：

源代码位置: openjdk/hotspot/src/share/vm/interpreter/rewriter.hpp

```
int add_invokespecial_cp_cache_entry(int cp_index) {
    for (int i = _first_iteration_cp_cache_limit; i < _cp_cache_map.length();
i++) {
     if (cp_cache_entry_pool_index(i) == cp_index) {
       return i;
     }
    }
    int cache_index = _cp_cache_map.append(cp_index);
    return cache_index;
}
```

注意，对于重写的 invokespecial 来说，7.3.1 节并没有为 invokespecial 指令创建 cp_index 与 cache_index，因此最终会通过_cp_cache_map 压入 cp_index 来获取一个新的 cache_index。

2. 调用Rewriter::rewrite_member_reference()函数

对于字段存取和方法调用指令所引用的原常量池的下标索引，通常会调用 rewrite_member_reference()函数进行更改，代码如下：

源代码位置: openjdk/hotspot/src/share/vm/interpreter/rewriter.cpp

```
void Rewriter::rewrite_member_reference(address bcp, int offset, bool
reverse) {
  address p = bcp + offset;
  if (!reverse) {
    int cp_index    = Bytes::get_Java_u2(p);
    int cache_index = cp_entry_to_cp_cache(cp_index);
    Bytes::put_native_u2(p, cache_index);
```

```
        }
   ...
   }
```

HotSpot VM 将 Class 文件中对常量池项的索引更新为对常量池缓存项的索引, 在常量池缓存中能存储更多关于解释运行时的相关信息。调用 cp_entry_to_cp_cache()函数的实现代码如下:

源代码位置: openjdk/hotspot/src/share/vm/interpreter/rewriter.hpp

```
int  cp_entry_to_cp_cache(int i) {
    return _cp_map[i];
}
```

前面已经为字段的存取和方法调用指令创建了对应的常量池缓存索引, 因此直接从 _cp_map 数组中获取即可。

3. 调用Rewriter::maybe_rewrite_ldc()函数

调用 Rewriter::maybe_rewrite_ldc()函数可能会重写 ldc 指令和指令的操作数, 也就是常量池索引, 代码如下:

源代码位置: openjdk/hotspot/src/share/vm/interpreter/rewriter.cpp

```
void Rewriter::maybe_rewrite_ldc(address bcp, int offset, bool is_wide,
bool reverse) {
  if (!reverse) {
    address p = bcp + offset;
    int cp_index = is_wide ? Bytes::get_Java_u2(p) : (u1)(*p);
    constantTag tag = _pool->tag_at(cp_index).value();
    if (tag.is_method_handle() || tag.is_method_type() || tag.is_string()) {
      int ref_index = cp_entry_to_resolved_references(cp_index);
      if (is_wide) {
        (*bcp) = Bytecodes::_fast_aldc_w;
        Bytes::put_native_u2(p, ref_index);
      } else {
        (*bcp) = Bytecodes::_fast_aldc;
        (*p) = (u1)ref_index;
      }
    }
  }
  ...
}
```

ldc 指令从常量池中取值然后压入栈中。如果 ldc 操作数索引到的常量池项为 CONSTANT_String_info、CONSTANT_MethodHandle_info 或 CONSTANT_MethodType_info, 则重写 ldc 字节码指令为 HotSpot VM 中的扩展指令_fast_aldc_w 或_fast_aldc, 同时将操作数改写为对应的常量池缓存索引。

调用 cp_entry_to_resolved_references()函数的实现代码如下:

源代码位置: openjdk/hotspot/src/share/vm/interpreter/rewriter.hpp

```
int cp_entry_to_resolved_references(int cp_index) const {
    return _reference_map[cp_index];
}
```

对于方法字节码的重写，可能会重写字节码，也可能会重写字节码中指向常量池的索引。

7.3.3 创建常量池缓存

常量池缓存可以辅助 HotSpot VM 进行字节码的解释执行，常量池缓存可以缓存字段获取和方法调用的相关信息，以便提高解释执行的速度。

接着上一节继续分析 Rewriter::Rewriter()构造函数。在 Rewriter::Rewriter()构造函数中会调用 make_constant_pool_cache()函数创建常量池缓存，在介绍这个函数之前，需要先了解 ConstantPoolCache 与 ConstantPoolCacheEntry 类。

1. ConstantPoolCache类

ConstantPoolCache 类里保存了连接过程中的一些信息，从而让程序在解释执行的过程中避免重复执行连接过程。ConstantPoolCache 类的定义如下：

源代码位置: openjdk/hotspot/src/share/vm/oops/cpCache.hpp

```
class ConstantPoolCache: public MetaspaceObj {
 private:
  int           _length;
  ConstantPool*  _constant_pool;

  // 构造函数
  ConstantPoolCache(int length,
              const intStack& inverse_index_map,
              const intStack& invokedynamic_inverse_index_map,
              const intStack& invokedynamic_references_map) :
              _length(length),
              _constant_pool(NULL) {

    initialize( inverse_index_map,
            invokedynamic_inverse_index_map,
            invokedynamic_references_map);
  }

 private:
  static int header_size() {
    // 2 个字，一个字包含 8 字节
    return sizeof(ConstantPoolCache) / HeapWordSize;
  }
  static int size(int length) {                    // 返回的是字的数量
    // ConstantPoolCache 加上 length 个 ConstantPoolCacheEntry 的大小
    // in_words(ConstantPoolCacheEntry::size())的值为 4，表示每个 Constant-
```

```
       // PoolCacheEntry 需要占用 4 字节
       return align_object_size(header_size() + length * in_words(Constant
PoolCacheEntry::size()));
   }
 public:
  int size() const {
     return size(length());
   }
 private:
  ConstantPoolCacheEntry* base() const {
      // 这就说明在 ConstantPoolCache 之后紧跟着的是 ConstantPoolCacheEntry 项
      return (ConstantPoolCacheEntry*)( (address)this + in_bytes(base_
offset()) );
   }

 public:
 ConstantPoolCacheEntry* entry_at(int i) const {
    return base() + i;
   }

  static ByteSize base_offset() {
     return in_ByteSize(sizeof(ConstantPoolCache));
   }
  static ByteSize entry_offset(int raw_index) {
     int index = raw_index;
     return (base_offset() + ConstantPoolCacheEntry::size_in_bytes() * index);
   }
 };
```

ConstantPoolCache 类中定义了两个属性_length 及_constant_pool。_length 表示 Rewriter 类中_cp_cache_map 整数栈中的数量，_constant_pool 表示 ConstantPoolCache 保存的是哪个常量池的信息。ConstantPoolCacheEntry 用于缓存具体的信息，在内存中的布局就是一个 ConstantPoolCache 后紧跟着数个 ConstantPoolCacheEntry。这样 size()和 base()等函数的实现逻辑就不难理解了。

ConstantPoolCache 实例的内存布局如图 7-5 所示。

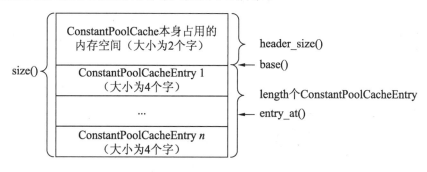

图 7-5　ConstantPoolCache 实例的内存布局

由图 7-5 可以看出，调用 size()可以获取整个实例的大小，调用 header_size()可以获取 ConstantPoolCache 本身占用的内存空间，调用 base()函数可以获取第一个 ConstantPool-

CacheEntry 的首地址，调用 entry_at()函数可以获取第 *i* 个 ConstantPoolCacheEntry 实例。

2. ConstantPoolCacheEntry类

ConstantPoolCacheEntry 类及其重要属性的定义如下：

源代码位置: openjdk/hotspot/src/share/vm/oops/cpCache.hpp

```
class ConstantPoolCacheEntry VALUE_OBJ_CLASS_SPEC {
 private:
    volatile intx      _indices;
    volatile Metadata*  _f1;
    volatile intx       _f2;
    volatile intx       _flags;
    ...
}
```

以上类中定义的 4 个字段能够传达非常多的信息。它们的长度相同，以 32 位为例来介绍这 4 个字段。如果当前的 ConstantPoolCacheEntry 表示的是字段入口，则这几个字段的信息如图 7-6 所示。

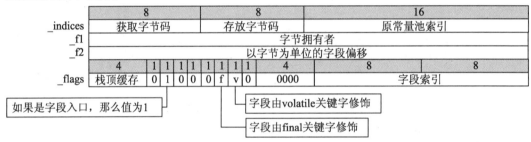

图 7-6　表示字段的 ConstantPoolCacheEntry 的字段信息

如果当前的 ConstantPoolCacheEntry 表示的是方法入口,则这几个字段的信息如图 7-7 所示。

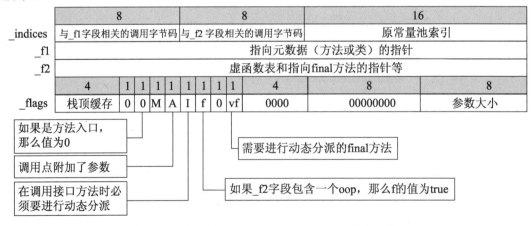

图 7-7　表示方法的 ConstantPoolCacheEntry 的字段信息

图 7-7 中的_f1 与_f2 字段根据字节码指令调用的不同，其存储的信息也不同。字节码调用方法的指令主要有以下几个：

（1）invokevirtual：通过 vtable 进行方法的分发。

- _f1：没有使用。
- _f2：如果调用的是非 final 的 virtual 方法，则_f2 字段保存的是目标方法在 vtable 中的索引编号；如果调用的是 virtual final 方法，则_f2 字段直接指向目标方法的 Method 实例。

（2）invokeinterface：通过 itable 进行方法的分发。

- _f1：该字段指向对应接口的 Klass 实例。
- _f2：该字段保存的是方法位于 itable 的 itableMethod 方法表中的索引编号。

（3）invokespecial：调用 private 和构造方法，不需要分发机制。

- _f1：该字段指向目标方法的 Method 实例（用_f1 字段可以直接定位 Java 方法在内存中的具体位置，从而实现方法的调用）。
- _f2：没有使用。

（4）invokestatic：调用静态方法，不需要分发机制。

- _f1：该字段指向目标方法的 Method 实例（用_f1 字段可以直接定位 Java 方法在内存中的具体位置，从而实现方法的调用）。
- _f2：没有使用。

在 invokevirtual 和 invokespecial 等字节码指令对应的汇编片段中，如果_indices 中的 invoke code for _f1 或 invoke code for _f2 不是字节码指令的操作码，说明方法还没有连接，需要调用 InterpreterRuntime::resolve_invoke()函数连接方法，同时为 ConstantPoolCacheEntry 中的各属性生成相关的信息。

在 Rewriter::Rewriter()构造函数中会调用 Rewriter::make_constant_pool_cache()函数创建常量池缓存，代码如下：

```
源代码位置: openjdk/hotspot/src/share/vm/interpreter/rewriter.cpp

void Rewriter::make_constant_pool_cache(TRAPS) {
  InstanceKlass* ik = _pool->pool_holder();
  ClassLoaderData* loader_data = ik->class_loader_data();
  ConstantPoolCache* cache = ConstantPoolCache::allocate(loader_data,
                              _cp_cache_map,
                              _invokedynamic_cp_cache_map,
                              _invokedynamic_references_map, CHECK);

  // initialize object cache in constant pool
  _pool->initialize_resolved_references(loader_data,
                              _resolved_references_map,
                              _resolved_reference_limit,
                              CHECK);

  // ConstantPool 与 ConstantPoolCache 通过相关属性相互引用
```

```
 _pool->set_cache(cache);              // 设置 ConstantPool 类中的_cache 属性
 // 设置 ConstantPoolCache 中的_constant_pool 属性
 cache->set_constant_pool(_pool());
}
```

调用 ConstantPoolCache::allocate()函数的实现代码如下：

源代码位置：openjdk/hotspot/src/share/vm/oops/cpCache.hpp

```
ConstantPoolCache* ConstantPoolCache::allocate(
    ClassLoaderData* loader_data,
    const intStack& index_map,
    const intStack& invokedynamic_index_map,
    const intStack& invokedynamic_map,
    TRAPS
){
  const int length = index_map.length() + invokedynamic_index_map.length();
  int size = ConstantPoolCache::size(length);

  return new (loader_data, size, false, MetaspaceObj::ConstantPoolCache
Type, THREAD)
                ConstantPoolCache( length,
                                   index_map,
                                   invokedynamic_index_map,
                                   invokedynamic_map);
}
```

在以上代码中，根据 Rewriter 类中的_cp_cache_map 和_invokedynamic_cp_cache_map 等变量信息计算创建 ConstantPoolCache 实例需要占用的内存空间。_cp_cache_map 在 7.3.1 节中已经介绍过，而_invokedynamic_cp_cache_map 与_invokedynamic_references_map 属性和动态调用相关，暂不介绍，因此可以认为属性都是对应的零值。调用 ConstantPoolCache::size()函数的实现代码如下：

源代码位置：openjdk/hotspot/src/share/vm/oops/cpCache.hpp

```
static int size(int length) {               // 返回的是字的数量
  // ConstantPoolCache 加上 length 个 ConstantPoolCacheEntry 的大小
  // in_words(ConstantPoolCacheEntry::size()) 的值为 4
  return align_object_size(header_size() + length * in_words(ConstantPool
CacheEntry::size()));
}
```

_cp_cache_map 中存储的是常量池索引，每个常量池索引都需要在常量池缓存中创建对应的 ConstantPoolCacheEntry 实例。

调用 ConstantPoolCache 类的构造函数，代码如下：

源代码位置：openjdk/hotspot/src/share/vm/oops/cpCache.hpp

```
ConstantPoolCache(int length,
                  const intStack& inverse_index_map,
                  const intStack& invokedynamic_inverse_index_map,
                  const intStack& invokedynamic_references_map) :
                  _length(length),
```

```
                                    _constant_pool(NULL) {
      initialize( inverse_index_map,
                invokedynamic_inverse_index_map,
                invokedynamic_references_map);
}
```

调用 initialize()函数的实现代码如下：

源代码位置：openjdk/hotspot/src/share/vm/oops/cpCache.cpp

```
void ConstantPoolCache::initialize(
  const intArray& inverse_index_map,
  const intArray& invokedynamic_inverse_index_map,
  const intArray& invokedynamic_references_map
) {
  for (int i = 0; i < inverse_index_map.length(); i++) {
    ConstantPoolCacheEntry* e = entry_at(i);
    int original_index = inverse_index_map[i];
    // 在 ConstantPoolCacheEntry::_indices 属性的低 16 位存储原常量池索引
    e->initialize_entry(original_index);
  }
  ...
}

void ConstantPoolCacheEntry::initialize_entry(int index) {
  _indices = index;
  _f1 = NULL;
  _f2 = _flags = 0;
}
```

从 inverse_index_map 中取出原常量池索引后将其存储到_indices 属性中。前面介绍过，
_indices 的低 16 位存储的是原常量池索引，传递的参数也不会超过 16 位所能表达的最大
值。对于_f1 暂时初始化为 NULL，_f2 与_flags 暂时初始化为 0，在 Java 运行过程中会更
新这些字段的值。

在 Rewriter::make_constant_pool_cache()函数中调用 ConstantPool::initialize_resolved_
references()函数，代码如下：

源代码位置：openjdk/hotspot/src/share/vm/oops/cpCache.cpp

```
void ConstantPool::initialize_resolved_references(
    ClassLoaderData*    loader_data,
    intStack            reference_map,
    int                 constant_pool_map_length,
    TRAPS
){
  int map_length = reference_map.length();
  if (map_length > 0) {
    if (constant_pool_map_length > 0) {
    Array<u2>* om = MetadataFactory::new_array<u2>(loader_data, constant_
pool_map_length, CHECK);

    for (int i = 0; i < constant_pool_map_length; i++) {
```

```
        int x = reference_map.at(i);
        om->at_put(i, (jushort)x); // 建立常量池缓存索引到原常量池索引的映射关系
      }
    // 设置 ConstantPool 类的 _reference_map 属性的值
    set_reference_map(om);
  }


    // 创建 Java 的 Object 数组来保存已解析的字符串等
    objArrayOop   stom = oopFactory::new_objArray(SystemDictionary::Object_
klass(), map_length, CHECK);
    Handle        refs_handle(THREAD, (oop)stom);
    jobject       x = loader_data->add_handle(refs_handle);
    // 设置 ConstantPool 类的 _resolved_references 属性的值
    set_resolved_references(x);
  }
}
```

参数 reference_map 为 Rewriter 类中的 _resolved_references_map 属性值。在整数栈
reference_map 中存储着原常量池中的下标索引。

为 ConstantPool 类的以下属性设置值：

```
jobject              _resolved_references;    // jobject 是指针类型
Array<u2>*           _reference_map;
```

在这两个属性中保存的信息可辅助执行 invokevirtual 和 invokespecial 等字节码指令。

7.4 方法的连接

在 InstanceKlass::link_class_impl()函数中完成字节码验证后，调用 InstanceKlass::link_
methods()函数为方法的执行设置解释入口和编译入口，代码如下：

源代码位置：openjdk/hotspot/src/share/vm/oops/instanceKlass.cpp

```
void InstanceKlass::link_methods(TRAPS) {
  int len = methods()->length();
  for (int i = len-1; i >= 0; i--) {
    methodHandle m(THREAD, methods()->at(i));
    m->link_method(m, CHECK);
  }
}
```

在连接方法之前，要保证所属的类已经完成连接。调用 link_method()函数为方法设置
执行入口，之后就可以解释执行和编译执行了，代码如下：

源代码位置：openjdk/hotspot/src/share/vm/oops/method.cpp

```
void Method::link_method(methodHandle h_method, TRAPS) {
  // 当 i2i_entry 属性的值不为空时，表示方法已经连接过，因为此方法可能会重复调用
  if (_i2i_entry != NULL){
    return;
```

```
    }

    // 为解释执行设置入口，在初始化时，将 Method 中的_i2i_entry 和_from_interpreted_
    // entry 属性设置为解释执行的入口
address entry = Interpreter::entry_for_method(h_method);
    set_interpreter_entry(entry);

    ...

    // 为编译执行设置入口
    (void) make_adapters(h_method, CHECK);
}
```

调用的 Interpreter::entry_for_method() 函数非常重要，该函数会根据 Java 方法类型获取
对应的方法执行例程（就是一段机器代码，为方法的调用准备栈帧等必要信息）的入口地
址。调用 Interpreter::entry_for_method() 函数的实现代码如下：

源代码位置：openjdk/hotspot/src/share/vm/interpreter/abstractInterpreter.hpp

```
static address entry_for_method(methodHandle m) {
    AbstractInterpreter::MethodKind mk = method_kind(m);
    return entry_for_kind(mk);
}

static address entry_for_kind(MethodKind k) {
    return _entry_table[k];
}
```

MethodKind 是枚举类型，定义了表示不同方法类型的常量，如普通的非同步方法、
普通的同步方法、本地非同步方法和本地同步方法。在调用这些方法时，由于调用约定或
栈帧结构不同，因此对应的例程入口也不同。获取方法类型后，通过 entry_for_kind() 函数
直接获取对应的入口地址即可。_entry_table 在 HotSpot VM 启动时就会初始化，其中存储
的是不同类型方法的例程入口，直接获取即可。需要说明的是，这些例程入口是解释执行
时的入口。

获取执行入口地址后，在 Method::link_method() 函数中调用 set_interpreter_entry() 函数
为 Method 设置解释执行的入口，代码如下：

源代码位置：openjdk/hotspot/src/share/vm/oops/method.cpp

```
void set_interpreter_entry(address entry){
    _i2i_entry = entry;
    _from_interpreted_entry = entry;
}
```

通过 Method 类中的_i2i_entry 与_from_interpreted_entry 属性来保存解释执行的入口地址。

在 Method::link_method() 函数中调用 make_adapters() 函数设置编译执行的入口地址，
代码如下：

源代码位置：openjdk/hotspot/src/share/vm/oops/method.cpp

```
address Method::make_adapters(methodHandle mh, TRAPS) {
```

```
AdapterHandlerEntry* adapter = AdapterHandlerLibrary::get_adapter(mh);
...
mh->set_adapter_entry(adapter);
mh->_from_compiled_entry = adapter->get_c2i_entry();
return adapter->get_c2i_entry();
}
```

获取适配器 adapter 后将其保存在 Method 的 _adapter 属性中。_adapter 用来适配从解释执行转换为编译执行或从编译执行转换为解释执行。由于 HotSpot VM 解释模式的调用约定是用栈来传递参数，而编译模式的调用约定更多的是采用寄存器传递参数，二者不兼容，因而从解释执行中调用已经被编译的方法，或者从编译执行中调用需要解释执行的方法时，都需要在调用时进行适配。

将 Method 的 _from_compiled_entry 属性初始化为编译模式转解释模式的 Stub 例程，这样编译模式就可通过此例程回到解释执行的状态了。

7.5　类的初始化

对类进行初始化时，通常会调用以下方法：

```
源代码位置: openjdk/hotspot/src/share/oops/instanceKlass.cpp

void InstanceKlass::initialize(TRAPS) {
  // 类的状态不为 fully_initialized 时，需要进行初始化
  if (this->should_be_initialized()) {
    HandleMark hm(THREAD);
    instanceKlassHandle this_oop(THREAD, this);
    initialize_impl(this_oop, CHECK);
  } else {
    // 类的状态为 fully_initialized
    assert(is_initialized(), "sanity check");
  }
}
```

调用 InstanceKlass::initialize_impl() 函数对类进行初始化。在对类进行初始化之前必须保证类已经完成连接。initialize_impl() 函数的实现代码如下：

```
源代码位置: openjdk/hotspot/src/share/oops/instanceKlass.cpp

void InstanceKlass::initialize_impl(instanceKlassHandle this_oop, TRAPS) {
  // 类的连接
  this_oop->link_class(CHECK);

  bool wait = false;

  // 步骤1：在初始化之前，通过 ObjectLocker 加锁，防止多个线程并发初始化
  {
    oop init_lock = this_oop->init_lock();
    ObjectLocker ol(init_lock, THREAD, init_lock != NULL);
```

```
    Thread *self = THREAD;

    // 步骤 2：如果当前 instanceKlassHandle 正在初始化且初始化线程不是当前线程，则
    // 执行 ol.waitUninterruptibly() 函数，等待其他线程初始化完成后通知
    while(
        // 类正在进行初始化 (being_initialized 状态)
        this_oop->is_being_initialized() &&
        // 执行初始化的线程不是当前线程
        !this_oop->is_reentrant_initialization(self)
    ){
        wait = true;
        ol.waitUninterruptibly(CHECK);
    }

    // 步骤 3：当前类正在被当前线程初始化。例如，如果 X 类有静态变量指向 new Y 类实例，
    // Y 类中又有静态变量指向 new X 类实例，这样外部在调用 X 时需要初始化 X 类，初始化过
    // 程中又要触发 Y 类的初始化，而 Y 类初始化又再次触发 X 类的初始化
    if (
        // 类正在进行初始化 (being_initialized 状态)
        this_oop->is_being_initialized() &&
        // 执行初始化的线程就是当前线程
        this_oop->is_reentrant_initialization(self)
    ){
        return;
    }

    // 步骤 4：类已经初始化完成 (fully_initialized 状态)
    if (this_oop->is_initialized()) {
        return;
    }

    // 步骤 5：类的初始化出错 (initialization_error 状态)，抛出 NoClassDef-
    // FoundError 异常
    if (this_oop->is_in_error_state()) {
      ResourceMark rm(THREAD);
      const char*  desc = "Could not initialize class ";
      const char*  className = this_oop->external_name();
      size_t       msglen = strlen(desc) + strlen(className) + 1;
      char*        message = NEW_RESOURCE_ARRAY(char, msglen);
      if (NULL == message) {
          // 内存溢出，无法创建详细的异常信息
          THROW_MSG(vmSymbols::java_lang_NoClassDefFoundError(), className);
      } else {
          jio_snprintf(message, msglen, "%s%s", desc, className);
          THROW_MSG(vmSymbols::java_lang_NoClassDefFoundError(), message);
      }
    }

    // 步骤 6：设置类的初始化状态为 being_initialized，设置初始化的线程为当前线程
    this_oop->set_init_state(being_initialized);
    this_oop->set_init_thread(self);
}
```

```cpp
// 步骤 7：如果当前初始化的不是接口和父类不为空并且父类未初始化，则初始化其父类
Klass* super_klass = this_oop->super();
if (
    super_klass != NULL &&
    !this_oop->is_interface() &&
    // 判断 super_klass 的状态是否为 fully_initialized，如果是，则 should_be_
    // initialized()方法将返回 true
    super_klass->should_be_initialized()
){
  super_klass->initialize(THREAD);
  ...
}

if (this_oop->has_default_methods()) {
  // 步骤 7.5：初始化有默认方法的接口
  for (int i = 0; i < this_oop->local_interfaces()->length(); ++i) {
    Klass*        iface = this_oop->local_interfaces()->at(i);
    InstanceKlass* ik = InstanceKlass::cast(iface);
    if (ik->has_default_methods() && ik->should_be_initialized()) {
      ik->initialize(THREAD);
      ...
    }
  }
}

// 步骤 8：执行类或接口的初始化方法<clinit>
{
  this_oop->call_class_initializer(THREAD); // 调用类或接口的<clinit>方法
}

// 步骤 9：如果初始化过程没有异常，说明已经完成了初始化。设置类的状态为 full_
// initialized，并通知其他线程初始化已经完成
if (!HAS_PENDING_EXCEPTION) {
  this_oop->set_initialization_state_and_notify(fully_initialized, CHECK);
} else {
  // 步骤 10 和 11：如果初始化过程发生异常，则通过 set_initialization_state_and_
  // notify()方法设置类的状态为 initialization_error 并通知其他线程，然后抛出错
  // 误或异常
  Handle e(THREAD, PENDING_EXCEPTION);
  CLEAR_PENDING_EXCEPTION;
  {
    EXCEPTION_MARK;
    this_oop->set_initialization_state_and_notify(initialization_error,
THREAD);
    CLEAR_PENDING_EXCEPTION;
  }
  ...
}
}
```

以上代码清晰地展示了类初始化的步骤。在类初始化的过程中会对类的状态进行判断。如果当前类正在被初始化，那么状态为 being_initialized；如果当前类已经完成初始化，

则状态为 fully_initialized；如果当前类初始化出错，则状态为 initialization_error。

在类初始化的过程中，最重要的就是调用类的<clinit>方法，读者如果不明白<clinit>方法的作用以及调用生成和过程，可以参考笔者的另一本书《深入解析 Java 编译器：源码剖析与实例详解》。调用 InstanceKlass::call_class_initializer()函数执行<clinit>方法，代码如下：

```
源代码位置: openjdk/hotspot/src/share/oops/instanceKlass.cpp

void InstanceKlass::call_class_initializer(TRAPS) {
  instanceKlassHandle ik (THREAD, this);
  call_class_initializer_impl(ik, THREAD);
}

void InstanceKlass::call_class_initializer_impl(instanceKlassHandle this_
oop, TRAPS) {
  ...

  methodHandle h_method(THREAD, this_oop->class_initializer());

  if (h_method() != NULL) {
    JavaCallArguments  args;
    JavaValue          result(T_VOID);
    JavaCalls::call(&result, h_method, &args, CHECK);
  }
}
```

最终通过调用 JavaCalls::call()函数完成了 Java 方法的调用，这个函数非常重要，前面也多次使用过这个函数，希望读者能结合代码理解并掌握。

第8章 运行时数据区

HotSpot VM 在执行 Java 程序的过程中，为了满足各种不同需求会将内存划分为若干个不同的运行时数据区。主要的数据区有堆空间、栈空间和直接内存。本章将详细介绍这3个数据区。

8.1 HotSpot VM 的内存划分

Java 的运行时数据区划分如图 8-1 所示。

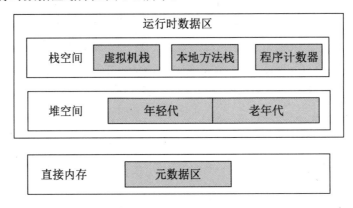

图 8-1 Java 的运行时数据区

下面详细介绍栈空间、堆空间和直接内存。

1. 栈空间

栈空间是线程私有的，主要包含三部分：程序计数器、Java 虚拟机栈和本地方法栈。

（1）程序计数器

程序计数器是线程私有的一块内存区域，各线程之间的程序计数器不会相互影响。程序计数器对于 HotSpot VM 的解释执行非常重要。解释器通过改变这个计数器的值来选取下一条需要执行的字节码指令，分支、循环、跳转、异常处理、线程恢复等功能都需要依赖这个计数器来完成。

在 Linux 内核的 64 位系统上，HotSpot VM 约定%r13 寄存器保存指向当前要执行的字节码指令的地址，如果要执行调用，那么下一条字节码指令的地址可能会保存在解释栈的栈中，也可能会保存在线程的私有变量中。程序计数器的生命周期随着线程的创建而创建，随着线程的结束而死亡。

（2）Java 虚拟机栈

对于 HotSpot VM 来说，Java 栈寄生在本地 C/C++栈中，因此在一个 C/C++栈中可能既有 C/C++栈，又有 Java 栈。Java 栈可以分为解释栈和编译栈，而栈是由一个个栈帧组成的，每个栈帧中都拥有局部变量表和操作数栈等信息。

Java 栈中保存的主要内容是栈帧，每次函数调用都会有一个对应的栈帧被压入 Java 栈，每次函数调用结束后都会有一个栈帧被弹出。Java 方法有 return 字节码和抛出异常两种返回方式，不管哪种返回方式都会导致栈帧被弹出。

与程序计数器一样，Java 虚拟机栈也是线程私有的，而且随着线程的创建而创建，随着线程的结束而死亡。

（3）本地方法栈

本地方法栈其实就是 C/C++栈，某个线程在执行过程中可能会调用 Java 的 native 方法，也可能会调用 HotSpot VM 本身用 C/C++语言编写的函数，不过这二者并没有本质区别，因为 native 方法最终还是由 C/C++语言实现的。

本地方法栈同样随着线程的创建而创建，随着线程的结束而死亡。

2．堆空间

Java 堆是所有线程共享的一块内存区域，该区域会存放几乎所有的对象及数组，由于对象或数组会不断地创建和死亡，所以这是 Java 垃圾收集器收集的主要区域。

Java 将堆空间划分为年轻代堆空间和老年代堆空间，这样就可以使用分代垃圾收集算法。后面的章节中会介绍最基础的单线程收集器 Serial 和 Serial Old，其中 Serial 采用复制算法回收年轻代堆空间，而 Serial Old 采用压缩-整理算法回收老年代堆空间。

我们可以进一步细分年轻代堆空间，将其划分为 Eden 区、From Survivor 区和 To Survivor 区。采用复制算法时，通常需要保存 To Survivor 区为空，这样 Serial 收集器会将 Eden 区和 From Survivor 区的活跃对象复制到 To Survivor 区，然后回收 Eden 区和 From Survivor 区中未被标记的死亡对象。

前面讲过对象的创建需要先分配内存。首先会在 TLAB 中分配，其实 TLAB 就是 Eden 区中的一块内存，只不过这块内存被划分给了特定的线程而已。如果 TLAB 区分配失败，通常会在 Eden 区中的非 TLAB 空间内再次分配，因此对象通常优先在 Eden 区中分配内存。

3．直接内存

直接内存并不是 Java 虚拟机运行时数据区的一部分，也不是 Java 虚拟机规范中定义的内存区域。在 OpenJDK 8 中，元空间使用的就是直接内存。与之前 OpenJDK 版本使用永久代很大的不同是，如果不指定内存大小的话，随着更多类的创建，虚拟机会耗尽所有可用的系统内存。

另外，JDK 1.4 中新加入的 NIO 类引入了一种基于通道（Channel）与缓存区（Buffer）的 I/O 方式，它可以使用 Native 函数库直接分配堆外内存，然后通过一个存储在 Java 堆中的 DirectByteBuffer 对象作为这块内存的引用进行操作。这样就能在一些场景中显著提高性能，因为这避免了在 Java 堆和 Native 堆之间来回复制数据。

本机直接内存的分配不会受到 Java 堆的限制，但既然是内存，就会受到本机总内存及处理器寻址空间的限制。

8.2 元 空 间

从 OpenJDK 8 开始，使用元空间（Metaspace）替换了之前版本中使用的永久代（PermGen）。永久代主要存放以下数据：
- 类的元数据信息，如常量池、方法等；
- 类的静态信息；
- 字符串驻留。

相关的数据已经被转移到元空间或堆中了，如字符串驻留和类的静态信息被转移到了堆中，而类的元数据信息被转移到了元空间中，因此前面介绍的保存类的元数据信息的 Klass、Method、ConstMethod 与 ConstantPool 等实例都是在元空间上分配内存。

Metaspace 区域位于堆外，因此它的内存大小取决于系统内存而不是堆大小，我们可以指定 MaxMetaspaceSize 参数来限定它的最大内存。

Metaspace 用来存放类的元数据信息，元数据信息用于记录一个 Java 类在 JVM 中的信息，包括以下几类信息：
- Klass 结构：可以理解为类在 HotSpot VM 内部的对等表示。
- Method 与 ConstMethod：保存 Java 方法的相关信息，包括方法的字节码、局部变量表、异常表和参数信息等。
- ConstantPool：保存常量池信息。
- 注解：提供与程序有关的元数据信息，但是这些信息并不属于程序本身。
- 方法计数器：记录方法被执行的次数，用来辅助 JIT 决策。

除了以上最主要的 5 项信息外，还有一些占用内存比较小的元数据信息也存放在 Metaspace 里。

虽然每个 Java 类都关联了一个 java.lang.Class 对象，而且是一个保存在堆中的 Java 对象，但是类的元数据信息不是一个 Java 对象，它不在堆中而是在 Metaspace 中。

8.2.1　元空间的数据结构

元空间主要用来存储 Java 类的元数据信息，每个类加载器都会在元空间得到自己的存储区域。当一个类加载器被垃圾收集器标记为不再存活时，这块存储区域将会被回收。

HotSpot VM 负责对元空间的内存进行管理，包括分配、回收及释放内存等。如图 8-2 所示为元空间的基本结构。

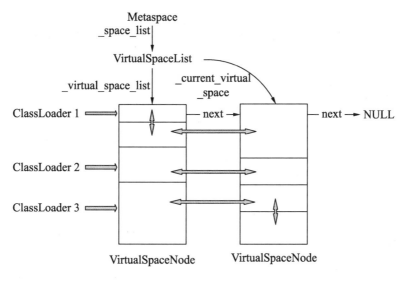

图 8-2　元空间的内存结构

在元空间中会保存一个 VirtualSpace 的单链表，每个链表的节点为 VirtualSpaceNode，单链表之间通过 VirtualSpaceNode 类中定义的 next 属性连接。每个 VirtualSpaceNode 节点在实际使用过程中会分出 4 种不同大小的 Metachunk 块，主要是增加灵活分配的同时便于复用，方便管理。

一个块只归属一个类加载器。类加载器可能会使用特定大小的块，如反射或者匿名类加载器，也可能根据其内部条目的数量使用小型或者中型的组块，如用户类加载器。

链表 VirtualSpaceList 和节点 Node 是全局的，而 Node 内部的 MetaChunk 块是分配给每个类加载器的，因此一个 Node 通常由分配给多个类加载器的 chunks 组成。

1. Metaspace类

在 Metaspace 类中定义的_space_list 是一个全局变量，因此 VirtualSpaceList 是全局共享的。

源代码位置：openjdk/hotspot/src/share/vm/memory/metaspace.hpp

```
class Metaspace : public CHeapObj<mtClass> {
...
private:
  ...

  SpaceManager*    _vsm;
  SpaceManager*    _class_vsm;

  static VirtualSpaceList* _space_list;
  static VirtualSpaceList* _class_space_list;

  static ChunkManager* _chunk_manager_metadata;
  static ChunkManager* _chunk_manager_class;
  ...
};
```

以上代码中定义的属性都是成对出现，因为元空间其实还有类指针压缩空间
（Compressed Class Pointer Space），这两部分是相互独立的。

只有当 64 位平台上启用了类指针压缩后才会存在这个区域。对于 64 位平台，为了压
缩 JVM 对象中的_klass 指针的大小，引入了类指针压缩空间（Compressed Class Pointer
Space）。对象中指向类元数据的指针会被压缩成 32 位。

元空间和类指针压缩空间的区别如下：

- 类指针压缩空间只包含类的元数据，如 InstanceKlass 和 ArrayKlass，虚拟机仅在打
  开了 UseCompressedClassPointers 选项时才生效。为了提高性能，Java 中的虚方法
  表也存放到这里。
- 元空间包含的是类里比较大的元数据，如方法、字节码和常量池等。

我们暂时不讨论类指针压缩空间，因为其数据结构及内存管理与元空间完全相同。我
们只看_vsm、_space_list 与_chunk_manager_class，后两个属性是静态的，无论有多少个
Metaspace 实例，它们都共享这两个属性值。_spaceList 就是指定 VirtualSpaceList，共享存
储空间，而_chunk_manager_class 用于管理空闲内存块，如果某个类加载器卸载了，则会
回收这个类加载器占用的所有 Metachunk 块，以便下次有类加载器申请空间时重复使用。
_vsm 是实例字段，不同的 Metaspace 会有不同的值，也就是说不同的类加载器会有各自的
SpaceManager 来管理自己的 Metachunk 块。

2. Metachunk类

通常，一个类加载器在申请 Metaspace 空间用来存放 metadata 时，只需要几十到几百
个字节，但是它会得到一个 Metachunk 块，一个比要求的内存大得多的内存块。Metachunk
类的定义如下：

```
源代码位置：openjdk/hotspot/src/share/vm/memory/metachunk.hpp
class Metachunk : public Metabase<Metachunk> {
  // 此 Metachunk 归属的 VirtualSpaceNode 节点
  VirtualSpaceNode* _container;
```

```
    // 当前分配的位置
    MetaWord* _top;
    ...
}
```

以上代码中，_top 指针指向 Metachunk 块内存空间的开始地址。

继承的 Metabase 是个模板类，类及重要属性的定义如下：

源代码位置：openjdk/hotspot/src/share/vm/memory/metachunk.hpp

```
template <class T>
class Metabase VALUE_OBJ_CLASS_SPEC {
  size_t _word_size;
  T*     _next;
  T*     _prev;
  ...
}
```

通过_next 与_prev 属性将 Metachunk 块连接成双链表，根据_word_size 可以计算出 Metachunk 块的大小。另外，Metabase 和 Metachunk 中还定义了一些常见的函数，调用这些函数可以获取 Metachunk 的一些信息，如调用 free_word_size()函数可以获取空闲内存大小。图 8-3 给出了 Metachunk 的结构及调用对应的函数可获取的信息。

_top 属性直接指向空闲空间的开始地址，而空闲空间的大小及开始地址等都可以通过调用相应的函数得到，函数的实现非常简单，这里不做过多介绍。

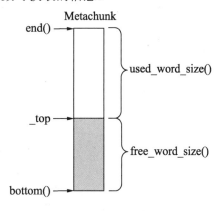

图 8-3　Metachunk 块的结构

为什么一个类加载器申请 Metaspace 空间时会得到一个比要求的内存大得多的内存块呢？

因为前面说了，要从全局的 VirtualSpaceList 链表的 Node 中分配内存是"昂贵"的操作，需要加锁。我们不希望这个操作太频繁，因此一次性给一个大的 MetaChunk 块，以便于这个类加载器之后加载其他的类，这样就可以做到多个类加载器并发分配了。只有当这个 chunk 块用完了，类加载器才需要 VirtualSpaceList 去申请新的 chunk。

前面说了，chunk 有三种规格，那么 Metaspace 的分配器是怎么知道一个类加载器每次要多大的 chunk 呢？这当然是基于猜测的。

通常，一个标准的类加载器在第一次申请空间时会得到一个 4KB 的 chunk 块，直到它达到了一个随意设置的阈值，此时分配器失去了耐心，会一次性分配一个 64KB 的 chunk 块。

bootstrap classloader 是一个公认的会加载大量类的加载器，因此分配器会给它一个巨大的 chunk，一开始就给它分配 4MB。可以通过 InitialBootClassLoaderMetaspaceSize 进行调优。

反射类类加载器（jdk.internal.reflect.DelegatingClassLoader）和匿名类类加载器只会加载一个类，所以一开始只会给它们一个非常小的 chunk 块（1KB），因为给太多是一种浪费。

类加载器申请空间的时候，元空间每次都给类加载器分配一个 chunk 块，这种优化是建立在假设它们马上就需要新的空间的基础上。这种假设可能正确也可能错误，可能在拿到一个很大的 chunk 后，这个类加载器恰巧不再需要加载新的类了。

8.2.2 内存块的管理

Metachunk 块通过 SpaceManager 和 ChunkManager 管理，SpaceManager 用来管理每个类加载器正在使用的 Metachunk 块，而 ChunkManager 用来管理所有空闲的 Metachunk 块。

1. SpaceManager类

SpaceManager 类的定义如下：

```
源代码位置：openjdk/hotspot/src/share/vm/memory/metaspace.cpp

class SpaceManager : public CHeapObj<mtClass> {
 private:
  // 分配的元数据区类型
  Metaspace::MetadataType _mdtype;

  Metachunk* _chunks_in_use[NumberOfInUseLists];
  Metachunk* _current_chunk;

  ...

  BlockFreelist _block_freelists;
  ...
}
```

以上代码通过_chunks_in_use 数组保存所有当前类加载器使用的 Metachunk 块，而当前用来分配内存的 Metachunk 块由_current_chunk 来保存。

代码中的 NumberOfInUseList 是枚举常量，定义如下：

```
源代码位置：openjdk/hotspot/src/share/vm/memory/metaspace.cpp

enum ChunkIndex {
  ZeroIndex = 0,
  SpecializedIndex = ZeroIndex,
  SmallIndex = SpecializedIndex + 1,
  MediumIndex = SmallIndex + 1,
  HumongousIndex = MediumIndex + 1,
  NumberOfFreeLists = 3,
  NumberOfInUseLists = 4
};
```

SpaceManager 类定义中的_chunks_in_use 是一个存储 4 个 Metachunk*类型的数组，每个槽上存储一个链表结构，链表结构中的 Metachunk 块大小相同。例如下标索引为 SpecializedIndex 的槽位上存储的是指定的 128KB 的 Metachunk 块。各个块的大小在枚举类中定义，代码如下：

```
源代码位置：openjdk/hotspot/src/share/vm/memory/metaspace.cpp

enum ChunkSizes {    // in words.
  SpecializedChunk = 128,
  SmallChunk = 512,
  MediumChunk = 8 * K
};
```

另外，在 SpaceManager 类中还声明了一个_block_freelists 属性，它也会保存许多空闲的内存块，为了加快查找速度，这些块底层使用了字典结构。这些内存块并不是一整个 Metachunk，也不是为了复用 Metachunk 块，而是为了充分复用 Metachunk 块的剩余空间。例如，当前正在负责为类加载器分配内存的 Metachunk 块的剩余空间不够大，这次的分配请求超过了剩余的内存空间，那只能从管理空闲块的 ChunkManager 中申请空闲块，或从 VirtualSpaceNode 中声明一个新的空闲块，然后在新的空闲块中分配。这样会带来一个问题，即原 Metachunk 块中剩余的空间会被浪费，为了充分利用这部分空间，只能将剩余空间作为一个小的空闲块保存到_block_freelists 中，这样下次申请分配相对较小的内存时直接从_block_freelists 中分配即可。

2. ChunkManager类

ChunkManager 类管理着所有类加载器卸载后释放的内存块 Metachunk。该类及重要属性的定义如下：

```
源代码位置：openjdk/hotspot/src/share/vm/memory/metaspace.cpp

typedef class FreeList<Metachunk> ChunkList;

class ChunkManager:public CHeapObj<mtInternal> {

    //    空闲列表中含有以下 4 种尺寸的块：
    //    SpecializedChunk
    //    SmallChunk
    //    MediumChunk
    //    HumongousChunk
    ChunkList _free_chunks[NumberOfFreeLists];

    //    巨大的块通过字典来保存
    ChunkTreeDictionary _humongous_dictionary;
    ...
}
```

ChunkManager 类中的_free_chunks 属性类似于 SpaceManager 类中的_chunks_in_use 属性，但是会通过 Freelist 管理 Metachunk，并且不管理超大块，超大块由_humongous_ dictionary 管理。因为 ChunkManager 类管理的空闲块有频繁的查询请求，几乎每次内存分配都要先从这些空闲块开始查询、分配，所以组织了高效的查询数据结构。

8.2.3　内存分配

Klass 类中重写了 new 运算符，代码如下：

源代码位置：openjdk/hotspot/src/share/vm/oops/klass.cpp

```
void* Klass::operator new(size_t size, ClassLoaderData* loader_data,
size_t word_size, TRAPS) throw() {
  void* x = Metaspace::allocate(
              loader_data,                  // 类加载器
              word_size,                    // 需要分配的内存块大小
              false,
              MetaspaceObj::ClassType,      // 在类指针压缩空间中分配
              CHECK_NULL
            );
  return x;
}
```

这样在创建 Klass 实例时都会从元空间分配内存，比如 2.1.5 节介绍的为元素类型是基本类型的一维数组分配内存时调用的 TypeArrayKlass::allocate()函数，以及 6.2.1 节介绍的为 Method 和 ConstMthod 分配内存时调用的 Method::allocate()和 ConstMethod::allocate()等最终都会调用 new 运算符重载函数，从元空间分配内存。

调用 Metaspace::allocate()函数的实现代码如下：

源代码位置：openjdk/hotspot/src/share/vm/memory/metaspace.cpp

```
MetaWord* Metaspace::allocate(ClassLoaderData* loader_data, size_t word_
size,
                          bool read_only, MetaspaceObj::Type type, TRAPS) {
  ...

  MetadataType mdtype = (type == MetaspaceObj::ClassType) ? ClassType :
NonClassType;

  MetaWord* result = loader_data->metaspace_non_null()->allocate(word_
size, mdtype);

  if (result == NULL) {
    // 为元数据信息分配空间失败
    if (is_init_completed()) {
      // 触发 GC 进行内存回收后再分配
      result = Universe::heap()->collector_policy()->satisfy_failed_
metadata_allocation(
                  loader_data, word_size, mdtype);
    }
  }
```

```
  // 将分配的内存清零
  Copy::fill_to_aligned_words((HeapWord*)result, word_size, 0);

  return result;
}
```

Metaspace::allocate()函数会从元空间区分配内存，如果分配失败可能还会触发垃圾回收，分配完内存后还会对内存执行清零操作。

在分配元数据区时，首先要调用类加载器的 metaspace_non_null()函数获取 Metaspace 实例，该函数的实现代码如下：

源代码位置：openjdk/hotspot/src/share/vm/classfile/classLoaderData.cpp

```
Metaspace* ClassLoaderData::metaspace_non_null() {
  if (_metaspace == NULL) {
    MutexLockerEx ml(metaspace_lock(), Mutex::_no_safepoint_check_flag);
    if (_metaspace != NULL) {
      return _metaspace;
    }
    if (this == the_null_class_loader_data()) {
      set_metaspace(new Metaspace(_metaspace_lock, Metaspace::BootMetaspaceType));
    } else if (is_anonymous()) {
      set_metaspace(new Metaspace(_metaspace_lock, Metaspace::Anonymous
MetaspaceType));
    } else if (class_loader()->is_a(SystemDictionary::reflect_Delegating
ClassLoader_klass())) {
      set_metaspace(new Metaspace(_metaspace_lock, Metaspace::Reflection
MetaspaceType));
    } else {
      set_metaspace(new Metaspace(_metaspace_lock, Metaspace::Standard
MetaspaceType));
    }
  }
  return _metaspace;
}
```

每个类加载器都会对应一个 ClassLoaderData 实例，该实例负责初始化并销毁一个 ClassLoader 实例对应的 Metaspace。类加载器共有 4 类，分别是根类加载器、反射类加载器、匿名类加载器和普通类加载器，其中反射类加载器和匿名类加载器比较少见，根类加载器在第 3 章中介绍过，其使用 C++编写，其他的扩展类加载器、应用类加载器及自定义的加载器等都属于普通类加载器。每个加载器都会对应一个 Metaspace 实例，创建出的实例由 ClassLoaderData 类中定义的_metaspace 属性保存，以便进行管理。

在 Metaspace::allocate()函数中获取 Metaspace 实例后，调用另一个重载的 allocate()函数，代码如下：

源代码位置：openjdk/hotspot/src/share/vm/memory/metaspace.cpp

```
MetaWord* Metaspace::allocate(size_t word_size, MetadataType mdtype) {
  if (is_class_space_allocation(mdtype)) {
    return class_vsm()->allocate(word_size);
  } else {
```

```
    return  vsm()->allocate(word_size);
  }
}
```

根据 MetadataType 决定是在类指针压缩空间分配内存，还是在元数据区分配内存，但最终都会调用对应的 SpaceManager 实例的 allocate()函数。之前介绍过，Metaspace 中定义的 SpaceManager 类型的_class_vsm 和_vsm 都是实例变量，也就是每个类加载器都对应着一个 SpaceManager 实例，管理着为自己分配的 Metachunk 块。

调用 SpaceManager 类中的 allocate()函数的实现代码如下：

源代码位置：openjdk/hotspot/src/share/vm/memory/metaspace.cpp

```
MetaWord* SpaceManager::allocate(size_t word_size) {
  MutexLockerEx cl(lock(), Mutex::_no_safepoint_check_flag);

  size_t raw_word_size = get_raw_word_size(word_size);
  BlockFreelist* fl = block_freelists();
  MetaWord* p = NULL;
  if (fl->total_size() > allocation_from_dictionary_limit) {
    p = fl->get_block(raw_word_size);
  }
  if (p == NULL) {
    p = allocate_work(raw_word_size);
  }

  return p;
}
```

由于从字典中搜索需要时间，所以只有空闲块中的总量大于 allocation_from_dictionary_limit 变量定义的 4KB 时，为了避免内存过度浪费才会从 BlockFreeList 中分配内存。对于 SpaceManager 类中定义的类型为 BlockFreelist 的_block_freelists 在前面介绍过，当某次请求的内存大小无法从当前的 Metachunk 块中分配时，如果当前的 Metachunk 块剩余的空闲空间相对比较大，就会将这个 Metachunk 块保存到_block_freelists 中，当下一次分配请求到来时，如果请求的内存比较小，这个块中剩余的空闲空间还能进行分配内存的操作。

调用 get_raw_word_size()函数的实现代码如下：

源代码位置：openjdk/hotspot/src/share/vm/memory/metaspace.cpp

```
size_t get_raw_word_size(size_t word_size) {
    size_t byte_size = word_size * BytesPerWord;

    size_t raw_bytes_size = MAX2(byte_size, sizeof(Metablock));
    raw_bytes_size = align_size_up(raw_bytes_size, Metachunk::object_alignment());

    size_t raw_word_size = raw_bytes_size / BytesPerWord;
    assert(raw_word_size * BytesPerWord == raw_bytes_size, "Size problem");

    return raw_word_size;
}
```

调用 SpaceManager 类中的 allocate_work() 函数的实现代码如下：

```
源代码位置: openjdk/hotspot/src/share/vm/memory/metaspace.cpp

MetaWord* SpaceManager::allocate_work(size_t word_size) {
  MetaWord* result = NULL;

  if (current_chunk() != NULL) {
    result = current_chunk()->allocate(word_size);
  }

  if (result == NULL) {
    result = grow_and_allocate(word_size);
  }
  ...
  return result;
}
```

在以上代码中，调用 Metachunk 的 allocate() 函数从当前块中分配内存，如果分配失败，调用 grow_and_allocate() 函数从新的块中分配（从空闲块中找到合适的新块或从 Virtual-SpaceNode 中分配新块）内存。

调用 Metachunk::allocate() 函数的实现代码如下：

```
源代码位置: openjdk/hotspot/src/share/vm/memory/metachunk.hpp
MetaWord* Metachunk::allocate(size_t word_size) {
  MetaWord* result = NULL;
  if (free_word_size() >= word_size) {
    result = _top;
    _top = _top + word_size;
  }
  return result;
}
```

函数 Metachunk::allocate() 通过指针碰撞算法分配内存，不需要使用额外的手段保证线程安全。

调用的 SpaceManager::grow_and_allocate() 函数的实现代码如下：

```
源代码位置: openjdk/hotspot/src/share/vm/memory/metaspace.cpp

MetaWord* SpaceManager::grow_and_allocate(size_t word_size) {
  MutexLockerEx cl(SpaceManager::expand_lock(), Mutex::_no_safepoint_
check_flag);

  // 计算块的大小并从空闲块中获取，或者从 VirtualSpaceNode 中新分配一个空闲块
  size_t grow_chunks_by_words = calc_chunk_size(word_size);
  Metachunk* next = get_new_chunk(word_size, grow_chunks_by_words);

  MetaWord* mem = NULL;

  // 将分配出的内存块存储到 SpaceManager 的 _chunks_in_use 中进行管理，同时从这个新
  // 的块中分配请求的内存
  if (next != NULL) {
    add_chunk(next, false);
```

```
    mem = next->allocate(word_size);
  }

  return mem;
}
```

以上代码中，调用 calc_chunk_size()函数根据当前要求分配的内存容量 word_size 计算分配哪个内存块 Metachunk，前面介绍过 4 种不同大小的内存块。计算好后就调用 get_new_chunk()函数获取块，该函数的实现代码如下：

源代码位置：openjdk/hotspot/src/share/vm/memory/metaspace.cpp

```
Metachunk* SpaceManager::get_new_chunk(size_t word_size,
                                       size_t grow_chunks_by_words) {
  // 从空闲列表中获取空闲块
  Metachunk* next = chunk_manager()->chunk_freelist_allocate(grow_chunks_
by_words);

  if (next == NULL) {
    next = vs_list()->get_new_chunk(word_size,
                                    grow_chunks_by_words,
                                    medium_chunk_bunch());
  }
  return next;
}
```

优先从 ChunkManager 中管理的空闲块中获取，如果获取不到，从 VirtualSpaceNode 中获取。调用的相关函数实现也比较简单，限于篇幅，这里就不再往下介绍了，有兴趣的读者可自行查看源代码。

8.2.4　内存回收

在前面介绍 Metaspace::allocate()函数时，如果调用 Metaspace 的 allocate()函数无法分配内存，表示当前的内存块无法满足分配请求，而在请求另外的空闲块时，如果 ChunkManger 中没有空闲的内存块，而 VirtualSpaceNode 中也分配不出新的内存块，那么最终会导致分配失败，此时会触发 Full GC 回收那些已经无效的类加载器所占用的内存块。如果当前使用的是 Serial 或 Serial Old 收集器，那么会调用 CollectorPolicy::satisfy_failed_metadata_allocation()函数，该函数的实现代码如下：

源代码位置：openjdk/hotspot/src/share/vm/memory/collectorPolicy.cpp
```
MetaWord* CollectorPolicy::satisfy_failed_metadata_allocation(
    ClassLoaderData*        loader_data,
    size_t                  word_size,
    Metaspace::MetadataType mdtype
) {

  do {
    MetaWord* result = NULL;
    ...
```

```
      VM_CollectForMetadataAlloction op(loader_data,
                                        word_size,
                                        mdtype,
                                        gc_count,
                                        full_gc_count,
                                        GCCause::_metadata_GC_threshold);
      VMThread::execute(&op);

      if (op.prologue_succeeded()) {
        return op.result();
      }
    } while (true);
}
```

以上代码中,创建了一个VM_CollectForMetadataAlloction任务,调用VMThread::execute()
函数将任务放入队列中,由专门的垃圾回收线程执行任务,当前的线程会等待最终的分配
结果。垃圾回收线程会调用 VM_CollectForMetadataAllocation::doit()函数执行垃圾回收与
内存分配的任务,代码如下:

```
源代码位置:openjdk/hotspot/src/share/vm/gc_implementation/vmGCOperations.cpp
void VM_CollectForMetadataAllocation::doit() {
CollectedHeap* heap = Universe::heap();

// MetadataAllocationFailALot 默认为 false,表示是否在一定时间内触发了太多的 GC
if (!MetadataAllocationFailALot) {
  // 再次尝试分配,可能其他线程分配失败时触发了 GC,释放了空间
  _result = _loader_data->metaspace_non_null()->allocate(_size, _mdtype);
}

if (_result == NULL) {
  ...
  if (_result == NULL) {
    heap->collect_as_vm_thread(GCCause::_metadata_GC_threshold);
    // 在 GC 之后再次尝试分配
    _result = _loader_data->metaspace_non_null()->allocate(_size, _mdtype);
  }

  if (_result == NULL) {
    // 扩展元空间后再次尝试内存分配
    _result = _loader_data->metaspace_non_null()->expand_and_allocate
(_size, _mdtype);
    if (_result == NULL) {
      // 再次尝试 GC(这次会回收软引用)后进行内存分配
      heap->collect_as_vm_thread(GCCause::_last_ditch_collection);
      _result = _loader_data->metaspace_non_null()->allocate(_size, _mdtype);
    }
  }
}
...
}
```

再次尝试分配,如果仍然失败则执行垃圾回收,不过这次的垃圾回收不会清除软引用。
如果执行垃圾回收后分配仍然失败,就会扩容,扩容失败会执行垃圾回收清除所有的软引

用。最终会调用 GenCollectedHeap::do_full_collection()函数执行垃圾回收。

如果使用 Serial Old 回收器收集老年代堆空间，在 GenMarkSweep::mark_sweep_phase1()函数中标记完堆中所有的活跃对象后就能确定哪些类加载器已经失效了，此时会在调用的 SystemDictionary::do_unloading()函数中调用 ClassLoaderDataGraph::do_unloading()函数找出失效的类加载器，然后通过定义在 ClassLoaderDataGraph 类中的_unloading 静态属性保存，多个失效的类加载器会形成一个单链表。

其实，类加载器的卸载并不简单，因为加载的相关类需要卸载，此时会涉及非常多需要卸载的信息，比如类中函数生成的 nmethod、用于查找类信息的 SystemDictionary。

do_unloading()函数的实现代码如下：

```
源代码位置：openjdk/hotspot/src/share/vm/classfile/classLoaderData.cpp
bool ClassLoaderDataGraph::do_unloading(BoolObjectClosure* is_alive_closure) {
  ClassLoaderData*  data = _head;
  ClassLoaderData*  prev = NULL;
  bool seen_dead_loader = false;
  MetadataOnStackMark md_on_stack;
  while (data != NULL) {
    if (data->keep_alive() || data->is_alive(is_alive_closure)) {
      data->free_deallocate_list();
      prev = data;
      data = data->next();
      continue;
    }
    seen_dead_loader = true;
    ClassLoaderData* dead = data;
    dead->unload();
    data = data->next();
    // 从列表中移除 ClassLoaderData 实例
    if (prev != NULL) {
      prev->set_next(data);
    } else {
      assert(dead == _head, "sanity check");
      _head = data;
    }
    dead->set_next(_unloading);
    _unloading = dead;
  }                                  // 结束 while 循环
  return seen_dead_loader;
}
```

如果类加载器已经明确存活，或者调用 ClassLoaderData::is_alive()函数返回 true，那么这个类加载器不会卸载。ClassLoaderData::is_alive()函数的实现代码如下：

```
源代码位置：openjdk/hotspot/src/share/vm/classfile/classLoaderData.cpp
bool ClassLoaderData::is_alive(BoolObjectClosure* is_alive_closure) const {
  bool alive;
  if( is_anonymous() ){
    alive = is_alive_closure->do_object_b(_klasses->java_mirror());
  }else{
    oop tmp = class_loader();
```

```
      alive = tmp == NULL || is_alive_closure->do_object_b(tmp);
    }
    return alive;
}
```

如果是匿名类加载器，并且类加载器加载的 Klass 实例对应的 java.lang.Class 标记为存活，那么该类加载器就不能卸载。根类加载器或当前的 java.lang.ClassLoader 被标记，则这些类加载器也是存活状态。

找到所有需要卸载的类加载器后，在 GenCollectedHeap::do_collection()函数中执行垃圾回收，然后在结尾还会调用 ClassLoaderDataGraph::purge()函数。ClassLoaderDataGraph::purge()函数的实现代码如下：

```
源代码位置：openjdk/hotspot/src/share/vm/classfile/classLoaderData.cpp
void ClassLoaderDataGraph::purge() {
  ClassLoaderData* list = _unloading;
  _unloading = NULL;
  ClassLoaderData* next = list;
  while (next != NULL) {
    ClassLoaderData* purge_me = next;
    next = purge_me->next();
    delete purge_me;
  }
  Metaspace::purge();
}
```

以上代码中，使用 delete 关键字删除 ClassLoaderData 时，会调用对应的析构函数，其实现代码如下：

```
源代码位置：openjdk/hotspot/src/share/vm/classfile/classLoaderData.cpp
ClassLoaderData::~ClassLoaderData() {
  Metaspace *m = _metaspace;
  if (m != NULL) {
    _metaspace = NULL;
    // release the metaspace
    delete m;
    ...
  }
}
```

使用 delete 关键字删除 Metaspace 时，调用的对应的析构函数如下：

```
源代码位置：openjdk/hotspot/src/share/vm/memory/metaspace.cpp
Metaspace::~Metaspace() {
  delete _vsm;
  if (using_class_space()) {
    delete _class_vsm;
  }
}
```

调用 SpaceManager 析构函数的实现代码如下：

```
源代码位置：openjdk/hotspot/src/share/vm/memory/metaspace.cpp
SpaceManager::~SpaceManager() {
  ...
```

```
    // 统计空闲块内存的总量
    chunk_manager()->inc_free_chunks_total(allocated_chunks_words(),
                                    sum_count_in_chunks_in_use());

    // 将当前 SpaceManger 使用的所有 SpecializedChunk、SmallChunk 与
    // MediumChunk 交给 ChunkManager 管理
    for (ChunkIndex i = ZeroIndex; i < HumongousIndex; i = next_chunk_index(i)) {
      Metachunk* chunks = chunks_in_use(i);
      chunk_manager()->return_chunks(i, chunks);
      set_chunks_in_use(i, NULL);
    }

    // HumongousChunk 交给 ChunkManger 管理
    Metachunk* humongous_chunks = chunks_in_use(HumongousIndex);
    while (humongous_chunks != NULL) {
      Metachunk* next_humongous_chunks = humongous_chunks->next();
      humongous_chunks->container()->dec_container_count();
      chunk_manager()->humongous_dictionary()->return_chunk(humongous_chunks);
      humongous_chunks = next_humongous_chunks;
    }
  }
```

以上代码中，将 SpaceManager 中使用的所有内存块交给 ChunkManger 来管理，Chunk-Manger 中的空闲列表是一个全局的空闲列表，任何 SpaceManager 需要新块时都可以从 ChunkManger 中获取。

在 ClassLoaderDataGraph::purge()函数中调用 Metaspace::purge()函数的实现代码如下：

```
源代码位置：openjdk/hotspot/src/share/vm/memory/metaspace.cpp
void Metaspace::purge() {
  MutexLockerEx cl(SpaceManager::expand_lock(),Mutex::_no_safepoint_
check_flag);
  // 清理元空间
  purge(NonClassType);
  // 如果使用了类指针压缩空间，则清理此空间
  if (using_class_space()) {
    purge(ClassType);
  }
}

void Metaspace::purge(MetadataType mdtype) {
  get_space_list(mdtype)->purge(get_chunk_manager(mdtype));
}
```

以上代码中调用的 purge()函数的实现代码如下：

```
源代码位置：openjdk/hotspot/src/share/vm/memory/metaspace.cpp
void VirtualSpaceList::purge(ChunkManager* chunk_manager) {
  VirtualSpaceNode* purged_vsl = NULL;
  VirtualSpaceNode* prev_vsl = virtual_space_list();
  VirtualSpaceNode* next_vsl = prev_vsl;
  // 遍历 VirtualSpaceNode
  while (next_vsl != NULL) {
```

```
    VirtualSpaceNode* vsl = next_vsl;
    next_vsl = vsl->next();
    if (vsl->container_count() == 0 && vsl != current_virtual_space()) {
      // 将当前的 VirtualSpaceNode 从列表中移除
      if (prev_vsl == vsl) {
        assert(vsl == virtual_space_list(), "Expected to be the first node");
        set_virtual_space_list(vsl->next());
      } else {
        prev_vsl->set_next(vsl->next());
      }
      // 将当前的 VirtualSpaceNode 中使用的 chunks 从空闲列表中移除
      vsl->purge(chunk_manager);
      // 将 VirtualSpaceNode 使用的内存归还给操作系统
      dec_reserved_words(vsl->reserved_words());
      dec_committed_words(vsl->committed_words());
      dec_virtual_space_count();
      purged_vsl = vsl;
      delete vsl;
    } else {
      prev_vsl = vsl;
    }
  }
}
```

当一个 VirtualSpaceListNode 中的所有 chunk 块都处于空闲状态的时候，这个 Virtual-SpaceListNode 就会从链表 VirtualSpaceList 中移除，VirtualSpaceList 中的所有 chunk 块也会从空闲列表中移除。此时这个 VirtualSpaceListNode 就不会再使用了，其内存会归还给操作系统。

对于一个空闲的 VirtualSpaceListNode 来说，拥有此空闲 VirtualSpaceListNode 中的 chunk 块的所有类加载器必然都已经被卸载了。至于是否能让 VirtualSpaceListNode 中的所有 chunk 块都空闲，主要取决于碎片化的程度。

一个 VirtualSpaceListNode 的大小是 2MB，chunk 块的大小为 1KB、4KB 或 64KB，因此一个 VirtualSpaceListNode 上通常有约 150~200 个 chunk 块。如果这些 chunk 块全部归属于同一个类加载器，那么回收这个类加载器就可以一次性回收这个 VirtualSpace-ListNode，并且可以将其空间还给操作系统。如果将这些 chunk 块分配给不同的类加载器，每个类加载器都有不同的生命周期，那么什么都不会被释放。这是在告诉我们要小心对待大量的小的类加载器，如那些负责加载匿名类或反射类的加载器。

8.3　堆 空 间

限于篇幅，本书只重点介绍 Serial 和 Serial Old 收集器，因此在介绍堆空间时以这两个收集器对堆的划分、初始化及回收策略为准展开介绍。

8.3.1 CollectedHeap、Generation 与 Space 类

CollectedHeap 是内存堆管理器的抽象基类，如果是分代管理堆，那么每个代都是一个 Generation 实例。在代中还会划分不同的区间，比如对于采用复制算法回收年轻代的 Serial 收集器来说，年轻代划分为 Eden 空间、From Survivor 空间和 To Survivor 空间，每个空间 都可以用 Space 实例来表示。下面详细介绍代表堆、代和区间的类。

1. 内存堆管理器基类CollectedHeap

CollectedHeap 是一个抽象基类，表示一个 Java 堆，定义了各种垃圾收集器必须实现 的公共接口，这些接口就是上层用来创建 Java 对象、分配 TLAB、获取 Java 堆使用情况 的统一 API。

GenCollectedHeap 是一种基于内存分代管理的内 存堆管理器。它不仅负责 Java 对象的内存分配，而且 负责垃圾对象的回收，也是 Serial 收集器使用的内存堆 管理器。

CollectedHeap 类的继承体系如图 8-4 所示。

在 OpenJDK 8 中，GenCollectedHeap 是开启-XX:+ UseSerialGC 命令时的 GC 实现，GenCollectedHeap 实例 表示 Java 堆。CollectedHeap 类的定义如下：

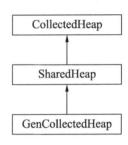

图 8-4　CollectedHeap 类的继承体系

```
源代码位置: openjdk/hotspot/src/share/vm/gc_interface/collectedHeap.hpp
class CollectedHeap : public CHeapObj<mtInternal> {
  ...
 protected:
  // 为当前堆分配的内存区域
  MemRegion _reserved;
  // 屏障，用于标记脏卡
  BarrierSet* _barrier_set;
  ...
}
```

SharedHeap 类的定义如下：

```
源代码位置: openjdk/hotspot/src/share/vm/memory/sharedHeap.hpp
class SharedHeap : public CollectedHeap {
  ...
 protected:
  // 由于是静态变量，所以在整个应用中只有一个 SharedHeap 实例
  static SharedHeap* _sh;

  // 记忆集，用来保存老年代指向年轻代的引用
  GenRemSet* _rem_set;

  // 保存堆的回收策略
```

```
  CollectorPolicy *_collector_policy;
  ...
}
```

GenCollectedHeap 类的定义如下:

```
源代码位置: openjdk/hotspot/src/share/vm/memory/genCollectedHeap.hpp
class GenCollectedHeap : public SharedHeap {
 ...
protected:
 static GenCollectedHeap* _gch;

private:
 int _n_gens;
 Generation* _gens[max_gens];
 GenerationSpec** _gen_specs;

 // 分代垃圾的回收策略
 GenCollectorPolicy* _gen_policy;
 ...
}
```

GenCollectedHeap 表示整个堆将采用分代，由于 Serial 和 Serial Old 收集器将堆分为年轻代和老年代，所以堆会使用 GenCollectedHeap 实例表示。

2．Generation类

Generation 类在 HotSpot VM 中采用的是分代回收算法，在 Serial 收集器下可表示年轻代或老年代，Generation 类的继承体系如图 8-5 所示。

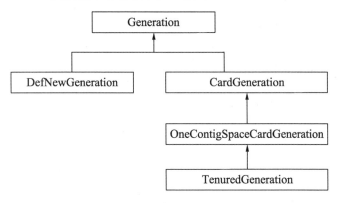

图 8-5　Generation 类的继承关系

Serial 收集器主要针对代表年轻代的 DefNewGeneration 类进行垃圾回收，Serial Old 收集器主要针对代表老年代的 TenuredGeneration 类进行垃圾回收。下面简单介绍这几个类。

- Generation：公有结构，保存上次 GC 耗时、该代的内存起始地址和 GC 性能计数。
- DefNewGeneration：一种包含 Eden、From survivor 和 To survivor 的分代。

- CardGeneration：包含卡表（CardTable）的分代，由于年轻代在回收时需要标记出年轻代的存活对象，所以还需要以老年代为根进行标记。为了避免全量扫描，通过卡表来加快标记速度。
- OneContigSpaceCardGeneration：包含卡表的连续内存的分代。
- TenuredGeneration：可 Mark-Compact（标记-压缩）的卡表代。

首先来看 Generation 类的定义，代码如下：

```
源代码位置: openjdk/hotspot/src/share/vm/memory/generation.hpp
class Generation: public CHeapObj<mtGC> {
  ...
 private:
  jlong _time_of_last_gc;             // 记录最后一次 GC 在这个代上发生的时间
  // 回收器需要在某些时刻记住当时已经被使用的内存总量
  MemRegion _prev_used_region;

 protected:
  // 保存了内存区域的基址和大小，主要在卡标记的过程中使用
  MemRegion _reserved;

  // 为代预留的内存区域
  VirtualSpace _virtual_space;

  // Level in the generation hierarchy.
  int _level;

  // 对于引用处理的支持
  ReferenceProcessor* _ref_processor;
  ...
}
```

下面介绍代表年轻代的 DefNewGenertion 类的定义，代码如下：

```
源代码位置: openjdk/hotspot/src/share/vm/memory/defNewGeneration.hpp

class DefNewGeneration: public Generation {
  ...
 protected:
  // 当前代的下一个内存代，对于年轻代来说，下一个内存代就是老年代
  Generation* _next_gen;
  // 最大的晋升年龄
  uint         _tenuring_threshold;
  ageTable     _age_table;
  // 当分配对象的内存大于以下值时，会被认为是大对象，直接在老年代中分配
  // 可通过-XX:PretenureSizeThreshold选项指定此值
  size_t       _pretenure_size_threshold_words;
  ...
  size_t           _max_eden_size;
  size_t           _max_survivor_size;

  EdenSpace*       _eden_space;
  ContiguousSpace* _from_space;
```

```
ContiguousSpace* _to_space;
}
```

DefNewGeneration 类的构造函数如下：

源代码位置：openjdk/hotspot/src/share/vm/memory/defNewGeneration.cpp

```
DefNewGeneration::DefNewGeneration(ReservedSpace rs,
                                   size_t initial_size,
                                   int level,
                                   const char* policy)
  : Generation(rs, initial_size, level),
    _promo_failure_drain_in_progress(false),
    _should_allocate_from_space(false)
{
  MemRegion cmr((HeapWord*)_virtual_space.low(),
               (HeapWord*)_virtual_space.high());
  Universe::heap()->barrier_set()->resize_covered_region(cmr);

  if (GenCollectedHeap::heap()->collector_policy()->has_soft_ended_eden()) {
    _eden_space = new ConcEdenSpace(this);
  } else {
    _eden_space = new EdenSpace(this);
  }
  _from_space = new ContiguousSpace();
  _to_space  = new ContiguousSpace();

  uintx alignment = GenCollectedHeap::heap()->collector_policy()->space_
alignment();
  uintx size = _virtual_space.reserved_size();
  _max_survivor_size = compute_survivor_size(size, alignment);
  _max_eden_size = size - (2*_max_survivor_size);

  compute_space_boundaries(0, SpaceDecorator::Clear, SpaceDecorator::Mangle);
  // 指向下一个内存代，当前年轻代的下一个内存代为老年代
  _next_gen = NULL;
  // 控制新生代对象晋升到老年代中的最大阈值
  _tenuring_threshold = MaxTenuringThreshold;
  // 当新对象申请的内存空间大于这个参数值的时候，直接在老年代中分配内存
  _pretenure_size_threshold_words = PretenureSizeThreshold >> LogHeap
WordSize;

}
```

_tenuring_threshold 为对象的晋升阈值，如果某个对象经历过_tenuring_threshold 次 GC 后依然存活，则可以晋升到老年代；_pretenure_size_threshold_words 保存-XX:PretenureSize-Threshold 命令的值，意思是超过这个值时对象直接在 old 区分配内存。默认值是 0，意思是不管值多大，都是先在 Eden 中分配内存。

构造函数会创建对应 Eden 空间和两个 Survivor 空间的实例并通过对应的变量进行保存。接下来还会计算 Survivor 和 Eden 区的内存最大值。调用 compute_survivor_size()函数计算 Survivor 的大小，该函数的代码如下：

```
源代码位置: openjdk/hotspot/src/share/vm/memory/defNewGeneration.hpp

size_t compute_survivor_size(size_t gen_size, size_t alignment) const {
    size_t n = gen_size / (SurvivorRatio + 2);
    return n > alignment ? align_size_down(n, alignment) : alignment;
}
```

在 JVM 参数中有一个比较重要的参数 SurvivorRatio，用于定义新生代中 Eden 空间和 Survivor 空间（From Survivor 空间或 To Survivor 空间）的比例，默认为 8。也就是说，Eden 空间占新生代的 8/10，From Survivor 空间和 To Survivor 空间各占新生代的 1/10。

代表老年代的 TenuredGeneration 类中没有定义特别重要的变量，下面直接看 OneContigSpaceCardGeneration 类的定义，代码如下：

```
源代码位置: openjdk/hotspot/src/share/vm/memory/generation.hpp
class OneContigSpaceCardGeneration: public CardGeneration {
 ...
protected:
  ContiguousSpace*  _the_space;
  ...
}
```

老年代只有一个空间，通过 _the_space 变量来保存。
CardGeneration 类的定义如下：

```
源代码位置: openjdk/hotspot/src/share/vm/memory/generation.hpp

class CardGeneration: public Generation {
 protected:
  // 卡表，加快找到老年代引用的年轻代对象
  GenRemSet*  _rs;
  // 偏移表，与卡表配合加快找到老年代引用的年轻代对象
  BlockOffsetSharedArray*  _bts;

  // 当堆空闲过多时会参考收缩因子进行收缩
  size_t  _shrink_factor;
  // 扩展一次内存堆时的最小内存
  size_t  _min_heap_delta_bytes;
  ...
}
```

以上代码中定义了一些与卡表实现相关的属性，如记忆集和偏移表。记忆集用来记录老年代到年轻代堆空间的引用信息，而偏移表用来记录卡表对应的一块内存中对象的起始位置。

3. Space类

Generation 类的实现是基于 Space 类的，Space 类负责实际的内存管理，其类继承关系如图 8-6 所示。

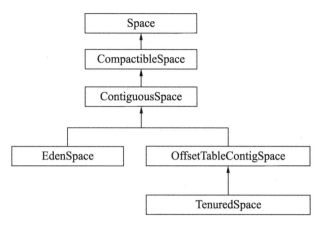

图 8-6　Space 类的继承关系

下面详细介绍这几个类。

1. Space类

Space 是内存区间的基类，支持内存分配、内存空间计算和垃圾回收，实现代码如下：

```
源代码位置: openjdk/hotspot/src/share/vm/memory/space.hpp

class Space: public CHeapObj<mtGC> {
 protected:
  HeapWord* _bottom;
  HeapWord* _end;
HeapWord* _saved_mark_word;
  ...
}
```

其中，_bottom 和_end 属性指向 Space 实例表示的内存区间的首地址和尾地址。为了方便内存管理，首地址和尾地址都指向内存页的边界，假设 Space 实例为两个内存页的大小，则指向如图 8-7 所示。

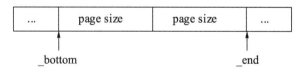

图 8-7　_bottom 和_end 属性描述

_saved_mark_word 属性辅助进行垃圾回收，在后面将会详细介绍。

2. CompactibleSpace类

CompactibleSpace 类继承自 Space 类，增加了压缩操作，即在垃圾回收后通过复制并移动 Java 对象的位置来减少 Space 内部的内存空白和碎片问题，提升内存利用率。

CompactibleSpace 类的定义如下：

```
源代码位置: openjdk/hotspot/src/share/vm/memory/space.hpp

// A space that supports compaction operations.  This is usually, but not
// necessarily, a space that is normally contiguous.  But, for example, a
// free-list-based space whose normal collection is a mark-sweep without
// compaction could still support compaction in full GC's.

class CompactibleSpace: public Space {
private:
  // 保存需要移动的对象所占用的内存空间, 即从_bottom 到_compaction_top
  // 之间的内存都被分配给那些需要移动的对象
  HeapWord* _compaction_top;
   // 下一个支持压缩操作的 Space 实例, 如果当前的 Space 实例没有足够的空间保存需要移动
   // 的对象就会切换到_next_compaction_space 中保存移动的对象
  CompactibleSpace* _next_compaction_space;

  // 第一个 deadspace 的起始地址, 没有被标记的对象的内存区域或者非 Java 对象的
  // 内存区域都视为 deadspace
  HeapWord*  _first_dead;

  // 最后一个连续的被标记为活跃对象的内存区域的终止地址
  HeapWord*  _end_of_live;
  ...
}
```

最后两个属性会在压缩的过程中使用，后面介绍 Serial 收集器时会详细介绍。

3. ContiguousSpace类

ContiguousSpace 表示空间是连接的，这样就能支持快速地进行内存分配和压缩操作。
该类的定义如下：

```
源代码位置: openjdk/hotspot/src/share/vm/memory/space.hpp

class ContiguousSpace: public CompactibleSpace {
 protected:
  HeapWord*        _top;
  ...
}
```

_top 属性保存 Space 实例表示的内存空间的起始地址，在分配内存时会从这个字段指
向的地址开始分配。

4. EdenSpace类

EdenSpace 类继承自 ContiguousSpace 类，用来表示 Eden 空间。该类的定义如下：

```
源代码位置: openjdk/hotspot/src/share/vm/memory/space.hpp

class EdenSpace : public ContiguousSpace {
 private:
```

```
        DefNewGeneration* _gen;
        ...
    }
```

其中，EdenSpace 实例表示 Eden 区。_gen 属性保存了此 Eden 区所归属的代，类型为 DefNewGeneration，表示归属年轻代。

以上几个类中介绍的大部分属性用来支持年轻代的复制算法，复制算法将在 10.1.2 节中详细介绍。

调用 compute_space_boundaries()函数计算 Eden 和两个 Survivor 空间的边界，该函数的实现代码如下：

源代码位置：openjdk/hotspot/src/share/vm/memory/defNewGeneration.cpp

```cpp
void DefNewGeneration::compute_space_boundaries(uintx minimum_eden_size,
                                                bool clear_space,
                                                bool mangle_space) {
  uintx alignment = GenCollectedHeap::heap()->collector_policy()->space_
alignment();

  // 计算Eden和两个个Survivor空间的值,注意在获取内存时调用的是committed_size()
  // 函数也就是实际上获取的是已经分配的物理内存
  uintx size = _virtual_space.committed_size();
  uintx survivor_size = compute_survivor_size(size, alignment);
  uintx eden_size = size - (2*survivor_size);

  if (eden_size < minimum_eden_size) {
    // May happen due to 64Kb rounding, if so adjust eden size back up
    minimum_eden_size = align_size_up(minimum_eden_size, alignment);
    uintx maximum_survivor_size = (size - minimum_eden_size) / 2;
    uintx unaligned_survivor_size = align_size_down(maximum_survivor_
size, alignment);
    survivor_size = MAX2(unaligned_survivor_size, alignment);
    eden_size = size - (2*survivor_size);
    assert(eden_size > 0 && survivor_size <= eden_size, "just checking");
    assert(eden_size >= minimum_eden_size, "just checking");
  }

  char *eden_start = _virtual_space.low();
  char *from_start = eden_start + eden_size;
  char *to_start  = from_start + survivor_size;
  char *to_end    = to_start  + survivor_size;

  assert(to_end == _virtual_space.high(), "just checking");

  MemRegion edenMR((HeapWord*)eden_start, (HeapWord*)from_start);
  MemRegion fromMR((HeapWord*)from_start, (HeapWord*)to_start);
  MemRegion toMR  ((HeapWord*)to_start, (HeapWord*)to_end);

  ..
```

```
eden()->initialize(edenMR,
                    clear_space && !live_in_eden,
                    SpaceDecorator::Mangle);

from()->initialize(fromMR, clear_space, mangle_space);
to()->initialize(toMR, clear_space, mangle_space);

eden()->set_next_compaction_space(from());
from()->set_next_compaction_space(NULL);
}
```

在以上代码中调用了 initialize() 函数初始化 Eden 和两个 Survivor 空间，该函数的实现代码如下：

```
源代码位置: openjdk/hotspot/src/share/vm/memory/space.cpp
void ContiguousSpace::initialize(MemRegion mr,
                                 bool clear_space,
                                 bool mangle_space)
{
  CompactibleSpace::initialize(mr, clear_space, mangle_space);
  set_concurrent_iteration_safe_limit(top());
}
void CompactibleSpace::initialize(MemRegion mr,
                                  bool clear_space,
                                  bool mangle_space) {
  Space::initialize(mr, clear_space, mangle_space);
  set_compaction_top(bottom());
  _next_compaction_space = NULL;
}

void Space::initialize(MemRegion mr,
                       bool clear_space,
                       bool mangle_space) {
  HeapWord* bottom = mr.start();
  HeapWord* end    = mr.end();
  assert(Universe::on_page_boundary(bottom) && Universe::on_page_boundary(end),
         "invalid space boundaries");
  set_bottom(bottom);
  set_end(end);
  if (clear_space)
clear(mangle_space);
}

void EdenSpace::clear(bool mangle_space) {
  ContiguousSpace::clear(mangle_space);
  set_soft_end(end());
}

void ContiguousSpace::clear(bool mangle_space) {
  set_top(bottom());
  set_saved_mark();
  CompactibleSpace::clear(mangle_space);
}
```

```
void CompactibleSpace::clear(bool mangle_space) {
  ...
  _compaction_top = bottom();
}
```

以上代码中调用了 ContiguousSpace 类中的 set_saved_mark()函数，该函数的实现代码
如下：

源代码位置：openjdk/hotspot/src/share/vm/memory/space.hpp

```
virtual void set_saved_mark() {
  _saved_mark_word = top();
}
```

采用 Serial 收集器回收年轻代堆空间时会采用复制算法，与复制算法相关的变量定义
如图 8-8 所示。

在 10.1.2 节中将介绍复制算法，其中各个变量的指向如图 8-9 所示。

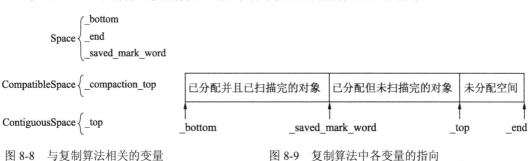

图 8-8　与复制算法相关的变量　　　　　　图 8-9　复制算法中各变量的指向

8.3.2　Java 堆的回收策略

基于"标记–清除"思想的 GC 策略 MarkSweepPolicy 是串行 GC（-XX:+UseSerialGC）
的标配，目前只能用于基于内存分代管理的内存堆管理器（GenCollectedHeap）的 GC 策
略。当然，GenCollectedHeap 还有另外两种 GC 策略：

- 并行"标记–清除"GC 策略（ConcurrentMarkSweepPolicy），也就是通常所说的
  CMS；
- 可自动调整各内存代大小的并行"标记–清除"GC 策略（ASConcurrentMarkSweep-
  Policy）。

在使用 Serial 与 Serial Old 收集器时使用的策略就是 MarkSweepPolicy。除了 Mark-
SweepPolicy 策略以外的其他策略暂不介绍。

GenCollectedHeap 是基于内存分代管理的思想来管理整个 HotSpot VM 的内存堆的，
而 MarkSweepPolicy 作为 GenCollectedHeap 的默认 GC 策略配置，它的初始化主要是检查、
调整及确定各内存代的最大、最小及初始化容量。

MarkSweepPolicy 的继承体系如图 8-10 所示。

CollectorPolicy 用于根据虚拟机启动的参数分配 heap 堆的大小，以及将 heap 堆分成大小不同的区（比如年轻代和老年代），并且对不同的区定义不同的 Generation 的规范。

GenerationSpec 主要是根据不同的类型使用不同的 Generation 的方式，这个类型是由 Collection-Policy 在初始化 GenerationSpec 时指定的。

当 HotSpot VM 启动时，在 Universt::initialize_heap()函数中会创建 MarkSweepPolicy 实例，然后调用 initialize_all()函数对策略进行初始化。由于 MarkSweepPolicy 类中并没有实现 initialize_all()函数，所以最终调用 GenCollectorPolicy::initialize_all()函数进行策略初始化。GenCollectorPolicy::initialize_all()函数的实现代码如下：

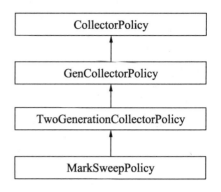

图 8-10　MarkSweepPolicy 类的继承体系

```
源代码位置: openjdk/hotspot/src/share/vm/memory/collectorPolicy.hpp
virtual void initialize_all() {
    // 初始化一些属性，尤其是与内存大小相关的一些属性
    CollectorPolicy::initialize_all();
    // 初始化堆
    initialize_generations();
}
```

调用 CollectorPolicy::initialize_all()函数的实现代码如下：

```
源代码位置: openjdk/hotspot/src/share/vm/memory/collectorPolicy.hpp
virtual void initialize_all() {
    initialize_alignments();
    initialize_flags();
    initialize_size_info();
}
```

在以上代码中，initialize_alignments()、initialize_flags()与 initialize_size_info()都是虚函数，因此调用的函数取决于实际的策略。当前的策略为 MarkSweepPolicy，因此要从 MarkSweepPolicy 类中开始看这几个函数的实现。

1. initialize_alignments()函数

initialize_alignments()函数的实现代码如下：

```
源代码位置: openjdk/hotspot/src/share/vm/memory/collectorPolicy.cpp

void MarkSweepPolicy::initialize_alignments() {
    // Generation::GenGrain 的值为 1<<16=65536，即 2 的 16 次方
    _space_alignment = _gen_alignment = (uintx)Generation::GenGrain;
    _heap_alignment = compute_heap_alignment();
}
```

由以上代码可知，内存代和内存空间的地址要按 2 的 16 次方大小对齐，而堆也要对齐，通过 compute_heap_alignment()函数计算对齐的数值。调用的 compute_heap_alignment()函数的实现代码如下：

```
源代码位置：openjdk/hotspot/src/share/vm/memory/collectorPolicy.cpp

size_t CollectorPolicy::compute_heap_alignment() {
  size_t  alignment = GenRemSet::max_alignment_constraint(GenRemSet::
CardTable);
  ...
  return alignment;
}
```

调用 GenRemSet::max_alignment_constrain()函数计算 alignment 的值，该函数的实现代码如下：

```
源代码位置：openjdk/hotspot/src/share/vm/memory/genRemSet.cpp
uintx GenRemSet::max_alignment_constraint(Name nm) {
  return CardTableRS::ct_max_alignment_constraint();
}

源代码位置：openjdk/hotspot/src/share/vm/memory/cardTableModRefBS.cpp
uintx CardTableModRefBS::ct_max_alignment_constraint() {
  return card_size * os::vm_page_size(); // 512*4096
}
```

卡表通过 1 个字节标记老年代的 512 个字节中是否含有对年轻代对象的引用，通常，卡表的内存也是按页分配的，一个页面的大小为 4096 个字节，那么要求堆的最大字节就应该按照 512×4096=2MB 进行对齐。

2. initialize_flags()函数

MarkSweepPolicy 类没有实现 initialize_flags()函数，但 CollectorPolicy、GenCollector-Policy 和 TwoGenerationCollectorPolicy 类都实现了 initialize_flags()函数，最先调用的是 Two-GenerationCollectorPolicy 类中的 initialize_flags()函数，但最先执行的却是 GenCollector-Policy 类中的 initialize_flags()函数，如图 8-11 所示。

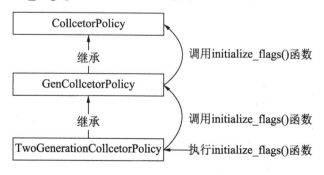

图 8-11　initialize_flags()函数的调用

　　在介绍最先执行的 CollectorPolicy::initialize_flags()函数之前，首先介绍一下 Collector-Policy 类。CollectorPolicy 类中定义了如下属性：

```
源代码位置：openjdk/hotspot/src/share/vm/memory/collectorPolicy.hpp
class CollectorPolicy : public CHeapObj<mtGC> {
protected:
  // 保存堆的初始值、最大值与最小值
  size_t _initial_heap_byte_size;
  size_t _max_heap_byte_size;
  size_t _min_heap_byte_size;

  // 保存空间与堆对齐的数值
  size_t _space_alignment;
  size_t _heap_alignment;
  ...
}
```

　　前面已经调用 initialize_alignments()函数初始化了_space_alignment 与_heap_alignment属性，剩下的属性会在 CollectorPolicy 构造函数中初始化，代码如下：

```
源代码位置：openjdk/hotspot/src/share/vm/memory/collectorPolicy.cpp
CollectorPolicy::CollectorPolicy() :
  _space_alignment(0),
  _heap_alignment(0),
  _initial_heap_byte_size(InitialHeapSize),
  _max_heap_byte_size(MaxHeapSize),
  _min_heap_byte_size(Arguments::min_heap_size()),
  ...
{}
```

　　其中，InitialHeapSize 与 MaxHeapSize 可以通过-XX:InitialHeapSize 与-XX:+MaxHeap-Size 命令指定，_min_heap_byte_size 属性的值也可以通过-Xms 命令指定。

　　CollectorPolicy::initialize_flags()函数的实现代码如下：

```
源代码位置：openjdk/hotspot/src/share/vm/memory/collectorPolicy.cpp

void CollectorPolicy::initialize_flags() {

  // 初始堆、最小堆及最大堆的计算
  // User inputs from -Xmx and -Xms must be aligned
  _min_heap_byte_size = align_size_up(_min_heap_byte_size, _heap_alignment);
  uintx aligned_initial_heap_size = align_size_up(InitialHeapSize, _heap
_alignment);
  uintx aligned_max_heap_size = align_size_up(MaxHeapSize, _heap_alignment);

  // 如果值有调整，写回到对应的变量
  if (aligned_initial_heap_size != InitialHeapSize) {
    FLAG_SET_ERGO(uintx, InitialHeapSize, aligned_initial_heap_size);
  }
  if (aligned_max_heap_size != MaxHeapSize) {
    FLAG_SET_ERGO(uintx, MaxHeapSize, aligned_max_heap_size);
  }
```

```
// 由以下判断可知，初始堆的内存空间不能大于最大堆，也不能小于最小堆
if (!FLAG_IS_DEFAULT(InitialHeapSize) && InitialHeapSize > MaxHeapSize) {
    FLAG_SET_ERGO(uintx, MaxHeapSize, InitialHeapSize);
} else if (!FLAG_IS_DEFAULT(MaxHeapSize) && InitialHeapSize > MaxHeapSize) {
    FLAG_SET_ERGO(uintx, InitialHeapSize, MaxHeapSize);
    if (InitialHeapSize < _min_heap_byte_size) {
        _min_heap_byte_size = InitialHeapSize;
    }
}

_initial_heap_byte_size = InitialHeapSize;
_max_heap_byte_size = MaxHeapSize;

// MinHeapDeltaBytes 的解释为 The minimum change in heap space due to GC (in
// bytes)
FLAG_SET_ERGO(uintx, MinHeapDeltaBytes, align_size_up(MinHeapDeltaBytes,
_space_alignment));
}
```

在以上代码中，首先计算初始堆、最小堆及最大堆的大小并通过 CollectorPolicy 实例对应的属性进行保存，然后更新命令对应的变量值。

为了防止频繁扩展内存代空间，每次扩展内存时都有一个最小值_min_heap_delta_bytes（在 CardGeneration 类中声明的变量），由命令-XX:MinHeapDeltaBytes 指定，x86架构下的默认值为 128KB。

在介绍 GenCollectorPolicy::initialize_flags()函数之前，首先介绍一下 GenCollectorPolicy 类。GenCollectorPolicy 类中定义了如下属性：

源代码位置：openjdk/hotspot/src/share/vm/memory/collectorPolicy.hpp

```
class GenCollectorPolicy : public CollectorPolicy {
protected:
    // 保存分代中第一个代的最小值、初始值和最大值，任何分代堆都至少会有一个代
    // 如果有多个代，则当前表示的是最年轻的代
    size_t _min_gen0_size;
    size_t _initial_gen0_size;
    size_t _max_gen0_size;

    // _gen_alignment 一般和 _space_alignment 相同，前面介绍的
    // MarkSweepPolicy::initialize_alignments()函数也是将两个属性赋予了相同的值
    size_t _gen_alignment;

    GenerationSpec **_generations;
    ...
}
```

GenCollectorPolicy::initialize 类中声明的各个属性都与分代相关。_generations 在 Java堆初始化后会保存年轻代 DefNewGeneration 和老年代 TenuredGeneration。调用 GenCollectorPolicy::initialize_flags()函数初始化这些属性，该函数的实现代码如下：

源代码位置：openjdk/hotspot/src/share/vm/memory/collectorPolicy.cpp

```
void GenCollectorPolicy::initialize_flags() {
  CollectorPolicy::initialize_flags();

  // All generational heaps have a youngest gen; handle those flags here

  // 确定有足够大的堆能容纳两个代
  uintx smallest_new_size = young_gen_size_lower_bound();
  uintx smallest_heap_size = align_size_up( smallest_new_size +
                             align_size_up( _space_alignment, _gen
_alignment), _heap_alignment);
  // 保证 MaxHeapSize 不能小于堆的最小值
  if (MaxHeapSize < smallest_heap_size) {
    FLAG_SET_ERGO(uintx, MaxHeapSize, smallest_heap_size);
    _max_heap_byte_size = MaxHeapSize;
  }
  // 保证之前计算出的 _min_heap_byte_size 不能小于堆的最小值
  if (_min_heap_byte_size < smallest_heap_size) {
    _min_heap_byte_size = smallest_heap_size;
    // 保证 InitialHeapSize 不能小于 _min_heap_byte_size, 也就是小于堆的最小值
    if (InitialHeapSize < _min_heap_byte_size) {
      FLAG_SET_ERGO(uintx, InitialHeapSize, smallest_heap_size);
      _initial_heap_byte_size = smallest_heap_size;
    }
  }

  // 将堆的最小值与-XX:+NewSize 命令指定的堆的初始值进行比较, 取最大的值为堆的最小值
  smallest_new_size = MAX2(smallest_new_size, (uintx)align_size_down
(NewSize, _gen_alignment));
  if (smallest_new_size != NewSize) {
    FLAG_SET_ERGO(uintx, NewSize, smallest_new_size);
  }
  _initial_gen0_size = NewSize;

  if (!FLAG_IS_DEFAULT(MaxNewSize)) {
    uintx min_new_size = MAX2(_gen_alignment, _min_gen0_size);
    // 保证-XX:MaxNewSize 指定的新生代可被分配的内存的最大上限不能大于 MaxHeapSize
    if (MaxNewSize >= MaxHeapSize) {
      // 计算 MaxNewSize 时要从 MaxHeapSize 中减去 _gen_alignment, 因为要保证老年代
      // 也有空间可用
      uintx smaller_max_new_size = MaxHeapSize - _gen_alignment;
      FLAG_SET_ERGO(uintx, MaxNewSize, smaller_max_new_size);
      if (NewSize > MaxNewSize) {
        FLAG_SET_ERGO(uintx, NewSize, MaxNewSize);
        _initial_gen0_size = NewSize;
      }
    } else if (MaxNewSize < min_new_size) {
      FLAG_SET_ERGO(uintx, MaxNewSize, min_new_size);
    } else if (!is_size_aligned(MaxNewSize, _gen_alignment)) {
      FLAG_SET_ERGO(uintx, MaxNewSize, align_size_down(MaxNewSize, _gen
_alignment));
    }
    _max_gen0_size = MaxNewSize;
  }
```

```
  // 如果用户指定的 NewSize 过大或 MaxNewSize 过小时，需要处理
  if (NewSize > MaxNewSize) {
   FLAG_SET_ERGO(uintx, MaxNewSize, NewSize);
   _max_gen0_size = MaxNewSize;
  }
}
```

在以上代码中，首先计算堆的最小值，这个值的基本要求是能容纳两个代。调用的
young_gen_size_lower_bound()函数的实现代码如下：

源代码位置：openjdk/hotspot/src/share/vm/memory/collectorPolicy.cpp

```
size_t GenCollectorPolicy::young_gen_size_lower_bound() {
  return align_size_up(3 * _space_alignment, _gen_alignment);
}
```

对于年轻代来说，有 Eden 和两个 Survivor 空间，因此至少要求 3*_space_alignment
的空间，对齐到代后就是年轻代的最小值。

老年代的最小空间同样是_space_alignment，对齐到代后就求出了老年代的最小值，将
年轻代和老年代的最小值相加后对齐到_heap_alignment 后求出了堆的最小值。由于
-XX:NewSize 选项指定了新生代初始内存的大小，所以最终堆的大小要取二者的最大值。

函数对_min_gen0_size、_initial_gen0_size 与_max_gen0_size 的大小分别进行了计算，
同时要保证_min_gen0_size 不能大于_initial_gen0_size，_initial_gen0_size 不能大于_max_
gen0_size。

接下来就是调用 TwoGenerationCollectorPolicy::initialize_flags()函数了，在介绍这个函
数之前需要介绍一下 TwoGenerationCollectorPolicy 类，定义如下：

源代码位置：openjdk/hotspot/src/share/vm/memory/collectorPolicy.hpp

```
class TwoGenerationCollectorPolicy : public GenCollectorPolicy {
 protected:
  size_t _min_gen1_size;
  size_t _initial_gen1_size;
  size_t _max_gen1_size;
  ...
}
```

HotSpot VM 中的垃圾收集器大部分都是分代的，并且分为两个代，即年轻代和老年
代，年轻代的最小值、初始值和最大值由 GenCollectorPolicy 中的相关变量保存，
TwoGenerationCollectorPolicy 中声明的变量主要是保存老年代的最小值、初始值和最大值。

调用 TwoGenerationCollectorPolicy::initialize_flags()函数的实现代码如下：

源代码位置：openjdk/hotspot/src/share/vm/memory/collectorPolicy.cpp

```
void TwoGenerationCollectorPolicy::initialize_flags() {
  GenCollectorPolicy::initialize_flags();

  // 让-XX:OldSize 指定的值按_gen_alignment 进行对齐
  if (!is_size_aligned(OldSize, _gen_alignment)) {
```

```
        FLAG_SET_ERGO(uintx, OldSize, align_size_down(OldSize, _gen_alignment));
    }

    if (FLAG_IS_CMDLINE(OldSize) && FLAG_IS_DEFAULT(MaxHeapSize)) {
        // 根据-XX:NewRatio 命令计算老年代的大小，默认情况下-XX:NewRatio=2，表示新生
        // 代占 1，老年代占 2，新生代占整个堆的 1/3
        size_t calculated_heapsize = (OldSize / NewRatio) * (NewRatio + 1);

        calculated_heapsize = align_size_up(calculated_heapsize, _heap_alignment);
        FLAG_SET_ERGO(uintx, MaxHeapSize, calculated_heapsize);
        _max_heap_byte_size = MaxHeapSize;
        FLAG_SET_ERGO(uintx, InitialHeapSize, calculated_heapsize);
        _initial_heap_byte_size = InitialHeapSize;
    }

    // 如果有必要，需要调整最大堆的内存空间
    if (NewSize + OldSize > MaxHeapSize) {
      if (_max_heap_size_cmdline) {
        // 用户根据实际情况设置了堆的最大内存空间，所以在必要时需要适当调整 NewSize
        // 和 OldSize 的值
        uintx calculated_size = NewSize + OldSize;
        double shrink_factor = (double) MaxHeapSize / calculated_size;
        uintx smaller_new_size = align_size_down((uintx)(NewSize * shrink_factor), _gen_alignment);
        FLAG_SET_ERGO(uintx, NewSize, MAX2(young_gen_size_lower_bound(), smaller_new_size));
        _initial_gen0_size = NewSize;

        FLAG_SET_ERGO(uintx, OldSize, MaxHeapSize - NewSize);
      } else {
        FLAG_SET_ERGO(uintx, MaxHeapSize, align_size_up(NewSize + OldSize, _heap_alignment));
        _max_heap_byte_size = MaxHeapSize;
      }
    }

    always_do_update_barrier = UseConcMarkSweepGC;

}
```

TwoGenerationCollectorPolicy::initialize_flags()函数会确定老年代的内存空间。在确定老年代的内存空间时会结合-XX:OldSize 与-XX:NewSize 等选项进行判断，最终将得到的值保存在_min_gen1_size、_initial_gen1_size 和_max_gen1_size 变量中。

3. initialize_size_info()函数

initialize_size_info()函数的调用链如图 8-12 所示。

调用各个类的 initialize_size_info()函数确定年轻代与老年代内存的最小值、初始值和最大值，在调用该函数之前，由于已经调用过 initialize_flags()函数，整个堆的最小值、初始值和最大值已经确定，所以代的内存计算必须要限制在堆的当前内存空间之内。

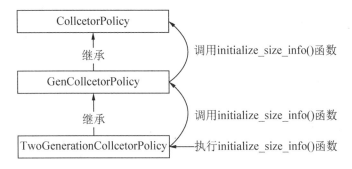

图 8-12　initialize_size_info() 函数的调用链

CollectorPolicy::initialize_size_info() 函数的实现为空，因此重点介绍 GenCollectorPolicy 类和 TwoGenerationCollectorPolicy 类中 initialize_size_info() 函数的实现。

首先看 GenCollectorPolicy 类中的函数实现，代码如下：

源代码位置: openjdk/hotspot/src/share/vm/memory/collectorPolicy.cpp

```
void GenCollectorPolicy::initialize_size_info() {
  CollectorPolicy::initialize_size_info(); // 此函数的实现为空

  size_t max_new_size = 0;
  if (!FLAG_IS_DEFAULT(MaxNewSize)) {
    // 如果通过-XX:MaxNewSize 选项指定了年轻代的最大值，就使用指定的值
    max_new_size = MaxNewSize;
  } else {
    // 在没有指定-XX:MaxNewSize 选项的情况下，使用堆的最大值结合 NewRatio
    // 计算年轻代的最大值
    max_new_size = scale_by_NewRatio_aligned(_max_heap_byte_size);
    // 将计算出来的年轻代的值与 NewSize 和默认的 MaxNewSize 值综合考量
    max_new_size = MIN2(MAX2(max_new_size, NewSize), MaxNewSize);
  }

  // 通过年轻代的最大值决定年轻代的初始值和最小值

  if (_max_heap_byte_size == _min_heap_byte_size) {
    // 当年轻代的最大值与最小值相同时，则初始值只能与它们相等
    _min_gen0_size = max_new_size;
    _initial_gen0_size = max_new_size;
    _max_gen0_size = max_new_size;
  } else {
    size_t desired_new_size = 0;
    if (!FLAG_IS_DEFAULT(NewSize)) {
      // 当指定了 NewSize 值时，计算年轻代的最小值、期望值与最大值
      _min_gen0_size = NewSize;
      desired_new_size = NewSize;
      max_new_size = MAX2(max_new_size, NewSize);
    } else {
      // 当 NewSize 是默认值时，使用 NewRatio 确定年轻代的最小值和期望值
      _min_gen0_size = MAX2(scale_by_NewRatio_aligned(_min_heap_byte_size),
```

```
NewSize);
    desired_new_size = MAX2(scale_by_NewRatio_aligned(_initial_heap_byte
_size), NewSize);
  }

  _initial_gen0_size = desired_new_size;
  _max_gen0_size = max_new_size;

  // 通过整个堆的最大值、初始值和最小值来考量年轻代的最大值、初始值和最小值
  _min_gen0_size = bound_minus_alignment(_min_gen0_size, _min_heap_byte
_size);
  _initial_gen0_size = bound_minus_alignment(_initial_gen0_size, _initial
_heap_byte_size);
  _max_gen0_size = bound_minus_alignment(_max_gen0_size, _max_heap_byte
_size);

  // 需要保证年轻代的最小值≤年轻代的初始值≤年轻代的最大值
  _min_gen0_size = MIN2(_min_gen0_size, _max_gen0_size);
  _initial_gen0_size = MAX2(MIN2(_initial_gen0_size, _max_gen0_size),
_min_gen0_size);
  _min_gen0_size = MIN2(_min_gen0_size, _initial_gen0_size);
}

  // 将计算出的年轻代的初始值、最大值更新到 NewSize 和 MaxNewSize 变量中
  if (NewSize != _initial_gen0_size) {
    FLAG_SET_ERGO(uintx, NewSize, _initial_gen0_size);
  }

  if (MaxNewSize != _max_gen0_size) {
    FLAG_SET_ERGO(uintx, MaxNewSize, _max_gen0_size);
  }
}
```

以上函数结合 NewSize、MaxNewSize 和 NewRatio 变量的值决定年轻代的最大值、初始值和最小值，不过计算出来的值还要综合考虑整个堆的最大值、初始值和最小值，同时要保证年轻代的最小值≤年轻代的初始值≤年轻代的最大值。

调用 scale_by_NewRatio_aligned()函数的实现代码如下：

```
源代码位置: openjdk/hotspot/src/share/vm/memory/collectorPolicy.cpp
size_t GenCollectorPolicy::scale_by_NewRatio_aligned(size_t base_size) {
  return align_size_down_bounded(base_size / (NewRatio + 1), _gen_alignment);
}

源代码位置: openjdk/hotspot/src/share/vm/memory/utilities/globalDefinitions.hpp
inline size_t align_size_down_bounded(size_t size, size_t alignment) {
  size_t aligned_size = align_size_down_(size, alignment);
  return aligned_size > 0 ? aligned_size : alignment;
}
```

TwoGenerationCollectorPolicy::initialize_size_info()函数的实现代码如下：

```
源代码位置: openjdk/hotspot/src/share/vm/memory/collectorPolicy.cpp
```

```
void TwoGenerationCollectorPolicy::initialize_size_info() {
  // 计算出年轻代的最小值、初始值和最大值
  GenCollectorPolicy::initialize_size_info();

  // 逻辑执行到此处时，堆与年轻代的最小值、初始值和最大值已经确定，由于代在堆内，因此
  // 老年代的计算必须要同时考虑堆和年轻代
  _max_gen1_size = MAX2(_max_heap_byte_size - _max_gen0_size, _gen_alignment);

  if (!FLAG_IS_CMDLINE(OldSize)) {
    // 在没有指定-XX:OldSize选项的情况下，堆中除去分配给年轻代的内存后剩下的内存就
    // 分配给老年代
    _min_gen1_size = MAX2(_min_heap_byte_size - _min_gen0_size, _gen_alignment);
    _initial_gen1_size = MAX2(_initial_heap_byte_size - _initial_gen0_size,
_gen_alignment);
    // 更新OldSize属性的值
    FLAG_SET_ERGO(uintx, OldSize, _initial_gen1_size);
  } else {
    // 通过-XX:OldSize选项指定老年代的内存空间时，结合OldSize变量的值计算
    // 老年代的内存空间
    _min_gen1_size = MIN2(OldSize, _min_heap_byte_size - _min_gen0_size);
    _initial_gen1_size = OldSize;

    // 如果年轻代的最小值加上老年代的最小值大于堆的最小值，必须要进行调用
    if (adjust_gen0_sizes(&_min_gen0_size, &_min_gen1_size, _min_heap_byte
_size)) {
      ...
    }
    // 如果年轻代的初始值加上老年代的初始值大于堆的初始值，必须要进行调用
    if (adjust_gen0_sizes(&_initial_gen0_size, &_initial_gen1_size, _initial
_heap_byte_size)) {
      ...
    }
  }

  // 需要保证老年代的最小值≤老年代的初始值≤老年代的最大值
  _min_gen1_size = MIN2(_min_gen1_size, _max_gen1_size);
  _initial_gen1_size = MAX2(_initial_gen1_size, _min_gen1_size);
  _initial_gen1_size = MIN2(_initial_gen1_size, _max_gen1_size);

  if (NewSize != _initial_gen0_size) {
    FLAG_SET_ERGO(uintx, NewSize, _initial_gen0_size);
  }

  if (MaxNewSize != _max_gen0_size) {
    FLAG_SET_ERGO(uintx, MaxNewSize, _max_gen0_size);
  }

  if (OldSize != _initial_gen1_size) {
    FLAG_SET_ERGO(uintx, OldSize, _initial_gen1_size);
  }
}
```

调用 adjust_gen0_sizes()函数的实现代码如下：

```
源代码位置: openjdk/hotspot/src/share/vm/memory/collectorPolicy.cpp

bool TwoGenerationCollectorPolicy::adjust_gen0_sizes(size_t* gen0_size_ptr,
                                                     size_t* gen1_size_ptr,
                                                     const size_t heap_size) {
  bool result = false;

  if ((*gen0_size_ptr + *gen1_size_ptr) > heap_size) {
    uintx smallest_new_size = young_gen_size_lower_bound();
    if ((heap_size < (*gen0_size_ptr + _min_gen1_size)) &&
        (heap_size >= _min_gen1_size + smallest_new_size)) {
      // 缩小年轻代的内存空间
      *gen0_size_ptr = align_size_down_bounded(heap_size - _min_gen1_size,
_gen_alignment);
      result = true;
    } else {
      // 缩小老年代的内存空间
      *gen1_size_ptr = align_size_down_bounded(heap_size - *gen0_size_ptr,
_gen_alignment);
    }
  }
  return result;
}
```

当年轻代与老年代的内存空间与总堆的内存空间产生冲突时，需要调整年轻代或老年代的内存空间。当老年代是_min_gen1_size 时仍然会产生冲突，而年轻代为 smallest_new_size 时不产生冲突，表示年轻代有调整的空间，因此调整年轻代；如果要调整老年代，则说明老年代在使用_min_gen1_size 时不产生冲突，有调整的余地，或者也可能是年轻代已经调整到了最小值 smallest_new_size，没有可调整的余地，只能调整老年代。

调用 young_gen_size_lower_bound()函数的实现代码如下：

```
源代码位置: openjdk/hotspot/src/share/vm/memory/collectorPolicy.cpp

size_t GenCollectorPolicy::young_gen_size_lower_bound() {
  return align_size_up(3 * _space_alignment, _gen_alignment);
}
```

年轻代分 Eden、From Survivor 和 To Survivor 空间，这些空间必须要按_space_alignment 进行对齐，因此这 3 个空间的最小值相加后就是年轻代的最小值。

8.3.3 Java 堆的初始化

在虚拟机启动时会调用 initialize_heap()函数初始化垃圾收集相关的参数。调用链如下：

```
JavaMain()                java.c
InitializeJVM()           java.c
JNI_CreateJavaVM()        jni.cpp
Threads::create_vm()      thread.cpp
```

```
init_globals()              init.cpp
universe_init()             universe.cpp
Universe::initialize_heap() universe.cpp
```

其中，Universe::initialize_heap()函数的实现代码如下：

```
源代码位置: openjdk/hotspot/src/share/vm/memory/universe.cpp
jint Universe::initialize_heap() {
  if (UseParallelGC) {
    ...
  } else if (UseG1GC) {
    ...
  } else {
    GenCollectorPolicy *gc_policy;
    if (UseSerialGC) {
      gc_policy = new MarkSweepPolicy();
    }
    else if (UseConcMarkSweepGC) {
      ...
    } else {
      ...
    }
    // 初始化 MarkSweepPolicy::_generations 属性
    // 如 0 为 Generation::DefNew, 1 为 Generation::MarkSweepCompact
    gc_policy->initialize_all();
    // 堆使用 GenCollectedHeap 来管理
    Universe::_collectedHeap = new GenCollectedHeap(gc_policy);
  }

  // Universe::heap()函数获取的就是 Universe::_collectedHeap 属性，调用
  // initialize()函数
  // 初始化堆
  jint status = Universe::heap()->initialize();
  if (status != JNI_OK) {
    return status;
  }

  ...
  return JNI_OK;
}
```

针对不同的垃圾收集器，初始化逻辑也不同。我们只针对 Serial 收集器，因此只看这部分逻辑即可。其中涉及 GenCollectorPolicy 类型变量 gc_policy 的初始化，初始化为 MarkSweepPolicy 回收策略。

OpenJDK 8 默认使用 Parallel Scavenger 与 Parallel Old 垃圾收集器，因此要配置-XX:+UseSerialGC 选项来使用 Serial 收集器。配置了-XX:+UseSerialGC 选项后，会使用 Serial 收集器与 Serial Old 收集器收集年轻代与老年代，此时堆及代的布局如图 8-13 所示。

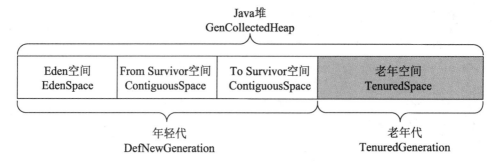

图 8-13　使用 Serial 与 Serial Old 收集器时堆及代的布局

Universe::initialize_heap()函数中的 gc_policy->initialize_all()语句调用了 GenCollector-Policy 类中的 initialize_all()函数，该函数的实现代码如下：

```
源代码位置：openjdk/hotspot/src/share/vm/memory/collectorPolicy.hpp
virtual void initialize_all() {
    CollectorPolicy::initialize_all();
    initialize_generations();
}
```

前面已经介绍过调用 CollectorPolicy::initialize_all()函数可以计算出堆、代及空间的大小，而调用 initialize_generations()函数可以初始化内存代的逻辑，该函数的实现代码如下：

```
源代码位置：openjdk/hotspot/src/share/vm/memory/collectorPolicy.cpp
void MarkSweepPolicy::initialize_generations() {
    // GenerationSpecPtr 是 GenerationSpec*的别名
    size_t mysize = ( number_of_generations() ) * sizeof(GenerationSpecPtr);
    // 2*8

    // 最终使用 C 语言的 malloc()函数进行内存分配，当内存分配失败时返回 NULL
    // 分配 mysize 个字节大小的内存，返回内存的首地址
    _generations =(GenerationSpecPtr*) AllocateHeap(mysize,mtGC, 0,
AllocFailStrategy::RETURN_NULL );

    if (UseParNewGC) {
        _generations[0] = new GenerationSpec(Generation::ParNew, _initial
_gen0_size, _max_gen0_size);
    } else {
        _generations[0] = new GenerationSpec(Generation::DefNew, _initial
_gen0_size, _max_gen0_size);
    }
    _generations[1] = new GenerationSpec(Generation::MarkSweepCompact,
                                _initial_gen1_size, _max_gen1_size);
}
```

其中，_generations 的定义如下：

```
源代码位置：openjdk/hotspot/src/share/vm/memory/collectorPolicy.cpp

GenerationSpec **_generations;  // 定义在 GenCollectorPolicy 类中
```

其中，GenerationSpecPtr 是 GenerationSpec*的别名，定义如下：

源代码位置: openjdk/hotspot/src/share/vm/memory/generationSpec.hpp
typedef GenerationSpec* GenerationSpecPtr;

使用_generations 保存年轻代和老年代的相关信息, 这里并没有创建表示年轻代的
DefNewGeneration 实例和表示老年代的 TenuredGeneration 实例, 后面会依据 Generation-
Spec 实例中保存的信息进行创建。

调用 AllocateHeap()函数为_generations 属性分配内存, 该函数的代码如下:

```
源代码位置: openjdk/hotspot/src/share/vm/memory/allocation.inline.hpp
// allocate using malloc; will fail if no memory available
inline char* AllocateHeap(
        size_t          size,
        MEMFLAGS        flags,
        address         pc = 0,
        AllocFailType   alloc_failmode = AllocFailStrategy::EXIT_OOM
){
  ...
  char* p = (char*) os::malloc(size, flags, pc);
  return p;
}
```

其中, flags 与 pc 参数是为了进行内存追踪时使用的。

而 GenerationSpec 类的定义如下:

```
源代码位置: openjdk/hotspot/src/share/vm/memory/generationSpec.hpp

class GenerationSpec : public CHeapObj<mtGC> {
private:
  Generation::Name  _name;
  size_t            _init_size;
  size_t            _max_size;
  ...
}
```

GenerationSpec 类只是临时保存创建年轻代和老年代的一些信息, 后面会根据这些信
息创建对应代的 Generation 实例。

如表 8-1 所示为不同类型所对应的 Generation 的方式。

表 8-1 不同的类型对应的Generation

类 型	条 件	Generation的方式
Generation::DefNew	不使用 -XX:+UseParNewGC 或者使用 -XX:+UseParNewGC 但设置 -XX:ParallelGCThreads 小于1	DefNewGeneration
Generation::MarkSweepCompact	使用-XX:+UseSerialGC, 用于old区	TenuredGeneration

在 Universe::initialize_heap()函数中调用 gc_policy->initialize_all()函数初始化完策略后
会调用 Universe::heap()->initialize()函数初始化堆, 在 Serial/Serial Old 收集器中使用的堆
是 GenCollectedHeap。GenCollectedHeap 类的继承体系如图 8-14 所示。

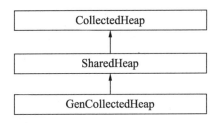

图 8-14　GenCollectedHeap 类的继承体系

GenCollectedHeap::initialize()函数的实现代码如下：

```
源代码位置: openjdk/hotspot/src/share/vm/memory/collectorPolicy.hpp
jint GenCollectedHeap::initialize() {
 CollectedHeap::pre_initialize();

 // 调用 gen_policy()函数获取 GenCollectedHeap 类中 _gen_policy 变量的值
 GenCollectorPolicy* gcp = gen_policy();
 size_t gen_alignment = Generation::GenGrain;
 // 调用的是 TwoGenerationCollectorPolicy 类中定义的 number_of_generations()
 // 函数,此函数返回常量值 2,表示共有两个代,即年轻代和老年代
 _n_gens = gcp->number_of_generations();

 _gen_specs = gen_policy()->generations();

 // 确保 GenerationSpec 类中的 _init_size 和 _max_size 属性值是按 gen_alignment
 // 对齐的。之前已经在 MarkSweepPolicy::initialize_generations()函数中构造
 // GenerationSpec 实例时初始化了这两个属性值
 for (i = 0; i < _n_gens; i++) {
   _gen_specs[i]->align(gen_alignment);
 }

 char*       heap_address;
 size_t       total_reserved = 0;
 int          n_covered_regions = 0;
 ReservedSpace  heap_rs;

 CollectorPolicy* cp1 = collector_policy();
 size_t        heap_alignment = cp1->heap_alignment();
 // 为堆分配空间
 heap_address = allocate( heap_alignment,&total_reserved,&n_covered
_regions,&heap_rs);
 // 为 CollectedHeap 中的 _reserved 变量赋值
 _reserved = MemRegion(
           (HeapWord*)heap_rs.base(),
           (HeapWord*)( heap_rs.base() + heap_rs.size() )
         );

 _reserved.set_word_size(0);
 _reserved.set_start((HeapWord*)heap_rs.base());
 size_t  actual_heap_size = heap_rs.size();
```

```
_reserved.set_end(  (HeapWord*)(heap_rs.base() + actual_heap_size)  );

...

_gch = this;

for (i = 0; i < _n_gens; i++) {
    int max1 = _gen_specs[i]->max_size();
    ReservedSpace this_rs = heap_rs.first_part(max1, false, false);

    GenRemSet* grs = rem_set();
    // 调用 GenerationSpec::init()函数返回 Generation 实例，初始化_gen 数组
    _gens[i] = _gen_specs[i]->init(this_rs, i, grs);
    int max2 = _gen_specs[i]->max_size();
    heap_rs = heap_rs.last_part(max2);
}
clear_incremental_collection_failed();

return JNI_OK;
}
```

以上代码中，首先对保存着年轻代和老年代的 GenerationSpec 实例中的_init_size 和
_max_size 变量的值进行对齐操作，然后调用 allocate()函数为堆分配内存，有了内存后就
可以通过 GenerationSpec::init()创建表示年轻代的 DefNewGenereation 和表示老年代的
TenuredGeneration 实例了。

调用 allocate()函数分配内存的调用链如图 8-15 所示。

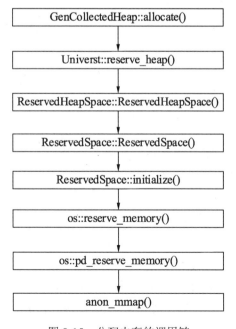

图 8-15　分配内存的调用链

调用 allocate()函数的实现代码如下：

```
源代码位置: openjdk/hotspot/src/share/vm/memory/collectorPolicy.hpp
char* GenCollectedHeap::allocate(
    size_t   alignment,
    size_t* _total_reserved,
    int*    _n_covered_regions,
    ReservedSpace* heap_rs
){
  size_t        total_reserved = 0;
  int           n_covered_regions = 0;
  // UseLargePages 表示是否使用大页，默认不使用，因此这个变量的值为 false，最终获取
  // 的是虚拟机页的大小 4096
  const size_t  pageSize = UseLargePages ?
                        os::large_page_size() : os::vm_page_size();

  for (int i = 0; i < _n_gens; i++) {
    total_reserved += _gen_specs[i]->max_size();
    n_covered_regions += _gen_specs[i]->n_covered_regions();
  }

  n_covered_regions += 2;

  *_total_reserved = total_reserved;
  *_n_covered_regions = n_covered_regions;
  // 调用 Universe::reserve_heap()函数分配内存
  // 传递的参数 total_reserved 是年轻代与老年代的内存最大值之和
  *heap_rs = Universe::reserve_heap(total_reserved, alignment);
  return heap_rs->base();
}
```

调用 Universe::reserve_heap()函数按年轻代和老年代要求的最大内存值分配虚拟空间，该函数的实现代码如下：

```
源代码位置: openjdk/hotspot/src/share/vm/memory/universe.cpp
ReservedSpace Universe::reserve_heap(size_t heap_size, size_t alignment) {
  size_t total_reserved = align_size_up(heap_size, alignment);
  // 加了-XX:-UseCompressedOops 选项后，返回的 addr 为 NULL
  char* addr = Universe::preferred_heap_base(total_reserved, alignment,
Universe::UnscaledNarrowOop);

  ReservedHeapSpace total_rs(total_reserved, alignment, use_large_pages,
addr);

  return total_rs;
}
```

Universe::preferred_heap_base()函数主要是处理压缩指针的地址，我们暂不研究压缩指针的情况，所以为虚拟机加了-XX:-UseCompressedOops 选项，此函数最终会返回 addr，表示对堆的基址没有任何要求。下面通过 ReservedHeapSpace 来分配一段逻辑上连续的内存地址范围，ReserveHeapSpace 继承自 ReserveSpace 类，在 ReservedHeapSpace 类中没有声明任何属性，其构造函数的实现代码如下：

```
源代码位置: openjdk/hotspot/src/share/vm/runtime/virtualspace.cpp
ReservedHeapSpace::ReservedHeapSpace(size_t size, size_t alignment,
                                     bool large, char* requested_address) :
  ReservedSpace(
            size,              // 需要分配的内存大小
            alignment,         // 内存需要按 alignment 进行对齐
            large,             // 默认值为 false，表示不使用大页
            // 传递的值为 NULL，表示对分配的堆基址没有任何要求
            requested_address,
            (
                UseCompressedOops && (Universe::narrow_oop_base() !=
NULL) &&
                Universe::narrow_oop_use_implicit_null_checks()
            ) ?
            // 由于不使用压缩指针，因此最终传递的参数为 0
            lcm(os::vm_page_size(), alignment) : 0
          )
{
  ...
}

ReservedSpace::ReservedSpace(
    size_t size,
    size_t alignment,
    bool large,
    char* requested_address,
    const size_t noaccess_prefix
){
  initialize(
          size+noaccess_prefix,
          alignment, large,
          requested_address,
          noaccess_prefix, false
        );
}
```

在 ReservedSpace 类中调用的 initialize()函数的实现代码如下：

```
源代码位置: openjdk/hotspot/src/share/vm/runtime/virtualspace.cpp

void ReservedSpace::initialize(
    size_t   size,
    size_t   alignment,
    bool     large,
    char*    requested_address,
    const size_t noaccess_prefix,
    bool     executable
){
  // granularity 粒度；（颗，成）粒性;
  const size_t granularity = os::vm_allocation_granularity();

  alignment = MAX2(alignment, (size_t)os::vm_page_size());
```

```
  _base = NULL;
  _size = 0;
  _special = false;
  _executable = executable;
  _alignment = 0;
  _noaccess_prefix = 0;
  if (size == 0) {
    return;
  }

  ...
  if (base == NULL) {
    // 当对分配的堆地址的基址有要求时，调用 os::attempt_reserve_memory_at()函数
    // 进行内存分配
    if (requested_address != 0) {
      base = os::attempt_reserve_memory_at(size, requested_address);
      if (failed_to_reserve_as_requested(base, requested_address, size, false)) {
        base = NULL;
      }
    } else {
      base = os::reserve_memory(size, NULL, alignment);
    }

    if (base == NULL)
      return;
    ...
  }

  _base = base;
  _size = size;
  _alignment = alignment;
  _noaccess_prefix = noaccess_prefix;
}
```

只有使用压缩指针的情况下会对分配的基址有要求，我们只讨论不使用指针压缩的情况，因此 requested_address 变量的值为 0，即调用 os::reserve_memory()函数分配内存，os::reserve_memory()函数最终会调用 anon_mmap()函数分配内存。anon_mmap()函数的实现代码如下：

```
源代码位置：openjdk/hotspot/src/os/linux/vm/os_linux.cpp
// 如果参数 fixed 为 true，则要求分配的内存基址从 requested_addr 开始，如果这个内存
// 基址被占用，则会发生重写，我们对基址没有任何要求，因此 fixed 的值为 false，requested_
// addr 的值为 NULL。如果有值的话，内存基址可能会从 requested_addr 开始，不过这不是
// 必须要做的
static char* anon_mmap(char* requested_addr, size_t bytes, bool fixed) {
  char * addr;
  int flags;

  flags = MAP_PRIVATE | MAP_NORESERVE | MAP_ANONYMOUS;
  if (fixed) {
    flags |= MAP_FIXED;
```

```
    }

    addr = (char*)::mmap(requested_addr, bytes, PROT_NONE,flags, -1, 0);

    ...

    return addr == MAP_FAILED ? NULL : addr;
}
```

如果分配成功，最终会返回内存大小为 bytes 的基地址 addr，这样就可以在 Gen-CollectedHeap::initialize()函数中创建 MemRegion 对象，为年轻代和老年代分配内存空间了。MemRegion 类的定义如下：

```
源代码位置：openjdk/hotspot/src/share/vm/memory/memRegion.hpp
class MemRegion VALUE_OBJ_CLASS_SPEC {
  friend class VMStructs;
private:
  HeapWord* _start;
  size_t    _word_size;

public:
  MemRegion(HeapWord* start, HeapWord* end) : _start(start), _word_size
(pointer_delta(end, start)) {
    assert(end >= start, "incorrect constructor arguments");
  }
  ...
}
```

MemRegion 表示一段连续的内存地址空间，_start 属性用于保存基地址，_word_size 属性用于保存地址空间大小，这样堆 GenCollectedHeap 就可以根据_reserved 属性获取对应的内存基地址及内存大小了。

在 GenCollectedHeap::initialize()函数中有如下调用：

```
for (i = 0; i < _n_gens; i++) {
    int max1 = _gen_specs[i]->max_size();
    ReservedSpace this_rs = heap_rs.first_part(max1, false, false);

    GenRemSet* grs = rem_set();
    // 调用 GenerationSpec::init()函数返回 Generation 实例将这个实例存储到
    // _gen 数组中
    _gens[i] = _gen_specs[i]->init(this_rs, i, grs);
    int max2 = _gen_specs[i]->max_size();
    heap_rs = heap_rs.last_part(max2);
}
```

以上代码为年轻代和老年代分配内存地址空间，调用的 GenerationSpec::init()函数的实现代码如下：

```
源代码位置：openjdk/hotspot/src/share/vm/memory/generationSpec.cpp
Generation* GenerationSpec::init(ReservedSpace rs, int level,GenRemSet*
remset) {
  switch (name()) {
```

```
      case Generation::DefNew:
        return new DefNewGeneration(rs, init_size(), level);

      case Generation::MarkSweepCompact:
        return new TenuredGeneration(rs, init_size(), level, remset);
      ...
    }
  }
```

在使用 Serial 和 Serial Old 收集器时，年轻代用 DefNewGeneration 实例表示，老年代用 TenuredGeneration 实例表示。

第9章　类对象的创建

类的生命周期可以分为 5 个阶段，分别为加载、连接、初始化、使用和卸载。前几章介绍了类的加载、连接和初始化阶段，本章将介绍类对象的创建、引用和回收过程。

9.1　对象的创建

Java 对象创建的流程大概如下：

（1）检查对象所属类是否已经被加载解析。

（2）为对象分配内存空间。

（3）将分配给对象的内存初始化为零值。

（4）执行对象的<init>方法进行初始化。

下面举个例子。

【实例 9-1】　有以下代码：

```
public class Test {
    public static void main(String[] args) {
        Test obj = new Test();
    }
}
```

main()方法对应的 Class 文件内容如下：

```
public static void main(java.lang.String[]);
    descriptor: ([Ljava/lang/String;)V
    flags: ACC_PUBLIC, ACC_STATIC
    Code:
      stack=2, locals=2, args_size=1
         0: new           #1                  // class com/test/Test
         3: dup
         4: invokespecial #16                 // Method "<init>":()V
         7: astore_1
         8: return
```

使用 new 关键字创建 Test 对象，如果是解释执行，那么对应生成的 new 字节码指令会执行 TemplateTable::_new()函数生成的一段机器码。下面以 TemplateTable::_new()函数的源代码和生成的机器码对应的汇编的形式来分析创建对象的过程。TemplateTable::_new()函数的实现如下：

```
源代码位置：openjdk/hotspot/src/cpu/x86/vm/templateTable_x86_64.cpp
void TemplateTable::_new() {
  __ get_unsigned_2_byte_index_at_bcp(rdx, 1);
  __ get_cpool_and_tags(rsi, rax);
  ...
}
```

TemplateTable::_new()函数的实现比较多，后面会按顺序分几部分给出相关实现和对应的汇编代码。

首先调用InterpreterMacroAssembler::get_unsigned_2_byte_index_at_bcp()函数加载new指令后的操作数，代码如下：

```
源代码位置：openjdk/hotspot/src/cpu/x86/vm/interp_masm_x86_64.cpp
void InterpreterMacroAssembler::get_unsigned_2_byte_index_at_bcp(Register
reg,int bcp_offset) {
  load_unsigned_short(reg, Address(r13, bcp_offset));
  bswapl(reg);
  shrl(reg, 16);
}
```

调用 load_unsigned_short()函数加载 new 指令后的操作数并保存到%rdx 中。对于实例9-1 来说，这个值就是常量池的下标索引 1。

以下是调用函数生成的机器码对应的汇编代码：

```
// %r13 保存当前解释器的字节码指令地址，将此地址偏移 1 个字节后获取 2 个字节的内容并加
// 载到%edx 中
0x00007fffe1022b10: movzwl 0x1(%r13),%edx
// bswap 会让 32 位寄存器%edx 中存储的内容进行字节次序反转
0x00007fffe1022b15: bswap  %edx
// shr 会将%edx 中的内容右移 16 位
0x00007fffe1022b17: shr    $0x10,%edx
```

在调用函数生成汇编代码（就是生成的机器码对应的汇编代码，因为汇编代码可读性强，所以后面都会这样叙述）时，调用者会根据调用约定保证%r13 中的值是 bcp（byte code pointer），也就是保存着 new 字节码指令的地址。

接下来会在 TemplateTable::_new()函数中调用 get_cpool_and_tags()函数获取常量池首地址并放入%rcx 中，获取常量池中元素类型数组_tags 的首地址并放入%rax 中，函数的实现代码如下：

```
源代码位置：openjdk/hotspot/src/cpu/x86/vm/interp_masm_x86_64.cpp
void get_cpool_and_tags(Register cpool, Register tags) {
  get_constant_pool(cpool);
  movptr(tags, Address(cpool, ConstantPool::tags_offset_in_bytes()));
}

void get_constant_pool(Register reg) {
  get_const(reg);
  movptr(reg, Address(reg, ConstMethod::constants_offset()));
}

void get_const(Register reg) {
```

```
    get_method(reg);
    movptr(reg, Address(reg, Method::const_offset()));
}

void get_method(Register reg) {
    movptr(reg, Address(rbp, frame::interpreter_frame_method_offset *
wordSize));
}
```

%rbp 指向栈底，通过固定偏移 frame::interpreter_frame_method_offset * wordSize 后就可以找到当前执行的 new 字节码指令所属的 Method 实例（这是 HotSpot VM 在实现 Java 栈桢时的本地约定）。由于 Method 实例中保存着 ConstMethod 指针，而 ConstMethod 中保存着指向 ConstantPool 的指针，所以最终的相关信息都是可以顺利找到的。

生成的汇编代码如下：

```
// %rbp-0x18 后指向 Method*，存储到%rsi 中
0x00007fffe1022b1a: mov    -0x18(%rbp),%rsi
// %rsi 偏移 0x10 后就是 ConstMethod*，存储到%rsi 中
0x00007fffe1022b1e: mov    0x10(%rsi),%rsi
// %rsi 偏移 0x8 后就是 ConstantPool*，存储到%rsi 中
0x00007fffe1022b22: mov    0x8(%rsi),%rsi
// %rsi 偏移 0x10 后就是 tags 属性的地址，存储到%rax 中
0x00007fffe1022b26: mov    0x10(%rsi),%rax
```

常量池首地址保存在%rcx 中，常量池中元素类型数组_tags 的首地址保存在%rax 中。
在 TemplateTable::_new()函数中继续执行如下代码：

```
// 判断_tags 数组中对应元素的类型是否为 JVM_CONSTANT_Class，如果不是，则跳往
// slow_case 处
const int tags_offset = Array<u1>::base_offset_in_bytes();
__ cmpb(Address(rax, rdx, Address::times_1, tags_offset),JVM_CONSTANT_Class);
__ jcc(Assembler::notEqual, slow_case);

// 获取创建对象所属类的地址并放入%rcx 中,即放入的是类的运行时数据结构 InstanceKlass
__ movptr(rsi, Address(rsi, rdx,Address::times_8, sizeof(ConstantPool)));

//  判断类是否已经被初始化过，没有初始化过的话直接跳往 slow_close 进行慢速分配
//  如果对象所属类已经被初始化过，则会进行快速分配
__ cmpb(
        Address(rsi,InstanceKlass::init_state_offset()),
        InstanceKlass::fully_initialized);
__ jcc(Assembler::notEqual, slow_case);

// 此时%rcx 中存放的是 InstanceKlass 实例的内存地址，利用偏移获取创建的 Java 对象所
// 需的内存并保存到%rdx 中
__ movl( rdx,
        Address(rsi,Klass::layout_helper_offset()) );

// 如果当前类中有 finalizer()方法或有其他原因，则跳往 slow_case 进行慢速分配
__ testl(rdx, Klass::_lh_instance_slow_path_bit);
__ jcc(Assembler::notZero, slow_case);
```

以上代码生成的汇编代码如下：

```
// %rax 中存储的是 _tags 数组的首地址
// %rdx 中存储的就是 new 指令后的操作数，即常量池索引
// 判断常量池索引处的类型是否为 JVM_CONSTANT_Class
0x00007fffe1022b2a: cmpb    $0x7,0x4(%rax,%rdx,1)

// 如不是，则跳往 slow_case 处
0x00007fffe1022b2f: jne     0x00007fffe1022b35

// %rsi 中存储的是常量池的首地址
// %rdx 中存储的是 new 指令后的操作数，即常量池索引
// 获取要创建对象所属的类地址，即 InstanceKlass 地址，放入 %rsi 中
0x00007fffe1022b35: mov     0x58(%rsi,%rdx,8),%rsi

// 判断类是否已经被初始化，如果没有初始化就跳转到 slow_case 处进行慢速分配
0x00007fffe1022b3a: cmpb    $0x4,0x16a(%rsi)
0x00007fffe1022b41: jne     0x00007fffe1022b47

// 当执行如下代码时，表示类已经被初始化过
// %rsi 中存放的是 InstanceKlass 地址，利用偏移获取创建对象所需的内存（也就是 Java
// 类创建的 Java 对象的大小）并存入 %edx 中
0x00007fffe1022b47: mov     0xc(%rsi),%edx

// 如果当前类中有 finalizer() 方法或有其他原因，则跳往 slow_case 进行慢速分配
0x00007fffe1022b4a: test $0x1,%edx
0x00007fffe1022b50: jne 0x00007fffe1022b56
```

当计算出创建对象所需要的内存空间后就可以执行内存分配了，回到 TemplateTable::_new() 函数继续执行如下代码：

```
if (UseTLAB) { // 默认 UseTLAB 的值为 true
    // 获取 TLAB 区剩余空间的首地址并放入 %rax 中
    __ movptr(rax, Address(r15_thread, in_bytes(JavaThread::tlab_top_offset())));

    // %rdx 保存对象大小，根据 TLAB 空闲区首地址可计算出对象分配后的尾地址，然后放入
    // %rbx 中
    __ lea(rbx, Address(rax, rdx, Address::times_1));

    // 将 %rbx 中的对象尾地址与 TLAB 空闲区尾地址进行比较
    __ cmpptr(rbx, Address(r15_thread, in_bytes(JavaThread::tlab_end_offset())));

    // 如果 %rbx 大于 TLAB 空闲区结束地址，则表明 TLAB 区空闲区大小不足以分配该对象
    // 在 allow_shared_alloc（允许在 Eden 区分配）情况下，跳转到 allocate_shared，
    // 否则跳转到 slow_case 处
    __ jcc(Assembler::above, allow_shared_alloc ? allocate_shared : slow_case);

    // 执行到这里，说明 TLAB 区有足够的空间分配对象
    // 对象分配后，更新 TLAB 空闲区首地址为分配对象后的尾地址
    __ movptr(Address(r15_thread, in_bytes(JavaThread::tlab_top_offset())), rbx);
```

```
// 如果 ZeroTLAB 的值为 true，则 TLAB 区会对回收的空闲区清零，那么就不需要再为对
// 象的变量进行清零操作了，而直接跳往 initialize_header 处初始化对象头
// ZeroTLAB 默认的值为 false，可通过-XX:+/-ZeroTLAB 命令进行设置
if (ZeroTLAB) {
  // 字段已经被清零
  __ jmp(initialize_header);
} else {
  // 初始化对象头和字段
  __ jmp(initialize_object);
}
}
```

　　TLAB（Thread Local Allocation Buffer，线程本地分配缓冲区）是线程私有的一块内存区域。UseTLAB 变量的值可以通过-XX:+/-UseTLAB 命令来设置，默认值为 true，表示对象的内存优先在 TLAB 中分配。尝试在 TLAB 区为对象分配内存时，无须对内存进行加锁。

　　其中，allocate_shared 变量值的计算如下：

```
const bool allow_shared_alloc = Universe::heap()->supports_inline_contig
_alloc() && !CMSIncrementalMode;
```

　　CMSIncrementalMode 的值为 true 时表示开启 CMS 收集器的增量模式，默认为 false。在当前 OpenJDK 8 版本中，allow_shared_alloc 的值为 true，这样默认情况下如果在 TLAB 区分配失败，则在 Eden 区分配。

　　生成的汇编代码如下：

```
// 获取 TLAB 区剩余空间的首地址，放入%rax
0x00007fffe1022b56: mov    0x70(%r15),%rax

// %rdx 已经记录了对象大小，根据 TLAB 空闲区首地址计算出对象分配后的尾地址并放入%rbx 中
0x00007fffe1022b5a: lea    (%rax,%rdx,1),%rbx

// 将%rbx 中的内容与 TLAB 空闲区尾地址进行比较
0x00007fffe1022b5e: cmp    0x80(%r15),%rbx

// 如果比较结果表明%rbx 中存储的地址大于 TLAB 空闲区尾地址，则表明 TLAB 区空闲区的空间
// 不足以分配该对象，在 allow_shared_alloc（允许在 Eden 区分配）情况下，就直接跳往
// Eden 区分配
0x00007fffe1022b65: ja     0x00007fffe1022b6b

// 因为对象分配后 TLAB 区空间变小，所以需要更新 TLAB 空闲区首地址为分配对象后的尾地址
0x00007fffe1022b6b: mov    %rbx,0x70(%r15)

// TLAB 区默认不会对回收的空闲区清零，跳往 initialize_object
0x00007fffe1022b6f: jmpq 0x00007fffe1022b74
```

　　如果在 TLAB 区分配失败，则会直接在 Eden 区进行分配，回到 TemplateTable::_new() 函数中继续执行如下代码：

```
// %rdx 中保存的是创建对象所需的内存空间，以字节为单位
if (allow_shared_alloc) {
  // TLAB 区分配失败会跳到这里
```

```
      __ bind(allocate_shared);

      // 获取 Eden 区剩余空间的首地址和尾地址
      ExternalAddress top((address)Universe::heap()->top_addr());
      ExternalAddress end((address)Universe::heap()->end_addr());

      const Register RtopAddr = rscratch1;
      const Register RendAddr = rscratch2;

      __ lea(RtopAddr, top);
      __ lea(RendAddr, end);
      // 将 Eden 空闲区首地址放入%rax 中
      __ movptr(rax, Address(RtopAddr, 0));

      Label retry;
      __ bind(retry);
      // 计算对象尾地址，与空闲区首地址进行比较，内存不足则跳转到慢速分配 slow_case
      __ lea(rbx, Address(rax, rdx, Address::times_1));
      __ cmpptr(rbx, Address(RendAddr, 0));
      __ jcc(Assembler::above, slow_case);

      // rax: 记录了对象分配的内存首地址
      // rbx: 记录了对象分配的内存尾地址
      // rdx: 记录了创建 Java 对象所需要的内存空间
      if (os::is_MP()) { // 在多线程环境下加锁
        __ lock();
      }
      // 利用 CAS 操作，更新 Eden 空闲区首地址为对象尾地址，因为 Eden 区是线程共用的，所
      // 以需要加锁
      __ cmpxchgptr(rbx, Address(RtopAddr, 0));

      // 如果 CAS 操作失败，需要跳转到 retry 重试
      __ jcc(Assembler::notEqual, retry);

      __ incr_allocated_bytes(r15_thread, rdx, 0);
}
```

生成的汇编代码如下：

```
-- allocate_shared --
// 获取 Eden 区剩余空间的首地址和结束地址并分别存储到%r10 和%r11 中
0x00007fffe1022b74: movabs $0x7ffff0020580,%r10
0x00007fffe1022b7e: movabs $0x7ffff0020558,%r11

// 将 Eden 空闲区首地址放入%rax
0x00007fffe1022b88: mov    (%r10),%rax

// 计算对象尾地址，与 Eden 空闲区结束地址进行比较，内存不足则跳转到慢速分配 slow_case
0x00007fffe1022b8b: lea    (%rax,%rdx,1),%rbx
0x00007fffe1022b8f: cmp    (%r11),%rbx
0x00007fffe1022b92: ja     0x00007fffe1022b98

// 利用 CAS 操作，更新 Eden 空闲区首地址为对象尾地址，因为 Eden 区是线程共用的，所以需
// 要加锁
```

```
0x00007fffe1022b98: lock    cmpxchg %rbx,(%r10)
0x00007fffe1022b9d: jne     0x00007fffe1022b8b

// 通过 Thread::_allocated_bytes 属性记录当前线程获取的堆内存总量
0x00007fffe1022b9f: add     %rdx,0xd0(%r15)
```

回到 TemplateTable::_new() 函数，对象所需内存分配好之后就会进行对象的初始化操作了，先初始化对象实例数据。继续执行如下代码：

```
// 支持在 TLAB 区或 Eden 区分配内存
if (UseTLAB || Universe::heap()->supports_inline_contig_alloc()) {
  __ bind(initialize_object);

  // 如果%rdx 和 sizeof(oopDesc)的大小一样，即对象所需大小和对象头大小一样，则表
  // 明对象真正存储实例字段的数据区内存为 0，不需要进行对象实例字段的初始化，而直接
  // 跳往 initialize_header 初始化对象头即可。在 HotSpot VM 中，虽然对象头在内存
  // 中排在对象实例数据前，但是会先初始化对象实例数据，再初始化对象头
  __ decrementl(rdx, sizeof(oopDesc));
  __ jcc(Assembler::zero, initialize_header);

  // 逻辑执行到这里，就要初始化对象的字段数据区了
  // 执行异或，使得%rcx 为 0，为之后给对象变量赋零值做准备
  __ xorl(rcx, rcx);
  __ shrl(rdx, LogBytesPerLong);   // 除以 oopSize 大小简化循环操作
  {
    // 此处以%rdx（对象大小）递减，按字节对内存进行循环遍历，初始化对象实例内存为零值
    // %rax 中保存的是对象的首地址
    Label loop;
    __ bind(loop);
    __ movq(Address(rax, rdx, Address::times_8, sizeof(oopDesc) - oopSize ), rcx);
    __ decrementl(rdx);
    __ jcc(Assembler::notZero, loop);
  }

  // 对象实例数据初始化后，开始初始化对象头（就是初始化 oop 中的 mark 和 metadata
  // 属性）
  __ bind(initialize_header);
  // 是否使用偏向锁，在大多数情况下，一个对象只会被同一个线程访问，因此在对象头中记录
  // 获取锁的线程 ID，下次线程获取锁时就不需要加锁了
  if (UseBiasedLocking) {
    // 将类的偏向锁相关数据移动到对象头部
    __ movptr(rscratch1, Address(rsi, Klass::prototype_header_offset()));
    __ movptr(Address(rax, oopDesc::mark_offset_in_bytes()), rscratch1);
  } else {
    // 将类的偏向锁相关数据移动到对象头部
    __ movptr(Address(rax, oopDesc::mark_offset_in_bytes()),
        (intptr_t) markOopDesc::prototype());
  }
  // 此时%rcx 保存了 InstanceKlass 实例的首地址，%rax 保存了对象首地址
  // 将对象所属的类 InstanceKlass 实例首地址放入对象头中，对象 oop 中的 _metadata
  // 属性存储对象所属的类 InstanceKlass 实例的首地址
  __ xorl(rcx, rcx);
```

```
    __ store_klass_gap(rax, rcx);
    __ store_klass(rax, rsi);

    ...
    // 对象创建完成
    __ jmp(done);
}
```

为虚拟机添加参数-XX:-UseCompressedOops，表示不进行指针压缩，则 Template-Table::_new()函数生成的汇编代码如下：

```
-- initialize_object --

// %edx 减去对象头大小 0x10 后，将结果存储到%edx 中
0x00007fffe1022ba6: sub    $0x10,%edx

// 如果%edx 等于 0，跳转到 initialize_header
0x00007fffe1022ba9: je     0x00007fffe1022bbd

// 执行异或，使得%ecx 为 0，为之后给对象变量赋零值做准备
0x00007fffe1022baf: xor    %ecx,%ecx
0x00007fffe1022bb1: shr    $0x3,%edx

-- loop --
// 此处以%rdx（对象的内存大小）进行递减，按字节循环遍历内存，初始化对象实例内存为零值
// %rax 中保存的是对象首地址
0x00007fffe1022bb4: mov    %rcx,0x8(%rax,%rdx,8)
0x00007fffe1022bb9: dec    %edx
// 如果不相等，跳转到 loop
0x00007fffe1022bbb: jne    0x00007fffe1022bb4

-- initialize_header --
// 对象实例数据初始化后，就开始初始化对象头
// 是否使用偏向锁，大多数情况下一个对象只会被同一个线程访问，因此在对象头中记录获取锁
// 的线程 ID，下次线程获取锁时就不需要加锁了
0x00007fffe1022bbd: mov    0xb0(%rsi),%r10
0x00007fffe1022bc4: mov    %r10,(%rax)
0x00007fffe1022bc7: xor    %ecx,%ecx
// %rsi 中保存的就是 InstanceKlass 实例的地址
// %rax 保存了对象首地址，偏移 0x08 后就是 metadata
// 将 InstanceKlass 实例的首地址保存到对象 oop 的_metadata 属性中
0x00007fffe1022bc9: mov    %rsi,0x8(%rax)
...
// 创建对象完成，跳转到 done 处
0x00007fffe1022c02: jmpq   0x00007fffe1022c07
```

调用 store_klass_gap()函数的实现代码如下：

```
void MacroAssembler::store_klass_gap(Register dst, Register src) {
  if (UseCompressedClassPointers) {
    movl(Address(dst, oopDesc::klass_gap_offset_in_bytes()), src);
```

```
    }
  }
```

调用 store_klass() 函数的实现代码如下：

```
void MacroAssembler::store_klass(Register dst, Register src) {
  if (UseCompressedClassPointers) {
    encode_klass_not_null(src);
    movl(Address(dst, oopDesc::klass_offset_in_bytes()), src);
  } else
    movptr(Address(dst, oopDesc::klass_offset_in_bytes()), src);
}
```

UseCompressedClassPointers 变量的值默认为 true，也就是默认会压缩指向类的指针。可以通过-XX:+/-UseCompressedOops 命令进行设置。

回到 TemplateTable::_new() 函数继续执行如下代码：

```
// 慢速分配，如果类没有被初始化，或者内存没有在 TLAB 或 Eden 区中分配成功，会跳到此处
// 执行
__ bind(slow_case);
// 获取常量池首地址，存入%rarg1 中
__ get_constant_pool(c_rarg1);
// 获取 new 指令后的操作数，即类在常量池中的索引，存入%rarg2
__ get_unsigned_2_byte_index_at_bcp(c_rarg2, 1);

// 调用 InterpreterRuntime::_new() 函数进行对象内存分配
call_VM(rax, CAST_FROM_FN_PTR(address, InterpreterRuntime::_new), c_rarg1,
c_rarg2);

// 对象创建完成
__ bind(done);
```

生成的汇编代码如下：

```
-- slow_case --
// 慢速分配，如果类没有被初始化，或者内存没有在 TLAB 或 Eden 区中分配成功，会跳到此处
// 执行
// 获取常量池地址并保存到%rsi 中
0x00007fffe1022c07: mov    -0x18(%rbp),%rsi
0x00007fffe1022c0b: mov    0x10(%rsi),%rsi
0x00007fffe1022c0f: mov    0x8(%rsi),%rsi

// 获取 new 指令后的操作数，即类在常量池中的索引，存入%edx 中
0x00007fffe1022c13: movzwl 0x1(%r13),%edx
0x00007fffe1022c18: bswap  %edx
0x00007fffe1022c1a: shr    $0x10,%edx

// 通过 call_VM() 函数调用 InterpreterRuntime::_new() 函数，这里会生成相关的汇编代码


-- done --
```

在调用 InterpreterRuntime::_new() 函数时需要通过 call_VM() 函数完成调用，在 call_VM() 函数中会在调用 InterpreterRuntime::_new() 函数前后做一些准备。因为在 Java 解析执行情

况下的调用约定与 C++编写的 InterpreterRuntime::_new()函数的调用约定不同，所以要额
外准备调用参数等信息。调用完成后还要恢复相关变量或寄存器的值。

调用 call_VM()生成的汇编代码如下：

```
0x00007fffe1022c1d: callq   0x00007fffe1022c27
0x00007fffe1022c22: jmpq    0x00007fffe1022cba

0x00007fffe1022c27: lea     0x8(%rsp),%rax
0x00007fffe1022c2c: mov     %r13,-0x38(%rbp)
0x00007fffe1022c30: mov     %r15,%rdi
0x00007fffe1022c33: mov     %rbp,0x200(%r15)
0x00007fffe1022c3a: mov     %rax,0x1f0(%r15)
0x00007fffe1022c41: test    $0xf,%esp
0x00007fffe1022c47: je      0x00007fffe1022c5f
0x00007fffe1022c4d: sub     $0x8,%rsp
0x00007fffe1022c51: callq   0x00007ffff66b302e
0x00007fffe1022c56: add     $0x8,%rsp
0x00007fffe1022c5a: jmpq    0x00007fffe1022c64
0x00007fffe1022c5f: callq   0x00007ffff66b302e
0x00007fffe1022c64: movabs  $0x0,%r10
0x00007fffe1022c6e: mov     %r10,0x1f0(%r15)
0x00007fffe1022c75: movabs  $0x0,%r10
0x00007fffe1022c7f: mov     %r10,0x200(%r15)
0x00007fffe1022c86: cmpq    $0x0,0x8(%r15)
0x00007fffe1022c8e: je      0x00007fffe1022c99
0x00007fffe1022c94: jmpq    0x00007fffe1000420
0x00007fffe1022c99: mov     0x250(%r15),%rax
0x00007fffe1022ca0: movabs  $0x0,%r10
0x00007fffe1022caa: mov     %r10,0x250(%r15)
0x00007fffe1022cb1: mov     -0x38(%rbp),%r13
0x00007fffe1022cb5: mov     -0x30(%rbp),%r14
0x00007fffe1022cb9: retq
下一条指令的地址为 0x00007fffe1022cba
```

在编译执行的 Java 方法中调用由 C++语言编写的函数时，由于调用约定不同，所以
HotSpot VM 专门编写了这样的一类函数用于从 Java 方法中调用 C++函数。以上生成的汇
编代码完成的具体工作就是根据调用约定为 C++准备调用参数，然后调用 C++函数，调用
完成后恢复调用现场。

在汇编代码中调用 InterpreterRuntime::_new()函数的实现代码如下：

源代码位置：openjdk/hotspot/src/share/vm/interpreter/inpterpreterRuntime.cpp

```
IRT_ENTRY(void, InterpreterRuntime::_new(JavaThread* thread, ConstantPool*
pool, int index))
  Klass* k_oop = pool->klass_at(index, CHECK);
  instanceKlassHandle klass (THREAD, k_oop);

  // 确保klass已经完成初始化
  klass->initialize(CHECK);

  // 为Java对象分配内存
  oop obj = klass->allocate_instance(CHECK);
```

```
  thread->set_vm_result(obj);
IRT_END
```

以上函数可能会进行类的加载，加载完成后进行对象内存分配，并将分配的对象地址返回存入%rax 中。调用 instanceKlass::allocate_instance()函数的实现代码如下：

```
源代码位置：openjdk/hotspot/src/share/vm/oops/instanceKlass.cpp
instanceOop instanceKlass::allocate_instance(TRAPS) {
  //是否重写 finalize()方法
  bool has_finalizer_flag = has_finalizer();
  //获取对象需要的内存
  int size = size_helper();

  KlassHandle h_k(THREAD, as_klassOop());

  instanceOop i;

  // 分配对象
  i = (instanceOop)CollectedHeap::obj_allocate(h_k, size, CHECK_NULL);
  if (has_finalizer_flag && !RegisterFinalizersAtInit) {
   i = register_finalizer(i, CHECK_NULL);
  }
  return i;
}
```

以上代码中，调用 size_helper()函数获取 Java 对象需要的内存，然后调用 Collected-Heap::obj_allocate()函数为对象分配内存。

instanceKlass::allocate_instance()函数还会判断类是否重写了 finalize()方法，如果 RegisterFinalizersAtInit 变量的值为 true（表示在调用构造函数返回之前要注册到 Finalizer 对象链里）并且当前类也重写了 finalize()方法，那么需要调用 register_finalizer()函数注册对象到 Finalizer 对象链里。关于 Finalizer 的相关知识将在 13.6 节中详细介绍，这里不做过多介绍。

调用 obj_allocate()函数为 Java 对象分配内存，同时也会对这块内存清零（对实例字段进行系统初始化），另外还会初始化对象头，这样其实一个对象的创建过程已经完成了。obj_allocate()函数的实现代码如下：

```
源代码位置：openjdk/hotspot/src/share/vm/gc_interface/collectedHeap.inline.hpp
oop CollectedHeap::obj_allocate(KlassHandle klass, int size, TRAPS) {
  HeapWord* obj = common_mem_allocate_init(klass, size, CHECK_NULL);
  post_allocation_setup_obj(klass, obj);
  return (oop)obj;
}
```

调用 common_mem_allocate_init()函数在堆中分配指定 size 大小的内存并对这块内存进行清零操作，然后调用 post_allocation_setup_obj()函数对对象进行初始化。common_mem_allocate_init()函数的实现将在 9.2.1 节中详细介绍。post_allocation_setup_obj()函数及调用的相关函数的实现代码如下：

```
源代码位置：openjdk/hotspot/src/share/vm/gc_interface/collectedHeap.inline.hpp
```

```
void CollectedHeap::post_allocation_setup_obj(KlassHandle klass,HeapWord*
obj) {
  post_allocation_setup_common(klass, obj);
}

void CollectedHeap::post_allocation_setup_common(KlassHandle klass,
HeapWord* obj) {
  // 初始化对象头 markOop
  post_allocation_setup_no_klass_install(klass, obj);
  // 初始化对象头中的_klass 或_compressed_klass 属性
  post_allocation_install_obj_klass(klass, oop(obj));
}

void CollectedHeap::post_allocation_setup_no_klass_install(KlassHandle
klass,HeapWord* objPtr) {
  oop obj = (oop)objPtr;
  // 初始化对象头 markOop
  assert(obj != NULL, "NULL object pointer");
  if (UseBiasedLocking && (klass() != NULL)) {
    obj->set_mark(klass->prototype_header());
  } else {
    obj->set_mark(markOopDesc::prototype());
  }
}

void CollectedHeap::post_allocation_install_obj_klass(KlassHandle klass,
oop obj) {
  // 初始化对象头中的_klass 或_compressed_klass 属性
  obj->set_klass(klass());
}
```

为对象分配完内存后会初始化对象头，同时调用 set_klass() 函数设置对象头中的_klass
或_compressed_klass 属性。函数的实现代码如下：

```
源代码位置：openjdk/hotspot/src/share/vm/oops/oop.inline.hpp
inline void oopDesc::set_klass(Klass* k) {
  if (UseCompressedClassPointers) {
    // 当开启了类指针压缩时，设置_metadata._compressed_klass 属性的值
    *compressed_klass_addr() = Klass::encode_klass_not_null(k);
  } else {
    // 设置_metadata._klass 属性的值
    *klass_addr() = k;
  }
}
```

对对象头的信息进行设置，将_metadata._klass 或_metadata._compressed_klass 属性的
值设置为对应的 Klass 实例。

以上内存分配的流程总结如下：

（1）首先在 TLAB 区分配。

（2）如果在 TLAB 区分配失败，一般情况下会在 Eden 空间分配。

（3）如果无法在 TLAB 和 Eden 区分配，那么调用 InterpreterRuntime::_new() 函数进行

分配。

对象的内存分配，往大方向讲就是在堆上分配，对象主要分配在新生代的 Eden 空间上，少数情况下可能会直接分配在老年代中。分配的规则并不是固定的，其细节取决于当前使用的是哪一种垃圾收集器组合，以及虚拟机中与内存相关参数的设置。后面在介绍具体的垃圾收集器时会再细化这个对象分配的过程。

现在对象有了内存并且字段数据区清零、对象头也完成了初始化，接下来可以通过 invokespecial 指令调用构造方法<init>按用户的意图初始化字段数据区的内容。

9.2 对象的内存分配

前面几章的内容中多次涉及内存分配，不过都没有深入介绍具体的分配过程，本节将详细介绍对象的内存分配过程。

9.2.1 在 TLAB 中分配内存

对象一般会在堆上分配，而堆是全局共享的，在同一时间可能会有多个线程在堆上申请内存空间，因此每次给对象分配内存时都必须同步进行。HotSpot VM 采用 CAS 配上失败重试的方式保证更新操作的原子性，或者干脆使用全局锁，这会使对象内存分配的效率下降。为了实现高效地无锁分配，HotSpot VM 使用 TLAB 来避免多线程冲突，在给对象分配内存时每个线程使用自己的 TLAB，这样可以避免线程同步，提高对象内存分配的效率。

TLAB 的全称是 Thread Local Allocation Buffer，即线程本地分配缓存区，这是一个线程专用的内存分配区域。TLAB 是 Eden 空间中的一块内存，在 TLAB 中分配对象不需要锁，但是从 Eden 空间中分配 TLAB 时需要通过 CAS 的方式避免多线程冲突。

1. TLAB的初始化

在 8.3.3 节中介绍堆的初始化函数 Universe::initialize_heap()中有如下调用语句：

```
// UseTLAB 的默认值为 true，可通过-XX:+/-UseTLAB 选项来设置
if (UseTLAB) {
    ThreadLocalAllocBuffer::startup_initialization();
}
```

默认支持 TLAB 分配，因此 UseTLAB 变量的值为 true。调用 startup_initialization()函数初始化 TLAB，代码如下：

```
源代码位置：openjdk/hotspot/src/share/vm/memory/threadLocalAllocBuffer.cpp
void ThreadLocalAllocBuffer::startup_initialization() {
```

```
// 选项-XX:TLABWasteTargetPercent 设置浪费的 TLAB 可占用的 Eden
// 空间的百分比，默认值为 1%，因此 TLABWasteTargetPercent 的值为 1
_target_refills = 100 / (2 * TLABWasteTargetPercent);
_target_refills = MAX2(_target_refills, (unsigned)1U);

_global_stats = new GlobalTLABStats();

Thread::current()->tlab().initialize();
}
```

在创建 GlobalTLABStats 实例时，会调用 AdaptiveWeightedAverage::sample()函数初始化 AdaptiveWeightedAverage 类中定义的一个非常重要的参数_average，此函数的实现代码如下：

```
源代码位置：openjdk/hotspot/src/share/vm/gc_implementation/shared/gcUtil.cpp
void AdaptiveWeightedAverage::sample(float new_sample) {
  increment_count();

  // 计算新的加权平均值，average()函数获取_average 参数的值，默认为 0
  float new_avg = compute_adaptive_average(new_sample, average());
  set_average(new_avg);
  _last_sample = new_sample;
}
```

从 ThreadLocalAllocBuffer::startup_initialization()中调用如上函数时，传递的 new_sample 参数值为 1，表示第 1 次采样。调用 increment_count()函数统计采样次数，当采样次数不大于 100 时和大于 100 时的权重计算稍有不同。函数的实现代码如下：

```
源代码位置：openjdk/hotspot/src/share/vm/gc_implementation/shared/gcUtil.hpp
void  increment_count() {
  _sample_count++;
  // OLD_THRESHOLD 等于常量值 100
  if (!_is_old && _sample_count > OLD_THRESHOLD) {
    _is_old = true;
  }
}
```

调用 compute_adaptive_average()计算新的加权平均值，代码如下：

```
源代码位置：openjdk/hotspot/src/share/vm/gc_implementation/shared/gcUtil.cpp

float AdaptiveWeightedAverage::compute_adaptive_average(
    float new_sample,
    float average
) {
  unsigned count_weight = 0;

  // 当采样数不大于 100 时，is_old()函数将返回 false
  // 次数权重 = 100 / 次数
  if (!is_old()) {
    count_weight = OLD_THRESHOLD/count();
  }
  // 计算权重 = 次数权重 与 TLABAllocationWeight 中的最大值
```

```
    unsigned adaptive_weight = (MAX2(weight(), count_weight));

    float new_avg = exp_avg(average, new_sample, adaptive_weight);

    return new_avg;
}
```

调用 exp_avg() 函数的实现代码如下：

源代码位置：openjdk/hotspot/src/share/vm/gc_implementation/shared/gcUtil.hpp

```
static inline float exp_avg(float avg, float sample,unsigned int weight) {
    assert(0 <= weight && weight <= 100, "weight must be a percent");
    return (100.0F - weight) * avg / 100.0F + weight * sample / 100.0F;
}
```

采样次数小于等于 100 时，计算公式为：

新的平均值 = (100% - 计算权重%) * 之前的平均值 + 计算权重% * 当前采样值

采样次数大于 100 时，每次采样：

新的平均值 = (100% - TLABAllocationWeight %) * 之前的平均值 + TLABAllocation
Weight % * 当前采样值

公式中的 weight 由 TLABAllocationWeight 参数决定，如果不设置的话，默认是 35。

TLAB 的大小计算和线程数量有关，但是线程是动态创建销毁的，因此需要基于历史线程个数推测接下来的线程个数从而计算 TLAB 的大小。一般而言，HotSpot VM 内像 exp_avg() 这种预测函数都采用 EMA（Exponential Moving Average 指数平均数）算法进行预测。指数平均数代表权重，权重越高，最近的数据占比影响越大。可以看出 TLABAllocationWeight 越大，则最近的线程数量对于预测下次会分配 TLAB 的期望线程个数影响越大。

在 ThreadLocalAllocBuffer::startup_initialization() 函数中调用 initialize() 函数的实现代码如下：

源代码位置：openjdk/hotspot/src/share/vm/memory/threadLocalAllocBuffer.cpp

```
void ThreadLocalAllocBuffer::initialize() {
    // 将 ThreadLocalAllocBuffer 类中定义的_start、_top 和_end 等属性设置为 NULL
    initialize(NULL,NULL, NULL);

    // 计算并设置 TLAB 的初始期望值
    set_desired_size(initial_desired_size());

    if (Universe::heap() != NULL) {
        // 在堆中支持分配的 TLAB 内存空间大小，因为只有 Eden 空间支持所以在 Serial 收集器
        // 中会返回 Eden 的内存空间
        size_t capacity   = Universe::heap()->tlab_capacity(myThread()) /
HeapWordSize;
        // 计算这个线程的 TLAB 期望占用所有 TLAB 的总体比例
        // TLAB 期望占用的内存空间也就是这个 TLAB 的值乘以期望 refill 的次数
        double alloc_frac = desired_size() * target_refills() / (double)
capacity;
```

```
    _allocation_fraction.sample(alloc_frac);
  }

  // 计算 _refill_waste_limit 的初始值
  size_t st2 = initial_refill_waste_limit();
  set_refill_waste_limit(st);
}
```

调用 ThreadLocalAllocBuffer::initial_desired_size() 函数计算 TLAB 的值，代码如下：

```
源代码位置：openjdk/hotspot/src/share/vm/memory/threadLocalAllocBuffer.cpp
size_t ThreadLocalAllocBuffer::initial_desired_size() {
  size_t init_sz;

  if (TLABSize > 0) {               // 使用-XX:TLABSize 命令指定一个 TLAB 的值
    init_sz = MIN2(TLABSize / HeapWordSize, max_size());
  } else {
    // 获取会创建并初始化 TLAB 的线程个数
    unsigned nof_threads = global_stats()->allocating_threads_avg();

    init_sz = (Universe::heap()->tlab_capacity(myThread()) / HeapWordSize) /
                  (nof_threads * target_refills());
    init_sz = align_object_size(init_sz);
    // 保证 TLAB 的最小值≤TLAB 的初始值≤TLAB 的最大值
    init_sz = MIN2(MAX2(init_sz, min_size()), max_size());
  }
  return init_sz;
}
```

如果设置了 TLABSize（默认是 0），那么 TLAB 的值是 TLABSize 和 max_size()中最小的那个值，调用 ThreadLocalAllocBuffer::max_size()函数获取 TLAB 的最大值，实现代码如下：

```
源代码位置：openjdk/hotspot/src/share/vm/memory/threadLocalAllocBuffer.cpp
const size_t ThreadLocalAllocBuffer::max_size() {
  size_t unaligned_max_size = typeArrayOopDesc::header_size(T_INT) +
                  sizeof(jint) *
                      ((juint) max_jint / (size_t) HeapWordSize);
  return align_size_down(unaligned_max_size, MinObjAlignment);
}
```

通常，TLAB 的最大值不会大于 int[Integer.MAX_VALUE]，因为在分配新的 TLAB 时，原 TLAB 中未分配给对象的剩余内存需要填充整数类型的数组，这个被填充的数组叫作 dummy object，这样内存空间就是可解析的，非常有利于提高 GC 的扫描效率。为了一定能有填充 dummy object 的空间，TLAB 一般会预留一个 dummy object 的 header 的空间，也是一个 int[]的 header，所以 TLAB 的值不能超过 int 数组的最大值，否则无法用 dummy object 填满未使用的空间。

在 ThreadLocalAllocBuffer::initial_desired_size()函数中，如果没有指定-XX:TLABSize 选项，TLAB 的值会采用如下公式进行计算：

Eden 区大小 / (会创建并初始化 TLAB 的线程个数 * 每个线程 refill 次数)

其中，refill 可以理解为线程获取新的 TLAB 分配对象的行为。创建并初始化 TLAB

的线程个数通过调用 allocating_threads_avg()函数获取，代码如下：

```
源代码位置: openjdk/hotspot/src/share/vm/memory/threadLocalAllocBuffer.hpp
unsigned allocating_threads_avg() {
    return MAX2((unsigned)(_allocating_threads_avg.average() + 0.5), 1U);
}
```

这个值就是获取之前计算出来的 AdaptiveWeightedAverage 类中_average 的值。

在理想状态下，线程的所有对象分配都希望在 TLAB 中进行，当线程进行了 refill 次新 TLAB 分配行为后，正好占满 Eden 空间。不过实际情况是,总会有内存被填充了 dummy object 而造成浪费，另外，当 GC 发生时，无论当前正在进行对象分配的 TLAB 剩余空闲有多大，都会被填充，每次分配的比例如何确定呢？从概率上说，GC 可能会在任何时候发生，即对于某一时刻而言，GC 发生的概率为 0.5。如果按照 TLABWasteTargetPercent 的默认设定，说明浪费的内存不超过 1%，那么在 0.5 的概率是浪费的情况下 TLAB 分配的比例是多少才让浪费的期望值小于 1%呢？答案是 2%的比例。

在 ThreadLocalAllocBuffer::initialize()函数中调用 initial_refill_waste_limit()函数计算 _refill_waste_limit 的初始值，计算出来后通过 ThreadLocalAllocBuffer 类中的_refill_waste _limit 变量保存。initial_refill_waste_limit()函数的实现代码如下：

```
源代码位置: openjdk/hotspot/src/share/vm/memory/threadLocalAllocBuffer.hpp

size_t initial_refill_waste_limit() {
    return desired_size() / TLABRefillWasteFraction;
}
```

当请求对象大于_refill_waste_limit 时，会选择在堆中分配，若小于该值，则会废弃当前 TLAB，新建 TLAB 来分配对象。这个阈值可以使用-XX:TLABRefillWasteFraction 命令来调整，表示 TLAB 中允许产生这种浪费的比例。默认值为 64，即表示使用约为 1/64 的 TLAB 空间作为_refill_waste_limit。默认情况下，TLAB 和_refill_waste_limit 都会在运行时不断调整，使系统的运行状态达到最优。

与 TLAB 相关的常用命令如表 9-1 所示。

表 9-1　TLAB的常用命令

参 数 设 置	描　　述	默 认 值
-XX:TLABWasteTargetPercent	设置TLAB可占用的Eden空间的百分比,默认为1%,也就是说不应该超过Eden空间的1%。这个选项的默认值是1。如果新分配的对象大小超出了设置的这个百分比,那么就会执行slow allocation,否则就会分配一个新的TLAB区	1
-XX:TLABWasteIncrement	为了防止过多的slow allocation,JVM定义了这个开关(默认值是4),比如说第一次slow allocation的极限值是1%,那么下一次slow allocation的极限值就是%1+4%=5%	4

（续）

参 数 设 置	描 述	默 认 值
-XX:TLABAllocationWeight	TLAB大小计算和线程数量有关,但是线程是动态创建销毁的，因此需要基于历史线程个数推测接下来的线程个数来计算TLAB大小	35
-XX:TLABRefillWasteFraction	每一次TLAB再填充（refill）发生的时候，最大的TLAB浪费	64
-XX:+UseTLAB	开启TLAB分配	true
-XX:TLABSize	设置TLAB的大小	0
-XX:MinTLABSize	指定TLAB的最小大小	2048字节
-XX:+ResizeTLAB	自动调整TLAB大小	true
-XX:+PrintTLAB	打印TLAB相关分配信息	false

2. 在TLAB中分配内存

在给普通对象分配内存或者给某一线程分配 TLAB，普通对象的内存可以分配在年轻代的 Eden 区，也可以分配在老年代，而 TLAB 目前只支持在年轻代的 Eden 区分配。下面详细介绍为线程分配 TLAB 和在 TLAB 中分配内存的详细过程。首先从为对象分配内存的 CollectedHeap::obj_allocate()函数或为数组分配内存的 CollectedHeap::array_allocate()函数说起，分配过程中涉及对多个函数的调用，如图9-1 所示。

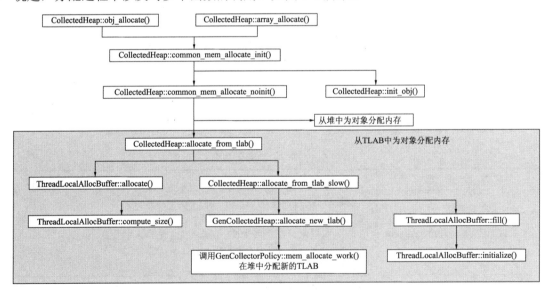

图 9-1　为对象或数组分配内存所涉及的函数调用

从图9-1 中可以看到为对象或数组分配内存时所涉及的函数调用，灰色区域内的是从 TLAB 中为对象分配内存，暂时不讨论从堆中年轻代的 Eden 区分配对象的内存（其实从

TLAB 中分配内存也是在 Eden 区分配内存），或从堆中老年代中分配内存的情况。从 TLAB 中分配内存时，如果 TLAB 内存不足，可能还会分配新的 TLAB，然后再从新的 TLAB 中分配内存。

首先来看 CollectedHeap::common_mem_allocate_init()函数，该函数的实现代码如下：

```
源代码位置：openjdk/hotspot/src/share/vm/gc_interface/collectedHeap.inline.hpp
HeapWord* CollectedHeap::common_mem_allocate_init(KlassHandle klass, size
_t size, TRAPS) {
  // 分配内存
  HeapWord* obj = common_mem_allocate_noinit(klass, size, CHECK_NULL);
  // 对分配的内存进行部分初始化
  init_obj(obj, size);
  return obj;
}
```

为对象或数组分配内存后，通常要进行清零操作，也就是给实例变量赋系统的初始零值，所以实例变量可不经过初始化直接使用。

调用 CollectedHeap::common_mem_allocate_noinit()函数的实现代码如下：

```
源代码位置：openjdk/hotspot/src/share/vm/gc_interface/collectedHeap.inline.hpp

HeapWord* CollectedHeap::common_mem_allocate_noinit(KlassHandle klass,
size_t size, TRAPS) {
  // 在 TLAB 中分配内存
  HeapWord* result = NULL;
  if (UseTLAB) {                          // UseTLAB 默认的值为 true
    result = allocate_from_tlab(klass, THREAD, size);
    if (result != NULL) {
      return result;
    }
  }
  // 在堆中分配内存
  bool          gc_overhead_limit_was_exceeded = false;
  CollectedHeap*   ch = Universe::heap();
  result = ch->mem_allocate(size,&gc_overhead_limit_was_exceeded);
  if (result != NULL) {
    return result;
  }
  ...
}
```

可以使用-XX:+/-UseTLAB 命令对 TLAB 进行设置，默认为 true，也就是使用 TLAB 分配内存。如果在 TLAB 中分配失败，则继续调用 GenCollectedHeap::mem_allocate()函数从堆中分配内存。

首先看从 TLAB 中分配内存，CollectedHeap::allocate_from_tlab()函数的实现代码如下：

```
源代码位置：openjdk/hotspot/src/share/vm/gc_interface/collectedHeap.inline.hpp

HeapWord* CollectedHeap::allocate_from_tlab(KlassHandle klass, Thread*
thread, size_t size) {
  assert(UseTLAB, "should use UseTLAB");
```

```
ThreadLocalAllocBuffer& tab = thread->tlab();
// 从 TLAB 中分配内存
HeapWord* obj = tab.allocate(size);
if (obj != NULL) {
  return obj;
}
// 可能分配新的 TLAB，然后在新的 TLAB 中分配内存
return allocate_from_tlab_slow(klass, thread, size);
}
```

调用 ThreadLocalAllocBuffer 类的 allocate()函数的实现代码如下：

源代码位置：openjdk/hotspot/src/share/vm/memory/threadLocalAllocBuffer.cpp
```
inline HeapWord* ThreadLocalAllocBuffer::allocate(size_t size) {
  HeapWord* obj = top();
  if (pointer_delta(end(), obj) >= size) {
    set_top(obj + size);
    return obj;
  }
  return NULL;
}
```

通过指针碰撞进行内存分配，由于 TLAB 是线程私有的，所以并不需要使用 CAS 等方式保证原子性，分配成功后返回内存块首地址，否则返回 NULL。

在 CollectedHeap::common_mem_allocate_noinit()函数中，如果 TLAB 分配不成功，则继续调用 allocate_from_tlab_slow()函数分配内存，这个函数可能会开辟一个新的 TLAB，然后在这个新的 TLAB 中为对象分配内存。调用 allocate_from_tlab_slow()函数的实现代码如下：

源代码位置：openjdk/hotspot/src/share/vm/gc_interface/collectedHeap.cpp
```
HeapWord* CollectedHeap::allocate_from_tlab_slow(KlassHandle klass, Thread* thread, size_t size) {

    // 如果 TLAB 中的剩余空间太多，但是不足以为对象分配内存，则只能从年轻代的 Eden 空间
    // 或老年代中分配
    if (thread->tlab().free() > thread->tlab().refill_waste_limit()) {
      thread->tlab().record_slow_allocation(size);
      return NULL;
    }

    // 丢弃原 TLAB，分配一个新的 TLAB，首先计算新分配的 TLAB 的大小
    size_t new_tlab_size = thread->tlab().compute_size(size);

    thread->tlab().clear_before_allocation();

    if (new_tlab_size == 0) {
      return NULL;
    }

    // 分配一个新的 TLAB
```

```
HeapWord* obj = Universe::heap()->allocate_new_tlab(new_tlab_size);
if (obj == NULL) {
    return NULL;
}

if (ZeroTLAB) {
    // 将新分配的内存清零
    Copy::zero_to_words(obj, new_tlab_size);
}

thread->tlab().fill(obj, obj + size, new_tlab_size);
return obj;
}
```

调用以上函数的前提是 TLAB 内存分配失败，所以函数可直接判断 TLAB 中剩下的空闲空间是否可以丢弃。具体就是将 TLAB 的剩余空间与之前已经计算好出来的保存在 ThreadLocalAllocBuffer 中的 _refill_waste_limit 进行比较，如果大于_refill_waste_limit 则不能丢弃，只能在 TLAB 之外分配，否则要尝试分配一个新的 TLAB。

当初始化 TLAB 或扩展 TLAB 内存时会设置_desired_size 属性的值。这个属性值表示分配的 TLAB 的值。

```
源代码位置: openjdk/hotspot/src/share/vm/memory/threadLocalAllocBuffer.cpp
void ThreadLocalAllocBuffer::record_slow_allocation(size_t obj_size) {
  set_refill_waste_limit(refill_waste_limit() + refill_waste_limit
_increment());
   _slow_allocations++;
}
```

调用 refill_waste_limit_increment()函数获取 TLABWasteIncrement 的值，默认值为 4，表示动态增加浪费空间的字节数。为了防止过多地调用 GenCollectedHeap::mem_allocate() 函数从堆中分配，HotSpot VM 增加了 TLABWasteIncrement 选项，如第一次从堆中分配的极限值是 1%，那么下一次从堆中分配的极限值就是%1+4%=5%。

下面看一下在 CollectedHeap::allocate_from_tlab_slow()函数中分配新 TLAB 的过程。首先计算新 TLAB 的值，代码如下：

```
源代码位置: openjdk/hotspot/src/share/vm/memory/threadLocalAllocBuffer.cpp
inline size_t ThreadLocalAllocBuffer::compute_size(size_t obj_size) {
  // 对象要按 MinObjAlignment（值为 8）字节对齐
  const size_t aligned_obj_size = align_object_size(obj_size);

  // 获取 Eden 空闲区的大小
  const size_t available_size = Universe::heap()->unsafe_max_tlab_alloc
(myThread()) / HeapWordSize;
  size_t new_tlab_size = MIN2(available_size, desired_size() + aligned_
obj_size);

  // Make sure there's enough room for object and filler int[].
  // 确保新的 TLAB 的内存大小要大于为对象分配的内存空间
  const size_t obj_plus_filler_size = aligned_obj_size + alignment_reserve();
  if (new_tlab_size < obj_plus_filler_size) {
```

```
      return 0;
   }
   return new_tlab_size;
}
```

要计算出新分配的 TLAB 的大小，这个值要大于等于需要为对象分配的内存空间，同时要在 Eden 空闲区和 ThreadLocalAllocBuffer::_desired_size 加上为对象分配的内存之和中取最小值。前面已经介绍过 _desired_size 属性值的设置，这里需要提示一下：

（1）HotSpot VM 启动时设置的初始值；

（2）在 TLAB 中分配空间失败并且 TLAB 中的剩余空闲还不能浪费的情况下，会扩大 _desired_size 的值。

调用 GenCollectedHeap::unsafe_max_tlab_alloc()函数的实现代码如下：

```
源代码位置: openjdk/hotspot/src/share/vm/memory/genCollectedHeap.cpp
size_t GenCollectedHeap::unsafe_max_tlab_alloc(Thread* thr) const {
  size_t result = 0;
  for (int i = 0; i < _n_gens; i += 1) {
   if (_gens[i]->supports_tlab_allocation()) {
     result += _gens[i]->unsafe_max_tlab_alloc();
   }
  }
  return result;
}
```

对于 Serial/Serial Old 回收器来说，_gens[0]为 DefNewGeneration 实例，_gens[1]为 TenuredGeneration 实例，而 TenuredGeneration 实例所表示的老年代不支持 TLAB 分配，supports_tlab_allocation()函数返回 false，所以最终只计算 DefNewGeneration 实例表示的年轻代中的 Eden 空间区大小。

在 CollectedHeap::allocate_from_tlab_slow()函数中调用 clear_before_allocation()函数的实现代码如下：

```
源代码位置: openjdk/hotspot/src/share/vm/memory/threadLocalAllocBuffer.cpp
void ThreadLocalAllocBuffer::clear_before_allocation() {
  ...
  make_parsable(true);              // 让原 TLAB 保持一种可解析的状态
}

void ThreadLocalAllocBuffer::make_parsable(bool retire) {
 if (end() != NULL) {
    CollectedHeap::fill_with_object(top(), hard_end(), retire);
    ...
  }
}
```

调用 fill_with_object()函数的实现代码如下：

```
源代码位置: openjdk/hotspot/src/share/vm/gc_interface/collectedHeap.hpp
static void fill_with_object(HeapWord* start, HeapWord* end, bool zap =
true) {
   fill_with_object(start, pointer_delta(end, start), zap);
}
```

调用 fill_with_object() 函数的实现代码如下：

源代码位置：openjdk/hotspot/src/share/vm/gc_interface/collectedHeap.cpp

```
void CollectedHeap::fill_with_object(HeapWord* start, size_t words, bool
zap) {
  HandleMark hm;  // Free handles before leaving.
  fill_with_object_impl(start, words, zap);
}

void CollectedHeap::fill_with_object_impl(HeapWord* start, size_t words,
bool zap) {
  assert(words <= filler_array_max_size(), "too big for a single object");

  if (words >= filler_array_min_size()) {
    fill_with_array(start, words, zap);
  } else if (words > 0) {
    assert(words == min_fill_size(), "unaligned size");
    post_allocation_setup_common(SystemDictionary::Object_klass(), start);
  }
}
```

为了让 TLAB 保持一种可解析的状态，向剩余的空闲内存中填充对象，这样内存看起来是连续的，不会留下空白，这在扫描内存、查找对象时非常重要，如果两个对象之间有空白，那么在查找完第一个对象之后只能逐个字节地检查下一个对象的起始位置，这样既耗时又不能保证准确率，因此会调用 fill_with_object() 函数填充 Object 对象或数组。

在 CollectedHeap::allocate_from_tlab_slow() 函数中，调用 ThreadLocalAllocBuffer::compute_size() 函数计算出新分配的 TLAB 的大小后，调用如下函数完成 TLAB 分配：

源代码位置：openjdk/hotspot/src/share/vm/memory/genCollectedHeap.cpp

```
// 为某一线程申请一块本地分配缓冲区 TLAB
HeapWord* GenCollectedHeap::allocate_new_tlab(size_t size) {
  bool gc_overhead_limit_was_exceeded;
  return collector_policy()->mem_allocate_work(size,   // 为 TLAB 分配内存
                                               true,            // true 表示分配新的 TLAB
                                               &gc_overhead_limit_was_exceeded);
}
```

gc_overhead_limit_was_exceeded 参数表示这次内存分配是否发生了 GC 并且 GC 的时间超过了设置的时间。这个设计主要是为了满足那些对延时敏感的场景，也就是当 gc_overhead_limit_was_exceeded 为 true 时，给上层应用抛出 OOM 异常以便其进行恰当的处理。

在使用 Serial/Serial Old 收集器时，内存堆管理器 GenCollectedHeap 的默认 GC 策略实现是 MarkSweepPolicy，调用 MarkSweepPolicy 的 mem_allocate_work() 函数最终会调用 GenCollectorPolicy::mem_allocate_work() 函数，该函数会在堆中分配 TLAB，下一节将详细介绍。

在 CollectedHeap::allocate_from_tlab_slow() 函数中，如果 TLAB 分配成功，可能还会调用 Copy::zero_to_words() 函数将内存清零，调用的相关函数的实现代码如下：

```
源代码位置: openjdk/hotspot/src/share/vm/utilities/copy.hpp
static void zero_to_words(HeapWord* to, size_t count) {
    pd_zero_to_words(to, count);
}

static void pd_zero_to_words(HeapWord* tohw, size_t count) {
  pd_fill_to_words(tohw, count, 0);
}
```

```
源代码位置: openjdk/hotspot/src/share/cpu/x86/vm/copy_x86.hpp
static void pd_fill_to_words(HeapWord* tohw, size_t count, juint value) {
  julong* to = (julong*) tohw;
  julong  v  = ((julong) value << 32) | value;
  while (count-- > 0) {
    *to++ = v;
  }
}
```

在 CollectedHeap::allocate_from_tlab_slow()函数中分配成功 TLAB 后，还会调用 ThreadLocalAllocBuffer::fill()函数初始化 ThreadLocalAllocBuffer 中的一些变量，这样下次在 TLAB 中为对象分配内存时可直接使用这些变量。ThreadLocalAllocBuffer::fill()函数的实现代码如下：

```
源代码位置: openjdk/hotspot/src/share/vm/memory/threadLocalAllocBuffer.cpp
void ThreadLocalAllocBuffer::fill(
    HeapWord* start,
    HeapWord* top,
    size_t    new_size
){
  number_of_refills++;
  initialize(start, top, start + new_size - alignment_reserve());
  // 为当前新的 TLAB 设置 refill_waste_limit 属性的值
  set_refill_waste_limit(initial_refill_waste_limit());
}

void ThreadLocalAllocBuffer::initialize(
    HeapWord* start,
    HeapWord* top,
    HeapWord* end
) {
  set_start(start);
  set_top(top);
  set_pf_top(top);
  set_end(end);
}
```

为新的 TLAB 中的属性设置初始值。set_start()和 set_top()等函数的实现代码比较简单，这里不再给出。

9.2.2 在堆中分配内存

在堆中（不包括 TLAB 中分配）可以为 TLAB 和对象分配内存，但 TLAB 目前只能在 Eden 区中分配，而大对象可能直接在老年代分配，非大对象在 Eden 区分配。如图 9-2 所示为在堆中分配内存时涉及的函数调用。

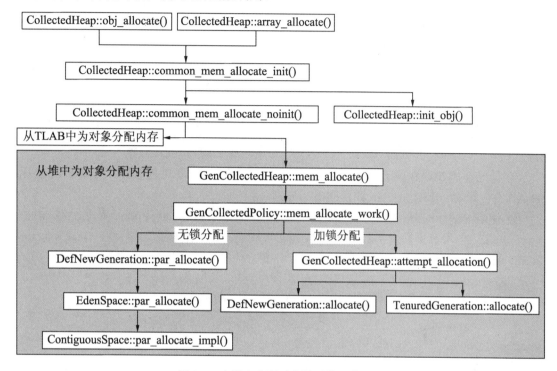

图 9-2　在堆中分配对象涉及的函数调用

上一节详细介绍了在 TLAB 中分配内存的情况，本节将详细介绍在堆中分配内存的情况，图 9-2 中灰色区域部分即堆中分配时可能涉及的函数调用。

首先来看 CollectedHeap::common_mem_allocate_noinit() 函数，实现代码如下：

```
源代码位置: openjdk/hotspot/src/share/vm/gc_interface/collectedHeap.inline.hpp
HeapWord* CollectedHeap::common_mem_allocate_noinit(KlassHandle klass,
size_t size, TRAPS) {

  // 省略了在 TLAB 中分配内存的逻辑
  ...
  // 在 TLAB 中分配内存失败后，继续执行如下逻辑

  bool gc_overhead_limit_was_exceeded = false;
  CollectedHeap* ch = Universe::heap();
  result = ch->mem_allocate(size,&gc_overhead_limit_was_exceeded);
  if (result != NULL) {
    return result;
  }
  ...
}
```

调用 GenCollectedHeap::mem_allocate()函数在堆中分配内存，分配成功后返回内存块的起始地址，函数的实现代码如下：

```
源代码位置：openjdk/hotspot/src/share/vm/memory/genCollectedHeap.cpp
HeapWord* GenCollectedHeap::mem_allocate(
    size_t  size,
    bool*   gc_overhead_limit_was_exceeded
){
    // 在使用 Serial 和 Serial Old 收集器时，内存堆管理器 GenCollectedHeap 的默认
    // GC 策略实现是 MarkSweepPolicy
    CollectorPolicy* cp = collector_policy();
    return cp->mem_allocate_work(size,false ,gc_overhead_limit_was_exceeded);
}
```

在分配新的 TLAB 或无法在 TLAB 中为对象分配内存时都可能调用以上函数，如果为 TLAB 分配内存，那么 is_tlab 参数的值为 true。

在使用 Serial/Serial Old 收集器时，默认使用的是 MarkSweepPolicy 策略。在 Mkar-SweepPolicy 中没有重写虚函数 mem_allocate_work()，因此最终会调用父类 GenCollector-Policy 的 mem_allocate_work()函数完成内存分配，代码如下：

```
源代码位置：openjdk/hotspot/src/share/vm/memory/collectorPolicy.cpp
HeapWord* GenCollectorPolicy::mem_allocate_work(
    size_t  size,
    bool    is_tlab,
    bool*   gc_overhead_limit_was_exceeded
){
  GenCollectedHeap *gch = GenCollectedHeap::heap();

  // 先假设 GC 没有超时，当 GC 执行时间超时会设置为 true
  *gc_overhead_limit_was_exceeded = false;

  HeapWord* result = NULL;

  // 通过重试机制确保内存分配成功，也有可能在 GC 后也无法分配成功
  for ( int try_count = 1, gclocker_stalled_count = 0;
      /* return or throw */;
      try_count += 1
  ){
    // 1. 无锁式分配
    // 2. 全局锁下分配
    // 3. 触发垃圾回收并根据垃圾回收后的结果做进一步判断
  }
}
```

在 for 循环中尝试通过无锁和全局锁方式完成内存分配，如果分配失败，则会触发垃圾回收，根据垃圾回收的结果可能会再循环一次，尝试再次分配，也可能会直接返回，表示无法分配。下面具体介绍。

1. 无锁式分配

无锁式分配相比全局锁式分配来说分配速度比较快，它是一种多线程安全的分配方式，内存代管理器内部能够保证外部线程的多并发安全性，因此不需要外部调用者（内存堆管理器）使用额外的锁来保证多线程安全性。具体的实现代码如下：

```
Generation *gen0 = gch->get_gen(0);
if (gen0->should_allocate(size, is_tlab)) {
    result = gen0->par_allocate(size, is_tlab);
    if (result != NULL) {
        return result;
    }
}
```

其中，should_allocate()函数判断对应的内存代是否支持这次分配的请求，DefNew-Generation 表示的年轻代支持在 is_tlab 为 true 的情况下进行内存分配。如果支持的话就会调用 par_allocate()函数进行真正的内存分配。

should_allocate()函数的实现代码如下：

```
源代码位置: openjdk/hotspot/src/share/vm/memory/defNewGeneration.hpp
virtual bool should_allocate(size_t word_size, bool is_tlab) {
    // 在 64 位系统下，BitsPerSize_t 的值为 64, LogHeapWordSize 的值为 3
    size_t      overflow_limit  = (size_t)1 << (BitsPerSize_t - LogHeap
WordSize);                                  // 1<<61
    // 判断条件 1
    const bool  non_zero     = word_size > 0;
    // 判断条件 2
    const bool  overflows    = word_size >= overflow_limit;
    // 判断条件 3
    // 检查申请的内存是否太大，check_too_big 为 true 时，对象直接在 old 区分配内存
    const bool  check_too_big = _pretenure_size_threshold_words > 0;
    const bool  not_too_big  = word_size < _pretenure_size_threshold_words;
    const bool  size_ok      = is_tlab || !check_too_big || not_too_big;

    // 3 个判断条件必须都满足
    bool result = !overflows &&      // 申请的内存空间未溢出
              non_zero &&            // 申请的内存大小不为 0
              size_ok;               // 申请的内存未超过本内存代的限制阈值
    return result;
}
```

其中，判断当前内存代是否支持此次内存分配的请求主要有 3 个条件，这 3 个条件必须同时满足，函数才会返回 true，这 3 个条件如下：

- 申请的内存空间未溢出；
- 申请的内存大小不为 0；
- 支持 TLAB 内存分配，如果不支持 TLAB 内存分配，那么申请的内存空间未超过本

内存代的限制阈值。

调用 par_allocate()函数的实现代码如下：

```
源代码位置：openjdk/hotspot/src/share/vm/memory/defNewGeneration.cpp
HeapWord* DefNewGeneration::par_allocate(size_t word_size,bool is_tlab) {
  HeapWord* res = eden()->par_allocate(word_size);
  ...
  return res;
}
```

优先从 Eden 区中分配内存，如果 Eden 区中分配不了才可能考虑从 From Survivor 中分配，而 To Survivor 绝对不参与内存分配，因为复制算法要求保留一片空闲的内存区，以实现活跃对象的转移。调用 par_allocate()函数的实现代码如下：

```
源代码位置：openjdk/hotspot/src/share/vm/memory/space.cpp
HeapWord* EdenSpace::par_allocate(size_t size) {
  HeapWord* hw = soft_end();
  return par_allocate_impl(size, hw);
}

inline HeapWord* ContiguousSpace::par_allocate_impl(size_t size,HeapWord*
const end_value) {
  do {
    HeapWord* obj = top();
    // 如果内存区当前的空闲空间足够分配，则尝试分配
    if (pointer_delta(end_value, obj) >= size) {
      HeapWord* new_top = obj + size;
      HeapWord* result = (HeapWord*)Atomic::cmpxchg_ptr(new_top, top_addr(),
obj);
      // 当 CAS 操作成功时，result 等于 obj，表示内存分配成功，否则循环，再次尝试分配
      if (result == obj) {
        return obj;                    // 分配成功时返回内存块首地址
      }
    } else {
      return NULL;                     // 分配失败时返回
    }
  } while (true);
}
```

由于可能有多个线程同时尝试分配，为了保证不冲突，采用了 CAS 方式保证执行结果的正确性。

2．全局锁式分配

当在年轻代的 Eden 区中分配内存失败后，会通过加全局锁的方式实现，可能尝试在 From Survivor 或老年代中分配。加锁分配的实现代码如下：

```
unsigned int gc_count_before;
{
        MutexLocker ml(Heap_lock); // 内存堆的全局锁
```

```
// 当前是否应该只在年轻代分配内存，如果是，那么 first_only 的值为 true
bool first_only = ! should_try_older_generation_allocation(size);

// 依次尝试从内存堆的各内存代中分配内存空间
result = gch->attempt_allocation(size, is_tlab, first_only);
if (result != NULL) {
  return result;
}

// 当前的其他线程已经触发了 GC
if (GC_locker::is_active_and_needs_gc()) {
  if (is_tlab) {
    // 当前线程是为 TLAB 申请内存，这个操作可以暂时延时，返回 NULL
    // 让分配请求从堆中申请内存
    return NULL;
  }
  // 内存堆中的某一个内存代允许扩展其大小
  if (!gch->is_maximal_no_gc()) {
    // 在允许扩展内存代大小的情况下尝试从内存堆的各内存代中分配内存空间
    result = expand_heap_and_allocate(size, is_tlab);
    if (result != NULL) {
      return result;
    }
  }

  // 参数 GCLockerRetryAllocationCount 的默认值为 2，当分配中的垃圾
  // 回收次数超过这个阈值时，不能再次进行 GC，此时只能返回 NULL
  if (gclocker_stalled_count > GCLockerRetryAllocationCount) {
    return NULL;
  }

  JavaThread* jthr = JavaThread::current();
  if (!jthr->in_critical()) {
    MutexUnlocker mul(Heap_lock);
    // 等待所有执行临界区代码的线程退出，执行 GC 操作
    GC_locker::stall_until_clear();
    gclocker_stalled_count += 1;
    continue;
  } else {
    return NULL;
  }
}

// 分配失败，决定触发一次 GC 操作

gc_count_before = Universe::heap()->total_collections();
}
```

全局锁状态下的内存分配流程如图 9-3 所示。

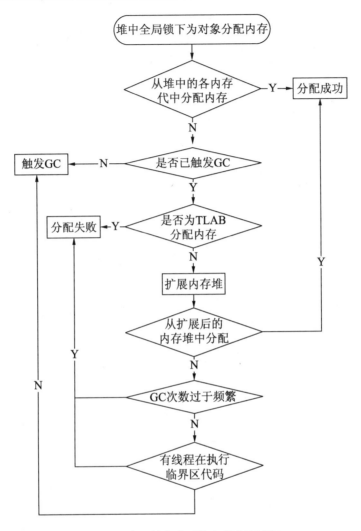

图 9-3　全局锁状态下的内存分配流程

HotSpot VM 试图从内存堆的各内存代中依次尝试分配指定大小的内存块，在此之前需要判断当前可以从老年代分配内存的判断条件：

```
源代码位置：openjdk/hotspot/src/share/vm/memory/collectorPolicy.cpp
bool GenCollectorPolicy::should_try_older_generation_allocation(size_t
word_size) const {
  GenCollectedHeap* gch = GenCollectedHeap::heap();
  size_t  gen0_capacity = gch->get_gen(0)->capacity_before_gc();
  return   (word_size > heap_word_size(gen0_capacity))
      || GC_locker::is_active_and_needs_gc()
      || gch->incremental_collection_failed();
}
```

如果满足以下任何一个条件，should_try_older_generation_allocation()函数会返回 true：

- 如果请求的内存大于年轻代的内存容量，只能尝试到更老的代中分配内存；
- GC 被触发但无法被执行，因为有 Mutator 线程在 JNI 临界区执行，阻塞了 GC 线程；
- 上一次增量式 GC 失败，这一次也极有可能会失败，因此需要尝试到更老的内存代中分配内存。

接下来从内存堆的各内存代中依次尝试分配指定大小的内存块：

```
源代码位置: openjdk/hotspot/src/share/vm/memory/genCollectedHeap.cpp
HeapWord* GenCollectedHeap::attempt_allocation(
      size_t  size,
      bool    is_tlab,
      bool    first_only
){
  HeapWord* res;
  // 在 Serial 和 Serial Old 回收器中，堆被分为年轻代和老年代，因此 _n_gens 的值为 2
  for (int i = 0; i < _n_gens; i++) {
    if (_gens[i]->should_allocate(size, is_tlab)) {
      res = _gens[i]->allocate(size, is_tlab);
      if (res != NULL)
          return res;
      else if (first_only)
          break;
    }
  }
  return NULL;
}
```

以上代码从内存堆的各内存代中尝试依次分配指定大小的内存块。当 first_only 的值为 true 时只在年轻代尝试分配；为 false 时先在年轻代尝试分配，分配失败时在老年代中尝试分配。

DefNewGeneration 类中的 should_allocate() 函数前面已经介绍过，如果该函数返回 true，那么会调用 DefNewGeneration::allocate() 函数尝试在年轻代分配内存，代码如下：

```
源代码位置: openjdk/hotspot/src/share/vm/memory/defNewGeneration.cpp
HeapWord* DefNewGeneration::allocate(size_t word_size,bool is_tlab) {

  // 1. 以并行的方式快速从 Eden 空间分配内存
  EdenSpace* es = eden();
  HeapWord* result = es->par_allocate(word_size);          // 快速分配
  if (result != NULL) {
   return result;
  }

  // 2. 扩展 Eden 空间内存空间的方式分配内存
  do {
    HeapWord* old_limit = eden()->soft_end();
    if (old_limit < eden()->end()) {
      // 通知下一个内存代管理器，Eden 区的使用达到了逻辑(软)限制
      // 由下一个内存代管理器来决定 Eden 区新的(软)限制位置
      HeapWord* new_limit = next_gen()->allocation_limit_reached(eden(),
eden()->top(), word_size);
```

```
      if (new_limit != NULL) {
          Atomic::cmpxchg_ptr(new_limit, eden()->soft_end_addr(), old_limit);
      }
  } else {
      // The allocation failed and the soft limit is equal to the hard limit,
      // there are no reasons to do an attempt to allocate
      assert(old_limit == eden()->end(), "sanity check");
      break;
  }
  // 重试，直到内存分配成功或者软引用限制不能再调整
  result = eden()->par_allocate(word_size);
} while (result == NULL);

// 3. 从 From Survivor 空间分配内存
if (result == NULL) {               // Eden 区没有足够的空间,则从 From 区分配
  result = allocate_from_space(word_size);
}
return result;
}
```

快速分配调用的是 par_allocate()函数，普通分配调用的是上面的 allocate()函数。普通分配约定的是一种串行分配，即不保证多线程安全，如果外部调用者存在多线程调用的情况则必须使用全局锁来确保多线程的安全。

DefNewGeneration 在全局锁状态下进行内存分配的大致策略如下：

- 以并行的方式快速从 Eden 空间分配内存；
- 以扩展 Eden 空间内存的方式分配内存；
- 从 From Survivor 空间分配内存。

调用 DefNewGeneration::allocate_from_space()函数从 From Survivor 空间分配内存的实现代码如下：

```
源代码位置: openjdk/hotspot/src/share/vm/memory/defNewGeneration.cpp
HeapWord* DefNewGeneration::allocate_from_space(size_t size) {
  HeapWord* result = NULL;
  // 支持在 From Survivor 空间中分配内存，或当前正在进行 GC 操作时可能会从 From
  // Survivor 空间中分配内存
  if (should_allocate_from_space() || GC_locker::is_active_and_needs_gc()) {
    if (
        Heap_lock->owned_by_self()  ||          // 当前线程拥有堆的全局锁
        (
          // 执行 GC 的 VMThread 线程借助 From Survivor 空间完成一些安全点下的操作
          SafepointSynchronize::is_at_safepoint() &&
          Thread::current()->is_VM_thread()
        )
    ){
      result = from()->allocate(size);
    }
  }
  return result;
}
```

调用 DefNewGeneration::allocate_from_space()函数从 From Survivor 空间分配内存时，GC 线程在执行回收任务的时候需要开辟相应的辅助空间来完成内存的回收。

继续看 GenCollectedHeap::attempt_allocation()函数的实现，对于 TenuredGeneration 实例来说，调用 should_allocate()函数的代码如下：

```
源代码位置: openjdk/hotspot/src/share/vm/memory/generation.hpp
virtual bool should_allocate(size_t word_size, bool is_tlab) {
    bool result = false;
    size_t overflow_limit = (size_t)1 << (BitsPerSize_t - LogHeapWordSize);
    if (!is_tlab || supports_tlab_allocation()) {
        // result 为 true 时，表示小对象
        result = (word_size > 0) && (word_size < overflow_limit);
    }
    return result;
}
```

当 is_tlab 参数的值为 true 时，should_allocate()函数直接返回 false，表示老年代不支持 TLAB 内存的分配。调用 supports_tlab_allocation()函数只有 DefNewGeneration 才会返回 true，所以 TLAB 只有在年轻代中分配。如果不是为 TLAB 分配内存，那么内存大小不能超过阈值限制并且分配的内存大于 0 时，should_allocate()函数将返回 true，表示在老年代中支持此次内存分配请求。接下来就是调用 allocate()函数尝试内存分配了，最终会调用 ContiguousSpace::allocate()函数，代码如下：

```
源代码位置: openjdk/hotspot/src/share/vm/memory/space.cpp
HeapWord* ContiguousSpace::allocate(size_t size) {
    HeapWord* hw = end();
    return allocate_impl(size, hw);
}

inline HeapWord* ContiguousSpace::allocate_impl(size_t size,HeapWord*
const end_value) {
    HeapWord* obj = top();
    if (pointer_delta(end_value, obj) >= size) {
        HeapWord* new_top = obj + size;
        set_top(new_top);
        return obj;
    } else {
        return NULL;
    }
}
```

ContiguousSpace::allocate_impl()函数类似于无锁分配时调用的 ContiguousSpace::par_allocate_impl()函数，不过由于是在全局锁下实现分配，所以当前的函数并不需要考虑多线程竞争的情况，比较简单。

继续回到全局锁分配的逻辑中，如果根据判断条件将所有必要的内存内都尝试了但还是没有分配出内存，那么接下来会通过扩展内存堆中的某内存代容量的方式来尝试分配申请的内存块，此时会调用 GenCollectorPolicy::expand_heap_and_allocate()函数实现内存代的扩容操作，函数的实现代码如下：

```
源代码位置: openjdk/hotspot/src/share/vm/memory/collectorPolicy.cpp
HeapWord* GenCollectorPolicy::expand_heap_and_allocate(size_t size,bool
is_tlab) {
  GenCollectedHeap *gch = GenCollectedHeap::heap();
  HeapWord* result = NULL;
  for (int i = number_of_generations() - 1; i >= 0 && result == NULL; i--) {
    Generation *gen = gch->get_gen(i);
    if (gen->should_allocate(size, is_tlab)) {
      result = gen->expand_and_allocate(size, is_tlab);
    }
  }
  assert(result == NULL || gch->is_in_reserved(result), "result not in
heap");
  return result;
}
```

以上代码中，通过扩展内存堆中的某内存代容量的方式尝试分配申请的内存块，优先扩展老年代的内存容量。如果老年代的内存容量扩容后仍然不能满足分配要求，会继续扩容年轻代的内存容量。

首先看老年代的扩容逻辑，由于 TenuredGeneration 类中没有重写 expand_and_allocate()虚函数，最终会调用其父类 OneContigSpaceCardGeneration 中的 expand_and_allocate()函数，实现代码如下：

```
源代码位置: openjdk/hotspot/src/share/vm/memory/generation.cpp
HeapWord* OneContigSpaceCardGeneration::expand_and_allocate(
    size_t  word_size,
    bool    is_tlab,
    bool    parallel              // 调用时如果不传递参数，此参数默认的值为 false
){
  assert(!is_tlab, "OneContigSpaceCardGeneration does not support TLAB
allocation");
  if (parallel) {
    // 省略多线程并行扩容的逻辑
  } else {
    expand(word_size*HeapWordSize, _min_heap_delta_bytes);
    return _the_space->allocate(word_size);
  }
}
```

实现的多线程并行扩容的逻辑这里暂不讨论。调用 expand()函数扩容后，调用 allocate()函数分配内存，关于分配内存的 allocate()函数，前面已经详细介绍过，这里不再介绍。调用 expand()扩容函数时会传递一个_min_heap_delta_bytes 参数，这个参数表示每一次扩容时的最小值，防止扩容太小导致频繁地执行扩容操作。expand()函数的实现代码如下：

```
源代码位置: openjdk/hotspot/src/share/vm/memory/generation.cpp

bool OneContigSpaceCardGeneration::expand(size_t bytes, size_t expand
_bytes) {
  // 加锁解决多线程问题，保证任何时刻只有一个线程在执行扩容操作
  GCMutexLocker x(ExpandHeap_lock);
```

```
    return CardGeneration::expand(bytes, expand_bytes);
}
```

　　调用 CardGeneration::expand() 函数进行扩容，只所以将该函数实现在 CardGeneration 类中，是因为在扩容的同时还需要对卡表进行相应的扩容，而 CardGeneration 类正是针对卡表操作而定义的。CardGeneration::expand() 函数的实现代码如下：

源代码位置：openjdk/hotspot/src/share/vm/memory/generation.cpp

```
bool CardGeneration::expand(size_t bytes, size_t expand_bytes) {
  assert_locked_or_safepoint(Heap_lock);
  if (bytes == 0) {
    return true;
  }
  size_t aligned_bytes  = ReservedSpace::page_align_size_up(bytes);
  size_t aligned_expand_bytes = ReservedSpace::page_align_size_up
(expand_bytes);
  bool success = false;
  // 当扩容的容量小于每次扩容要求的最小容量时，按要求的最小容量扩容
  if (aligned_expand_bytes > aligned_bytes) {
    success = grow_by(aligned_expand_bytes);
  }
  // 当未扩容或扩容不成功时，按要求的容量进行扩容
  if (!success) {
    success = grow_by(aligned_bytes);
  }
  // 当扩容不成功时，表示剩余的容量小于 aligned_expand_bytes 和 aligned_bytes
  // 只能进行有限的扩容
  if (!success) {
    success = grow_to_reserved();                // 只扩容了剩余的容量
  }
  return success;
}
```

　　调用 grow_by() 函数的实现代码如下：

源代码位置：openjdk/hotspot/src/share/vm/memory/generation.cpp

```
bool OneContigSpaceCardGeneration::grow_by(size_t bytes) {
  assert_locked_or_safepoint(ExpandHeap_lock);
  // 对内存代扩容
  bool result = _virtual_space.expand_by(bytes);
  if (result) {
    size_t new_word_size = heap_word_size(_virtual_space.committed_size());
    MemRegion mr(_the_space->bottom(), new_word_size);
    // 对卡表进行扩容
    Universe::heap()->barrier_set()->resize_covered_region(mr);
    // 对卡表扩容的同时，还需要对对象偏移表进行扩容
    _bts->resize(new_word_size);

    _the_space->set_end((HeapWord*)_virtual_space.high());
    ...
  }
```

```
      return result;
  }
```

在扩容老年代的内存容量时，还要对卡表及对象偏移表进行相应的扩容。这样才能全量记录老年代中所有对象对年轻代对象的引用。

在 CardGeneration::expand()函数中，调用 OneContigSpaceCardGeneration::grow_to_reserved()函数进行有限的扩容操作，实现代码如下：

源代码位置：openjdk/hotspot/src/share/vm/memory/generation.cpp

```
bool OneContigSpaceCardGeneration::grow_to_reserved() {
  assert_locked_or_safepoint(ExpandHeap_lock);
  bool success = true;
  const size_t remaining_bytes = _virtual_space.uncommitted_size();
  if (remaining_bytes > 0) {
    success = grow_by(remaining_bytes);
  }
  return success;
}
```

调用 uncommitted_size()函数获取剩余容量的大小，然后调用 grouw_by()函数进行扩容即可。

在 GenCollectorPolicy::expand_heap_and_allocate()函数中，如果老年代的内存扩容后仍然不能满足分配要求，会继续扩容年轻代的内存容量，调用的相关函数代码如下：

源代码位置：openjdk/hotspot/src/share/vm/memory/defNewGeneration.cpp

```
HeapWord* DefNewGeneration::expand_and_allocate(
      size_t  size,
      bool    is_tlab,
      bool    parallel
){
  return allocate(size, is_tlab);
}
```

以上代码中调用了前面介绍的 DefNewGeneration::allocate()完成年轻代的内存扩容，这个函数前面介绍过，会在必要时扩展 Eden 区内存空间的分配内存。

3. 触发垃圾回收并根据垃圾回收后的结果做进一步判断

实现代码如下：

```
// 触发一次 GC 操作并等待 GC 的处理结果
VM_GenCollectForAllocation op(size, is_tlab, gc_count_before);
VMThread::execute(&op);

if (op.prologue_succeeded()) {              // 一次 GC 操作已完成
    result = op.result();
    // 当前线程没有成功触发 GC（可能刚被其他线程触发了），则继续重试分配
    if (op.gc_locked()) {
        assert(result == NULL, "must be NULL if gc_locked() is true");
        continue;  // retry and/or stall as necessary
    }
```

```
// GC 已经执行完成，但是仍然无法满足此次的内存分配请求，则说明内存紧张，可以进一
// 步通过清除软引用对象来释放内存

// 本次 GC 耗时是否超过了设置的 GC 时间上限
const bool limit_exceeded = size_policy()->gc_overhead_limit_exceeded();
const bool softrefs_clear = all_soft_refs_clear();

// GC 超时并且已经清除过软引用，那么说明内存不足
if (limit_exceeded && softrefs_clear) {
  *gc_overhead_limit_was_exceeded = true;
  size_policy()->set_gc_overhead_limit_exceeded(false);
  if (op.result() != NULL) {
    CollectedHeap::fill_with_object(op.result(), size);
  }
  // GC 超时，给上层调用返回 NULL，让其抛出内存溢出错误
  return NULL;
}

// 分配成功则确保该内存块一定在内存堆中
assert(result == NULL || gch->is_in_reserved(result),"result not in
heap");
  return result;
}
```

在无锁分配和全局锁状态分配都失败的情况下，会执行以上的代码逻辑，此时就会触发一次 GC 操作，通过回收死亡对象腾出内存空间来满足此次内存分配请求。将 GC 回收任务加入 VMThread 的操作队列中，由 VMThread 线程完成垃圾回收，这种方式在第 10 章中介绍过，这里不再赘述。

9.2.3　添加对象偏移表记录

Serial 收集器只会对年轻代进行回收，回收的第一步就是找到并标记所有的活跃对象，除了常见的根集引用外，老年代引用年轻代的对象也需要标记。为了避免对老年代进行全扫描，老年代划分为 512 字节大小的块（卡页），如果块中有对象含有对年轻代的引用，则对应的卡表字节将标记为脏。卡表是一个字节的集合，每个字节用来表示老年代的 512 字节区域中的所有对象是否持有新生代对象的引用。

如果某个 512 字节区域中有对象引用了年轻代对象，则需要扫描这个 512 字节区域，但是从哪个对象的首地址开始扫描需要结合偏移表中记录的信息。偏移表记录了上一个卡页中最后一个对象（此对象的首地址必须在上一个卡页中）到上一个卡页尾地址之间的距离。

10.1 节详细介绍了卡页、卡表和偏移表的基础知识，读者可以先看完这一节的内容后回看当前的内容。

从年轻代中分配不成功时，调用 GenCollectedHeap::attempt_allocation()函数从老年代开始分配。当需要在老年代中分配对象时，必须要判断是否需要在偏移表中记录距离信息。GenCollectedHeap::attempt_allocation()函数的实现代码如下：

```
源代码位置: openjdk/hotspot/src/share/vm/memory/genCollectedHeap.cpp
HeapWord* GenCollectedHeap::attempt_allocation(
    size_t   size,
    bool     is_tlab,
    bool     first_only
){
  HeapWord* res;
  for (int i = 0; i < _n_gens; i++) {
    if (_gens[i]->should_allocate(size, is_tlab)) {
      res = _gens[i]->allocate(size, is_tlab);
      if (res != NULL){
          return res;
      }else if (first_only){
          break;
      }
    }
  }
  return NULL;
}
```

在以上代码中，从内存堆的各内存代中依次尝试分配指定大小的内存块。first_only 的值为 true 时只在年轻代尝试分配；为 false 时先在年轻代尝试分配，分配失败则再在老年代中尝试分配。

我们重点关注在老年代中分配内存空间，调用 TenuredGeneration 类的 allocate() 函数的实现代码如下：

```
源代码位置: openjdk/hotspot/src/share/vm/memory/generation.cpp
HeapWord* OneContigSpaceCardGeneration::allocate(size_t word_size,bool
is_tlab) {
  assert(!is_tlab, "OneContigSpaceCardGeneration does not support TLAB
allocation");
  ContiguousSpace* cs = the_space();
  return cs->allocate(word_size);
}

源代码位置: openjdk/hotspot/src/share/vm/memory/space.inline.hpp
inline HeapWord* OffsetTableContigSpace::allocate(size_t size) {
  HeapWord* res = ContiguousSpace::allocate(size);
  if (res != NULL) {
    // _offsets 是 OffsetTableContigSpace::BlockOffsetArrayContigSpace 类型
    _offsets.alloc_block(res, size);
  }
  return res;
}
```

从老年代中分配新对象成功时，需要对对象偏移表进行操作。_offsets 是 OffsetTable-ContigSpace::BlockOffsetArrayContigSpace 类型，调用 allocate() 函数的实现代码如下：

```
源代码位置: openjdk/hotspot/src/share/vm/memory/blockOffsetTable.hpp
void alloc_block(HeapWord* blk, size_t size) {
  alloc_block(blk, blk + size);
}
```

```
void alloc_block(HeapWord* blk_start, HeapWord* blk_end) {
    if (blk_end > _next_offset_threshold) {
        alloc_block_work(blk_start, blk_end);
    }
}
```

其中，_next_offset_threshold 通常指向正在分配的内存页的尾地址边界，当 blk_end 大于这个边界值时，说明要进行跨页存储对象，此时需要对对象偏移表进行操作。如果当前对象跨页，那么这个对象就是正在分配的内存页的最后一个对象（对象首地址在此内存页中），需要在此内存页 A 的下一个内存页 B 对应的偏移表项中存储一个距离，这个距离就是最后一个对象首地址距离内存页 A 尾的距离，如图 9-4 所示。

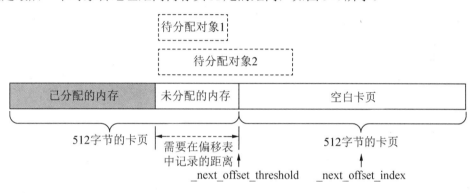

图 9-4　在老年代中为对象分配内存

第一个 512 字节的卡页正在分配对象，如果是待分配对象 1，那么这个对象完全可以在第一个卡页中分配，不会跨卡页分配，因此不需要对偏移表进行操作，而待分配对象 2 会跨卡页，因此会在第 2 个卡页对应的偏移表槽位上记录偏移距离。

调用 alloc_block_work()函数的实现代码如下：

```
源代码位置：openjdk/hotspot/src/share/vm/memory/blockOffsetTable.cpp
void BlockOffsetArrayContigSpace::alloc_block_work(
    HeapWord*   blk_start,
    HeapWord*   blk_end
) {
    // 断言对象跨卡页
    assert(blk_end > _next_offset_threshold,"should be past threshold");
    assert(blk_start <= _next_offset_threshold,"blk_start should be at or
before threshold");
    assert(pointer_delta(_next_offset_threshold, blk_start) <= N_words,
"offset should be <= BlockOffsetSharedArray::N");
    assert(_next_offset_threshold == _array->_reserved.start() + _next
_offset_index*N_words,
"index must agree with threshold");

    // 在偏移表中存储的是卡中最后一个对象的开始地址（开始地址必须在当前卡中）到卡末尾的
    // 距离
    _array->set_offset_array(_next_offset_index, _next_offset_threshold,
blk_start);
```

```
    // 如果对象跨多个卡页，则偏移表同样要记录相关信息

    // 计算对象末尾在哪个卡页，获取这个卡页对应的偏移表槽索引
    size_t end_index = _array->index_for(blk_end - 1);

    // 如果满足以下判断条件，则说明对象至少跨越了一个完整的卡页
    if (_next_offset_index + 1 <= end_index) {
        // 记录_next_offset_index + 1偏移表索引对应的卡页开始地址
        HeapWord*  rem_start = _array->address_for_index(_next_offset_index + 1);
        // N_words 为 64，就是 512 个字节为一个块
        HeapWord*  rem_end = _array->address_for_index(end_index) + N_words;
        set_remainder_to_point_to_start(rem_start, rem_end);
    }

    // 对_next_offset_index 和_next_offset_threshold 进行更新
    _next_offset_index = end_index + 1;
    _next_offset_threshold = _array->address_for_index(end_index) + N_words;
    assert(_next_offset_threshold >= blk_end, "Incorrect offset threshold");
    ...
}
```

_array 的类型为 BlockOffsetSharedArray*。调用的函数如下：

源代码位置：openjdk/hotspot/src/share/vm/memory/blockOffsetTable.hpp

```
void set_offset_array(size_t index, HeapWord* high, HeapWord* low, bool
reducing = false) {
    // 存储的距离以字为单位计量
    _offset_array[index] = (u_char)pointer_delta(high, low);
}
```

可以看到，偏移表中存储的是卡页中最后一个对象的开始地址（开始地址必须在当前卡页中）到卡末尾的距离。需要注意的是，这个距离记录在了_next_offset_index 索引对应的槽位上。

调用 index_for()函数计算对象尾地址落下的内存页对应的偏移表索引，代码如下：

源代码位置：openjdk/hotspot/src/share/vm/memory/blockOffsetTable.inline.hpp
```
inline size_t BlockOffsetSharedArray::index_for(const void* p) const {
    char*  pc = (char*)p;
    // 算出来的delta是字节的数量
    size_t  delta = pointer_delta(pc, _reserved.start(), sizeof(char));
    size_t  result = delta >> LogN;              // logN 的值为 9
    return result;
}
```

以上代码通过偏移计算出地址 p 对应的槽位索引。

调用 address_for_index()函数计算_next_offset_index+1 和 end_index 对应内存卡页的首地址，函数的实现代码如下：

源代码位置：openjdk/hotspot/src/share/vm/memory/blockOffsetTable.inline.hpp

```
inline HeapWord* BlockOffsetSharedArray::address_for_index(size_t index)
```

```
const {
  // LogN_words=6，index 是字，因此只需要向左移动 6 位即可
  HeapWord* result = _reserved.start() + (index << LogN_words);
  return result;
}
```

有了_next_offset_index+1 和 end_index 对应内存页的首地址后，调用 set_remainder_to_point_to_start()函数对偏移表进行记录。

假设对象跨卡页，但是没有跨过一个完整的卡页，如图 9-5 所示。

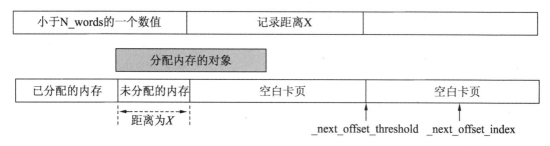

图 9-5　卡页与偏移表

如果对象跨一个或多个完整的卡页，那么这些被跨的完整卡页对应的偏移表中也需要记录相关距离信息，此时会调用 set_remainder_to_point_to_start()函数，实现代码如下：

源代码位置：openjdk/hotspot/src/share/vm/memory/blockOffsetTable.cpp

```
void BlockOffsetArray::set_remainder_to_point_to_start(
  HeapWord*   start,
  HeapWord*   end,
  bool        reducing
) {
  if (start >= end) {
    return;
  }

  size_t   start_card = _array->index_for(start);
  size_t   end_card = _array->index_for(end-1);

  set_remainder_to_point_to_start_incl(start_card, end_card, reducing);
}
```

在 set_remainder_to_point_to_start()函数中计算出偏移表的开始和结束槽的索引，在这个范围内的槽都需要记录偏移距离信息。调用 set_remainder_to_point_to_start_incl()函数的实现代码如下：

源代码位置：openjdk/hotspot/src/share/vm/memory/blockOffsetTable.cpp

```
void BlockOffsetArray::set_remainder_to_point_to_start_incl(
  size_t   start_card,
  size_t   end_card,
  bool     reducing
) {
```

```
if (start_card > end_card) {
    return;
}

assert(start_card > _array->index_for(_bottom), "Cannot be first card");
assert(_array->offset_array(start_card-1) <= N_words,"Offset card has an
unexpected value");

size_t  start_card_for_region = start_card;
// max_jubyte=255，因为是用一个字节来表示偏移，所以最大为 255，而 512 字节的块内
// 按字表示时最大值为 64，255 值已经足够表示距离
u_char   offset = max_jubyte;
// N_powers 是一个枚举值，等于 14，对象占用的卡页不可能太多，因此这个值已经足够大
for (int i = 0; i < N_powers; i++) {
    // 这里有两个-1，第一个是保证 start_card 包含在里面，第二个是保证 end_card 不会
    // 是下一个区域的 start
    size_t  reach = start_card - 1 + (power_to_cards_back(i+1) - 1);
    offset = N_words + i;
    if (reach >= end_card) {
        _array->set_offset_array(start_card_for_region, end_card, offset,
reducing);
        start_card_for_region = reach + 1;
        break;
    }

    _array->set_offset_array(start_card_for_region, reach, offset, reducing);
    start_card_for_region = reach + 1;
}// 结束循环
}
```

假设一直遍历到 i=2，算出来的 reach 大于 end_card 了。不同 offset 下算出来的需要填充和往回跳的 slot 的个数如表 9-2 所示。

表 9-2 卡表项向前填充和回调的数量

i	offset	reach	向前填充的slot数量	查找时每次回跳的slot数量
0	N_words+0	start_card+ 14	2^(4*(0+1))-1=15	2^(4*0)=1
1	N_words+1	start_card+ 254	2^(4*(1+1))-1=255	2^(4*1)=16
2	N_words+2	start_card+4096	2^(4*(2+1))-1=4096	2^(4*2)=256

调用 power_to_cards_back()函数计算回跳 slot 的数量，实现代码如下：

源代码位置：openjdk/hotspot/src/share/vm/memory/blockOffsetTable.hpp

```
static size_t power_to_cards_back(uint i) {        // 卡后退
    return (size_t)1 << (LogBase * i);             // 2^(4*i)
}
```

如果对象跨了至少一个内存页，则需要从第 2 个内存页开始记录 N_words 和 N_words+1 等信息，假设对象跨越了 17 个完整的内存页，如图 9-6 所示。

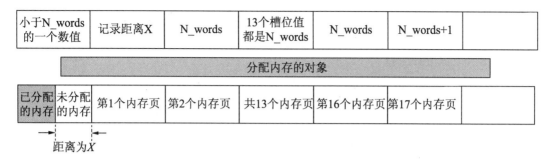

图 9-6 跨 16 个完整内存页的对象

可以看到，在 16 个完整内存卡页对应的偏移表记录中，第 1 个页对应的偏移表中记录的距离为 X，后面 15 个都记录为 N_words 字节，从第 17 个开始记录为 N_words+1。这样做是为了更快地找到对象的开始地址，对这个对象所引用的其他对象进行标记扫描。

调用 set_offset_array() 函数对偏移表进行计算，实现代码如下：

```
源代码位置: openjdk/hotspot/src/share/vm/memory/blockOffsetTable.hpp

void set_offset_array(size_t left, size_t right, u_char offset, bool
reducing = false) {
    assert(right < _vs.committed_size(), "right address out of range");
    assert(left <= right, "indexes out of order");
    size_t num_cards = right - left + 1;
...
// 从&_offset_array[left]地址开始，将 num_cards 个字节初始化为 offset 值
    memset(&_offset_array[left], offset, num_cards);

}
```

通常会调用 BlockOffsetArrayNonContigSpace::block_start_unsafe() 函数查找一个大对象的开始地址，实现代码如下：

```
源代码位置: openjdk/hotspot/src/share/vm/memory/blockOffsetTable.cpp
HeapWord* BlockOffsetArrayNonContigSpace::block_start_unsafe(const void*
addr) const {
  assert(_array->offset_array(0) == 0, "objects can't cross covered areas");
  assert(_bottom <= addr && addr < _end, "addr must be covered by this Array");
  // Must read this exactly once because it can be modified by parallel
  // allocation.
  HeapWord* ub = _unallocated_block;
  if (BlockOffsetArrayUseUnallocatedBlock && addr >= ub) {
    assert(ub < _end, "tautology (see above)");
    return ub;
  }

  // 使用偏移表记录的信息查找对象的开始地址
  size_t index = _array->index_for(addr);
  HeapWord* q = _array->address_for_index(index);
```

```
uint offset = _array->offset_array(index);    // Extend u_char to uint.
while (offset >= N_words) {
  size_t n_cards_back = entry_to_cards_back(offset);
  q -= (N_words * n_cards_back);
  index -= n_cards_back;
  offset = _array->offset_array(index);
}
assert(offset < N_words, "offset too large");
index--;
q -= offset;
HeapWord* n = q;

while (n <= addr) {
  q = n;
  n += _sp->block_size(n);                     // 获取对象的大小
}
return q;
}
```

往回查找时先往后跳过 256 个 slot 可能需要往后跳多次，一直到 offset 变成 N_words +1。再往后跳过 16 个 slot，同样也可能跳多次，一直到 offset 变成 N_words。然后再往后跳 1 个，一直回跳到起始的 slot。找到起始的 slot 后，根据其中保存的偏移量就可以准确获取内存块的起始地址。

上述方式不需要从 bottom 往后遍历，相比这种方式，只需要遍历几次就可找到内存块的起始地址，查找更加高效，但是这种方式只适用于大于单个 slot 对应的内存大小即 512 字节的内存块。

假设给定一个地址 addr，如图 9-7 所示，起始时调用 address_for_index()函数查找 q 的指向，如图 9-7 所示。由于对应的偏移表的值为 N_words+1，所以一次可回退 16 个（保证回退后对象的开始地址还在回退位置之后），此时的 index 对应的是第一个内存页，而其偏移表中保存的值小于 N_words，因此 q 此时指向了第一个内存页的首地址，减去距离 X 后就找到了对象的首地址。

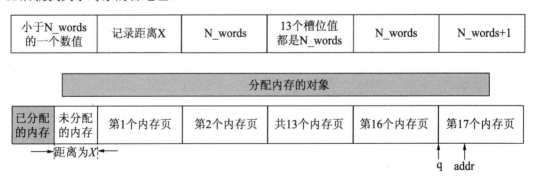

图 9-7　查找大对象的起始地址

调用的相关函数实现如下：

源代码位置：openjdk/hotspot/src/share/vm/memory/blockOffsetTable.hpp

```
static size_t entry_to_cards_back(u_char entry) {          // 卡表后退
    assert(entry >= N_words, "Precondition");
    // (size_t)1 << (LogBase * (entry - N_words))    = Base^(e-N_words) =
2^[4*(entry - 64)]
    return power_to_cards_back(entry - N_words);
}
static size_t power_to_cards_back(uint i) {               // 卡后退
    return (size_t)1 << (LogBase * i);                    // 2^(4*i)
}
```

调用的相关函数比较简单，这里不做过多介绍。

第 10 章　垃 圾 回 收

HotSpot VM 可以自动管理内存,它在内存中划出一块区域用来给 Java 程序分配内存,在释放时，通过垃圾收集器回收那些不再使用的对象,有效减轻了 Java 应用开发人员的负担，也避免了更多内存泄漏的风险。

本章将简单介绍 HotSpot VM 垃圾回收中涉及的算法与相关的垃圾收集器,不进行源代码分析,后几章会对 HotSpot VM 的垃圾回收及内存管理进行详细的源代码解读。另外,本章还会介绍安全点的相关知识,它是系统为了配合垃圾回收而做的工作,垃圾回收任务必须在安全点下执行内存回收。

10.1　分代垃圾回收

OpenJDK 8 版本中的垃圾收集器都采用了分代垃圾回收机制,根据对象存活周期的不同将内存划分为几个内存代并采用不用的垃圾收集算法进行回收。

一般把 Java 堆分为新生代和老年代,这样就可以根据各个分代的特点采用最适当的收集算法。在新生代中,如果每次垃圾收集时发现有大批对象死去,只有少量存活,那就选用复制算法,只需要付出少量存活对象的复制成本就可以完成垃圾收集。老年代中因为对象存活率高,没有额外的空间对它分配担保,必须使用"标记-清除"和"标记-整理"算法进行回收。

本节只介绍 Serial 和 Serial Old 垃圾收集器。Serial 垃圾收集器回收年轻代空间,采用的是复制算法,老年代使用的是 Serial Old 垃圾收集器,采用的是"标记-整理"算法。

10.1.1　Serial 和 Serial Old 垃圾收集器

HotSpot VM 中包含的所有收集器如图 10-1 所示。

图 10-1 展示了 7 种作用于不同分代的收集器,如果两个收集器之间存在连线,说明它们可以搭配使用。收集器所处的区域代表它属于年轻代收集器还是老年代收集器,G1 收集器可同时收集年轻代和老年代。

Serial 收集器是单线程的串行收集器,其源代码实现相对其他收集器来说比较简单,由于许多实现原理都是相同的,在学习完 Serial/Serial Old 收集器后再学习其他收集器就会容易很多,因此本节将会着重介绍 Serial/Serial Old 收集器的实现原理。

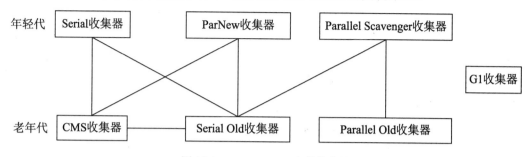

图 10-1　HotSpot VM 中的收集器

可以指定-XX:+UseSerialGC 选项使用 Serial（年轻代）+Serial Old（老年代）组合进行垃圾回收,在 OpenJDK 8 版本中,由于 HotSpot VM 的默认收集器是 Parallel Scavenger 和 Parallel Old,因此需要为虚拟机配置-XX:+UseSerialGC 选项。

1. Serial收集器（串行收集器）

Serial 收集器是一个单线程的收集器,采用"复制"算法。单线程的意义一方面指它只会使用一个 CPU 或一条收集线程去完成垃圾收集工作,另一方面指在进行垃圾收集时必须暂停其他的工作线程,直到收集结束。

Serial 收集器的工作过程如图 10-2 所示。

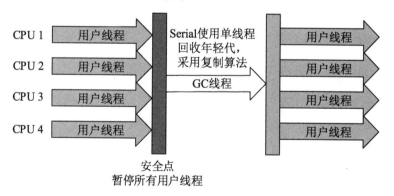

图 10-2　Serial 收集器的工作过程

Serial 收集器只负责年轻代的垃圾回收,触发 YGC 时一般都是由此收集器负责垃圾回收。

2. Serial Old收集器

Serial Old 收集器也是一个单线程收集器,使用"标记-整理"算法。当使用 Serial Old

进行垃圾收集时必须暂停其他的工作线程，直到收集结束。

Serial Old 收集器的工作过程如图 10-3 所示。

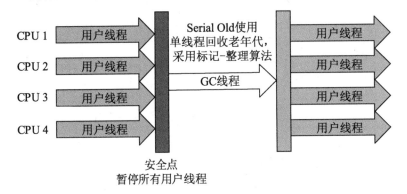

图 10-3　Serial Old 垃圾收集器工作过程

Serial Old 收集器不但会回收老年代的内存垃圾，也会回收年轻代的内存垃圾，因此一般触发 FGC 时都是由此收集器负责回收的。

10.1.2　复制算法和"标记-整理"算法

常用的垃圾回收算法有以下 4 种：
- 复制算法；
- "标记-整理"算法；
- "标记-清除"算法；
- 分代收集算法。

HotSpot VM 中的所有垃圾收集器采用的都是分代收集算法，针对年轻代通常采用的是复制算法，老年代可以采用"标记-清除"或"标记-整理"算法。Serial 收集器采用的是复制算法，而 Serial Old 收集器采用的是"标记-整理"算法。

1．复制算法

最简单的复制（Copying）算法就是将可用内存按容量划分为大小相等的两块，每次只使用其中的一块。当这一块内存用完后，将活的对象标记出来，然后把这些活对象复制到另外一块空闲区域上，最后再把已使用过的内存空间完全清理掉。这样每次都是对整个半区进行内存回收，内存分配时也不用考虑内存碎片等复杂情况，只要移动堆顶指针，按顺序分配内存即可，实现方法简单，运行高效。但是这种算法的代价是将内存缩小了一半。

由于系统中大部分对象的生命周期非常短暂，所以并不需要按照 1:1 的比例来划分内存空间，而是将内存分为一块较大的 Eden 空间和两块较小的 Survivor 空间（即 From

Survivor 空间和 To Survivor 空间），每次使用 Eden 和 From Survivor 空间。当回收时，将 Eden 和 From Survivor 空间中还存活的对象一次性地复制到 To Survivor 空间，最后清理 Eden 和 From Survivor 空间。HotSpot VM 默认 Eden:Survivor 为 8:1，也就是每次新生代中可用内存空间为整个新生代容量的 90%（其中一块 Survivor 不可用），只有 10% 的内存会被"浪费"。

当然，大部分的对象可回收只是针对一般场景中的数据而言的，我们没有办法保证每次回收时只有不多于 10% 的对象存活，当 To Survivor 空间不够用时，需要依赖其他内存（这里指老年代）进行分配担保（Handle Promotion）。

下面详细介绍 Serial 收集器采用的复制算法。

（1）初始引用状态。

年轻代划分为 Eden 空间、From Survivor 空间和 To Survivor 空间，初始的引用状态如图 10-4 所示。

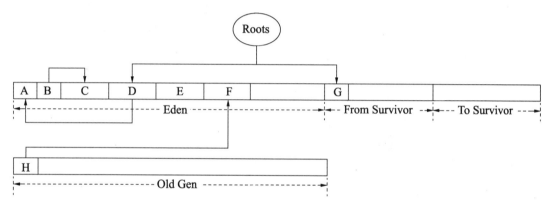

图 10-4　年轻代的初始引用状态

在 Eden 和 From Survivor 空间中有根集 Roots 对对象的引用，这些对象都是活跃对象。因为 Serial 收集器不回收老年代，所以老年代引用的年轻代对象也会被认为是活跃对象。

（2）标记根集对象并复制。

如图 10-5 所示，年轻代首先从根集出发标记出根集直接引用的活跃对象，为 D 和 G，并且在标记的过程中就会将 D 和 G 复制到 To Survivor 空间，复制完成后调整根集引用，此时直接引用的就是 D' 和 G'。

在将 D 和 G 标记为活跃对象的同时，其实还会在 D 和 G 的 markOop 中设置转发指针，这样如果还有其他引用指向 D 和 G，那么只需要调整为指向 D' 和 G' 即可。

（3）标记根间接引用的对象并复制。

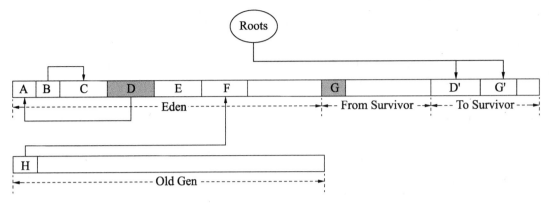

图 10-5　标记根集对象并复制

如图 10-6 所示，对于 D 和 G 中引用的对象还没有标记和复制，因此会遍历 D' 和 G' 中的引用对象并标记复制。注意，此时遍历的是 D' 和 G'，而不是 D 和 G 对象。在 To Survivor 空间中会有 4 个非常重要的指针用来辅助遍历引用的对象，如图 10-7 所示。

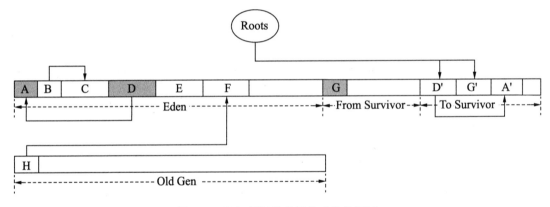

图 10-6　标记根间接引用的对象并复制

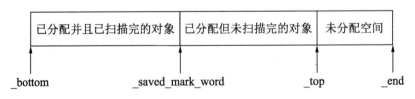

图 10-7　复制算法中各指针的指向

_bottom 和 _saved_mark_word 指针之间是已分配内存并且已扫描完的对象，也就是对象引用的其他对象已经处理完成；_saved_mark_word 和 _top 指针之间是已分配内存但是没有扫描的对象，也就是对象引用的其他对象还没有处理。

对于图 10-6 来说，初始的 _bottom 和 _saved_mark_word 指针指向 D' 的开始处，而 _top

指针指向 G'的结尾处,那么 D'和 G'表示的就是已分配内存但是没有扫描的对象,如图 10-8 所示。

Serial 收集器首先处理 D',将 D'引用的 A 对象标记并复制到 To Survivor 中,还要调整 D'的引用指向最新的 A'。处理完 D'引用的所有对象后,各指针位置的指向如图 10-9 所示。

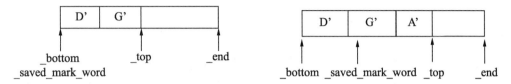

图 10-8 遍历 D'与 G'时各指针的指向　　图 10-9 扫描完 D'直接引用的所有对象后各指针的指向

下一次就是扫描 G'并做和 D'相同的处理,直到_saved_mark_word 等于_top 时表示处理完了所有活跃的对象。

遍历活跃对象可以看作是遍历一张有向图,采用以上方式进行遍历,其中_saved_mark_word 和_top 指针其实是维护了一个隐式扫描队列,通过此队列完成图的广度遍历。

(4)以老年代为根集标记对象并复制。

由于年轻代的复制算法只针对年轻代进行回收,所以老年代引用的年轻代对象都被视为活跃对象。图 10-10 中的 H 对象引用了年轻代的 F 对象,此时的 F 对象就是活跃对象。H 对象很可能不是活跃的,那么 F 对象也就是死亡的,但是仍然会被当作活跃对象来处理,于是便产生了"浮动垃圾"。

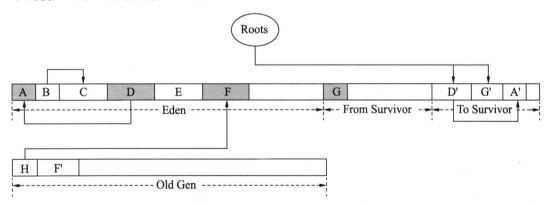

图 10-10 以老年代为根集标记对象并复制

当 F 对象过大,在 To Survivor 空间中无法开辟存储空间时,就会晋升到老年代 F'处(老年代的分配担保)。如果 F 对象也有对其他年轻代对象的引用,则必须扫描 F'对象。其实在老年代中同样会有_bottom、_saved_mark_word 等指针,只是在初始状态时,_bottom 和_saved_mark_word 指向的是 F'的开始地址而不是 H,如图 10-11 所示。

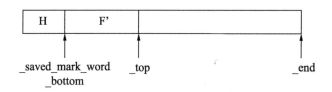

图 10-11　在老年代初始状态下各指针的指向

2．"标记-整理"算法

复制算法在对象存活率较高时需要进行较多的复制操作，效率将会变低，更关键的是如果不想浪费过多的内存空间，就需要有额外的空间进行分配担保，以应对被使用的内存中对象存活过多的情况，因此老年代一般不能直接选用复制算法。

老年代中一般是一些生命周期较长的对象，Serial Old 收集器采用"标记-整理"（Mark-Compact）算法进行回收，标记过程与"标记-清除"算法一样，但后续步骤不是直接对可回收对象进行清理，而是让所有存活的对象都向一端移动，然后直接清理端边界以外的内存，这样能够避免产生更多的内存碎片。在分配内存时可直接移动堆顶指针，按顺序分配内存，同时也容易为大对象找到可分配的内存，但复制会降低内存回收效率。

（1）初始引用状态。

年轻代与老年代的初始引用状态如图 10-12 所示。

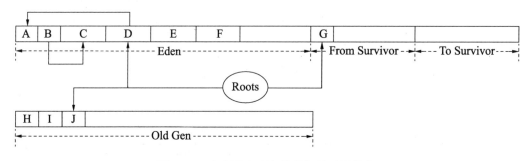

图 10-12　年轻代与老年代的初始引用状态

（2）标记活跃对象。

无论年轻代还是老年代，必须要将根集直接或间接引用的对象都标记出来，如图 10-13 所示。这样就不会错标活跃对象。另外，用户线程（后面也称为 Mutator 线程）在执行 GC 时都是停止的，因此不会产生对象的变更，这样也不会产生漏标等情况，是精确式 GC。

（3）计算压缩-整理后的地址

将 Eden、From Survivor 和 To Survivor（在 YGC 失败时，To Survivor 空间可能也存在对象）空间中的所有对象都进行压缩，当 Eden 空间不够时，可能会选取 From Survivor 和 To Survivor 空间继续进行压缩；老年代的对象压缩在老年代空间中。压缩过程中会计算每个对象被压缩整理之后的位置，同时将新的位置编码进对象的 markOop 中，还要更新引用指针指向新的位置，如图 10-14 所示。

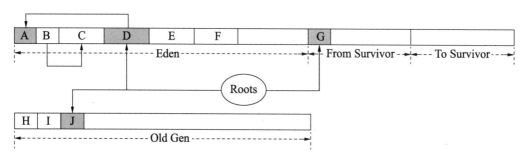

图 10-13　标记活跃对象

需要注意的是，压缩之前和压缩之后的顺序保持不变，即如果压缩之前 A 之后是 D，那么压缩之后仍然是 A 之后为 D。这是压缩整理算法的一大特点，因为相邻的对象一般都有很强的关联性，所以可以更高效地获取数据。

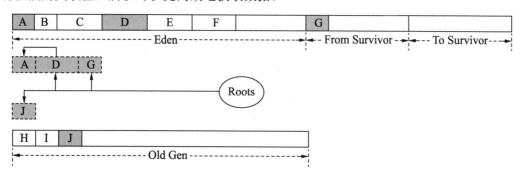

图 10-14　计算压缩-整理后的地址

（4）复制对象到新的地址。

将活跃对象移动到 markOop 中保存的转发指针指向的地址即可，如图 10-15 所示。

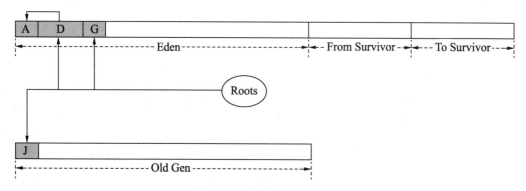

图 10-15　复制对象到新的地址

10.1.3　卡表

为了支持高频率的新生代回收，HotSpot VM 使用了一种叫作卡表（Card Table）的数据结构。卡表是一个字节的集合，每一个字节可以用来表示老年代某一区域中的所有对象是否持有新生代对象的引用。我们可以根据卡表将堆空间划分为一系列 2 次幂大小的卡页（Card Page），卡表用于标记卡页的状态，每个卡表项对应一个卡页，HotSpot VM 的卡页（Card Page）大小为 512 字节，卡表为一个简单的字节数组，即卡表的每个标记项为 1 个字节。

当老年代中的某个卡页持有了新生代对象的引用时，HotSpot VM 就把这个卡页对应的卡表项标记为 dirty。这样在进行 YGC 时，可以不用全量扫描所有老年代对象或不用全量标记所有活跃对象来确定对年轻代对象的引用关系，只需要扫描卡表项为 dirty 的对应卡页，而卡表项为非 dirty 的区域一定不包含对新生代的引用。这样可以提高扫描效率，减少 YGC 的停顿时间。

在实际应用中，仅靠卡表是无法完成具体扫描任务的，还需要与偏移表、屏障等配合才能更好地完成标记卡表项及扫描卡页中的对象等操作。

1. 卡表

HotSpot VM 使用 GenRemSet 类实现卡表的功能，其定义如下：

```
源代码位置: openjdk/hotspot/src/share/vm/memory/genRemSet.hpp
class GenRemSet: public CHeapObj<mtGC> {
  BarrierSet*  _bs;                            // 屏障
  ...
}
```

GenRemSet 类有一个唯一子类 CardTableRS，这通常是实际过程中使用的具体类。另外还有一个屏障 BarrierSet，当对一个对象引用进行写操作（对象引用改变），或者对象由年轻代晋升到老年代时，这个屏障可能会标记卡表中的某一项为 dirty。

CardTableRS 类的定义如下：

```
源代码位置: openjdk/hotspot/src/share/vm/memory/cardTableRS.hpp
class CardTableRS: public GenRemSet {

  CardTableModRefBSForCTRS* _ct_bs;            // 屏障，继承自 BarrierSet 类
  ...
};
```

在 CardTableRS 类的构造函数中初始化相关的变量，代码如下：

```
源代码位置: openjdk/hotspot/src/share/vm/memory/cardTableRS.cpp
CardTableRS::CardTableRS(MemRegion whole_heap,
                    int max_covered_regions) :
  GenRemSet(),
```

```
    _cur_youngergen_card_val(youngergenP1_card),
    _regions_to_iterate(max_covered_regions - 1)
{
    // 初始化屏障，在卡表中通过 _ct_bs 保持对屏障的引用
    _ct_bs = new CardTableModRefBSForCTRS(whole_heap, max_covered_regions);
    set_bs(_ct_bs);
    ...
    // 在屏障中通过 _rs 保持对卡表的引用
    _ct_bs->set_CTRS(this);
}
```

以上代码创建了屏障 **CardTableModRefBSForCTRS** 实例并让卡表和屏障之间相互引用。

2．偏移表

卡表只能粗粒度地表示某个对象中引用域地址所在的卡页，并不能通过卡表完成卡页中引用域的遍历，因此在实际情况下只能描述整个卡页中包含的对象，然后扫描对象中的引用域。卡表、偏移表与内存页之间的关系如图 10-16 所示。

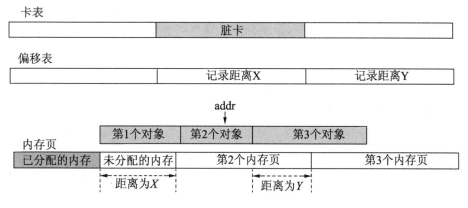

图 10-16　卡表、偏移表与内存页之间的关系

在实际情况中，当屏障判断出对象中的某个字段有对年轻代对象的引用时，会通过这个字段的地址 addr 找到卡表项，然后将卡表项标记为 dirty。在执行 YGC 时，由于只回收年轻代，所以老年代引用的年轻代对象也需要标记，当然我们可以全量扫描老年代对象，找出所有引用的年轻代对象。为了提高效率，可以只扫描卡表项为 dirty 的卡页中的对象，然后扫描这些对象的引用域即可。在图 10-16 中，当扫描第 2 个内存页时，需要对 3 个对象都实施扫描（也就是图 10-16 中的第 1 个对象、第 2 个对象和第 3 个对象），因为 addr 可能是这 3 个对象中任何一个对象的引用域地址。

为了确定某个脏卡页中第 1 个对象的开始位置，需要通过偏移表记录相关信息。偏移表的定义如下：

```
源代码位置：openjdk/hotspot/src/share/vm/memory/blockOffsetTable.hpp
class BlockOffsetSharedArray: public CHeapObj<mtGC> {
```

```
private:
 enum SomePrivateConstants {
   LogN = 9,
   LogN_words = LogN - LogHeapWordSize,
   N_bytes = 1 << LogN,                        // 512 字节
   N_words = 1 << LogN_words                   // 64 字，也就是 512 字节
 };

 // 与当前偏移表对应的所有卡表页组成的区域，是一个连续的区域
 MemRegion        _reserved;

 // 已经提交的内存区域的尾地址
 HeapWord*        _end;

 // _offset_array 需要的虚拟空间
 VirtualSpace    _vs;
 // 字节数组，用来保存回退偏移的相关信息
 u_char*          _offset_array;
 ...
}
```

类中定义了 SomePrivateConstants 枚举类，枚举类中定义的枚举常量经常用来查找某个地址对应的卡表项或偏移表项的索引，或者通过卡表项或偏移表项的索引查找对应卡页的起始地址等。

3. 屏障

屏障使用 CardTableModRefBSForCTRS 类来表示，这个类的继承体系如图 10-17 所示。

基类 BarrierSet 表示一个数据读写动作的栅栏，跟高速缓存中用来在不同 CPU 之间同步数据的 Barrier（内存屏障）完全不同。BarrierSet 的功能类似于一个拦截器，在读写动作实际作用于内存前执行某些前置或者后置动作。

CardTableModRefBS 类中声明了一个重要的属性，具体如下：

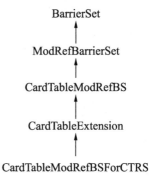

图 10-17　CardTableModRefBSForCTRS
类的继承体系

```
源代码位置: openjdk/hotspot/src/share/vm/memory/cardTableModRefRS.hpp
jbyte* byte_map_base;
```

byte_map_base 属性在数据页地址和卡表项索引之间的映射中非常重要，在 CardTable-ModRefBS 构造函数中会初始化该属性，代码如下：

```
源代码位置: openjdk/hotspot/src/share/vm/memory/cardTableModRefRS.cpp
CardTableModRefBS::CardTableModRefBS(MemRegion whole_heap,
                                     int max_covered_regions):
 ModRefBarrierSet(max_covered_regions),
 _whole_heap(whole_heap),
 _guard_index(cards_required(whole_heap.word_size()) - 1),
```

```
    _last_valid_index(_guard_index - 1),
    _page_size(os::vm_page_size()),
    _byte_map_size(compute_byte_map_size())
{
    _kind = BarrierSet::CardTableModRef;

    HeapWord* low_bound  = _whole_heap.start();
    HeapWord* high_bound = _whole_heap.end();
    assert((uintptr_t(low_bound)  & (card_size - 1))  == 0, "heap must start
at card boundary");
    assert((uintptr_t(high_bound) & (card_size - 1))  == 0, "heap must end at
card boundary");

    ...
    const size_t rs_align = _page_size == (size_t) os::vm_page_size() ? 0 :
            MAX2(_page_size, (size_t) os::vm_allocation_granularity());
    ReservedSpace heap_rs(_byte_map_size, rs_align, false);

    _byte_map = (jbyte*) heap_rs.base();
    byte_map_base = _byte_map - (uintptr_t(low_bound) >> card_shift);
    assert(byte_for(low_bound) == &_byte_map[0], "Checking start of map");
    assert(byte_for(high_bound-1) <= &_byte_map[_last_valid_index], "Checking
end of map");

    jbyte* guard_card = &_byte_map[_guard_index];
    uintptr_t guard_page = align_size_down((uintptr_t)guard_card, _page_size);
    _guard_region = MemRegion((HeapWord*)guard_page, _page_size);
    *guard_card = last_card;
    ...
}
```

在以上代码中，传入的 whole_heap 表示整个堆内存区域容量。假设年轻代和老年代各 1MB 空间，那么堆的总空间为 2MB。调用 CardTableModRefBS::cards_required()函数计算 _guard_index 的值，该函数的实现代码如下：

```
源代码位置：openjdk/hotspot/src/share/vm/memory/cardTableModRefRS.cpp
size_t CardTableModRefBS::cards_required(size_t covered_words){
    // card_size_in_words=64 字，也就是 512 字节
    const size_t words = align_size_up(covered_words, card_size_in_words);
    // 由于卡表中 1 个字节表示堆中的 512 字节所以需要用 words 除以 card_size_in_words，
    // 得到的结果加 1 是因为卡表需要有守护页
    size_t x = words / card_size_in_words + 1;
    return x;
}
```

如果堆的总空间为 2MB，共 262144 个字，而 262144/64 正好是 4096，因此最终的 _guard_index 的值为 4096，_last_valid_index=4095。

构造函数中调用 compute_byte_map_size()函数的实现代码如下：

```
源代码位置：openjdk/hotspot/src/share/vm/memory/cardTableModRefRS.cpp
size_t CardTableModRefBS::compute_byte_map_size(){
    // granularity 的值为 4096，也就是一个内存页的大小
    const size_t granularity = os::vm_allocation_granularity();
```

```
    return align_size_up(_guard_index + 1, MAX2(_page_size, granularity));
}
```

最终，_byte_map_size 的值对齐后为 8192，因此在构造函数中初始化 guard_card 和 _guard_region 时，2MB 的堆空间需要的卡表为两个默认页大小，_guard_region 就是最后一个内存页，如图 10-18 所示。

guard_card 指向下一个内存页的第一个字节，其中存储的是 last_card 的值，如果在遍历卡表时遍历到 last_card，则应该停止遍历。

构造函数中还初始化了_byte_map 和 byte_map_base 变量，如图 10-19 所示。

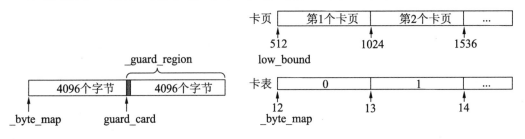

图 10-18　卡页与卡表的映射关系　　　　图 10-19　卡页与卡表的映射关系

图 10-19 中的箭头表示地址。当_byte_map 为 12 时，则 byte_map_base 变量的值 12-512>>9，最终计算出的值为 11。这样当知道卡页中的任何一个地址时，都能算出来卡表项的地址。例如，卡页中的某个地址为 528 时，则卡表项地址=11+528>>9，即 12。

4．CardGeneration类

在使用 Serial 和 Serial Old 收集器的情况下，Java 堆的老年代用 TenuredGeneration 表示，这个类间接继承了 CardGeneration，如果要针对卡表进行操作，需要继承 CardGeneration。类及与卡表实现相关的变量定义如下：

```
源代码位置：openjdk/hotspot/src/share/vm/memory/generation.hpp
class CardGeneration: public Generation {
 protected:
  GenRemSet*              _rs;
  BlockOffsetSharedArray*   _bts;
  ...
}
```

GenRemSe 提供卡表标记功能，使用 BlockOffsetArray 可以记录对象在某一个卡页中的内存起始位置。

在 CardGeneration 类的构造函数中初始化了_rs 和_bts 这两个属性，代码如下：

```
源代码位置：openjdk/hotspot/src/share/vm/memory/generation.cpp
CardGeneration::CardGeneration(ReservedSpace rs,
                              size_t initial_byte_size,
                              int level,
                              GenRemSet* remset) :
  Generation(rs, initial_byte_size, level), _rs(remset),
```

```
  _shrink_factor(0), _min_heap_delta_bytes(), _capacity_at_prologue(),
  _used_at_prologue()
{
  HeapWord* start = (HeapWord*)rs.base();
  size_t reserved_byte_size = rs.size();
  // 创建偏移表
  MemRegion reserved_mr(start, heap_word_size(reserved_byte_size));
  _bts = new BlockOffsetSharedArray(reserved_mr,heap_word_size(initial_
byte_size));
  // 创建卡表
  MemRegion committed_mr(start, heap_word_size(initial_byte_size));
  _rs->resize_covered_region(committed_mr);

  ...
}
```

其中，reserved_byte_size 表示老年代可用的最大内存空间，initial_byte_size 表示老年代的初始化内存空间。

卡表、偏移表、屏障与卡表代之间会相互引用，它们的关系如图 10-20 所示。

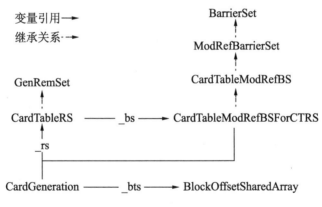

图 10-20　卡表、偏移表、屏障与卡表代之间的关系

下面看两个典型的操作，即通过地址查找对应的卡表项和通过卡表项查找卡页的起始地址。在 CardTableModRefBS 类中分别使用两个函数实现这两个操作，其中通过地址查找对应的卡表项的函数的实现代码如下：

```
源代码位置: openjdk/hotspot/src/share/vm/memory/cardTableModRefRS.hpp
jbyte* byte_for(const void* p) const {
    jbyte* result = &byte_map_base[uintptr_t(p) >> card_shift];
    return result;
}
```

在以上代码，计算对象引用所在卡页的卡表索引号，即将地址右移 9 位，相当于用地址除以 512（2 的 9 次方）。假设卡页的起始地址为 0，那么卡表项 0、1、2 对应的卡页起始地址分别为 0、512、1024（卡表项索引号乘以卡页 512 字节）。

通过卡表项查找卡页的起始地址的函数的实现代码如下：

```
源代码位置: openjdk/hotspot/src/share/vm/memory/cardTableModRefRS.hpp
HeapWord* addr_for(const jbyte* p) const {
    size_t delta = pointer_delta(p, byte_map_base, sizeof(jbyte));
    HeapWord* result = (HeapWord*) (delta << card_shift);
    return result;
}
```

10.2　垃圾回收线程

VMThread 负责调度、执行虚拟机内部的 VM 线程操作，如 GC 操作等，在 JVM 实例创建时进行初始化。VMThread 类的继承关系如图 10-21 所示。

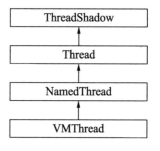

图 10-21　VMThread 类的继承关系

VMThread 类的定义如下：

```
源代码位置: openjdk/hotspot/src/share/vm
/runtime/vmThread.hpp

class VMThread: public NamedThread {
 private:
  // 当前 VMThread 线程在执行的虚拟机任务
  static VM_Operation*      _cur_vm_operation;
  // 多个任务放到队列中
  static VMOperationQueue* _vm_queue;

  // Pointer to single-instance of VM thread
  static VMThread*          _vm_thread;

 private:
  // 执行队列中的任务
  void evaluate_operation(VM_Operation* op);
 public:
  ...
  // VMThread 线程通过循环获取队列任务并执行
  void loop();

  // 用户线程将任务放到队列中
  static void execute(VM_Operation* op);

  // 启动 VMThread 线程
  virtual void run();
};
```

VMThread 主要处理垃圾回收。如果是多线程回收，则启动多个线程回收；如果是单线程回收，使用 VMThread 回收。在 VMThread 类中定义了_vm_queue，它是一个队列，任何执行 GC 的操作都是 VM_Operation 的一个实例。用户线程 JavaThread 会通过执行 VMThread::execute()函数把相关操作放到队列中，然后由 VMThread 在 run()函数中轮询队列并获取任务，如图 10-22 所示。

图 10-22　虚拟机任务的产生与消费

调用链如下：

```
Threads::create_vm()    thread.cpp
JNI_CreateJavaVM()      jni.cpp
InitializeJVM()         java.c
JavaMain()              java.c
start_thread()          pthread_create.c
```

在 Threads::create_vm() 函数中会创建 VMThread 线程，该函数的实现代码如下：

```
{
    // 创建 VMThread 和 VMOperationQueue 实例
    VMThread::create();
    // 获取创建出的 VMThread 实例
    Thread* vmthread = VMThread::vm_thread();

    if (!os::create_thread(vmthread, os::vm_thread))
      vm_exit_during_initialization("Cannot create VM thread. Out of system
resources.");

    // 当前线程等待 VMThead 线程就绪后才会执行其他逻辑
    {
      MutexLocker ml(Notify_lock);
      os::start_thread(vmthread);
      while (vmthread->active_handles() == NULL) {
        Notify_lock->wait();
      }
    }
}
```

以上代码中调用了 VMThread::create() 函数，该函数负责创建 VMThread 和 VMOperation-Queue 实例，其实现代码如下：

```
void VMThread::create() {
  _vm_thread = new VMThread();

  _vm_queue = new VMOperationQueue();
}
```

在上面的代码中初始化了 _vm_thread 和 _vm_queue 属性。

VMThread 内部维护了一个 VMOperationQueue 类型的队列，用于保存内部提交的 VM 线程操作 VM_operation，在 VMThread 创建时会初始化该队列。

在 Threads::create_vm() 函数中调用 os::create_thread() 函数创建 OSThread 实例。OSThread 类的定义如下：

```
源代码位置：openjdk/hotspot/src/share/vm/runtime/osThread.hpp
class OSThread: public CHeapObj<mtThread> {
```

```
  private:
  ...
  volatile ThreadState _state;
  public:
  pthread_t _pthread_id;
  ...
  private:
  Monitor* _startThread_lock;
}
Monitor* Notify_lock                    = NULL;
```

其中，_state 指明了线程的状态；_pthread_id 保存 Linux 线程 pthread 的 ID，OSThread 实例通过这个属性来管理 pthread 线程；_startThread_lock 用来同步父子线程的状态，其中父线程就是创建 OSThread 实例的线程，而子线程就是由 OSThread 实例管理的 pthread 线程。

在 Threads::create_vm()函数中调用的 os::create_thread()函数的实现代码如下：

```
源代码位置：openjdk/hotspot/src/os/linux/vm/os_linux.cpp
bool os::create_thread(Thread* thread, ThreadType thr_type, size_t stack
_size) {

  // 创建一个 OSThread 实例
  OSThread* osthread = new OSThread(NULL, NULL);
  if (osthread == NULL) {
    return false;
  }

  // 设置当前线程的状态为 os::vm_thread
  osthread->set_thread_type(thr_type);

  // 初始化状态为 ALLOCATED
  osthread->set_state(ALLOCATED);

  // 使 VMThread 的 osthread 指针指向新建的 OSThread 实例
  thread->set_osthread(osthread);

  // 初始化线程相关属性
  pthread_attr_t attr;
  pthread_attr_init(&attr);
  pthread_attr_setdetachstate(&attr, PTHREAD_CREATE_DETACHED);
  ...
  pthread_attr_setguardsize(&attr, os::Linux::default_guard_size(thr_type));

  ThreadState state;

  {
    ...
    // 传入了 java_start()函数的指针
    pthread_t tid;
    // 创建并运行 pthread 子线程
    int ret = pthread_create(&tid, &attr, (void* (*)(void*)) java_start,
thread);
```

```
    pthread_attr_destroy(&attr);

    // 这个 tid 是刚才新建的底层级线程的一个标识符，我们需要通过这个标识符来管理底层级
    // 线程
    osthread->set_pthread_id(tid);

    // 当前线程等待，直到创建的 pthread 子线程初始化完成或者退出
    {
      Monitor* sync_with_child = osthread->startThread_lock();
      MutexLockerEx ml(sync_with_child, Mutex::_no_safepoint_check_flag);
      while ((state = osthread->get_state()) == ALLOCATED) {
        sync_with_child->wait(Mutex::_no_safepoint_check_flag);
      }
    }
    ...
  }

  return true;
}
```

OSThread 由 JavaThread 实例创建并进行管理。调用 pthread_create() 函数会启动操作系统的一个线程执行 java_start() 函数。VMThead、OSThread 和 pthead 线程的关系如图 10-23 所示。

VMThread 中通过 _osthread 变量保持对 OSThread 实例的引用，OSThread 实例通过 _pthread_id 来管理 pthread 线程。

pthread_create() 是 UNIX、Linux、Mac 等操作系统中的创建线程的函数，其功能是创建线程（实际上就是确定调用该线程函数的入口点），并且当线程创建以后，就开始运行相关的线程函数。pthread_create() 函数的声明如下：

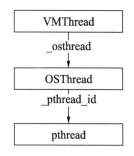

图 10-23　VMThead、OSThread 和 pthead 线程的关系

```
int pthread_create(
  pthread_t *restrict tidp,          // 新创建的线程 ID 指向的内存单元
  const pthread_attr_t *restrict attr, // 线程属性，默认为 NULL
  void *(*start_rtn)(void *),        // 新创建的线程从 start_rtn 函数的地址开始运行
  void *restrict arg                 // 默认为 NULL。若上述函数需要参数，将参数放入结
                                     // 构中并将地址作为 arg 传入
);
```

其中第 3 个参数是一个函数指针，传入的是 java_start() 函数指针。

在 Threads::create_vm() 函数中调用 os::start_thread() 函数启动线程，该函数的实现代码如下：

```
源代码位置：openjdk/hotspot/src/share/vm/runtime/os.cpp
void os::start_thread(Thread* thread) {
  MutexLockerEx ml(thread->SR_lock(), Mutex::_no_safepoint_check_flag);
  OSThread* osthread = thread->osthread();
```

```
    osthread->set_state(RUNNABLE);
    pd_start_thread(thread);
}
```

调用 os::pd_start_thread()函数的实现代码如下：

源代码位置：openjdk/hotspot/src/os/linux/vm/os_linux.cpp
```
void os::pd_start_thread(Thread* thread) {
    OSThread * osthread = thread->osthread();
    assert(osthread->get_state() != INITIALIZED, "just checking");
    Monitor* sync_with_child = osthread->startThread_lock();
    MutexLockerEx ml(sync_with_child, Mutex::_no_safepoint_check_flag);
    sync_with_child->notify();
}
```

最后会调用 java_start()函数，其实现代码如下：

源代码位置：openjdk/hotspot/src/os/linux/vm/os_linux.cpp
```
static void *java_start(Thread *thread) {
    ...

    OSThread* osthread = thread->osthread();
    Monitor* sync = osthread->startThread_lock();
    // 通过 OSThread 实例的_pthread_id 保存 pthread 的 id
    osthread->set_thread_id(os::Linux::gettid());

    ...
    // 与创建当前 pthread 线程的父线程进行状态同步
    {
        MutexLockerEx ml(sync, Mutex::_no_safepoint_check_flag);

        osthread->set_state(INITIALIZED);
        sync->notify_all();

        // wait until os::start_thread()
        // 新创建的 os 线程不会立即执行，会等 os::start_thread()的通知
        while (osthread->get_state() == INITIALIZED) {
            sync->wait(Mutex::_no_safepoint_check_flag);
        }
    }

    thread->run();

    return 0;
}
```

在 java_start()函数中更新 OSThread::_state 的状态为 INITIALIZED，同时通知父线程。父线程与子线程的交互如图 10-24 所示。

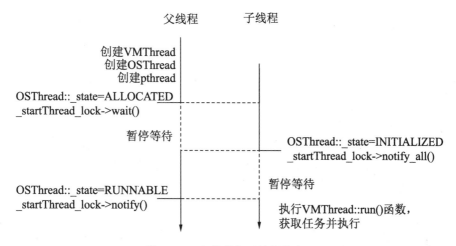

图 10-24　父线程与子线程的交互

在 java_start() 函数中调用了 run() 函数从 VMThread 的 _vm_queue 队列中获取任务并执行。run() 函数的实现代码如下：

```
源代码位置：openjdk/hotspot/src/share/vm/runtime/vmThread.cpp
void VMThread::run() {
  ...
  this->loop();
}
```

run() 函数中调用的 VMThread::loop() 函数的实现代码如下：

```
源代码位置：openjdk/hotspot/src/share/vm/runtime/vmThread.cpp

void VMThread::loop() {
  while(true) {
VM_Operation* safepoint_ops = NULL;

    // 1. 线程获取任务，如果没有取到则等待
    // 2. 线程执行任务
    ...
  } while 循环结束
}
```

由于 VMThread 本身就是一个线程，启动后通过执行 loop() 函数进行轮询操作，从队列中按照优先级取出当前需要执行的 VM_operation 对象并执行，每次轮询可能会依次执行以下两个任务：

（1）线程获取任务。

（2）线程执行任务。

下面分别介绍线程获取任务和执行任务的实现逻辑。

1. 线程获取任务

在 VMThread::loop()函数中等待 VM_Operation 任务的实现代码如下：

```
VM_Operation* safepoint_ops = NULL;
{
    // 由于队列不是一个线程安全的容器，因此要通过锁来保证线程的安全性
    MutexLockerEx mu_queue(VMOperationQueue_lock,Mutex::_no_safepoint_
check_flag);

    assert(_cur_vm_operation == NULL, "no current one should be executing");
    // 从队列中获取一个新的任务
    _cur_vm_operation = _vm_queue->remove_next();

    // 如果当前线程不应该终止并且没有从队列中获取任务时，需要等待
    while (!should_terminate() && _cur_vm_operation == NULL) {
      // 线程进行超时等待，等待的时间为 GuaranteedSafepointInterval
      bool timedout = VMOperationQueue_lock->wait(
                                Mutex::_no_safepoint_check_flag,
GuaranteedSafepointInterval);
      ...
      // 线程等待完成后，继续从队列中获取任务
      _cur_vm_operation = _vm_queue->remove_next();

      // 如果当前获取的任务需要在安全点中执行，则获取队列中所有需要在安全点中执行的
      // 任务，即尽量在一次 STW 期间内执行完所有需要在安全点中执行的任务
      if (
          _cur_vm_operation != NULL &&
          _cur_vm_operation->evaluate_at_safepoint()
      ){
          // 获取队列中所有需要在安全点中执行的任务
          safepoint_ops = _vm_queue->drain_at_safepoint_priority();
      }
    }

    // 在线程将要终止时跳出循环
    if (should_terminate())
       break;
}
```

从_vm_queue 队列中获取执行任务，如果没有获取到，则会进行超时等待，然后再次获取，如果仍然没有获取到，则调用 notify_all()函数通知那些等待获取 VMOperation-Request_lock 锁的线程，这些线程就是等待往队列中放入任务的线程。调用完 notify_all()函数后，由于获取任务的逻辑在一个无限 while 循环中，所以会继续从_vm_queue 队列中获取执行任务，重复之前的逻辑。

当获取的任务需要在安全点中执行时，safepoint_ops 保存了当前队列中所有需要在安全点中执行的任务，所有任务通过定义在 VM_Operation 中的_next 和_prev 变量形成双链表。

这里需要简单介绍一下 VMOperationQueue 类，其定义如下：

```
源代码位置：openjdk/hotspot/src/share/vm/runtime/vmThread.hpp

class VMOperationQueue : public CHeapObj<mtInternal> {
 private:
  enum Priorities {
     SafepointPriority,        // 最高优先级，必须在安全点中执行的任务
     MediumPriority,           // 中等优先级，不必在安全点中执行的任务
     nof_priorities            // 优先级的数量
  };

  // 统计 SafepointPriority 和 MediumPriority 优先级中的任务数量
  int          _queue_length[nof_priorities];
  int          _queue_counter;
  // 将 SafepointPriority 和 MediumPriority 优先级中的任务列表以双链表的形式连接
  VM_Operation* _queue        [nof_priorities];
  VM_Operation* _drain_list;
  ...
}
```

VMOperationQueue 类中的_queue 保存了 SafepointPriority 和 MediumPriority 优先级中的任务列表，_queue_length 保存了 SafepointPriority 和 MediumPriority 优先级中的任务数量。在获取任务时，通常会优先获取 SafepointPriority 中的任务，也就是需要在安全点中执行的任务。

线程获取任务时调用的 VMOperationQueue::remove_next()函数的实现代码如下：

```
源代码位置：openjdk/hotspot/src/share/vm/runtime/vmThread.cpp

VM_Operation* VMOperationQueue::remove_next() {
  int high_prio, low_prio;
  if (_queue_counter++ < 10) {
    high_prio = SafepointPriority;
    low_prio  = MediumPriority;
  } else {
    _queue_counter = 0;
    high_prio = MediumPriority;
    low_prio  = SafepointPriority;
  }
  int qe = queue_empty(high_prio) ? low_prio : high_prio;
  // 从对应优先级的任务列表中获取链表中的第 1 个任务并返回
  return queue_remove_front(qe);
}
```

为了避免低优先级的 MediumPriority 长时间得不到执行，在_queue_counter 执行 9 次后会执行一次 MediumPriority 中的任务。如果待定的 high_prio 中的任务列表为空，则会执行 low_prio 中的任务。

线程获取任务时调用 drain_at_safepoint_priority()函数获取在安全点中执行的任务列表，该函数的实现代码如下：

```
源代码位置: openjdk/hotspot/src/share/vm/runtime/vmThread.hpp
VM_Operation* drain_at_safepoint_priority() {
  return queue_drain(SafepointPriority);
}
```

drain_at_safepoint_priority()函数调用 queue_drain()函数的实现代码如下：

```
源代码位置: openjdk/hotspot/src/share/vm/runtime/vmThread.cpp
VM_Operation* VMOperationQueue::queue_drain(int prio) {
  if (queue_empty(prio))
    return NULL;
  _queue_length[prio] = 0;
  VM_Operation* r = _queue[prio]->next();
  assert(r != _queue[prio], "cannot remove base element");
  r->set_prev(NULL);
  _queue[prio]->prev()->set_next(NULL);
  // 恢复_queue 中保存的 SafepointPriority 优先级中的列表为空
  _queue[prio]->set_next(_queue[prio]);
  _queue[prio]->set_prev(_queue[prio]);
  return r;
}
```

在以上代码中，整个 SafepointPriority 优先级中的任务全部被返回，所以在后续的执行任务阶段双链表中保存的任务都会被执行。

在 Serial 收集器中，如果为对象分配内存，可能会调用 GenCollectorPolicy::mem_allocate _work()函数，这个函数有如下调用：

```
源代码位置: openjdk/hotspot/src/os/linux/vm/os_linux.cpp
VM_GenCollectForAllocation op(size, is_tlab, gc_count_before);
VMThread::execute(&op);
```

创建一个 VM_GenCollectForAllocation 类型的 VM_Operation 实例，通过执行 VMThread:: execute()函数将 VM_Operation 实例保存到 VMThread 队列中，相当于触发一次 GC 操作，并将 GC 类型的操作加入 VMThread 的操作队列中。GC 的真正执行是由 VMThread 或特定的 GC 线程完成的。

execute()函数的实现代码如下：

```
源代码位置: openjdk/hotspot/src/share/vm/runtime/vmThread.cpp
void VMThread::execute(VM_Operation* op) {
  Thread* t = Thread::current();

  if (!t->is_VM_thread()) {
    // 对于表示 YGC 的 VM_GenCollectForAllocation 和表示 FGC 的 VM_GenCollectFull
    // 任务来说，concurrent 的值为 false 表示当前的 JavaThread 和 VMThread 或其他
    // GC 线程不能同时执行，因此 JavaThread 只能等待垃圾回收结束后才能继续执行
    bool concurrent = op->evaluate_concurrently();

    // New request from Java thread, evaluate prologue
    if (!op->doit_prologue()) {
      return;
    }
```

```
    // 设置提交当前任务的线程
    op->set_calling_thread(t, Thread::get_priority(t));

    bool execute_epilog = !op->is_cheap_allocated();

    // 生成 ticket，辅助判断提交的任务是否执行完成
    int ticket = 0;
    if (!concurrent) {
      ticket = t->vm_operation_ticket();
    }

    {
      VMOperationQueue_lock->lock_without_safepoint_check();
      bool ok = _vm_queue->add(op);          // 向队列中加入新的任务
      op->set_timestamp(os::javaTimeMillis());

      // 唤醒 VMThread 线程，执行队列中的任务
      VMOperationQueue_lock->notify();
      VMOperationQueue_lock->unlock();
    }

    if (!concurrent) {
      // 当前的 JavaThread 必须等待任务执行完成后的结果
      MutexLocker mu(VMOperationRequest_lock);
      // 当 Thread::_vm_operation_started_count 的值大于等于 ticket 时，表示提交
      // 的任务已经执行完成，JavaThread 不必等待，可以开始运行了
      while(t->vm_operation_completed_count() < ticket) {
        VMOperationRequest_lock->wait(!t->is_Java_thread());
      }
    }

    if (execute_epilog) {
      op->doit_epilogue();
    }
  }
  ...
}
```

当 JavaThread 将表示 YGC 的 VM_GenCollectForAllocation 和表示 FGC 的 VM_Gen-CollectFull 任务加入队列后，执行 VMOperationQueue_lock::notify()函数唤醒 VMThread 线程，让 VMThread 线程从队列中获取任务并执行，当前的 JavaThread 在任务没有运行完成之前会等待。

为了判断提交的任务是否运行完成，execute()函数生成了一个 ticket。调用的相关函数如下：

```
源代码位置：openjdk/hotspot/src/share/vm/runtime/thread.hpp
int vm_operation_ticket() {
    return ++_vm_operation_started_count;          // 注意是先返回
}
```

```
int vm_operation_completed_count() {
    return _vm_operation_completed_count;
}
void increment_vm_operation_completed_count() {
    _vm_operation_completed_count++;
}
```

以上代码的原理很简单，当 HotSpot VM 提交任务时，将返回_vm_operation_started_count 加 1 后的结果作为 ticket，当任务执行完成后，VMThread 会调用 increment_vm_operation_completed_count()函数对_vm_operation_completed_count 加 1。由于_vm_operation_started_count 与_vm_operation_completed_count 初始时都为 0，所以当_vm_operation_completed_count 不小于_vm_operation_started_count 时表示任务执行完成，可以不用等待了。

在向队列添加任务前和添加任务后会调用 doit_prologue()与 doit_epilogue()函数，这两个函数用于执行与安全点相关的逻辑，在 10.3 节中将详细介绍。

2．执行任务

在 VMThread::loop()函数中执行 VM_Operation 任务的实现代码如下：

```
{
    HandleMark hm(VMThread::vm_thread());
    EventMark em("Executing VM operation: %s", vm_operation()->name());
    // 断言当前需要执行的任务不为空
    assert(_cur_vm_operation != NULL, "we should have found an operation
to execute");

    // 需要在安全点中执行的操作
    if (_cur_vm_operation->evaluate_at_safepoint()) {
        // 将需要在安全点中执行的任务列表保存到_drain_list 属性中
        _vm_queue->set_drain_list(safepoint_ops);
        // 进入安全点
        SafepointSynchronize::begin();
        // 执行任务
        evaluate_operation(_cur_vm_operation);
        // 循环执行任务列表中的所有任务
        do {
            _cur_vm_operation = safepoint_ops;
            if (_cur_vm_operation != NULL) {
                do {
                    VM_Operation* next = _cur_vm_operation->next();
                    _vm_queue->set_drain_list(next);
                    evaluate_operation(_cur_vm_operation);
                    _cur_vm_operation = next;
                } while (_cur_vm_operation != NULL);
            }
            // 在执行任务的过程中，可能队列中又压入了需要在安全点中执行的任务队列
            // 取出来继续执行
            if (_vm_queue->peek_at_safepoint_priority()) {
                MutexLockerEx mu_queue(VMOperationQueue_lock,Mutex::_no_safepoint
_check_flag);
```

```
        safepoint_ops = _vm_queue->drain_at_safepoint_priority();
      } else {
        safepoint_ops = NULL;
      }
    } while(safepoint_ops != NULL);

    _vm_queue->set_drain_list(NULL);

    // 离开安全点
    SafepointSynchronize::end();

  } else {                          // 不需要在安全点中执行的操作
    ...
    evaluate_operation(_cur_vm_operation);
    _cur_vm_operation = NULL;
  }
}
```

在安全点中执行任务时，由于进入安全点需要系统配合，所以一旦进入就要尽可能地将任务执行完；在非安全点中执行任务时，每次只会执行一个任务，然后再次获取任务，以防止执行多个非安全点中的任务时，导致安全点中优先级高的任务不能及时执行。

调用 evaluate_operation() 函数执行每一个任务，实现代码如下：

```
源代码位置：openjdk/hotspot/src/share/vm/runtime/vmThread.hpp

void VMThread::evaluate_operation(VM_Operation* op) {
  ResourceMark rm;
  {
    op->evaluate();
  }
  ...
  // 增加 Thread::_vm_operation_completed_count 属性的值，表示任务已经执行完成
  if (!op->evaluate_concurrently()) {
    op->calling_thread()->increment_vm_operation_completed_count();
  }
  ...
}
```

在介绍线程获取任务时讲过，由于 JavaThread 不能与 VMThread 同时执行，所以 JavaThead 会通过_vm_operation_completed_count 属性判断 VMthread 是否完成了任务，如果执行完成，需要调用 increment_vm_operation_completed_count()函数将属性值加 1，这样 JavaThead 就会继续处理任务执行完成后的逻辑，如 GC 完成后进行内存分配。

调用 VM_Operation::evaluate()函数执行具体的任务，该函数的实现代码如下：

```
源代码位置：openjdk/hotspot/src/share/vm/runtime/vm_operations.cpp
void VM_Operation::evaluate() {
  ResourceMark rm;
  doit();
}
```

以上代码中，子类通过重写 VM_Operation 类的 doit()函数实现具体的逻辑。触发 YGC

时通常会生成一个 VM_GenCollectForAllocation 实例，其中的 doit()函数的实现代码如下：

```
源代码位置: openjdk/hotspot/src/share/vm/gc_implementation/vmGCOperations.cpp
void VM_GenCollectForAllocation::doit() {
  SvcGCMarker sgcm(SvcGCMarker::MINOR);

  GenCollectedHeap* gch = GenCollectedHeap::heap();
  GCCauseSetter gccs(gch, _gc_cause);
  // 通知内存堆管理器处理内存分配失败的情况
  _res = gch->satisfy_failed_allocation(_size, _tlab);
  // 确保分配的内存块在内存堆中
  assert(gch->is_in_reserved_or_null(_res), "result not in heap");

  if (_res == NULL && GC_locker::is_active_and_needs_gc()) {
    set_gc_locked();
  }
}
```

doit()函数中调用 satisfy_failed_allocation()函数实现 YGC，具体的实现代码将会在第 11 章中详细介绍。

触发 FGC 时，VM_GenCollectFull 类的 doit()函数的实现代码如下：

```
源代码位置:openjdk/hotspot/src/share/vm/gc_implementation/vmGCOperations.cpp

void VM_GenCollectFull::doit() {
  SvcGCMarker sgcm(SvcGCMarker::FULL);

  GenCollectedHeap* gch = GenCollectedHeap::heap();
  GCCauseSetter gccs(gch, _gc_cause);
  gch->do_full_collection(gch->must_clear_all_soft_refs(), _max_level);
}
```

doit()函数中调用 do_full_collection()函数实现 FGC,具体的实现代码将会在第 12 章中详细介绍。

10.3 安 全 点

在垃圾回收过程中，修改对象的线程（称为 Mutator）必须暂停，这会让应用程序产生停顿，没有任何响应，有点像卡死的感觉，这个停顿称为 STW（Stop The Word）。这样可以避免在垃圾回收过程中因额外的线程对对象进行删除或移动等操作，从而造成的漏标、错标等错误。HotSpot VM 使用安全点来实现 STW。

10.3.1 关于安全点

安全点会让 Mutator 线程运行到一些特殊位置后主动暂停，这样就可以让 GC 线程进行垃圾回收或者导出堆栈等操作。前面介绍过，当有垃圾回收任务时，通常会产生一个

VM_Operation 任务并将其放到 VMThread 队列中,VMThread 会循环处理这个队列中的任务,其中在处理任务时需要有一个进入安全点的操作,任务完成后还要退出安全点。实现代码如下:

```
源代码位置: openjdk/hotspot/src/share/vm/runtime/vmThread.cpp

// 进入安全点
SafepointSynchronize::begin();

// 可在 STW 期间执行垃圾回收
evaluate_operation(_cur_vm_operation);

// 退出安全点
SafepointSynchronize::end();
```

SafepointSynchronize::begin()函数用于进入安全点,当所有线程都进入安全点后,VMThread 才能继续执行后面的代码;SafepointSynchronize::end()函数用于退出安全点。进入安全点时 Java 线程可能存在几种不同的状态,这里需要处理所有可能存在的情况。

(1)处于解释执行字节码的状态,解释器在通过字节码派发表(Dispatch Table)获取下一条字节码的时候会主动检查安全点的状态。

(2)处于执行 native 代码的状态,也就是执行 JNI。此时 VMThread 不会等待线程进入安全点。执行 JNI 退出后线程需要主动检查安全点状态,如果此时安全点位置被标记了,那么就不能继续执行,需要等待安全点位置被清除后才能继续执行。

(3)处于编译代码执行状态,编译器会在合适的位置(例如循环、方法调用等)插入读取全局 Safepoint Polling 内存页的指令,如果此时安全点位置被标记了,那么 Safepoint Polling 内存页会变成不可读,此时线程会因为读取了不可读的内存页而陷入内核态,事先注册好的信号处理程序就会处理这个信号并让线程进入安全点。

(4)线程本身处于 blocked 状态,例如线程在等待锁,那么线程的阻塞状态将不会结束直到安全点标志被清除。

(5)当线程处于以上(1)至(3)3 种状态切换阶段,切换前会先检查安全点的状态,如果此时要求进入安全点,那么切换将不被允许,需要等待,直到安全点状态被清除。

HotSpot VM 为了更好地实现安全点,专门定义了一个 SafepointSynchronize 类,该类中定义的变量和函数都是为了实现安全点。

```
源代码位置: openjdk/hotspot/src/share/vm/runtime/safepoint.hpp
class SafepointSynchronize : AllStatic {
 public:
  enum SynchronizeState {
      // 相关线程不需要进入安全点
     _not_synchronized = 0,
      // 相关线程需要进入安全点
     _synchronizing    = 1,
      // 所有的线程都已经进入安全点,只有 VMThread 线程在运行
     _synchronized     = 2
```

```
    };

  private:
    static volatile SynchronizeState _state;
    static volatile int _waiting_to_block;
    ...
  }
```

其中，_state 变量的值取自枚举类 SynchronizeState 中定义的枚举常量，表示线程同步的状态；_waiting_to_block 表示 VMThread 线程要等待阻塞的用户线程数，只有这些线程全部阻塞时，VMThread 线程才能在安全点下执行垃圾回收操作。这两个变量都是静态的，因此使整个系统进行安全点同步。

SafepointSynchronize 类中定义了 VMThread 进入安全点和退出安全点的函数。调用 SafepointSynchronize::begin()函数进入安全点的代码如下：

源代码位置：openjdk/hotspot/src/share/vm/runtime/safepoint.cpp

```
// 只有 VMThread 才能调用当前的函数
void SafepointSynchronize::begin() {
  Thread* myThread = Thread::current();
  assert(myThread->is_VM_thread(), "Only VM thread may execute a safepoint");

  // 获取 Threads_lock 锁,这个锁直到调用退出安全点的函数 SafepointSynchronize::end()
  // 时才会释放，因此相关的 Mutator 线程在获取此锁时阻塞
  Threads_lock->lock();

  assert(_state == _not_synchronized, "trying to safepoint synchronize with
wrong state");

  // 获取所有的 Mutator 线程总数，这些线程在 GC 执行过程中必须要 STW
  int nof_threads = Threads::number_of_threads();

  MutexLocker mu(Safepoint_lock);

  // 需要等待暂停的线程数量
  _waiting_to_block = nof_threads;
  int still_running = nof_threads;

  // 将状态设置为需要同步，这样除当前 VMThread 线程以外的其他正在运行的线程检测到这个
  // 状态时，都会在合适的点调用 block()函数暂停
  _state             = _synchronizing;

  // 通知解析执行的线程进入安全点
  Interpreter::notice_safepoints();

  // 让编译执行的线程进入安全点
  // 两个参数 UseCompilerSafepoints 和 DeferPollingPageLoopCount 在默认情况
  // 下的值分别为 true 和-1
  if (UseCompilerSafepoints && DeferPollingPageLoopCount < 0) {
    guarantee (PageArmed == 0, "invariant") ;
    PageArmed = 1 ;
```

```
      os::make_polling_page_unreadable();
  }

  // 1. 循环判断 still_running

  // 2. 循环判断 _waiting_to_block


  // 逻辑执行到这里时，除 VMThread 线程外的所有线程已经暂停，因此将状态设置为
  // _synchronized
  _state = _synchronized;
  ...
}
```

以上代码让除了执行当前函数的 VMThread 线程之外的所有线程都在到达安全点时暂停。例如，调用 Interpreter::notice_safepoints()函数让解析执行 Java 方法的线程进入安全点，调用 os::make_polling_page_unreadable()函数让内存页不可读，让编译执行 Java 方法的线程进入安全点等。

为了确保所有的线程已进入安全点，begin()函数必须保证 still_running 和_waiting_to_block 变量的值为 0。

另外，begin()函数还通过两个重要的锁 Threads_lock 和 Safepoint_lock 来保证线程的同步过程，由于在开始时已经获取了 Threads_lock 锁，因此其他相关的线程如果需要"走到"安全点处暂停，其实就是在获取此锁时进行阻塞暂停；Safepoint_lock 主要用来保证多线程操作变量时的线程安全。

循环判断 still_running 的值，直到值为 0，实现代码如下：

```
int ncpus = os::processor_count() ;
...
int steps = 0 ;
while(still_running > 0) {
   for (JavaThread *cur = Threads::first(); cur != NULL; cur = cur->next()) {
     ThreadSafepointState *cur_state = cur->safepoint_state();
     if (cur_state->is_running()) {
       cur_state->examine_state_of_thread();
       if (!cur_state->is_running()) {
         still_running--;
       }
     }
   }

   if (still_running > 0) {
     ...
     // 以下实现是为了避免线程上下文切换，也为了尽量让其他线程有机会"走到"安全点处
     // 暂停自己
     ++steps ;
     if (ncpus > 1 && steps < SafepointSpinBeforeYield) {
       SpinPause() ;
     } else
      if (steps < DeferThrSuspendLoopCount) {
        os::NakedYield() ;
```

```
    } else {
      os::yield_all(steps) ;
    }
  }
}
assert(still_running == 0, "sanity check");
```

循环检查每个线程的_safepoint_state 属性，属性的类型为 ThreadSafepointState*，该类中定义了一个 type 属性，值为如下枚举类定义的枚举变量：

源代码位置：openjdk/hotspot/src/share/vm/runtime/safepoint.hpp
```
enum suspend_type {
  // 线程不在安全点上
  _running             = 0,
  // 线程已经在安全点上
  _at_safepoint        = 1,
  // 线程会继续执行，不过在必要时会执行回调
  _call_back           = 2  // Keep executing and wait for callback (if
thread is in interpreted or vm)
};
```

为了更好地完成同步，以上这些状态是由 VMThread 来维护的。

HotSpot VM 在调用 is_running()函数进行状态检查时，线程一般是处于_running 状态。接着调用 examine_state_of_thread()函数进行状态检查，实现代码如下：

源代码位置：openjdk/hotspot/src/share/vm/runtime/safepoint.cpp
```
void ThreadSafepointState::examine_state_of_thread() {

 JavaThreadState state = _thread->thread_state();

 // 当线程已经被挂起时表示处于暂停状态,即到达了安全点,如果线程调用了方法 suspend(),
 // 为了防止线程在 VMThread 执行垃圾回收时恢复执行,挂起的线程需要在安全点上暂停
 bool is_suspended = _thread->is_ext_suspended();
 if (is_suspended) {
  roll_forward(_at_safepoint);
  return;
 }

 // 当线程本身已经处于阻塞状态或线程在执行 native 代码时表示到达了安全点
 if (SafepointSynchronize::safepoint_safe(_thread, state)) {
  roll_forward(_at_safepoint);
  return;
 }

 // 当线程在虚拟机中运行时，需要等待进入安全点
 if (state == _thread_in_vm) {
  roll_forward(_call_back);
  return;
 }
```

```
// 线程还处在运行状态, 必须在 SafepointSynchronize::begin() 函数的 while 循环中
// 等待

assert(is_running(), "examine_state_of_thread on non-running thread");
return;
}
```

调用 roll_forward() 函数的实现代码如下:

源代码位置: openjdk/hotspot/src/share/vm/runtime/safepoint.cpp

```
void ThreadSafepointState::roll_forward(suspend_type type) {
  // VMThread 线程会更新相关线程的 _type 变量的值
  _type = type;

  switch(_type) {
    case _at_safepoint:
      // 调用以下函数将 _waiting_to_block 减 1
      SafepointSynchronize::signal_thread_at_safepoint();
      ...
      break;

    case _call_back:
      break;
    ...
  }
}
```

在 _call_back 状态下, _waiting_to_block 不会减 1, 线程会在下一个处理 _waiting_to_block 的循环中继续进行处理。

循环判断 _waiting_to_block 的值, 直到值为 0, 实现代码如下:

```
// 等待直到所有的线程停止
while (_waiting_to_block > 0) {
    Safepoint_lock->wait(true);
    ...
}
// 断言所有需要暂停的线程都已经暂停
assert(_waiting_to_block == 0, "sanity check");
```

当 _waiting_to_block 大于 0 时, 表示在上一次循环判断 still_running 时, 有些线程的状态为 _thread_in_vm, 我们需要让这些线程运行到安全点。

离开安全点时调用如下函数:

源代码位置: openjdk/hotspot/src/share/vm/runtime/safepoint.cpp

```
void SafepointSynchronize::end() {
  // 让轮询页可读, 清除安全点标志, 否则编译执行的线程会再次进入安全点
  if (PageArmed) {
    os::make_polling_page_readable();
    PageArmed = 0 ;
  }
```

```
    // 清除安全点标志，否则解析执行的线程仍然会进入安全点
    Interpreter::ignore_safepoints();

    {
      MutexLocker mu(Safepoint_lock);
      // 断言当前已是同步状态
      assert(_state == _synchronized, "must be synchronized before ending
safepoint synchronization");

      // 更新_state 为不需要进入安全点状态
      _state = _not_synchronized;

      // 启动挂起的线程
      for(JavaThread *current = Threads::first(); current; current = current->
next()) {
        ...
        ThreadSafepointState* cur_state = current->safepoint_state();
        assert(cur_state->type() != ThreadSafepointState::_running, "Thread
not suspended at safepoint");
        // 设置 ThreadSafepointState::_type 属性的值为_running
        cur_state->restart();
        assert(cur_state->is_running(), "safepoint state has not been reset");
      }

      // 释放锁的同时会唤醒所有阻塞在 Threads_lock 锁上的线程
      Threads_lock->unlock();
    }
    ...
}
```

SafepointSynchronize::end()函数会将状态_state 设置为_not_synchronized，然后唤醒所有阻塞在 Threads_lock 锁上的线程，让这些线程恢复运行。

10.3.2　阻塞线程和状态切换线程进入安全点

线程的状态已经在枚举类 JavathreadState 中进行了定义，代码如下：

```
源代码位置: openjdk/hotspot/src/share/vm/utilities/globalDefinitions.hpp
enum JavaThreadState {
  _thread_uninitialized    = 0,    // 不应该有的状态
  _thread_new              = 2,    // 仅用在线程启动时
  _thread_new_trans        = 3,
  _thread_in_native        = 4,    // 线程执行 native 代码
  _thread_in_native_trans  = 5,
  _thread_in_vm            = 6,    // 线程运行在虚拟机中
  _thread_in_vm_trans      = 7,
  _thread_in_Java          = 8,    // 正在以解释或编译方式运行 Java 代码
  _thread_in_Java_trans    = 9,
  _thread_blocked          = 10,   // 阻塞在虚拟机中
  _thread_blocked_trans    = 11,
```

```
    _thread_max_state            = 12            // 线程共有的状态总数
};
```

大部分的状态都对应一个过渡状态。

当某个用户线程调用 VMThread::execute()函数将 YGC 的任务放到队列中时，会调用如下语句：

```
while(t->vm_operation_completed_count() < ticket) {
    VMOperationRequest_lock->wait(!t->is_Java_thread());
}
```

在调用的 wait()函数中有如下语句：

```
源代码位置：openjdk/hotspot/src/share/vm/runtime/mutex.cpp
ThreadBlockInVM  tbivm(jt);
wait_status = IWait (Self, timeout) ;
```

即调用 IWait()函数让线程处于等待状态，但在调用 IWait()之前和之后会调用 Thread-BlockInVM 的构造函数和析构函数，代码如下：

```
源代码位置：openjdk/hotspot/src/share/vm/runtime/interfaceSupport.hpp
class ThreadBlockInVM : public ThreadStateTransition {
 public:
  // 构造函数
  ThreadBlockInVM(JavaThread *thread) : ThreadStateTransition(thread) {
    thread->frame_anchor()->make_walkable(thread);
    trans_and_fence(_thread_in_vm, _thread_blocked);
  }
  // 析构函数
  ~ThreadBlockInVM() {
    trans_and_fence(_thread_blocked, _thread_in_vm);
  }
};
```

构造函数中调用 trans_and_fence()函数将线程状态由_thread_in_vm 转换为_thread_blocked，析构函数中则调用 trans_and_fence()函数将线程状态由_thread_blocked 还原为_thread_in_vm。调用 IWait()和 trans_and_fence()函数都可能让线程处于暂停状态。调用的 trans_and_fence()函数的实现代码如下：

```
源代码位置：openjdk/hotspot/src/share/vm/runtime/interfaceSupport.hpp

void trans(JavaThreadState from, JavaThreadState to) {
   transition(_thread, from, to);
}

static inline void transition(JavaThread *thread, JavaThreadState from,
JavaThreadState to) {
    // 更新过渡的状态，大部分的线程状态都有对应的过渡状态
    thread->set_thread_state((JavaThreadState)(from + 1));

    // 在 do_call_back()函数中判断_state 是否不等于_not_synchronized，如果不等于
    // 就返回 true，然后进行阻塞
    if (SafepointSynchronize::do_call_back()) {
```

```
      // 调用block()函数进入安全点
      SafepointSynchronize::block(thread);
   }

   // 更新线程的状态为目的状态
   thread->set_thread_state(to);
}
```

当 from 的状态为 thread_in_vm，to 的状态为_thread_blocked 时，在执行 Safepoint-
Synchronize::block()函数之前会将状态设置为_thread_in_vm_trans，执行完成后会将状态设
置为_thread_blocked。执行后设置为_thread_blocked 状态是因为接下来要调用 IWait()函数
进行暂停等待。

假设 VMThread 线程获取 YGC 任务并调用了 SafepointSynchronize::begin()函数将
_state 状态设置为_synchronizing，那么 transition()函数调用 block()后会阻塞用户线程；如
果_state 状态没有来得及设置为_synchronizing，那么 transition()函数会调用 IWait()函数阻
塞用户线程，此时的线程状态为_thread_blocked；如果调用 IWait()函数的线程在执行 GC
的过程中被唤醒，唤醒后会调用 ThreadBlockInVM 的析构函数，此时会再次调用
transition_and_fence()函数尝试让线程恢复运行，如果此时的线程状态_state 不等于
_not_synchronized，那么仍然会调用 block()函数进入阻塞状态，直到 GC 任务完成后才会
唤醒。

block()函数的实现代码如下：

```
源代码位置: openjdk/hotspot/src/share/vm/runtime/safepoint.cpp
void SafepointSynchronize::block(JavaThread *thread) {
  // 获取当前线程的状态
  JavaThreadState state = thread->thread_state();

  switch(state) {
    ...
    case _thread_in_native_trans:
    case _thread_blocked_trans:
    case _thread_new_trans:

      thread->set_thread_state(_thread_blocked);
      Threads_lock->lock_without_safepoint_check();
      thread->set_thread_state(state);
      Threads_lock->unlock();
      break;

    default:
     fatal(err_msg("Illegal threadstate encountered: %d", state));
     ...
    }
   ...
}
```

对于 Java 方法的 wait() 与 sleep() 等暂停方法来说，最终会调用 HotSpot VM 中对应的暂停函数，这些暂停函数的处理逻辑和 IWait() 函数的处理逻辑类似。

在调用 wait() 与 sleep() 等方法时，还会调用 JVM_MonitorWait() 与 JVM_Sleep() 等函数，此时会进行状态转换，转换时会检查安全点，代码如下：

```
源代码位置：openjdk/hotspot/src/share/vm/prims/jvm.cpp
// JVM_ENTRY 和 JVM_END 宏展开后
extern "C" {
 void  JVM_MonitorWait(JNIEnv* env, jobject handle, jlong ms) {

  JavaThread* thread=JavaThread::thread_from_jni_environment(env);
  ThreadInVMfromNative __tiv(thread);
  HandleMarkCleaner __hm(thread);
  Thread* __the_thread__ = thread;
...

  Handle obj(THREAD, JNIHandles::resolve_non_null(handle));
  JavaThreadInObjectWaitState jtiows(thread, ms != 0);
  ObjectSynchronizer::wait(obj, ms, CHECK);
 }
}
```

在调用 ObjectSynchronizer::wait() 函数前后都会调用 ThreadInVMfromNative 类的构造函数和析构函数，对线程阻塞和状态转换下的安全点进行处理。

类似的专门处理状态转换的类还有几个，都直接继承了 ThreadStateTransition 类，继承体系如图 10-25 所示。

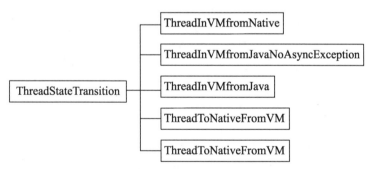

图 10-25　ThreadStateTransition 类的继承体系

前面介绍 JVM_FindClassFromBootLoader() 函数时，也会使用 ThreadInVMfromNative 类进行状态转换，不过并不像 JVM_MonitorWait() 和 JVM_Sleep() 等函数那样在转换状态后还要处理线程暂停及唤醒等问题。

10.3.3　解释线程进入安全点

HotSpot VM 使用一种称为"模板解释器"的技术来实现字节码的解释执行。所谓"模板解释器"，是指每一个字节码指令都会被映射到字节码解释模板表中的一个模板上，对应的是一个符合字节码语义的机器代码片段，这个机器代码片段会在 HotSpot VM 启动时预先生成，以加快解释执行的速度。

下面看一下当线程处于执行字节码解释执行状态时是如何进入安全点的。前面讲到 VMThread 进入安全点的函数 begin() 时，提到会执行 Interpreter::notice_safepoints() 函数，该函数会通知模板解释器在执行下一条字节码时进入安全点，该函数的实现代码如下：

```
源代码位置: openjdk/hotspot/src/share/vm/interpreter/templateInterpreter.cpp
void TemplateInterpreter::notice_safepoints() {
  if (!_notice_safepoints) {
    // switch to safepoint dispatch table
    _notice_safepoints = true;
    copy_table((address*)&_safept_table, (address*)&_active_table, sizeof
(_active_table) / sizeof(address));
  }
}
```

上面的代码调用了 copy_table() 函数将_active_table 中的相关入口点替换为_safept_table 中对应的入口点，而_active_table 就是字节码派发表。字节码模板解释器在执行字节码时，需要用_active_table 来派发字节码，_active_table 会在 HotSpot VM 启动时预先生成。在 TemplateInterpreterGenerator::generate_all() 函数中有如下语句：

```
源代码位置: openjdk/hotspot/src/share/vm/interpreter/templateInterpreter.cpp
{
    CodeletMark cm(_masm, "safepoint entry points");
    // 生成安全点入口
    Interpreter::_safept_entry =
    EntryPoint(
               generate_safept_entry_for(btos,
CAST_FROM_FN_PTR(address, InterpreterRuntime::at_safepoint)),
               generate_safept_entry_for(ztos,
CAST_FROM_FN_PTR(address, InterpreterRuntime::at_safepoint)),
               ...
           );
}
```

根据栈顶缓存状态生成对应字节的入口，栈顶缓存的状态有 9 个，因此 Interpreter::_safept_entry 中保存有 9 个具体的入口点。调用 TemplateInterpreter::notice_safepoints() 函数时，将_active_table 中的 9 个入口点替换为_safept_table 中的 9 个入口点，这样当执行下一条字节码指令时，会进入调用 generate_safept_entry_for() 函数预先生成的例程（例程其实就是一段针对当前 CPU 和操作系统生成的机器码，通过执行这段机器码完成一个小的功能点）中执行，在这个例程中有进入安全点的逻辑。

generate_safept_entry_for() 函数的实现代码如下：

```
源代码位置: openjdk/hotspot/src/cpu/x86/vm/templateInterpreter_x86_64.cpp
address TemplateInterpreterGenerator::generate_safept_entry_for (TosState
state,
                                              address runtime_entry) {
```

```
address entry = __ pc();
__ push(state);

// 调用 at_safepoint()函数进入安全点
__ call_VM(noreg, runtime_entry);

// 从安全点返回后，转到正常的字节码指令表中寻找下一条指令的入口并执行
__ dispatch_via(vtos, Interpreter::_normal_table.table_for (vtos));
return entry;
}
```

上面的 generate_safept_entry_for()函数及调用的 call_VM()函数会生成一段机器指令，当线程正在以解释的方式执行字节码时，如果要调用本地 C++代码编写的 Interpreter-Runtime::at_safepoint()函数，就必须要遵循 C++函数的调用约定，而且调用前和调用后还需要做现场的保存和恢复工作，而这正是生成这段机器指令的目的。

at_safepoint()函数的实现代码如下：

```
源代码位置：openjdk/hotspot/src/share/vm/interpreter/interpreterRuntime.cpp
void InterpreterRuntime::at_safepoint(JavaThread*thread) {
  ...
  ThreadInVMfromJava __tiv(thread);
  ...
}
```

在以上代码中创建了一个 ThreadInVMfromJava 对象，创建这个对象的时候会调用构造函数，当函数调用完成后会自动调用析构函数。下面来看看 ThreadInVMfromJava 类的构造函数和析构函数。

在构造函数中，线程的状态变为了_thread_in_vm；在析构函数中，调用 trans()函数将线程状态从_thread_in_vm 变为了_thread_in_Java。

调用 SafepointSynchronize::block()函数的实现代码如下：

```
源代码位置：openjdk/hotspot/src/share/vm/runtime/safepoint.cpp
void SafepointSynchronize::block(JavaThread *thread) {
  // 获取当前线程的状态
  JavaThreadState state = thread->thread_state();

  switch(state) {
    // 如果正在进行解释执行的线程，在 ThreadInVMfromJava 构造函数中会传递_thread
    // _in_vm 状态，然后在 transition()函数中将状态更新为_thread_in_vm_trans
    case _thread_in_vm_trans:
    // 如果正在进行编译执行的线程，则线程的状态是_thread_in_Java
    case _thread_in_Java:
      thread->set_thread_state(_thread_in_vm);

      Safepoint_lock->lock_without_safepoint_check();
      // 线程正在进行同步，也就是配合 GC 进入安全点状态
      if (is_synchronizing()) {
        // 减少等待阻塞线程的数量，这样执行 GC 的线程如果检测到值为 0 时，就表示所有需
        // 要阻塞的线程都进入了 block 状态，可以开始执行 GC 了
        _waiting_to_block--;
```

```
        if (thread->in_critical()) {
          // 当前线程在临界区执行
          increment_jni_active_count();
        }

        // 当 _waiting_to_block 的值为 0 时，说明应该进入阻塞的线程都已经进入，调用
        // notify_all()函数唤醒所有在 Safepoint_lock 锁上的线程，这些线程都是
        // 需要在安全点下执行的任务
        if (_waiting_to_block == 0) {
          Safepoint_lock->notify_all();
        }
      }

      // 设置线程的状态为 _thread_blocked
      thread->set_thread_state(_thread_blocked);
      // 释放 Safepoint_lock 锁
      Safepoint_lock->unlock();

      // 当前线程将在获取 Threads_lock 锁时阻塞，因为这个锁会被执行安全点中的任务的
      // 线程所持有
      Threads_lock->lock_without_safepoint_check();
      // 恢复线程原有状态
      thread->set_thread_state(state);
      Threads_lock->unlock();
      break;
    ...
    default:
     fatal(err_msg("Illegal threadstate encountered: %d", state));
    ...
  }

  ...
}
```

简单来说，VMThread 会在执行进入安全点代码的 begin()函数时，将解释器的字节码表替换掉，然后在执行下一条字节码之前插入检查进入安全点的代码，这样下一条字节码解释执行的时候就会进入安全点。

当然，有进入就有退出，VMThread 完成代码执行任务后会执行 end()函数退出安全点，在 end()函数中会调用 ignore_safepoints()函数将字节码派发表替换为原来正常的字节码表。调用 ignore_safepoints()函数的实现代码如下：

```
源代码位置: openjdk/hotspot/src/share/vm/interpreter/templateInterpreter.cpp
void TemplateInterpreter::ignore_safepoints() {
  if (_notice_safepoints) {
    if (!JvmtiExport::should_post_single_step()) {
      // 更新为正常的转发表入口
      _notice_safepoints = false;
      copy_table((address*)&_normal_table, (address*)&_active_table, sizeof
```

```
(_active_table) / sizeof(address));
      }
   }
}
```

调用 copy_table()函数的实现代码如下：

```
源代码位置：openjdk/hotspot/src/share/vm/interpreter/templateInterpreter.cpp
static inline void copy_table(address* from, address* to, int size) {
   while (size-- > 0)
      *to++ = *from++;
}
```

可以看到，copy_table()函数将 9 个栈顶缓存状态对应的入口全部替换为原来正常转发表的对应入口。

当前的 Mutator 线程通过 Safepoint_lock 和 Threads_lock 锁与 GC 线程进行同步，同步的流程如图 10-26 所示。

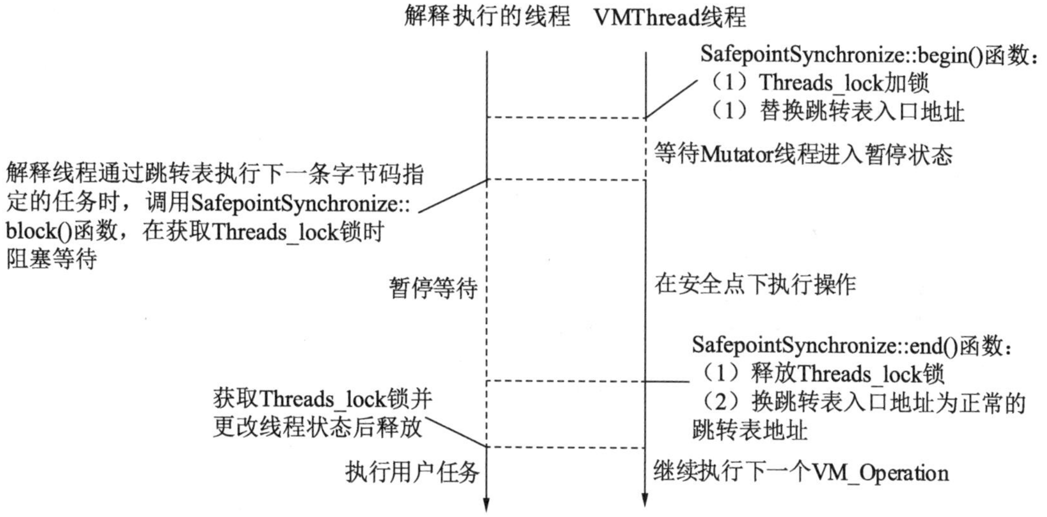

图 10-26　解释执行的线程与 VMThread 线程的交互过程

由图 10-26 可知在 VMThread 执行 STW 操作期间，解释执行的线程一直处于暂停等待的状态。

10.3.4　编译线程进入安全点

在 SafepointSynchronize::begin()函数中有如下调用：

```
if (UseCompilerSafepoints && DeferPollingPageLoopCount < 0) {
   PageArmed = 1 ;
   os::make_polling_page_unreadable();
}
```

当线程正在执行已经被编译成本地代码的代码时，会在一些位置读取 Safepoint——Polling 内存页，VMThread 在进入安全点的时候会将这个内存页设置为不可读。这样，当线程试图去读这个内存页时就会产生错误信号，在 Linux 中，错误信号处理器将会处理这个信号，代码如下：

```
源代码位置: openjdk/hotspot/src/os_cpu/linux_x86/vm/os_linux_x86.cpp
extern "C" JNIEXPORT int
JVM_handle_linux_signal(int sig,
                        siginfo_t* info,
                        void* ucVoid,
                        int abort_if_unrecognized) {
  ucontext_t* uc = (ucontext_t*) ucVoid;
  ...
  if (sig == SIGSEGV && os::is_poll_address((address)info->si_addr)) {
    stub = SharedRuntime::get_poll_stub(pc);
  }
  ...

  // 在 signal handler 里找出能调用 GC 的 stub 入口，把这个入口设置在 ucontext 的
  // PC 字段里
  uc->uc_mcontext.gregs[REG_PC] = (greg_t)stub;
}
```

信号处理器函数会执行 stub，而 stub 是一段预先生成好的机器码片段。有多种类型的 stub，但不管是哪种类型的 stub，最终都会调用 SafepointSynchronize::block() 函数，这个函数在 10.3.2 节中已经介绍过，这里不再赘述。

编译执行的线程与 VMThread 线程的交互过程如图 10-27 所示。

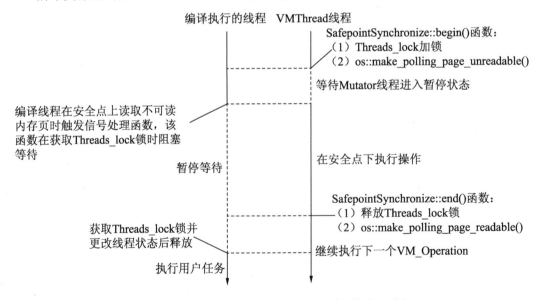

图 10-27 编译执行的线程与 VMThread 线程的交互过程

10.3.5　执行本地代码线程进入安全点

在执行本地代码时，如果遇到创建对象和删除对象等操作，会通过 JNI 函数完成，而 JNI 函数会对当前线程执行暂停操作。例如，在 native 中通常会调用 jni_NewObject()函数创建对象，代码如下：

```
源代码位置: openjdk/hotspot/src/share/vm/prims/jni.cpp
JNI_ENTRY(jobject, jni_NewObject(JNIEnv *env, jclass clazz, jmethodID
methodID, ...))
  jobject obj = NULL;

  instanceOop i = alloc_object(clazz, CHECK_NULL);
  obj = JNIHandles::make_local(env, i);
  va_list args;
  va_start(args, methodID);
  JavaValue jvalue(T_VOID);
  JNI_ArgumentPusherVaArg ap(methodID, args);
  jni_invoke_nonstatic(env, &jvalue, obj, JNI_NONVIRTUAL, methodID, &ap,
CHECK_NULL);
  va_end(args);
  return obj;
JNI_END
```

jni_NewObject()函数在执行过程中会创建新的实例 i，因此当 Serial 和 Serial Old 收集器执行垃圾回收任务时必须阻止这种操作。JNI_ENTRY 宏定义是关键，这个宏定义创建了一个 ThreadInVMfromNative 实例。创建这个实例时会调用构造函数，构造函数调用完成后会自动调用析构函数。下面来看看构造函数和析构函数的实现代码：

```
class ThreadInVMfromNative : public ThreadStateTransition {
 public:
  ThreadInVMfromNative(JavaThread* thread) : ThreadStateTransition(thread) {
    trans_from_native(_thread_in_vm);
  }
  ~ThreadInVMfromNative() {
    trans_and_fence(_thread_in_vm, _thread_in_native);
  }
};
```

调用的 trans_from_native()函数的实现代码如下：

```
void trans_from_native(JavaThreadState to) {
    transition_from_native(_thread, to);
}
```

调用的 transition_from_native()函数的实现代码如下：

```
static inline void transition_from_native(JavaThread *thread, JavaThreadState to) {
    // 表示线程状态的 to 必须是一个过渡状态
    assert((to & 1) == 0, "odd numbers are transitions states");
    // 将线程的状态由 _thread_in_native 设置为 _thread_in_native_trans
    assert(thread->thread_state() == _thread_in_native, "coming from wrong
```

```
thread state");
    thread->set_thread_state(_thread_in_native_trans);

    if (SafepointSynchronize::do_call_back() || thread->is_suspend_after
_native()) {
      JavaThread::check_safepoint_and_suspend_for_native_trans(thread);
      ...
    }

    thread->set_thread_state(to);
}
```

调用 SafepointSynchronize::do_call_back()或 is_suspend_after_native()函数判断当前执行 native 代码的线程是否需要暂停，如果需要，则调用 JavaThread::check_safepoint_and_suspend_for_native_trans()函数暂停执行当前线程，直到 GC 完成后再恢复运行。

调用的 do_call_back()或 is_suspend_after_native()函数的实现代码如下：

```
inline static bool do_call_back() {
    return (_state != _not_synchronized);
}
bool is_suspend_after_native() const {
    return (_suspend_flags & (_external_suspend | _deopt_suspend) ) != 0;
}
```

如果调用 do_call_back()函数或 is_suspend_after_native()函数返回 true，则调用 Java-Thread::check_safepoint_and_suspend_for_native_trans()函数暂停当前线程，代码如下：

```
源代码位置: openjdk/hotspot/src/share/vm/runtime/thread.hpp
void JavaThread::check_safepoint_and_suspend_for_native_trans(JavaThread
*thread) {
    assert(thread->thread_state() == _thread_in_native_trans, "wrong state");

    JavaThread *curJT = JavaThread::current();
    // 线程要求自挂起
    bool do_self_suspend = thread->is_external_suspend();

    // AllowJNIEnvProxy 的默认值为 false，因此当 do_self_suspend 的值为 true 时就会
    // 挂起
    if (do_self_suspend && (!AllowJNIEnvProxy || curJT == thread)) {
      JavaThreadState state = thread->thread_state();
      ...

      // 当线程自挂起时，将线程的状态更新为阻塞状态，这样在进入安全点时就会处理阻塞状态
      // 的线程
      thread->set_thread_state(_thread_blocked);
      // 线程进行自挂起
      thread->java_suspend_self();
      thread->set_thread_state(state);
      ...
    }

    // 当要求线程进入安全点或正在执行安全点操作时，调用 block()函数阻塞当前线程
    if (SafepointSynchronize::do_call_back()) {
```

```
        SafepointSynchronize::block(curJT);
    }
    ...
}
```

线程可能执行自挂起逻辑，如果是自挂起，那么在_thread_blocked 状态下，GC 线程可进行垃圾回收。如果 GC 在垃圾回收过程中自挂起，恢复运行时还会调用 do_call_back()函数判断线程是否需要进入安全点或其他线程（包括 GC 线程）是否正在执行安全点操作。如果是，则调用 block()函数阻塞当前线程，从而防止一些阻塞线程突然恢复运行，扰乱安全点下执行的操作。

对于不执行挂起操作的线程，如果要从_thread_in_native 进入_thread_in_vm 状态，同样会调用 do_call_back()函数和 block()函数进入安全点。执行 native 的线程与 VMThread 线程的交互过程如图 10-28 所示。

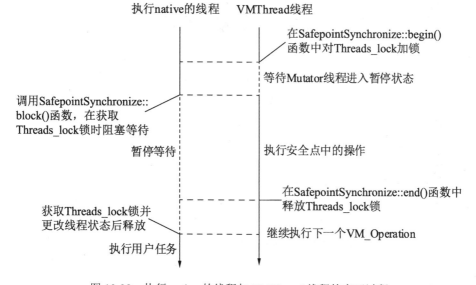

图 10-28　执行 native 的线程与 VMThread 线程的交互过程

由图 10-28 可知，如果线程一直在_thread_in_native 状态下执行，则不需要执行阻塞操作。

第 11 章　Serial 垃圾收集器

Serial 收集器是一个单线程的收集器，采用"复制"算法。"单线程"并不是说只使用一个 CPU 或一条收集线程去完成垃圾收集工作，而是指在进行垃圾收集时，必须暂停其他的工作线程，直到收集结束。本章将详细介绍 Serial 垃圾回收的具体实现过程。

11.1　触发 YGC

大多数情况下，对象直接在年轻代中的 Eden 空间进行分配，如果 Eden 区域没有足够的空间，那么就会触发 YGC（Minor GC，年轻代垃圾回收），YGC 处理的区域只有年轻代。下面结合年轻代对象的内存分配看一下触发 YGC 的时机：

（1）新对象会先尝试在栈上分配，如果不行则尝试在 TLAB 中分配，否则再看是否满足大对象条件可以在老年代分配，最后才考虑在 Eden 区申请空间。

（2）如果 Eden 区没有合适的空间，则 HotSpot VM 在进行 YGC 之前会判断老年代最大的可用连续空间是否大于新生代的所有对象的总空间，具体判断流程如下：

① 如果大于的话，直接执行 YGC。

② 如果小于，则判断是否开启了 HandlePromotionFailure，如果没有开启则直接执行 FGC。

③ 如果开启了 HandlePromotionFailure，HotSpot VM 会判断老年代的最大连续内存空间是否大于历次晋升的平均内存空间（晋级老年代对象的平均内存空间），如果小于则直接执行 FGC；如果大于，则执行 YGC。

对于 HandlePromotionFailure，我们可以这样理解，在发生 YGC 之前，虚拟机会先检查老年代的最大的连续内存空间是否大于新生代的所有对象的总空间，如果这个条件成立，则 YGC 是安全的。如果不成立，虚拟机会查看 HandlePromotionFailure 设置值是否允许判断失败，如果允许，那么会继续检查老年代最大可用的连续内存空间是否大于历次晋级到老年代对象的平均内存空间，如果大于就尝试一次 YGC，如果小于，或者 Handle-PromotionFailure 不愿承担风险就要进行一次 FGC。

触发 GC 的流程如图 11-1 所示。

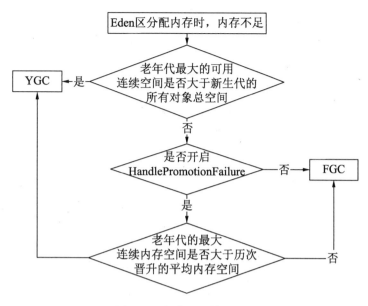

图 11-1　触发 GC 的流程图

在分配内存时，如果 Eden 空间不足，可能会触发 YGC 或 FGC。本节将会详细介绍 Serial 垃圾收集器执行 YGC 的过程。

11.2　年轻代的垃圾回收

在 10.2 节中介绍垃圾回收线程时说过，当触发 YGC 时会产生一个 VM_GenCollectFor-Allocation 类型的任务，VMThread 线程会调用 VM_GenCollectForAllocation::doit() 函数执行这个任务。在 doit() 函数中调用 GenCollectorPolicy::satisfy_failed_allocation() 函数处理内存申请失败的 YGC 请求，此函数会继续调用 do_collecton() 函数。Serial 收集器通过调用 do_collection() 函数完成 YGC，函数声明如下：

```
源代码位置：openjdk/hotspot/src/share/vm/memory/genCollectedHeap.cpp
void GenCollectedHeap::do_collection(
    bool    full,
    bool    clear_all_soft_refs,
    size_t  size,
    bool    is_tlab,
    int     max_level
);
```

在进行 YGC 时，各个参数的值解释如下：

- full 值为 false，表示进行 YGC；
- clear_all_soft_refs 的值为 false，表示不处理软引用，因为触发 YGC 时并不能说明内存紧张，只有执行 FGC 时才可能处理软引用；

- size 表示在请求分配此大小的内存时，由于空间不足而触发本次 YGC；
- is_tlab 的值为 true 时，表示在为新的 TLAB 分配内存时触发此次垃圾回收，通过调用 GenCollectedHeap::allocate_new_tlab() 函数触发。
- max_level 在执行 YGC 和 FGC 时都为 1，因为 max_level 的值就表示老年代，没有比老年代更高的代存在了。

do_collection() 函数会根据传递的参数及其他判断条件来决定是只执行 YGC 还是只执行 FGC，或者可能执行完 YGC 后再执行 FGC。下面分几个部分介绍。

do_collection() 函数的第一部分代码如下：

```
const bool do_clear_all_soft_refs = clear_all_soft_refs ||
                    collector_policy()->should_clear_all_soft_refs();
```

检查是否需要在本次 GC 时回收所有的软引用。MarkSweepPolicy 回收策略会根据具体的 GC 情况在特定时刻决定是否对软引用指向的 referent 进行回收。注意，不同的回收策略执行回收任务时使用的策略可能不一样，有的可能是空间不够的时候回收软引用，有的可能是 GC 过于频繁或者过慢的时候会回收软引用，这里我们只讨论 Serial/Serial Old 收集器的默认回收策略 MarkSweepPolicy。

在执行 YGC 时，clear_all_soft_refs 参数的值为 false，因为 YGC 不能说明内存紧张。在 MarkSweepPolicy 回收策略下，调用 collector_policy() 函数会获取 CollectorPolicy 类中的 _should_clear_all_soft_refs 属性的值，这个值在每次 GC 完成后会设置为 false，因此最终不会清除软引用。

do_collection() 函数的第二部分代码如下：

```
// 只有执行 FGC 时 complete 的值才为 true
bool complete = full && (max_level == (n_gens()-1));
gc_prologue(complete);
```

调用 gc_prologue() 函数后最终会调用 CollectedHeap::ensure_parsability() 函数，ensure_parsability() 函数会让每个线程的 TLAB 变得可解析，这种操作在 9.2.1 节中介绍过，当某个 TLAB 中的剩余空间不足以满足分配请求并且是可丢弃的情况下，向这个剩余空间中填充可解析的 Object 对象或整数类型数组，内存会变得连续。另外，各个 TLAB 中可能还有没有分配完的剩余空间，这些剩余空间都需要填充。ensure_parsability() 函数的实现代码如下：

```
源代码位置: openjdk/hotspot/src/share/vm/gc_interface/collectedHeap.hpp
void CollectedHeap::ensure_parsability(bool retire_tlabs) {
  const bool use_tlab = UseTLAB;
  // 将每个线程中的最后一个 TLAB 中的剩余空间填充对象或数组
  for (JavaThread *thread = Threads::first(); thread; thread = thread->
next()) {
    if (use_tlab)
      thread->tlab().make_parsable(retire_tlabs);
    ...
```

```
    }
}
```

通常会将 TLAB 末尾尚未分配给 Java 对象的空间填充一个整数类型的数组，make
_parsable()函数在 9.2.1 节中介绍过，这里不再赘述。

do_collection()函数的第三部分代码如下：

```
int starting_level = 0;
if (full) {
    for (int i = max_level; i >= 0; i--) {
        if (_gens[i]->full_collects_younger_generations()) {
            starting_level = i;
            break;
        }
    }
}
```

如果是 FGC，那么在回收高的内存代时也会回收比自己低的内存代。这个逻辑主要是
计算 starting_level 属性的值，这样_gens[0]到_gens[starting_level]所代表的内存代就会由本
次 GC 负责回收。对于 Serial/Serial Old 收集器组合来说，新生代用 DefNewGeneration 实
例表示，老年代用 TenuredGeneration 实例表示。当进行 FGC 时，max_level 的值为 1，而
最终 starting_level 的值也为 1，也就是 FGC 同时回收年轻代和老年代。

TenuredGeneration 类中的 full_collects_younger_generations()函数的实现代码如下：

```
源代码位置：openjdk/hotspot/src/share/vm/memory/generation.hpp
virtual bool full_collects_younger_generations() const {
    return !CollectGen0First;
}
```

CollectGen0First 的默认值为 false，表示在回收老年代时顺便回收比老年代年轻的代，
因此也会回收年轻代。

对于 DefNewGeneration 来说，没有重写 full_collects_younger_generations()函数，因此
会调用 Generation 类的默认实现，默认直接返回 false，因为此年轻代没有比自己更年轻的
代需要回收。

do_collection()函数的第四部分代码如下：

```
// 对于 YGC 来说，starting_level 的值为 0；对于 FGC 来说，starting_level 的值为 1
// 对于 YGC 来说，max_level 的值为 1，因此优先执行 gen[0]内存代的回收，如果回收后仍不
// 满足，则触发此次 YGC 操作的内存分配请求，那么还会对 gen[1]进行回收，此时执行的就是 FGC
for (int i = starting_level; i <= max_level; i++) {
    if (_gens[i]->should_collect(full, size, is_tlab)) {
        ...
        record_gen_tops_before_GC();

        // 执行垃圾回收的工作
        {                                              // 匿名块开始
          HandleMark hm;
          // 为_saved_mark_word 变量赋值为碰撞指针_top 的值
```

```
        save_marks();
        ...
        // 执行真正的垃圾回收工作
        _gens[i]->collect(full, do_clear_all_soft_refs, size, is_tlab);

        ...
    }   // 匿名块结束

    // 检查本次 GC 完成后，是否能满足触发本次 GC 回收的内存分配请求。如果能满足，则
    // size 参数的值为 0，那么下次在调用更高内存代的 should_collect()函数时就会
    // 返回 false；否则会返回 true，继续执行高内存代的垃圾回收，以求回收更多的垃
    // 圾来满足这次内存分配请求
    if (size > 0) {
      if (!is_tlab || _gens[i]->supports_tlab_allocation()) {
        if (size*HeapWordSize <= _gens[i]->unsafe_max_alloc_nogc()) {
          size = 0;
        }
      }
    }
    ...
  }
}
```

对于 YGC 来说，starting_level 的值为 0，max_level 的值为 1，所以优先执行 gen[0]
内存代的回收，如果回收后仍不满足触发此次 YGC 操作的内存分配请求，那么还会对
gen[1]进行回收，此时执行的就是 FGC。之前已经多次介绍过，在配置了-XX:+UseSerialGC
命令后，_gens[0]为 DefNewGeneration 实例，_gens[1]为 TenuredGeneration 实例。使用
Serial/Serial Old 收集器后，Java 堆的内存布局如图 11-2 所示。

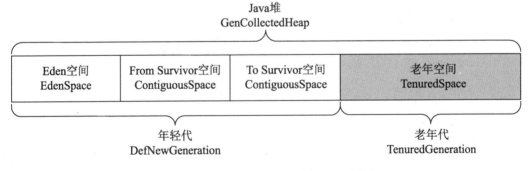

图 11-2　使用 Serial/Serial Old 收集器时堆的布局

在执行 YGC 之前，需要调用 DefNewGeneation 类中的 should_collect()函数判断此年
轻代是否支持此次内存分配请求，如果不支持，那么 YGC 执行完成后也不能达到目的，
还要继续执行 FGC，因此在执行 YGC 之前要做如下判断：

源代码位置：openjdk/hotspot/src/share/vm/memory/generation.hpp
```
virtual bool should_collect(
```

```
        bool    full,
        size_t  word_size,
        bool    is_tlab
){
    return (full || should_allocate(word_size, is_tlab));
}
```

在执行 YGC 时,full 参数的值为 false,会继续调用 should_allocate()函数进行判断。这个函数在 9.2.2 节中介绍过,主要判断 3 个条件,这 3 个条件必须同时满足,函数才会返回 true,这 3 个条件如下:

- 申请的内存大小未溢出;
- 申请的内存大小不为 0;
- 支持 TLAB 内存分配,如果不支持 TLAB 内存分配,那么申请的内存大小没有超过本内存代的限制阈值。

当触发的是 YGC 时,调用 DefNewGeneration 类的 should_allocate()函数通常会返回 true,然后调用 GenCollectedHeap::save_marks()函数执行垃圾回收前的准备工作,代码如下:

```
源代码位置: openjdk/hotspot/src/share/vm/memory/genCollectedHeap.cpp
void GenCollectedHeap::save_marks() {
  for (int i = 0; i < _n_gens; i++) {
    _gens[i]->save_marks();
  }
}
```

年代代的 save_marks()函数的实现代码如下:

```
源代码位置: openjdk/hotspot/src/share/vm/memory/defNewGeneration.cpp
void DefNewGeneration::save_marks() {
  eden()->set_saved_mark();
  to()->set_saved_mark();
  from()->set_saved_mark();
}
```

老年代的 save_marks()函数的实现代码如下:

```
源代码位置: openjdk/hotspot/src/share/vm/memory/generation.cpp
void OneContigSpaceCardGeneration::save_marks() {
  _the_space->set_saved_mark();
}
```

```
源代码位置: openjdk/hotspot/src/share/vm/memory/space.hpp
virtual void set_saved_mark(){
    // 获取 ContiguousSpace::_top 属性值并赋值给 Space 类中
    // 定义的_saved_mark_word 属性
    _saved_mark_word = top();
}
```

调用 save_marks()相关函数后,各个函数的指向如图 11-3 所示。

图 11-3　执行 YGC（复制算法）之前各变量的指向

_saved_mark_word 和_top 等变量会辅助复制算法完成年轻代的垃圾回收，相关变量的介绍已经在 10.1.2 节中详细讲过，这里不再赘述。

下面就可以在 do_collection()函数中执行真正的垃圾回收工作了，这部分内容将在下一节详细介绍。

YGC 的处理流程如图 11-4 所示。

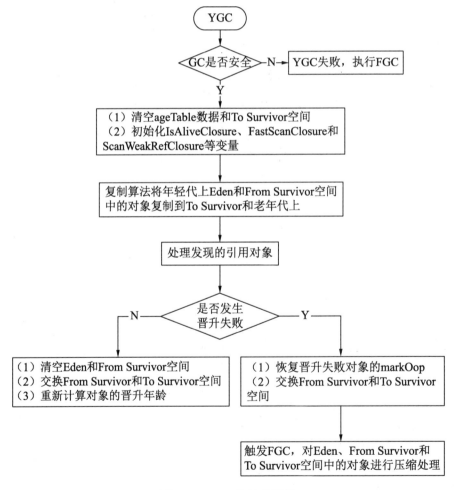

图 11-4　YGC 的处理流程

DefNewGeneration::collect()函数的实现逻辑比较多，下面分几个部分来解读，代码如下：

```
源代码位置: openjdk/hotspot/src/share/vm/memory/defNewGeneration.cpp
void DefNewGeneration::collect(
    bool      full,
    bool      clear_all_soft_refs,
    size_t    size,
    bool      is_tlab
){
  // 确保当前是一次 FGC，或者需要分配的内存 size 大于 0，否则不需要执行一次 GC 操作
  assert(full || size > 0, "otherwise we don't want to collect");

  GenCollectedHeap* gch = GenCollectedHeap::heap();

  // 使用-XX:+UseSerialGC 命令后, DefNewGeneration::_next_gen 为 TenuredGeneration
  _next_gen = gch->next_gen(this);

  // 如果新生代全是需要晋升的存活对象，老年代可能容不下这些对象，此时设置增量垃圾回收
  // 失败，直接返回，后续会执行 FGC
  if (!collection_attempt_is_safe()) {
    // 设置_incremental_collection_failed 为 true，即放弃当前 YGC
    // 通知内存堆管理器不要再尝试增量式 GC 了，因为肯定会失败，执行 FGC
    gch->set_incremental_collection_failed();
    return;
  }
  // 在执行 YGC 时使用的是复制算法，因此要保存 To Survivor 区为空
  assert(to()->is_empty(), "Else not collection_attempt_is_safe");

  // 主要设置 DefNewGeneration::_promotion_failed 变量的值为 false
  init_assuming_no_promotion_failure();
  ...
}
```

在执行 YGC 时，必须要通过老年代来保证晋升的对象，如果无法保证，则设置_incremental_collection_failed 变量的值为 true，然后放弃执行当前 YGC，进行 FGC。_incremental_collection_failed 变量会在 Java 堆初始化时调用 clear_incremental_collection_failed()函数将此值初始化为 false。

通过 collection_attempt_is_safe()函数判断当前的 GC 是否安全，实现代码如下：

```
源代码位置: openjdk/hotspot/src/share/vm/memory/defNewGeneration.cpp
bool DefNewGeneration::collection_attempt_is_safe() {
  // To Survivor 空间如果不为空，则无法采用复制算法，也就无法执行 YGC
  if (!to()->is_empty()) {
    return false;
  }
  // 设置年轻代的下一个代为老年代
  if (_next_gen == NULL) {
    GenCollectedHeap* gch = GenCollectedHeap::heap();
    _next_gen = gch->next_gen(this);
  }
```

```
// 调用 used() 函数获取当前年轻代已经使用的所有内存
return _next_gen->promotion_attempt_is_safe(used());
}
```

安全的 GC 必须同时满足下面两个条件：
- survivor 中的 to 区为空，只有这样才能执行 YGC 的复制算法进行垃圾回收；
- 下一个内存代有足够的内存容纳新生代的所有对象，因为年轻代需要老年代作为内存空间担保，如果老年代没有足够的内存空间作为担保，那么这次的 YGC 是不安全的。

调用 used() 函数的实现代码如下：

```
源代码位置：openjdk/hotspot/src/share/vm/memory/defNewGeneration.cpp
size_t DefNewGeneration::used() const {
  return eden()->used() + from()->used();
}
```

将 Eden 区和 From Survivor 区已使用的内存空间加起来即为年轻代总的使用空间。有了年轻代总的使用容量后，调用 TenuredGeneration::promotion_attempt_is_safe() 函数来判断老年代是否能作为内存空间担保，这里假设年轻代的所有对象都需要晋升。promotion_attempt_is_safe() 函数的实现代码如下：

```
源代码位置：openjdk/hotspot/src/share/vm/memory/tenuredGeneration.cpp
bool TenuredGeneration::promotion_attempt_is_safe(size_t max_promotion
_in_bytes) const {
  size_t available = max_contiguous_available();
  size_t av_promo = (size_t)gc_stats()->avg_promoted()->padded_average();
  bool   res = (available >= av_promo) || (available >= max_promotion
_in_bytes);
  return res;
}
```

根据之前的 GC 数据获取平均的晋升空间，优先判断可用空间是否大于等于这个平均的晋升空间，其次判断是否大于等于最大的晋升空间 max_promotion_in_bytes，只要有一个条件为真，函数就会返回 true，表示这是一次安全的 GC。对于满足可用空间大于等于平均晋升空间这个条件来说，函数返回 true 后，YGC 在执行过程中可能会遇到分配担保失败的情况，因为实际的晋升空间如果大于平均晋升空间时就会失败，此时就需要执行 FGC 操作了。

这里还需要介绍一下 TenuredGeneration::promotion_attempt_is_safe() 函数中调用的用来计算最大连续可用空间的 max_contiguous_available() 函数，代码如下：

```
源代码位置：openjdk/hotspot/src/share/vm/memory/generation.cpp
size_t Generation::max_contiguous_available() const {
  size_t max = 0;
  // 从当前代或比当前代更高的内存代中找出连续空闲空间的最大值，由于当前老年代已经没有
  // 更高的内存代，所以只是找出老年代的连续空闲空间
  for (const Generation* gen = this; gen != NULL; gen = gen->next_gen()) {
    size_t avail = gen->contiguous_available();
    if (avail > max) {
```

```
        max = avail;
      }
    }
  return max;
}
```

调用 OneContigSpaceCardGeneration::contiguous_available()函数计算老年代的连续空闲空间，实现代码如下：

```
源代码位置: openjdk/hotspot/src/share/vm/memory/generation.cpp
size_t OneContigSpaceCardGeneration::contiguous_available() const {
  return  _the_space->free() +
          _virtual_space.uncommitted_size();
}

源代码位置: openjdk/hotspot/src/share/vm/runtime/virtualspace.cpp
size_t VirtualSpace::uncommitted_size()  const {
  return reserved_size() - committed_size();
}

size_t VirtualSpace::reserved_size() const {
  return pointer_delta(high_boundary(), low_boundary(), sizeof(char));
}

size_t VirtualSpace::committed_size() const {
  return pointer_delta(high(), low(), sizeof(char));
}
```

在计算连续的空闲空间时，一定要加上虚拟内存空间中还未提交使用的空间，这块空间和空闲空间不但连续，而且当晋升的对象在已有的空闲空间中存储不下时，还会进行内存代的扩容，此时就会将未提交使用的空间囊括进来。

在 DefNewGeneration::collect()函数中调用 init_assuming_no_promotion_failure()函数的实现代码如下：

```
源代码位置: openjdk/hotspot/src/share/vm/memory/defNewGeneration.hpp
void DefNewGeneration::init_assuming_no_promotion_failure() {
  _promotion_failed = false;
  _promotion_failed_info.reset();
  // 将 CompactibleSpace::_next_compaction_space 属性的值设置为 NULL
  from()->set_next_compaction_space(NULL);
}
```

在以上代码中将_promotion_failed 变量的值设置为 false。其实通过查看 Tenured-Generation::promotion_attempt_is_safe()函数后可以知道，晋升是有可能失败的。如果在YGC 过程中失败，那么这个变量的值会设置为 true。

继续看 DefNewGeneration::collect()函数的实现，在开始回收对象之前还要做 GC 准备工作，具体如下：

- 初始化 IsAliveClosure 闭包，该闭包封装了判断对象是否存活的逻辑；
- 初始化 ScanWeakRefClosure 闭包，该闭包封装了扫描弱引用的逻辑，这里暂时不介绍；

- 清空 ageTable 数据和 To Survivor 空间，ageTable 会辅助判断对象晋升的条件，而保证 To Survivor 空间为空是执行复制算法的必备条件；
- 初始化 FastScanClosure，此闭包封装了存活对象的标识和复制逻辑。

初始化 IsAliveClosure 和 ScanWeakRefClosure，代码如下：

```
IsAliveClosure         is_alive(this);
ScanWeakRefClosure     scan_weak_ref(this);
```

清空 ageTable 数据和 To Survivor 空间的代码如下：

```
ageTable* at = age_table();
at->clear();
to()->clear(SpaceDecorator::Mangle);
```

ageTable 类的定义如下：

```
源代码位置: openjdk/hotspot/src/share/vm/gc_implementation/shared/ageTable.hpp
class ageTable VALUE_OBJ_CLASS_SPEC {
 public:
  enum {
     table_size = markOopDesc::max_age + 1  // table_size=16
  };

  size_t   sizes[table_size];                    // 某个年龄代对象的总大小
  ...
}
```

年轻代中经历了多次 YGC 之后仍然没有被回收的对象就会晋升到老年代中。在第 2 章中介绍 markOop 时详细介绍过对象头中的一些信息，其中就包括锁状态在正常情况下存储的 age：每经历一次 YGC，对象的 age 就会加 1。而到了某一时刻，如果对象的年龄大于设置的晋升的阈值，该对象就会晋升到老年代中。对象的年龄最大只能是 15，因为 age 中只使用 4 个位来表示对象的年龄。

年轻代到老年代的晋升过程的判断如下：

1. 长期存活的对象进入老年代

虚拟机给每个对象定义了一个对象年龄计数器。如果对象在 Eden 空间分配并经过第一次 YGC 后仍然存活，在将对象移动到 To Survivor 空间后对象年龄会设置为 1。对象在 Survivor 空间每熬过一次，YGC 年龄就加一岁，当它的年龄增加到一定程度（默认为 15 岁）时，就会晋升到老年代中。对象晋升老年代的年龄阈值，可以通过-XX:MaxTenuring-Threshold 选项来设置。ageTable 类中定义 table_size 数组的大小为 16，由于通过-XX:MaxTenuringThreshold 选项可设置的最大年龄为 15，所以数组的大小需要设置为 16，因为还需要通过 sizes[0]表示一次都未移动的对象，不过实际上不会统计 sizes[0]，因为 sizes[0]的值一直为 0。

2．动态对象年龄判定

为了能更好地适应不同程度的内存状况，虚拟机并不总是要求对象的年龄必须达到 MaxTenuringThreshold 才能晋升到老年代。如果在 Survivor 空间中小于等于某个年龄的所有对象空间的总和大于 Survivor 空间的一半，年龄大于或等于该年龄的对象就可以直接进入老年代，无须等到 MaxTenuringThreshold 中要求的年龄。因此需要通过 sizes 数组统计年轻代中各个年龄对象的总空间。

调用 clear()函数初始化 sizes 数组，实现代码如下：

```
源代码位置: openjdk/hotspot/src/share/vm/gc_implementation/shared/ageTable.cpp
void ageTable::clear() {
  // 初始化 sizes 数组中的值为 0
for (size_t* p = sizes; p < sizes + table_size; ++p) {
    *p = 0;
  }
}
```

在清空 To Survivor 空间时会调用 ContiguousSpace::clear()函数，实现代码如下：

```
源代码位置: openjdk/hotspot/src/share/vm/memory/space.cpp
void ContiguousSpace::clear(bool mangle_space) {
  // 将 Space::_bottom 的值赋值给 ContiguousSpace::_top
  set_top(bottom());
  // 将 ContiguousSpace::_top 的值赋值给 Space::_saved_mark_word
  set_saved_mark();
  CompactibleSpace::clear(mangle_space);
}

void CompactibleSpace::clear(bool mangle_space) {
  ...
  _compaction_top = bottom();
}
```

将 To Survivor 空间的_saved_mark_word、_compaction_top 和_top 都赋值为_bottom 属性的值。

调用 GenCollectedHeap 类的 gen_process_strong_roots()函数将当前代上的根对象复制到转移空间 To Survivor 中，代码如下：

```
gch->gen_process_strong_roots(
     _level,
     true,
     true,
     true,                        // 进行对象复制
     SharedHeap::ScanningOption(so),
     &fsc_with_no_gc_barrier,     // 类型为 FastScanClosure
     true,                        // walk *all* scavengable nmethods
     &fsc_with_gc_barrier,        // 类型为 FastScanClosure
     &klass_scan_closure          // 类型为 KlassScanClosure
   );
```

```
// 递归处理根集对象的引用对象，然后复制活跃对象到新的存储空间
evacuate_followers.do_void();
```

调用 GenCollectedHeap 类的 gen_process_strong_roots()函数会标记复制根的所有直接引用对象，因此这个函数中最主要的实现就是找出所有的根引用并标记复制。接着还需要调用 DefNewGeneration::FastEvacuateFollowersClosure::do_void()函数，此函数会从已经标记的直接由根引用的对象出发，按广度遍历算法处理间接引用的对象，这样就完成了年轻代所有对象的处理。调用时涉及两个函数，这两个函数是 YGC 实现垃圾回收的核心函数，下一节将详细介绍。

当将存活的对象复制到老年代中时，有可能因为老年代的空间有限而导致晋升失败，此时会将_promotion_failed 属性的值设置为 true。如果晋升成功，则清空 Eden 和 From Survivor 空间，然后交换 From Survivor 和 To Survivor 的角色，DefNewGeneration::collect()函数在完成对象标记和复制后的逻辑代码如下：

```
if (!_promotion_failed) {
    // 清空 Eden 和 From Survivor 空间，因为这两个空间中剩余的没有被移动的对象都是死
    // 亡对象
    eden()->clear(SpaceDecorator::Mangle);
    from()->clear(SpaceDecorator::Mangle);

    // 交换 From Survivor 和 To Survivor 的角色，这样已经清空的 From Survivor 空
    // 间会变为下一次回收的 To Survivor 空间
    swap_spaces();

    assert(to()->is_empty(), "to space should be empty now");

    // 动态计算晋升阈值
    adjust_desired_tenuring_threshold();

    // 当 YGC 成功后，重新计算 GC 超时的时间计数
    AdaptiveSizePolicy* size_policy = gch->gen_policy()->size_policy();
    size_policy->reset_gc_overhead_limit_count();

    assert(!gch->incremental_collection_failed(), "Should be clear");
}
else { // 若发生了晋升失败，即老年代没有足够的内存空间用以存放新生代所晋升的所有对象
    _promo_failure_scan_stack.clear(true);

    // 恢复晋升失败对象的 markOop，因为晋升失败的对象的转发地址已经指向自己
    remove_forwarding_pointers();

    // 当晋升失败时，虽然会交换 From Survivor 和 To Survivor 的角色，但是并不会清空
    // Eden 和 From Survivor 空间，而会恢复晋升失败部分的对象头（加上 To Survivor
    // 空间中的对象就是全部活跃对象了），这样在随后触发的 FGC 中能够对 From Survivor
    // 和 To Survivor 空间进行压缩处理
    swap_spaces();
    // 设置 From Survivor 的下一个压缩空间为 To Survivor，由于晋升失败会触发 FGC，
    // 所以 FGC 会将 Eden、From Survivor 和 To Survivor 空间的活跃对象压缩在 Eden
```

```
    // 和 From Survivor 空间
    from()->set_next_compaction_space(to());

    // 设置堆的 YGC 失败标记，并通知老年代晋升失败，之前在介绍 DefNewGeneration::
    // collect()函数时讲过，当 collection_attempt_is_safe()函数返回 true 时也有
    // 可能晋升失败，就是因为此函数的判断条件中含有可用空间是否大于等于平均的晋升空间。
    // 在实际执行 YGC 时，晋升量大于平均晋升量并且可用空间小于这个晋升空间时，会导致 YGC
    // 失败
    gch->set_incremental_collection_failed();
}
```

在 YGC 回收的过程中，最终执行成功与否通过 _promotion_failed 变量的值来判断。如果成功，则清空 Eden 和 From Survivor 区，然后交换 From Survivor 和 To Survivor 的角色即可；如果失败，则需要触发 FGC，如果不触发 FGC 将 Eden、From Survivor 和 To Survivor 的活跃对象压缩在 Eden 和 From Survivor 空间，那么后续就不能发生 YGC，因为复制算法找不到一个可用的空闲空间。

在清空 Eden 和 From Survivor 空间时，分别会调用 EdenSpace 与 ContiguousSpace 的 clear()函数，实现代码如下：

```
源代码位置：openjdk/hotspot/src/share/vm/memory/space.cpp

void EdenSpace::clear(bool mangle_space) {
  ContiguousSpace::clear(mangle_space);
  set_soft_end(end());
}

void ContiguousSpace::clear(bool mangle_space) {
  set_top(bottom());
  set_saved_mark();                    // 将_top 值赋值给_saved_mark_word
  CompactibleSpace::clear(mangle_space);
}

void CompactibleSpace::clear(bool mangle_space) {
  ...
  _compaction_top = bottom();          // 获取 Space::_bottom 属性的值并赋值
}
```

在上面的代码中初始化了复制算法中使用的一些重要变量，相关变量的介绍已经在 10.1.2 节中详细讲过，这里不再赘述。

调用 swap_space()函数交换 From Survivor 和 To Survivor 空间的角色，实现代码如下：

```
源代码位置：openjdk/hotspot/src/share/vm/memory/defNewGeneration.cpp
void DefNewGeneration::swap_spaces() {
  // 简单交换 From Survivor 和 To Survivor 空间的首地址即可
  ContiguousSpace* s = from();
  _from_space       = to();
  _to_space         = s;

  // Eden 空间的下一个压缩空间为 From Survivor，FGC 在压缩年轻代时通常会压缩这两个
```

```
// 空间。如果 YGC 晋升失败，则 From Survivor 的下一个压缩空间是 To Survivor，因此
// FGC 会压缩整理这三个空间
eden()->set_next_compaction_space(from());
from()->set_next_compaction_space(NULL);
}
```

swap_spaces()函数通过_from_space 和_to_space 区分和定位 From Survivor 与 To Survivor 空间。YGC 在执行失败或成功的情况下都会调用以上函数，尤其是在失败的情况下定会触发 FGC，然后使用老年代的标记-压缩算法来整理年轻代空间。

当 YGC 执行成功，清空 Eden 和 From Survivor 空间并交换 From Survivor 和 To Survivor 空间的角色后，下一步是调整年轻代活跃对象的晋升阈值。

```
源代码位置：openjdk/hotspot/src/share/vm/memory/defNewGeneration.cpp
void DefNewGeneration::adjust_desired_tenuring_threshold() {
    ageTable* at = age_table();
    size_t x = to()->capacity()/HeapWordSize;
    _tenuring_threshold = at->compute_tenuring_threshold(x);
}
```

```
源代码位置：openjdk/hotspot/src/share/vm/gc_implementation/shared/ageTable.cpp
uint ageTable::compute_tenuring_threshold(size_t survivor_capacity) {
    // 设置期望的 Survivor 大小为实际的 Survivor 大小的一半
    size_t desired_survivor_size = (size_t)((((double) survivor_capacity)*
TargetSurvivorRatio)/100);
    size_t total = 0;
    uint age = 1;
    assert(sizes[0] == 0, "no objects with age zero should be recorded");
    while (age < table_size) {                    // table_size 的值为 16
      total += sizes[age];
      // 如果所有小于等于 age 的对象总容量大于期望值，则直接跳出
      if (total > desired_survivor_size)
        break;
      age++;
    }

    // MaxTenuringThreshold 默认的值为 15
    uint result = age < MaxTenuringThreshold ? age : MaxTenuringThreshold;
    return result;
}
```

-XX:TargetSurvivorRatio 选项表示 To Survivor 空间占用百分比。调用 adjust_desired _tenuring_threshold()函数是在 YGC 执行成功后，所以此次年轻代垃圾回收后所有的存活对象都被移动到了 To Survivor 空间内。如果 To Survivor 空间内的活跃对象的占比较高，会使下一次 YGC 时 To Survivor 空间轻易地被活跃对象占满，导致各种年龄代的对象晋升到老年代。为了解决这个问题，每次成功执行 YGC 后需要动态调整年龄阈值，这个年龄阈值既可以保证 To Survivor 空间占比不过高，也能保证晋升到老年代的对象都是达到了这个年龄阈值的对象。

因此，如果在 Survivor 区中存活的对象比较多，那么晋升阈值可能会变小，当下一次
回收时，大于晋升阈值的对象都会晋升到老年代。

11.3　标记普通的根对象

在 DefNewGeneration::collect()函数中标记根直接引用的对象时，会先初始化类型为
FastScanClosure 与 FastEvacuateFollowersClosure 等相关变量，再使用 FastScanClosure 处理
所有的根对象，FastEvacuateFollowersClosure 处理所有的根间接引用对象等。代码如下：

```
FastScanClosure  fsc_with_no_gc_barrier(this, false);
FastScanClosure  fsc_with_gc_barrier(this, true);

// 在初始化堆的过程中会创建一个覆盖整个空间的数组 GenRemSet，数组的每个字节对应堆的
// 512 字节，用于遍历新生代和老年代空间，这里对 GenRemSet 进行初始化准备
GenRemSet*       grs2 = gch->rem_set();
KlassRemSet*     krs = grs2->klass_rem_set();

KlassScanClosure  klass_scan_closure(&fsc_with_no_gc_barrier,krs);

int so = SharedHeap::SO_AllClasses | SharedHeap::SO_Strings | SharedHeap::
SO_CodeCache;
```

在初始化 FastScanClosure 时，调用构造函数初始化相关的变量，代码如下：

```
源代码位置: openjdk/hotspot/src/share/vm/memory/defNewGeneration.cpp
FastScanClosure::FastScanClosure(DefNewGeneration* g, bool gc_barrier) :
  OopsInKlassOrGenClosure(g), _g(g), _gc_barrier(gc_barrier)
{
  assert(_g->level() == 0, "Optimized for youngest generation");
  _boundary = _g->reserved().end();
}
```

初始化 fsc_with_no_gc_barrier 变量时，_gc_barrier 的值为 false；初始化 fsc_with_gc
_barrier 变量时，_gc_barrier 的值为 true。FastScanClosure()构造函数主要是为_boundary 变
量赋值为年轻代的结束地址，这个地址对后续将要介绍的封装了对象标记与复制逻辑的
FastScanClosure::do_oop_work()函数非常重要，如果当前正在执行的是 YGC，那么只会涉
及根直接引用的活跃对象的标记过程，但是并不会标记所有的活跃对象，而是只标记年轻
代中的活跃对象，也就是标记小于_boundary 地址的活跃对象。

标记强引用的根，调用语句如下：

```
gch->gen_process_strong_roots(
  _level,                              // 执行 YGC 时，_level 的值为 0
  // 将更年轻的代作为根来处理，在使用 Serial/Serial Old 收集器时此参数不起作用
  true,
```

```
    true,                                   // activate StrongRootsScope
    true,                                   // 通过复制算法实现垃圾回收
    SharedHeap::ScanningOption(so),         // 有选择性地扫描一些根集
    &fsc_with_no_gc_barrier,
    true,                                   // 扫描所有可清理的 nmethod
    &fsc_with_gc_barrier,
    &klass_scan_closure
);
```

GenCollectorPolicy::gen_process_strong_roots()函数用来标记所有根直接引用的对象，
实现代码如下：

```
源代码位置: openjdk/hotspot/src/share/vm/memory/genCollectedHeap.cpp
void GenCollectedHeap::gen_process_strong_roots(
int                     level,
bool                    younger_gens_as_roots,
bool                    activate_scope,
bool                    is_scavenging,
SharedHeap::ScanningOption   so,
OopsInGenClosure*            not_older_gens,
bool                    do_code_roots,
OopsInGenClosure*            older_gens,
KlassClosure*                klass_closure
){
  if (!do_code_roots) {
    SharedHeap::process_strong_roots(activate_scope, is_scavenging, so,
                                 not_older_gens, NULL, klass_closure);
  }
  else {
    bool  do_code_marking = (activate_scope || nmethod::oops_do_marking_
is_active());
    CodeBlobToOopClosure  code_roots(not_older_gens, do_code_marking);

    SharedHeap::process_strong_roots(activate_scope, is_scavenging, so ,
                             not_older_gens, &code_roots, klass_closure);
  }

  ... // 省略了标记老年代引用的年轻代对象
}
```

调用 SharedHeap::process_strong_roots()处理根集对象，标记由根直接引用的对象为活
跃对象。传递的参数 do_code_roots 的值为 true，表示将生成的代码也作为根集扫描。

调用 SharedHeap::process_strong_roots()函数的实现代码如下：

```
源代码位置: openjdk/hotspot/src/share/vm/memory/sharedHeap.cpp
void SharedHeap::process_strong_roots(
  bool            activate_scope,            // 参数值为 true
  bool            is_scavenging,             // 参数值为 true
  ScanningOption   so,
  OopClosure*      roots,                    // roots 为 FastScanClosure*类型
  CodeBlobClosure*  code_roots,              // code_roots 为 CodeBlobToOopClosure*类型
```

```
    KlassClosure*      klass_closure   // klass_closure 为 KlassScanClosure*类型
){
    StrongRootsScope srs(this, activate_scope);

// 标记 SH_PS_Universe_oops_do 类型的根
if (!_process_strong_tasks->is_task_claimed(SH_PS_Universe_oops_do)) {
    Universe::oops_do(roots);
}

  // 标记 SH_PS_JNIHandles_oops_do 类型的根
  if (!_process_strong_tasks->is_task_claimed(SH_PS_JNIHandles_oops_do)){
    JNIHandles::oops_do(roots);
  }

  ... // 省略了对其他根的遍历调用

  _process_strong_tasks->all_tasks_completed();
}
```

SharedHeap::process_strong_roots()函数可以从根集出发查找到所有的活跃对象。该函数除了会被 Serial 和 Serial Old 这种单线程收集器使用之外，还会被支持多线程和并发垃圾回收的收集器使用，因此必须要支持多线程安全。除此之外还有支持特定垃圾收集器的代码，这里只讨论 Serial 收集器的代码，其他暂时不讨论。

为了在活跃对象的遍历过程中完成不同的功能，一些以 Closure 类型结尾的变量封装了不同的处理逻辑，如 Serial 收集器在调用 process_strong_roots()函数时，传递的 roots 的类型为 FastScanClosure*，而 FastScanClosure 中封装的逻辑为：只标记根的直接引用对象并将这些对象复制到 To Survivor 空间中。后面还会介绍 Serial Old 收集器，这个收集器会为 roots 等传递不同的类型来完成特定的逻辑。

process_strong_roots()函数主要通过 CAS 保证多线程安全，这样多个线程可以扫描不同类型的根。_process_strong_tasks 变量是定义在 SharedHeap 中的类型为 SubTasksDone*的变量。调用 is_task_claimed()函数的实现代码如下：

```
源代码位置：openjdk/hotspot/src/share/vm/utilities/workgroup.cpp
bool SubTasksDone::is_task_claimed(uint t) {
  assert(0 <= t && t < _n_tasks, "bad task id.");
  uint old = _tasks[t];
  if (old == 0) {
    old = Atomic::cmpxchg(1, &_tasks[t], 0);
  }

  bool res = old != 0;
  return res;
}
```

所有扫描根类型的任务都对应着_tasks 中的一个下标，如果 CAS 将对应的下标从 0 更改为 1 则表示当前线程顺利获取扫描此根的任务，函数将返回 true。

_tasks 数组的下标通过枚举类定义，通过枚举类也可以看出有哪几种类型的根，代码如下：

```
源代码位置：openjdk/hotspot/src/share/vm/memory/sharedHeap.cpp
enum SH_process_strong_roots_tasks {
  SH_PS_Universe_oops_do,
  SH_PS_JNIHandles_oops_do,
  SH_PS_ObjectSynchronizer_oops_do,
  SH_PS_FlatProfiler_oops_do,
  SH_PS_Management_oops_do,
  SH_PS_SystemDictionary_oops_do,
  SH_PS_ClassLoaderDataGraph_oops_do,
  SH_PS_jvmti_oops_do,
  SH_PS_CodeCache_oops_do,

  SH_PS_NumElements                            // 根类型的总数
};
```

下面介绍一下遍历根集的函数。

- Universe::oops_do()：主要是将 Universe::initialize_basic_type_mirrors()函数中创建基本类型的 mirror 的 instanceOop 实例（表示 java.lang.Class 对象）作为根遍历。

- JNIHandles::oops_do()：遍历全局 JNI 句柄引用的 oop。

- Threads::possibly_parallel_oops_do()或 Threads::oops_do()：这两个函数会遍历 Java 的解释栈和编译栈。Java 线程在解释执行 Java 方法时，每个 Java 方法对应一个调用栈帧，这些栈帧的结构基本固定，栈帧中含有本地变量表。另外，在一些可定位的位置上还固定存储着一些对 oop 的引用（如监视器对象），垃圾收集器会遍历这些解释栈中引用的 oop 并进行处理。Java 线程在编译执行 Java 方法时，编译执行的汇编代码是由编译器生成的，同一个方法在不同的编译级别下产生的汇编代码可能不一样，因此编译器生成的汇编代码会使用一个单独的 OopMap 记录栈帧中引用的 oop，以保存汇编代码的 CodeBlob 通过 OopMapSet 保存的所有 OopMap，可通过栈帧的基地址获取对应的 OopMap，然后遍历编译栈中引用的所有 oop。

- ObjectSynchronizer::oops_do()：ObjectSynchronizer 中维护的与监视器锁关联的 oop。

- FlatProfiler::oops_do()：遍历所有线程中的 ThreadProfiler，在 OpenJDK 9 中已弃用 FlatProfiler。

- Management::oops_do()：MBean 所持有的对象。

- JvmtiExport::oops_do()：JVMTI 导出的对象、断点或者对象分配事件收集器的相关对象。

- SystemDictionary::oops_do()或 SystemDictionary::always_strong_oops_do()：System Dictionary 是系统字典，记录了所有加载的 Klass，通过 Klass 名称和类加载器可以唯一确定一个 Klass 实例。

- ClassLoaderDataGraph::oops_do()或 ClassLoaderDataGraph::always_strong_oops_do()：每个 ClassLoader 实例都对应一个 ClassLoaderData，后者保存了前者加载的所有

Klass、加载过程中的依赖和常量池引用。可以通过 ClassLoaderDataGraph 遍历所有的 ClassLoaderData 实例。

- StringTable::possibly_parallel_oops_do()或 StringTable::oops_do()：StringTable 用来支持字符串驻留。
- CodeCache::scavenge_root_nmethods_do()或 CodeCache::blobs_do()：CodeCache 代码引用。

下面详细介绍几类重要的根。

1. Universe::oops_do()函数

在 HotSpot VM 启动的过程中，将在 Universe::genesis()函数中创建元素类型为基本类型的一维数组 TypeArrayKlass 实例，以及元素类型为 Object 的一维数组实例 ObjType-ArrayKlass 等类型，还会在 Universe::initialize_basic_type_mirrors()函数中创建表示基本类型的 mirror 的 instanceOop 实例（表示 java.lang.Class 对象），这会在 Universe::oops_do()函数中作为强根进行遍历。

在 SharedHeap::process_strong_roots()函数中有如下调用语句：

```
if (!_process_strong_tasks->is_task_claimed(SH_PS_Universe_oops_do)) {
    Universe::oops_do(roots);
}
```

Universe::oops_do()函数的实现代码如下：

```
源代码位置: openjdk/hotspot/src/share/vm/memory/universe.cpp
void Universe::oops_do(OopClosure* f, bool do_all) {
  ...
  f->do_oop( (oop*) & _bool_mirror );
  …
}
```

我们只看表示 boolean 类型的 instanceOop 实例的处理逻辑，其他的处理逻辑类似。f 参数是 FastScanClosure*类型的实例，调用 do_oop()函数的代码如下：

```
源代码位置: openjdk/hotspot/src/share/vm/memory/defNewGeneration.cpp
void FastScanClosure::do_oop(oop* p) {
  FastScanClosure::do_oop_work(p);
}

template <class T> inline void FastScanClosure::do_oop_work(T* p) {
  // 调用函数 load_heap_oop()执行*p 操作，获取 T 类型的值，T 为 oopDesc*类型
  T  heap_oop = oopDesc::load_heap_oop(p);

  if ( !oopDesc::is_null(heap_oop) ){
   oop obj = oopDesc::decode_heap_oop_not_null(heap_oop);

   if ((HeapWord*)obj < _boundary) {
    oop  new_obj;
    if(obj->is_forwarded()){
     // 检查 markOop 中的 GC 标记，即活跃对象的标记，如果已经设置，说明对象已经移动
```

```
        // 到 To Survivor 空间或者老年代空间，只需要更新引用即可
        new_obj = obj->forwardee();
        }else{
        // 当前对象没有 GC 标记，并且遍历根执行到以下代码位置时，说明当前对象活跃，需要
        // 复制活跃对象到 To Survivor 空间或者老年代空间，然后在旧的对象上设置 GC 标记
        // 和转发指针，更新引用到最新的对象
        new_obj = _g->copy_to_survivor_space(obj);
        }
        // 让 p 指向 new_obj，调用函数执行的操作为 *p = new_obj
        oopDesc::encode_store_heap_oop_not_null(p, new_obj);

        ... // 省略屏障等操作
    }
  }
}
```

当对象的地址小于年轻代的结束地址时，可能会执行对象的复制或设置转发指针的操作。在标记 YGC 根直接引用的对象时，不会执行设置转发指针和标记 GC 的操作，因为遍历到的所有根对象都没有设置转发指针和 GC 活跃标记。

设置对象的对象头为被标记状态，这样标记过的对象的对象头如图 11-5 所示。

| markOop | 用于存储转发指针 | 11 |

图 11-5　标记活跃对象的对象头状态

执行 copy_to_survivor_space() 函数的实现代码如下：

```
源代码位置：openjdk/hotspot/src/share/vm/memory/defNewGeneration.cpp
oop DefNewGeneration::copy_to_survivor_space(oop old) {
  assert(is_in_reserved(old) && !old->is_forwarded(),"shouldn't be
scavenging this oop");
  size_t   s = old->size();
  oop      obj = NULL;

  // 当对象的年龄没有达到晋升阈值时，尝试将此对象移动到 To Survivor 空间
  // 这里先分配内存
  if (old->age() < tenuring_threshold()) {
    obj = (oop) to()->allocate(s);
  }

  // 当 obj 为 NULL 时，表示在 To Survivor 空间分配内存不成功，或者可能是对象达到了晋
  // 升阈值，而没有在 To Survivor 空间分配内存，此时需要晋升对象到老年代
  if (obj == NULL) {
    obj = _next_gen->promote(old, s);
    if (obj == NULL) {
      // 对象晋升到老年代时失败，设置_promotion_failed标记为 true，当此值为 true
      // 时会触发 FGC
      handle_promotion_failure(old);
      return old;
```

```
    }
  } else {
    // 将原对象的数据内容复制到 To Survivor 空间
    Copy::aligned_disjoint_words((HeapWord*)old, (HeapWord*)obj, s);

    // 增加新对象的 age 并更新 ageTable 中 sizes 变量的值
    obj->incr_age();
    age_table()->add(obj, s);
  }

  // 调用 forward_to()设置原对象的对象头为转发指针,表示该对象已被复制,转发指针指向
  // 新对象位置
  old->forward_to(obj);
  return obj;
}
```

当对象需要晋升时,会调用 Generation::promote()函数,代码如下:

```
源代码位置: openjdk/hotspot/src/share/vm/memory/generation.cpp
oop Generation::promote(oop obj, size_t obj_size) {
  assert(obj_size == (size_t)obj->size(), "bad obj_size passed in");
  ...
  HeapWord* result = allocate(obj_size, false);
  if (result != NULL) {
    Copy::aligned_disjoint_words((HeapWord*)obj, result, obj_size);
    return oop(result);
  } else {
    GenCollectedHeap* gch = GenCollectedHeap::heap();
    return gch->handle_failed_promotion(this, obj, obj_size);
  }
}
```

调用 allocate()虚函数时会调用 OneContigSpaceCardGeneration::allocate()函数,该函数会从老年代的 TenuredSpace 空间中分配内存,已在 9.2.3 节中详细介绍过,这里不再赘述。

如果当前的内存无法分配,则在 Generation::promote()函数中调用 handle_failed_promotion()函数处理晋升失败的情况,代码如下:

```
源代码位置: openjdk/hotspot/src/share/vm/memory/genCollectedHeap.cpp
oop GenCollectedHeap::handle_failed_promotion(Generation* old_gen,
                                              oop obj,
                                              size_t obj_size) {
  HeapWord* result = NULL;

  result = old_gen->expand_and_allocate(obj_size, false);

  if (result != NULL) {
    Copy::aligned_disjoint_words((HeapWord*)obj, result, obj_size);
  }
  return oop(result);
}
```

如果老年代的内存不足,则调用 handle_failed_promotion()函数进行内存扩容然后再分配。如果扩容后仍然分配失败,则最终只能返回 NULL。YGC 晋升失败会触发 FGC。老

年代扩容已经详细介绍过，这里不再赘述。

在 DefNewGeneration::copy_to_survivor_space()函数中如果晋升失败，则调用如下函数处理晋升失败的情况。函数的实现代码如下：

```
源代码位置: openjdk/hotspot/src/share/vm/memory/defNewGeneration.cpp
void DefNewGeneration::handle_promotion_failure(oop old) {
  _promotion_failed = true;
  _promotion_failed_info.register_copy_failure(old->size());

  // 保存原对象的对象头信息，然后在对象头中设置转发指针指向自己
  preserve_mark_if_necessary(old, old->mark());
  old->forward_to(old);

  _promo_failure_scan_stack.push(old);

  if (!_promo_failure_drain_in_progress) {
    _promo_failure_drain_in_progress = true;
    // 当前的对象晋升失败时，当前对象所引用的对象仍然要进行标记扫描并进行复制操作
    drain_promo_failure_scan_stack();
    _promo_failure_drain_in_progress = false;
  }
}
```

如果对象晋升失败，则转发指针指向的是自身。另外，需要将晋升失败的对象存储到 _promo_failure_scan_stack 栈中，这样会继续调用 drain_promo_failure_scan_stack()函数处理晋升失败对象引用的其他对象。对于 YGC 来说，如果发生晋升失败的情况，这些对象肯定在 Eden 空间或 From Survivor 空间，并且这些对象的转发指针指向自己。

调用 drain_promo_failure_scan_stack()函数的实现代码如下：

```
源代码位置: openjdk/hotspot/src/share/vm/memory/defNewGeneration.cpp
void DefNewGeneration::drain_promo_failure_scan_stack() {
  while (!_promo_failure_scan_stack.is_empty()) {
    oop obj = _promo_failure_scan_stack.pop();
    obj->oop_iterate(_promo_failure_scan_stack_closure);
  }
}
```

调用 oopDesc::oop_iterate()函数处理 obj 对象引用的其他对象，oop_iterate()函数将在 11.5 节中详细介绍。

在 DefNewGeneration::copy_to_survivor_space()函数中，调用的 incr_age()函数的实现代码如下：

```
源代码位置: openjdk/hotspot/src/share/vm/oops/oop.inline.hpp
inline void oopDesc::incr_age() {
  assert(!is_forwarded(), "Attempt to increment age of forwarded mark");
  if (has_displaced_mark()) {
    set_displaced_mark(displaced_mark()->incr_age());
  } else {
    set_mark(mark()->incr_age());
```

```
    }
}
```

调用 incr_age()函数的实现代码如下：

源代码位置：openjdk/hotspot/src/share/vm/oops/oop.inline.hpp

```
markOop incr_age() const {
  // max_age 的值为 15
  return age() == max_age ? markOop(this) : set_age(age() + 1);
}
```

对象每次被复制到 To Survivor 空间时，存活的年龄会增加 1，最大年龄不会超过 15。

2．JNIHandles::oops_do()函数

HotSpot VM 中的本地代码指的是 HotSpot VM 内部的代码，除此之外还有 JNI 代码也是本地代码。对于非 JNI 代码的本地代码，之前介绍过通过句柄引用 oop，句柄存储在每个线程的 HandleArea 中，在遍历每个线程时会看到。在执行 JNI 代码的时候，也有可能访问堆中的 oop，HotSpot VM 也采用了句柄机制，称为 JNIHandle。JNIHandle 会在 JNIHandleBlock 中先分配操作 oop 的句柄，然后通过句柄访问具体的 oop。

在 SharedHeap::process_strong_roots()函数中有如下调用：

```
if (!_process_strong_tasks->is_task_claimed(SH_PS_JNIHandles_oops_do))
    JNIHandles::oops_do(roots);
```

调用 JNIHandles::oops_do()函数的实现代码如下：

源代码位置：openjdk/hotspot/src/share/vm/runtime/jniHandles.cpp
```
void JNIHandles::oops_do(OopClosure* f) {
  _global_handles->oops_do(f);
}
```

调用_global_handles 是 JNIHandleBlock*类型的变量，调用 oops_do()函数的实现代码如下：

源代码位置：openjdk/hotspot/src/share/vm/runtime/jniHandles.cpp
```
void JNIHandleBlock::oops_do(OopClosure* f) {
  JNIHandleBlock* current_chain = this;
  while (current_chain != NULL) {
    // 遍历所有的 JNIHandleBlock
    for (JNIHandleBlock* current = current_chain; current != NULL;
         current = current->_next) {
      // 遍历每个 JNIHandleBlock 中保存的通过句柄引用的 oop
      for (int index = 0; index < current->_top; index++) {
        oop* root = &(current->_handles)[index];
        oop value = *root;
        // 要判断 value 不为 NULL 并且 oop 是在堆中分配的内存
        if (value != NULL && Universe::heap()->is_in_reserved(value)) {
          f->do_oop(root);
        }
      }
      // 如果_top 小于 block_size_in_oops，则说明当前是最后一个 JNIHandleBlock 块
```

```
            if (current->_top < block_size_in_oops) {
              break;
            }
        }
      current_chain = current_chain->pop_frame_link();
    }
}
```

每个正在使用的 JNIHandleBlock 都通过 _next 属性连接成单链表的形式。JNIHandle-Block 是分配在堆中的内存块，每个块可分配 32 个句柄，对应着_handles 数组的 32 个索引位，每个索引位存储着 oop，如图 11-6 所示。

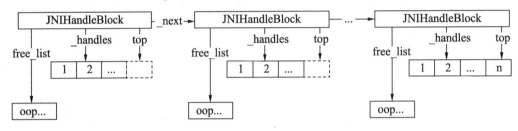

图 11-6　JNIHandleBlock 示意图

top 指向_handles 数组中当前可使用的槽位，如果_handles 数组没有空闲的槽位，则 top 指向数组最后一个槽位的下一个位置。这样我们只需要遍历_handles 数组就可以找到所有的引用对象了。

3. Threads::possibly_parallel_oops_do()或Threads::oops_do()函数

在 SharedHeap::process_strong_roots()函数中有如下调用：

```
CLDToOopClosure    roots_from_clds(roots); // CLD 表示 Class Loader Data
CLDToOopClosure*   roots_from_clds_p = (is_scavenging ? NULL : &roots_
from_clds);
if (CollectedHeap::use_parallel_gc_threads()) {
   Threads::possibly_parallel_oops_do(roots, roots_from_clds_p, code_roots);
} else {
   Threads::oops_do(roots, roots_from_clds_p, code_roots);
}
```

当有一个线程时，CollectedHeap::use_parallel_gc_threads()函数就会返回 true，调用 Threads::possibly_parallel_oops_do()函数的实现代码如下：

```
源代码位置: openjdk/hotspot/src/share/vm/runtime/thread.cpp
void Threads::possibly_parallel_oops_do(OopClosure* f, CLDToOopClosure*
cld_f, CodeBlobClosure* cf) {
  SharedHeap* sh = SharedHeap::heap();
  int cp = SharedHeap::heap()->strong_roots_parity();
  // 遍历执行 Java 应用程序的 JavaThread 线程
  for (JavaThread* p = _thread_list; p; p = p->next()) {
    if (p->claim_oops_do(is_par, cp)) {
```

```
      p->oops_do(f, cld_f, cf);
    }
  }
  // 遍历虚拟机线程 VMThread，之前介绍的从队列中获取年轻代与老年代回收任务的线程就是
  // VMThread 线程
  VMThread* vmt = VMThread::vm_thread();
  if (vmt->claim_oops_do(is_par, cp)) {
     vmt->oops_do(f, cld_f, cf);
  }
}
```

遍历所有的 JavaThread，这些线程就是执行 Java 应用程序的线程，这些线程的栈必须进行遍历，包括解释栈和编译栈。

遍历 VMThread 线程，这个线程可以作为 GC 回收的线程。调用 oops_do()函数的实现代码如下：

```
源代码位置: openjdk/hotspot/src/share/vm/runtime/vmThread.cpp
void VMThread::oops_do(OopClosure* f, CLDToOopClosure* cld_f, CodeBlob
Closure* cf) {
  Thread::oops_do(f, cld_f, cf);
  _vm_queue->oops_do(f);
}
```

调用 Thread::oops_do()函数的实现代码如下：

```
源代码位置: openjdk/hotspot/src/share/vm/runtime/thread.cpp

void Thread::oops_do(OopClosure* f, CLDToOopClosure* cld_f, CodeBlob
Closure* cf) {
  // 获取 Thread 类中的 _active_handles 变量的值
  JNIHandleBlock* jnih = active_handles();
  jnih->oops_do(f);

  // 处理 ThreadShadow::_pending_exception
  f->do_oop( (oop*)&_pending_exception );

  // 获取 Thread 类中的 _handle_area 变量的值
  HandleArea* ha = handle_area();
  ha->oops_do(f);
}
```

通过 JNIHandleBlock 中保存的句柄查找引用的对象，调用 JNIHandleBlock 的 oops_do()函数在介绍 SH_PS_JNIHandles_oops_do 根时已经讲过，不再赘述。

HandleArea 在 2.3 节中介绍过，调用 HandleArea::oops_do()遍历所有句柄引用的对象，实现代码如下：

```
源代码位置: openjdk/hotspot/src/share/vm/runtime/handles.cpp
void HandleArea::oops_do(OopClosure* f) {
  uintx handles_visited = 0;
  // 首先遍历列表中最后一个使用的 Chunk 块，也就是用来分配句柄的块
  handles_visited += chunk_oops_do(f, _chunk, _hwm);
  Chunk* k = _first;
```

```
    // 遍历最后一个块之前的所有块，这些块中已经没有空闲的槽位可以分配句柄了
    while(k != _chunk) {
      handles_visited += chunk_oops_do(f, k, k->top());
      k = k->next();
    }

    if (_prev != NULL){                      // _prev 为 HandleArea*类型
      _prev->oops_do(f);
    }
}
```

调用 chunk_oops_do()函数的实现代码如下：

源代码位置：openjdk/hotspot/src/share/vm/runtime/handles.cpp

```
// chunk_top 就是 hwm
static uintx chunk_oops_do(OopClosure* f, Chunk* chunk, char* chunk_top) {
  oop* bottom = (oop*) chunk->bottom();
  oop* top    = (oop*) chunk_top;
  uintx handles_visited = top - bottom;
  assert(top >= bottom && top <= (oop*) chunk->top(), "just checking");
  while (bottom < top) {
    f->do_oop(bottom++);
  }
  return handles_visited;
}
```

由于 f 是 FastScanClosure*类型，所以最终会调用 FastScanClosure::do_oop_work()函数标记并复制对象，然后更新引用的地址。

在 VMThread::oops_do()函数中还会对队列进行标记，代码如下：

源代码位置：openjdk/hotspot/src/share/vm/runtime/vmThread.cpp
```
void VMOperationQueue::oops_do(OopClosure* f) {
  for(int i = 0; i < nof_priorities; i++) {
    queue_oops_do(i, f);
  }
  drain_list_oops_do(f);
}

void VMOperationQueue::queue_oops_do(int queue, OopClosure* f) {
  VM_Operation* cur = _queue[queue];
  cur = cur->next();
  while (cur != _queue[queue]) {
    cur->oops_do(f);
    cur = cur->next();
  }
}

void VMOperationQueue::drain_list_oops_do(OopClosure* f) {
  VM_Operation* cur = _drain_list;
  while (cur != NULL) {
    cur->oops_do(f);
    cur = cur->next();
  }
}
```

　　_queue 与 _drain_list 变量在 10.2 节中介绍过垃圾回收线程部分介绍过，遍历的逻辑也非常简单，这里不再赘述。

11.4　标记老年代引用的对象

　　当移动并标记完根的对象后，在 GenCollectedHeap::gen_process_strong_roots() 函数中还会扫描老年代，处理老年代中引用年轻代的所有对象，实现代码如下：

```
for (int i = level+1; i < _n_gens; i++) {
    older_gens->set_generation(_gens[i]);
    GenRemSet*  grs = rem_set();
    grs->younger_refs_iterate( _gens[i] , older_gens);
    older_gens->reset_generation();
}
```

调用 set_generation()函数的实现代码如下：

```
源代码位置: openjdk/hotspot/src/share/vm/memory/genOopClosures.inline.hpp
inline void OopsInGenClosure::set_generation(Generation* gen) {
_gen = gen;
_gen_boundary = _gen->reserved().start();
// Barrier set for the heap, must be set after heap is initialized
if ( _rs == NULL) {
    GenRemSet* rs = SharedHeap::heap()->rem_set();
    _rs = (CardTableRS*)rs;
}
}
```

　　_gen 为 TenuredGeneration*类型，而_gen_boundary 赋值为老年代的开始地址，也就是年轻代的结束地址。在执行 YGC 时还会将老年代当作根集，对老年代进行扫描，找出由老年代对象引用的年轻代对象并进行 GC 标记，为了避免全量扫描，需要 CardTableRS 辅助。

　　当进行 YGC 时，level 的值为 0，_n_gens 的值为 2。处理老年代时调用 younger_refs_iterate()函数，该函数最终会调用如下函数：

```
源代码位置: openjdk/hotspot/src/share/vm/memory/generation.cpp
void OneContigSpaceCardGeneration::younger_refs_iterate(OopsInGenClosure
* blk) {
  blk->set_generation(this);
  younger_refs_in_space_iterate(_the_space, blk);
  blk->reset_generation();
}
```

调用 younger_refs_in_space_iterate()函数遍历老年代，实现代码如下：

```
源代码位置: openjdk/hotspot/src/share/vm/memory/generation.cpp
void Generation::younger_refs_in_space_iterate(
Space*           sp,
OopsInGenClosure*   cl
```

```
){
  GenRemSet*  rs = SharedHeap::heap()->rem_set();
  rs->younger_refs_in_space_iterate(sp, cl);
}
```

调用 younger_refs_in_space_iterate() 函数的实现代码如下：

```
源代码位置：openjdk/hotspot/src/share/vm/memory/cardTableRS.cpp
void CardTableRS::younger_refs_in_space_iterate(
Space*            sp,
OopsInGenClosure*   cl
){
  // 确定扫描对象的范围为 _bottom~_saved_mark_word
  const MemRegion urasm = sp->used_region_at_save_marks();
  …
  // _ct_bs 的类型为 CardTableModRefBSForCTRS*
  _ct_bs->non_clean_card_iterate_possibly_parallel(sp, urasm, cl, this);
}
```

调用 used_region_at_save_marks() 函数确定扫描老年代的范围，获取的是 TenuredSpace 的_bottom 到_saved_mark_word 范围之间的对象。在执行 YGC 之前会初始化为_top 属性 的值，对于 Serial 收集器来说，_saved_mark_word 与_top 属性的值永远相同。

调用 non_clean_card_iterate_possibly_parallel() 函数扫描特定范围内的对象，不过并不 是全量扫描，只扫描脏卡对应的内存区域，代码如下：

```
源代码位置：openjdk/hotspot/src/share/vm/memory/cardTableModRefRS.cpp
void CardTableModRefBS::non_clean_card_iterate_possibly_parallel(
    Space*            sp,
    MemRegion          mr,
    OopsInGenClosure*   cl,
    CardTableRS*        ct
){
  if (!mr.is_empty()) {
    // 由于 Serial 收集器是单线程收集器，因此省略了多线程处理的逻辑
    // DirtyCardToOopClosure 闭包封装了根据脏卡扫描内存区域的逻辑
    DirtyCardToOopClosure* dcto_cl = sp->new_dcto_cl(cl, precision(),
cl->gen_boundary());

    ClearNoncleanCardWrapper  clear_cl(dcto_cl, ct);
    clear_cl.do_MemRegion(mr);
  }
}
```

调用 ClearNoncleanCardWrapper::do_MemRegion() 函数的实现代码如下：

```
源代码位置：openjdk/hotspot/src/share/vm/memory/cardTableRS.cpp
void ClearNoncleanCardWrapper::do_MemRegion(MemRegion mr) {
  assert(mr.word_size() > 0, "Error");

  // 根据要扫描的内存范围确定卡表索引的范围，因为卡表是从后向前扫描查找脏卡。所以最后
  // 一个卡表索引为 cur_entry，而开始的卡表索引为 limit
  jbyte*        cur_entry = _ct->byte_for(mr.last());
  const jbyte*  limit = _ct->byte_for(mr.start());
```

```
HeapWord*        end_of_non_clean = mr.end();
HeapWord*        start_of_non_clean = end_of_non_clean;

// 根据要扫描的内存范围确定卡表索引的范围, 因为卡表是从后向前扫描查找脏卡
while (cur_entry >= limit) {
  HeapWord* cur_hw = _ct->addr_for(cur_entry);
  if ( (*cur_entry != CardTableRS::clean_card_val()) && clear_card
(cur_entry)) {
      start_of_non_clean = cur_hw;
  }
  else {
    // 在 start_of_non_clean~end_of_non_clean 范围之间的是连续的脏卡
    if (start_of_non_clean < end_of_non_clean) {
        const MemRegion mrd(start_of_non_clean, end_of_non_clean);
        _dirty_card_closure->do_MemRegion(mrd);
    }

    // 如果 cur_entry 是字对齐的, 则以字为单位向前移动, 加快查找的速度。在 64 位系统
    // 下, 一个字等于 8 个字节, 由于 clean_card 为-1, 则一个字节的 8 个位都为 1, 而
    // 在一个字里, 8 个字节的 64 位仍然为 1, 所以可以一次处理 8 个字节
    if (is_word_aligned(cur_entry)) {
      jbyte* cur_row = cur_entry - BytesPerWord;
      while (cur_row >= limit && *((intptr_t*)cur_row) == CardTableRS::
clean_card_row()) {
        cur_row -= BytesPerWord;
      }
      cur_entry = cur_row + BytesPerWord;
      cur_hw = _ct->addr_for(cur_entry);
    }

    end_of_non_clean = cur_hw;
    start_of_non_clean = cur_hw;
  }
  cur_entry--;
}// 结束 while 循环

if (start_of_non_clean < end_of_non_clean) {
  const MemRegion mrd(start_of_non_clean, end_of_non_clean);
  _dirty_card_closure->do_MemRegion(mrd);
}
}
```

在以上代码中, 遍历卡表项, 找出连续被标记为脏卡的卡表项, 这样就能确定需要连续扫描的卡表页了。调用 do_MemRegion()函数的实现代码如下:

```
源代码位置: openjdk/hotspot/src/share/vm/memory/space.cpp
void DirtyCardToOopClosure::do_MemRegion(MemRegion mr) {
...
HeapWord*  bottom = mr.start();
HeapWord*  last = mr.last();
HeapWord*  top = mr.end();

HeapWord*  bottom_obj;
HeapWord*  top_obj;
```

```
      // mr 表示连续 n 个卡页，查找第一个卡页的第一个对象和最后一个卡页之后的第 1 个对象
      bottom_obj = _sp->block_start(bottom);
      top_obj    = _sp->block_start(last);

      assert(bottom_obj <= bottom, "just checking");
      assert(top_obj    <= top,    "just checking");

      top = get_actual_top(top, top_obj);
      ...
      MemRegion extended_mr = MemRegion(bottom, top);

      if (!extended_mr.is_empty()) {
        walk_mem_region(extended_mr, bottom_obj, top);
      }

      ...
    }
```

调用 Space::block_start() 函数根据给定的地址查找对象的开始位置，最终会调用 Block-OffsetArrayContigSpace::block_start_unsafe() 函数。

调用 get_actual_top() 函数的实现代码如下：

```
源代码位置: openjdk/hotspot/src/share/vm/memory/space.cpp
HeapWord* ContiguousSpaceDCTOC::get_actual_top(
    HeapWord*  top,
    HeapWord*  top_obj
) {
  if (top_obj != NULL && top_obj < (_sp->toContiguousSpace())->top()) {
    if (_precision == CardTableModRefBS::ObjHeadPreciseArray) {
      if (oop(top_obj)->is_objArray() || oop(top_obj)->is_typeArray()) {
      } else {
        top = top_obj + oop(top_obj)->size();
      }
    }
  } else {
    top = (_sp->toContiguousSpace())->top();
  }
  return top;
}
```

调用 Filtering_DCTOC::walk_mem_region() 函数的实现代码如下：

```
源代码位置: openjdk/hotspot/src/share/vm/memory/space.cpp

void Filtering_DCTOC::walk_mem_region(
      MemRegion    mr,
      HeapWord*    bottom,
      HeapWord*    top
) {

  if (_boundary != NULL) {
    FilteringClosure filter(_boundary, _cl);
    walk_mem_region_with_cl(mr, bottom, top, &filter);
  } else {
```

```
        walk_mem_region_with_cl(mr, bottom, top, _cl);
    }
}
```

调用 walk_mem_region_with_cl()函数的实现代码如下：

源代码位置：openjdk/hotspot/src/share/vm/memory/space.cpp

```
void ContiguousSpaceDCTOC::walk_mem_region_with_cl(
    MemRegion        mr,
    HeapWord         *bottom,
    HeapWord         *top,
    FilteringClosure *cl
) {
    bottom += oop(bottom)->oop_iterate(cl, mr);
    if (bottom < top) {
        HeapWord *next_obj = bottom + oop(bottom)->size();
        while (next_obj < top) {
            oop(bottom)->oop_iterate(cl);
            bottom = next_obj;
            next_obj = bottom + oop(bottom)->size();
        }
        // 处理最后一个对象
        oop(bottom)->oop_iterate(cl, mr);
    }
}
```

调用 oop_iterate()函数的实现代码如下：

源代码位置：openjdk/hotspot/src/share/vm/oops/oop.inline.hpp
```
inline int oopDesc::oop_iterate(FilteringClosure* blk, MemRegion mr) {
    return klass()->oop_oop_iterate_nv_m(this, blk, mr);
}
```

其中，klass()可以是 Klass 体系中的任何一个具体子类，oop_oop_iterate_nv_m()是一个定义在 Klass 中的虚函数，Klass 类的具体子类都会重写这个虚函数。

1. InstanceKlass类

InstanceKlass 类调用 oop_oop_iterate_v_m()函数的实现代码如下：

源代码位置：openjdk/hotspot/src/share/vm/oops/instanceKlass.cpp

```
int InstanceKlass::oop_oop_iterate_nv_m(oop obj, FilteringClosure *closure,
MemRegion mr) {
    ...
    {
        OopMapBlock *map = start_of_nonstatic_oop_maps();
        OopMapBlock *const end_map = map + nonstatic_oop_map_count();
        while (map < end_map) {
            {
                oop *const l = (oop*) (mr.start());
                oop *const h = (oop*) (mr.end());
                oop *p = (oop*) (obj->obj_field_addr<oop>(map->offset()));
                oop *end = p + (map->count());
```

```
                                      if (p < l)
                                         p = l;
                                      if (end > h)
                                         end = h;
                                      while (p < end) {
                                         (closure)->do_oop_nv(p);
                                         ++p;
                                      }
                                   }
                                ++map;
                             }
                          }
                       return size_helper();
}
```

其中，closure 的类型为 FilteringClosure，do_oop_nv()函数的实现代码如下：

```
inline void do_oop_nv(oop* p)          {
    FilteringClosure::do_oop_work(p);
}
```

调用 do_oop_work()函数的实现代码如下：

```
源代码位置：openjdk/hotspot/src/share/vm/memory/genOopClosures.hpp
template <class T> inline void do_oop_work(T* p) {
    T heap_oop = oopDesc::load_heap_oop(p);
    if (!oopDesc::is_null(heap_oop)) {
        oop obj = oopDesc::decode_heap_oop_not_null(heap_oop);
        if ((HeapWord*)obj < _boundary) {
          // _cl是声明在FilteringClosure类中类型为ExtendedOopClosure*的变量
          _cl->do_oop(p);
        }
    }
}
```

调用 FastScanClosure::do_oop()函数最终会调用 FastScanClosure::do_oop_work()函数。如果 p 引用的是年轻代对象，则标记并复制对象；如果已经设置了转发指针，则只是简单地更新引用地址即可。

2. InstanceMirrorKlass类

InstanceMirrorKlass::oop_oop_iterate_nv_m()函数的实现代码如下：

```
int InstanceMirrorKlass::oop_oop_iterate_nv_m(oop obj,FilteringClosure
*closure, MemRegion mr) {
    // 遍历对象引用的其他对象
    InstanceKlass::oop_oop_iterate_nv_m(obj, closure, mr);

    // 省略对象指针压缩情况下的处理逻辑

    {
        oop *const l = (oop*) (mr.start());
        oop *const h = (oop*) (mr.end());
```

```
        oop *p = (oop*) (start_of_static_fields(obj));
        oop *end = p+ (java_lang_Class::static_oop_field_count(obj));
        if (p < l)
            p = l;
        if (end > h)
            end = h;
        while (p < end) {
            (closure)->do_oop_nv(p);
            ++p;
        }
    }
    return oop_size(obj);
}
```

遍历 java.lang.Class 对象中保存的所有静态字段。

3. ObjArrayKlass类

对于元素类型为基本类型的一维数组来说，调用 TypeArrayKlass::oop_oop_iterate_nv_m()函数只是简单返回一维数组的大小。ObjArrayKlass::oop_oop_iterate_nv_m()函数的实现代码如下：

源代码位置: openjdk/hotspot/src/share/vm/oops/objArrayKlass.cpp

```
int ObjArrayKlass::oop_oop_iterate_nv_m(oop obj, FilteringClosure *closure,
MemRegion mr) {
    objArrayOop a = objArrayOop(obj);
    int size = a->object_size();
    ...
    {
        oop *const l = (oop*) (mr.start());
        oop *const h = (oop*) (mr.end());
        oop *p = (oop*) (a)->base();
        oop *end = p + (a)->length();
        if (p < l)
            p = l;
        if (end > h)
            end = h;
        // 遍历数组中的每个对象
        while (p < end) {
            (closure)->do_oop_nv(p);
            ++p;
        }
    }
    return size;
}
```

另外，instanceClassLoaderKlass、instanceMirrorKlass 等类也重写了 oop_oop_iterate_m()

函数，实现逻辑类似，这里不再过多介绍。

11.5 递归标记活跃对象并复制

在 DefNewGeneration::collect()函数中标记根直接引用的对象后会继续进行如下调用：

```
FastEvacuateFollowersClosure evacuate_followers(gch, _level, this,
                                          &fsc_with_no_gc_barrier,
                                          &fsc_with_gc_barrier);
...
evacuate_followers.do_void();
```

FastEvacuateFollowersClosure 闭包中封装了标记并复制活跃对象的逻辑。do_void()函数的实现代码如下：

```
源代码位置: openjdk/hotspot/src/share/vm/memory/defNewGeneration.cpp
void DefNewGeneration::FastEvacuateFollowersClosure::do_void() {
  do {
    _gch->oop_since_save_marks_iterate(_level, _scan_cur_or_nonheap,
_scan_older);
  } while (!_gch->no_allocs_since_save_marks(_level));

  guarantee(_gen->promo_failure_scan_is_complete(), "Failed to finish scan");
}
```

在执行 YGC 时，循环处理年轻代和老年代的对象，就是在 oop_since_save_marks
_iterate()函数中检查_saved_mark_word 是否追上了_top，这是采用广度遍历来执行复制算
法的方式。需要说明的是，老年代也需要这样的操作，因为年轻代对象可能会晋升到老年
代，而这些晋升对象必须要执行和 To Survivor 中的对象同样的操作，也就是遍历对象的
引用。循环结束的条件就是判断年轻代和老年代的_saved_mark_word 是否追上了_top，代
码如下：

```
源代码位置: openjdk/hotspot/src/share/vm/memory/genCollectedHeap.cpp
bool GenCollectedHeap::no_allocs_since_save_marks(int level) {
  for (int i = level; i < _n_gens; i++) {
    if (!_gens[i]->no_allocs_since_save_marks())
      return false;
  }
  return true;
}
源代码位置: openjdk/hotspot/src/share/vm/memory/defNewGeneration.cpp
bool DefNewGeneration::no_allocs_since_save_marks() {
  assert(eden()->saved_mark_at_top(), "Violated spec - alloc in eden");
  assert(from()->saved_mark_at_top(), "Violated spec - alloc in from");
  return to()->saved_mark_at_top();
}
源代码位置: openjdk/hotspot/src/share/vm/memory/generation.cpp
bool OneContigSpaceCardGeneration::no_allocs_since_save_marks() {
```

```
    return _the_space->saved_mark_at_top();
}
```

调用 oop_since_save_marks_iterate() 函数遍历_saved_mark_word 到_top 范围中的对象，这个范围内是已分配内存但是还没有遍历标记这些对象引用的其他对象。函数的实现代码如下：

```
源代码位置: openjdk/hotspot/src/share/vm/memory/genCollectedHeap.cpp
void GenCollectedHeap::oop_since_save_marks_iterate(int level,
                        FastScanClosure* cur,
                        FastScanClosure* older) {
  _gens[level]->oop_since_save_marks_iterate_nv(cur);
  for (int i = level+1; i < n_gens(); i++) {
    _gens[i]->oop_since_save_marks_iterate_nv(older);
  }
}
```

在执行 YGC 时，level 的值为 0，在当前处理的代（年轻代）和比当前老的代（老年代）上调用 oop_since_save_marks_iterate_nv() 函数，代码如下：

```
源代码位置: openjdk/hotspot/src/share/vm/memory/defNewGeneration.cpp
void DefNewGeneration::oop_since_save_marks_iterate_nv(FastScanClosure*
cl) {
  cl->set_generation(this);
  eden()->oop_since_save_marks_iterate_nv(cl);
  to()->oop_since_save_marks_iterate_nv(cl);
  from()->oop_since_save_marks_iterate_nv(cl);

  cl->reset_generation();
  save_marks();   // 将 Eden 和 2 个 Survivor 空间的_top 赋值给_saved_mark_word
}
```

在执行 YGC 时，Eden 和 From Survivor 空间的_saved_mark_word 与_top 相等，因此只会处理 To Survivor 区。这个区中从__saved_mark_word 到_top 存储的是根直接引用的对象，即普通根对象或老年代直接引用的对象。调用 oop_since_save_marks_iterate_nv() 函数遍历这些对象，并找出这些对象引用的对象，代码如下：

```
源代码位置: openjdk/hotspot/src/share/vm/memory/space.cpp
void ContiguousSpace::oop_since_save_marks_iterate_nv(FastScanClosure*
blk) {
  HeapWord*   t;
  HeapWord*   p = saved_mark_word();      // 获取_saved_mark_word 变量的值
  do {
    t = top();
    while (p < t) {
      oop  m = oop(p);
      p += m->oop_iterate(blk);
    }
  } while (t < top());
  // 遍历完成后，_saved_mark_word 已经追上了_top，更新_saved_mark_word 值
  set_saved_mark_word(p);
}
```

　　调用 oop_iterate()函数遍历每个对象引用的其他对象，由于对象在各个空间中是紧挨着的，即连续的内存地址是可解析的，因此可直接在一个对象的首地址中加上对象所占用的内存来获取下一个对象的首地址。oop_iterate()函数的实现代码如下：

```
源代码位置：openjdk/hotspot/src/share/vm/oops/oop.inline.hpp
inline int oopDesc::oop_iterate(FastScanClosure* blk) {
  // 返回的是当前 oop 的大小
  return  klass()->oop_oop_iterate_nv(this, blk);
}
```

klass()可能是 Klass 类继承体系中的任何一个子类，如 InstanceKlass 和 TypeArrayKlass 等。

1．InstanceKlass类

InstanceKlass 类重写 oop_oop_iterate_nv()函数的实现代码如下：

```
源代码位置：openjdk/hotspot/src/share/vm/oops/instanceKlass.cpp
int InstanceKlass::oop_oop_iterate_nv(oop obj, FastScanClosure* closure) {
  ...
  {
  OopMapBlock* map          = start_of_nonstatic_oop_maps();
  OopMapBlock* const end_map = map + nonstatic_oop_map_count();
  // 删除了对象指针压缩情况下的处理逻辑，这里只看对象指针非压缩的情况，二者的处理非常
  // 相似
  while (map < end_map) {
    {
        oop*  p = (oop*)(obj->obj_field_addr<oop>(map->offset()));
        oop* const  end = p + (map->count());
        while (p < end) {
          (closure)->do_oop_nv(p);
          ++p;
        }
    }
    ++map;
  }
  }// 块结束
  return size_helper();
}
```

　　根据 OopMap 遍历对象中的每个引用，调用闭包中的 do_oop_nv()函数处理每个被引用的对象。遍历完成后返回当前对象的大小，这个对象存储在 InstanceKlass 的_size_helper属性中，第 5 章介绍过，这里不再赘述。

　　调用 FastScanClosure 的 do_oop_nv()函数，代码如下：

```
源代码位置：openjdk/hotspot/src/share/vm/memory/genOopClosures.inline.hpp
inline void FastScanClosure::do_oop_nv(narrowOop* p) {
  FastScanClosure::do_oop_work(p);
}
```

最终还是调用了 FastScanClosure::do_oop_work()函数，函数处理的对象如果有转发指针，则修正引用指针最新的对象地址，如果没有转发指针，复制对象到 To Survivor 或 TenuredSpace 空间。如果复制对象失败，则会将原对象的转发指针指向自己。

2. InstanceMirrorKlass类

如果在 oopDesc::oop_iterate()函数中调用 klass()获取的是 InstanceMirrorKlass，处理的逻辑如下：

```
源代码位置: openjdk/hotspot/src/share/vm/oops/instanceMirrorKlass.cpp
int InstanceMirrorKlass::oop_oop_iterate_nv(oop obj, FastScanClosure*
closure) {

  InstanceKlass::oop_oop_iterate_nv(obj, closure);
  ...
  {
      oop*          p = (oop*)( start_of_static_fields(obj) );
      oop* const  end = p + (java_lang_Class::static_oop_field_count(obj));
      while (p < end) {
        (closure)->do_oop_nv(p);
        ++p;
      }
  }
  return oop_size(obj);
}
```

除了调用 InstanceKlass::oop_oop_iterate_nv()函数遍历对象中的引用信息之外，还需要遍历 java.lang.Class 对象中引用的静态对象。

调用 oop_size()函数的实现代码如下：

```
源代码位置: openjdk/hotspot/src/share/vm/oops/instanceMirrorKlass.cpp
int InstanceMirrorKlass::oop_size(oop obj) const {
  return java_lang_Class::oop_size(obj);
}

源代码位置: openjdk/hotspot/src/share/vm/classfile/javaClasses.cpp
int java_lang_Class::oop_size(oop java_class) {
  assert(_oop_size_offset != 0, "must be set");
  return java_class->int_field(_oop_size_offset);
}
```

3. ObjArrayKlass类

ObjArrayKlass 类实现的 oop_oop_iterate_nv()函数代码如下：

```
源代码位置: openjdk/hotspot/src/share/vm/oops/objArrayKlass.cpp

int ObjArrayKlass::oop_oop_iterate_nv(oop obj, FastScanClosure *closure) {
    objArrayOop a = objArrayOop(obj);
    int size = a->object_size();
    ...
    {
```

```
            oop *p = (oop*) (a)->base();
            oop *const end = p + (a)->length();
            // 遍历数组中的每个对象并处理
            while (p < end) {
                (closure)->do_oop_nv(p);
                p++;
            }
        }
    return size;
}
```

对于类型为基本类型的一维数组来说，调用 TypeArrayKlass::oop_oop_iterate_nv()函数
只简单返回对象大小即可。其他如 InstanceRefKlass 和 InstanceClassLoaderKlass 等的实现
逻辑比较简单，这里不再赘述。

回到 GenCollectedHeap::oop_since_save_marks_iterate()函数中继续看老年代对象的遍
历逻辑，老年代对象的遍历主要是遍历那些晋升的对象，代码如下：

```
源代码位置：openjdk/hotspot/src/share/vm/memory/generation.cpp
void OneContigSpaceCardGeneration::oop_since_save_marks_iterate_nv
(FastScanClosure* blk) {
  blk->set_generation(this);
  _the_space->oop_since_save_marks_iterate_nv(blk);
  blk->reset_generation();
  save_marks();
}
```

除此之外还会调用 ContiguousSpace::oop_since_save_marks_iterate_nv()函数，最终会
调用 FastScanClosure::do_oop_work()函数。由于闭包的变量_gc_barrier 的值为 true，所以
还会执行屏障逻辑，为了读者阅读方便，这里再次给出 FastScanClosure::do_oop_work()函
数的实现代码，如下：

```
源代码位置：openjdk/hotspot/src/share/vm/memory/genOopClosures.inline.hpp

template <class T> inline void FastScanClosure::do_oop_work(T* p) {
  T heap_oop = oopDesc::load_heap_oop(p);
  if ( !oopDesc::is_null(heap_oop) ){
   oop obj = oopDesc::decode_heap_oop_not_null(heap_oop);
   if ((HeapWord*)obj < _boundary) {
    assert(!_g->to()->is_in_reserved(obj), "Scanning field twice?");
    oop new_obj;
    if(obj->is_forwarded()){
     new_obj = obj->forwardee();
    }else{
     new_obj = _g->copy_to_survivor_space(obj);
    }
    oopDesc::encode_store_heap_oop_not_null(p, new_obj);

    // 处理屏障
    if (_gc_barrier) {
       do_barrier(p);
    }
  }
```

```
    }
  }
```

当前的对象是从年轻代晋升上来的，如果此对象有对年轻代对象的引用，那么需要将
对应的卡表项标记为 dirty_card，这样才不会在下一次 YGC 过程中漏掉老年代对象对年轻
代对象的引用。do_barrier()函数的实现代码如下：

```
源代码位置: openjdk/hotspot/src/share/vm/memory/genOopClosures.inline.hpp
template <class T> inline void OopsInGenClosure::do_barrier(T* p) {
  T heap_oop = oopDesc::load_heap_oop(p);
  oop obj = oopDesc::decode_heap_oop_not_null(heap_oop);
  // _gen_boundary 指向的是年轻代的结束地址，如果当前被引用的对象在年轻代
  // 需要执行屏障操作
  if ((HeapWord*)obj < _gen_boundary) {
    _rs->inline_write_ref_field_gc(p, obj);
  }
}
```

调用 inline_write_ref_field_gc()函数的实现代码如下：

```
源代码位置: openjdk/hotspot/src/share/vm/memory/cardTableRS.hpp
void inline_write_ref_field_gc(void* field, oop new_val) {
    // 获取当前内存地址对应的卡表字节
    jbyte* byte = _ct_bs->byte_for(field);
    *byte = youngergen_card;                    // youngergen_card 的值为 17
}
```

卡表使用一个 byte 表示老年代内存中特定大小区域是否有对象对年轻代对象的引用，
如果有，则需要将此区域对应的卡表项设置为 youngergen_card，这个值与 clean_card 值不
相等。这样在遍历时，只要遍历卡表项为非 clean_card 所对应的内存区域即可确定所有老
年代对象对年轻代对象的引用。

第 12 章　Serial Old 垃圾收集器

Serial Old 垃圾收集器虽然是老年代收集器，但是在收集老年代对象的同时也会回收年轻代对象。Serial Old 垃圾收集器所使用的垃圾回收算法是标记-压缩-清理算法。在回收阶段，Serial Old 垃圾收集器会将标记对象越过堆的空闲区移动到堆的另一端，所有被移动的对象的引用也会被更新并指向新的位置。本章将详细介绍各种阶段的实现过程。

12.1　触发 FGC

从年轻代空间（包括 Eden 和 Survivor 区域）回收内存被称为 Minor GC（YGC），从老年代空间回收内存被称为 Major GC，而 FGC（Full GC，全量回收）是针对整个堆来说的，FGC 出现之前通常会伴随至少一次的 YGC，但并不绝对。Serial Old 负责 FGC，所以会同时回收年轻代和老年代的内存垃圾。

在介绍触发 FGC 的时机之前，需要先介绍一下对象进入老年代的几种情况。出现下面 4 种情况时，对象会进入老年代。

- 执行 YGC 时，To Survivor 区不足以存放存活的对象，那么对象会直接进入老年代；
- 经过多次 YGC 后，如果存活对象的年龄达到了设定阈值，则会晋升到老年代；
- 根据动态年龄判定规则，如果 To Survivor 区中相同年龄的对象的总内存占据 To Survivor 区一半以上，那么大于此年龄的对象会直接进入老年代，不需要达到默认的分代年龄。
- 大对象：由-XX:PretenureSizeThreshold 选项控制，若对象的内存容量大于此值，就会绕过新生代，直接在老年代中分配。

当晋升到老年代的对象大于老年代的剩余内存空间时，就会触发 FGC，FGC 处理的区域包括新生代和老年代。以下 4 种情况会触发 FGC。

1. 调用System.gc()

对于 HotSpot VM 来说，调用 System.gc()一定会触发一次 FGC，增加了 FGC 的频率，因此一般不建议使用，最好让虚拟机自己去管理它的内存。

2．存储大对象

所谓大对象，是指需要大量连续内存空间的 Java 对象。例如很长的数组，此种对象会直接进入老年代，而老年代虽然有很大的剩余空间，但是无法找到足够大的连续空间分配给当前对象，此种情况就会触发 JVM 进行 FGC。

老年代空间只有在新生代对象转入及创建为大对象、大数组时才会出现空间不足的现象，如果执行 FGC 后空间仍然不足，则抛出 Java.lang.OutOfMemoryError 异常。

为了避免以上两种情况引起的 FGC，调优时应尽量做到让对象在 YGC 阶段被回收，或者让对象在新生代多存活一段时间，以及不要创建过大的对象及数组。

3．分配担保失败

空间分配担保：在执行 YGC 之前，首先会检查老年代最大可用的连续空间是否大于新生代所有对象的总空间。如果小于，说明 YGC 是不安全的，则会查看参数 Handle-PromotionFailure 是否被设置成了允许担保失败，如果不允许则直接触发 FGC；如果允许，那么会进一步检查老年代最大可用的连续空间是否大于历次晋升到老年代对象的平均大小，如果小于也会触发 FGC。

HotSpot VM 为了避免由于新生代对象晋升到老年代导致老年代空间不足的现象，在执行 YGC 时做了一个判断，如果之前统计所得到的 YGC 晋升到老年代的平均大小大于老年代的剩余空间，那么就会直接触发 FGC。

例如对于 Serial 收集器来说，程序第一次触发 YGC 后有 6MB 的对象晋升到老年代，当下一次 YGC 发生时，首先检查老年代的剩余空间是否大于 6MB，如果小于 6MB，则执行 FGC。

4．元空间内存不足

Metaspace（元空间）在空间不足时会进行扩容，当扩容到了 -XX:MetaspaceSize 参数的指定值时也会触发 FGC。元空间不足时触发 FGC，第 9 章中已经介绍过，这里不再赘述。

当需要执行一次 FGC 时，Mutator 线程通常会创建一个 VM_GencollectFull 实例并存放到 VMThread 线程提供的队列中，这样垃圾回收线程 VMThread 会从队列中取出 VM_GenCollectFull 实例并调用此类实现的 doit() 函数，代码如下：

```
源代码位置:openjdk/hotspot/src/share/vm/gc_implementation/vmGCOperations.cpp
void VM_GenCollectFull::doit() {
    GenCollectedHeap* gch = GenCollectedHeap::heap();
    // _max_level 值为 1
    gch->do_full_collection(gch->must_clear_all_soft_refs(), _max_level);
}
```

通常，调用 must_clear_all_soft_refs() 函数后会返回 false，因为执行 FGC 可能是由于老年代垃圾多而导致内存不足，并不是内存紧张，所以不会通过回收软引用来释放更多的内存。如果执行 FGC 后内存仍然不足，紧接着会发生下一次 FGC 操作，那么这一次就会回收软引用；_max_level 的值为 1，代表的是代的最大索引值，年轻代为 0，老年代为 1。

调用 GenCollectedHeap 类的 do_full_collection()函数进行一次 FGC，实现代码如下：

```
源代码位置: openjdk/hotspot/src/share/vm/memory/genCollectedHeap.cpp
void GenCollectedHeap::do_full_collection(bool clear_all_soft_refs,int
max_level) {

    ...
  do_collection(true,                        // 执行一次 FGC
              clear_all_soft_refs ,          // 是否回收软引用对象
              0 ,
              false,                         // 是否是在分配新的 TLAB 时触发了 GC
              local_max_level );             // max_level 的值

    ...
}
```

调用的 do_collection()函数根据传递的参数不同，可能会执行 YGC，也可能会执行完 YGC 后执行 FGC，还可能会执行 FGC，主要取决于一些参数，例如：

```
int starting_level = 0;
if (full) {
    // 查找最老的代，这个代负责回收所有比这个代年轻的代
    for (int i = max_level; i >= 0; i--) {
        if (_gens[i]->full_collects_younger_generations()) {
            starting_level = i;
            break;
        }
    }
}
```

对于 Serial 和 Serial Old 收集器来说，无论执行 YGC 还是 FGC，传递的 max_level 参数的值都为 1，因为代的划分只有年轻代和老年代，年轻代为 0，老年代为 1。

由于 full 参数的值为 true，并且当 max_level 的值为 1 时，starting_level 的值就是 1。接下来会进行循环判断，这个循环会参考 starting_level 的值初步决定是只执行 YGC，还是执行完 YGC 再执行 FGC，还是只执行 FGC。实现代码如下：

```
for (int i = starting_level; i <= max_level; i++) {
  if (_gens[i]->should_collect(full, size, is_tlab)) {
    ...
    _gens[i]->collect(full, do_clear_all_soft_refs, size, is_tlab);
    ...
  }
}
```

当 starting_level 的值为 1 时只会循环一次，初步决定是执行 FGC，但最终是否执行还要结合其他的条件进行判断，如调用 TenuredGeneration 类的 should_collect()函数如果返回 true 才可能执行 FGC。should_collect()函数在 full 参数为 true 的情况下一定会返回 true。

_gens[1]中存储的是 TenuredGeneration 实例，调用 TenuredGeneration::collect()函数时

最终会调用 GenMarkSweep::invoke_at_safepoint()函数，该函数分几个阶段通过压缩-整理算法实现年轻代和老年代的垃圾回收。具体就是将年轻代中 Eden、From Survivor 与 To Survivor 空间中的对象压缩在年轻代中，而老年代空间中的对象压缩在老年代空间。可以将回收过程分为四个阶段，每个阶段都有专门的处理函数，这几个函数如下：

- mark_sweep_phase1()函数：标记所有活跃对象；
- mark_sweep_phase2()函数：计算所有活跃对象在压缩后的偏移地址；
- mark_sweep_phase3()函数：更新对象的引用地址；
- mark_sweep_phase4()函数：移动所有活跃对象到新的位置。

下面对各个阶段进行详细介绍。

12.2　标记活跃对象

调用 mark_sweep_phase1()函数递归标记所有活跃对象，实现代码如下：

```
源代码位置: openjdk/hotspot/src/share/vm/memory/genMarkSweep.cpp

void GenMarkSweep::mark_sweep_phase1(
  int level,
  bool clear_all_softrefs
) {

  GenCollectedHeap* gch = GenCollectedHeap::heap();

  follow_root_closure.set_orig_generation(gch->get_gen(level));
  ...
}
```

标记根对象，这部分实现和新生代类似，只是不局限于只扫描年轻代中的对象。

follow_root_closure 是 MarkSweep 类中定义的静态变量，定义如下：

```
源代码位置: openjdk/hotspot/src/share/vm/
gc_implementation/shared/markSweep.hpp
static FollowRootClosure    follow_root_
closure;
```

FollowRootClosure 类的继承体系如图 12-1 所示。

以 Closure 方式命名的类都提供了封装起来的回调函数。OopsInGenClosure 类能够让 GC 的具体逻辑与对象内部遍历字段的逻辑实现解耦，下面重点介绍一下 OopsInGenClosure 类，代码如下：

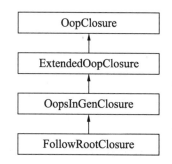

图 12-1　FollowRootClosure 类的继承体系

```
源代码位置: openjdk/hotspot/src/share/vm/memory/genOopClosures.hpp
class OopsInGenClosure : public ExtendedOopClosure {
 private:
```

```
  Generation*  _orig_gen;                    // 保存之前_gen 变量的值
  // 会被扫描的代，也就是扫描这个代中包含的对象并处理
  Generation*  _gen;
protected:
  HeapWord*      _gen_boundary;               // 代的开始地址
  CardTableRS*  _rs;                          // 卡表
  …
}
```

OopsInGenClosure 类主要是针对代进行遍历的，其中的一些属性保存了代相关的信息。

在 GenMarkSweep::mark_sweep_phase1()函数中调用 set_orig_generation()函数，实现代码如下：

```
源代码位置: openjdk/hotspot/src/share/vm/memory/genOopClosures.hpp
void set_orig_generation(Generation* gen) {
    _orig_gen = gen;
    set_generation(gen);
}
```

将_orig_gen 属性设置为 TenuredGeneration 实例。调用 set_generation()函数的实现代码如下：

```
源代码位置: openjdk/hotspot/src/share/vm/memory/genOopClosures.inline.hpp
inline void OopsInGenClosure::set_generation(Generation* gen) {
  _gen = gen;
  _gen_boundary = _gen->reserved().start();

    // 要保证老年代中必须有对应的卡表，以方便在必要时记录卡表页信息
  if (_rs == NULL) {
    GenRemSet* rs = SharedHeap::heap()->rem_set();
    assert(rs->rs_kind() == GenRemSet::CardTable, "Wrong rem set kind");
    _rs = (CardTableRS*)rs;
  }
}
```

在 MarkSweep::FollowRootClosure 类中有两个非常重要的函数，具体如下：

```
源代码位置: openjdk/hotspot/src/share/vm/gc_implementation/shared/markSweep.hpp
class FollowRootClosure: public OopsInGenClosure {
  public:
    virtual void do_oop(oop* p);
    virtual void do_oop(narrowOop* p);
};
```

实现代码如下：

```
源代码位置: openjdk/hotspot/src/share/vm/gc_implementation/shared/markSweep.cpp

void MarkSweep::FollowRootClosure::do_oop(oop* p) {
  follow_root(p);
}
void MarkSweep::FollowRootClosure::do_oop(narrowOop* p) {
```

```
    follow_root(p);
}
```

HotSpot VM 支持对对象指针压缩和非压缩的处理逻辑，后续我们只讨论 do_oop()函数非压缩情况下的处理逻辑。

下面接着看 GenMarkSweep::mark_sweep_phase1()函数，实现代码如下：

```
gch->gen_process_strong_roots(level,
                              false,       // Younger gens are not roots.
                              true,        // activate StrongRootsScope
                              false,       // not scavenging
                              SharedHeap::SO_SystemClasses,
                              &follow_root_closure,
                              true,        // walk code active on stacks
                              &follow_root_closure,
                              &follow_klass_closure);
```

调用 GenCollectedHeap::gen_process_strong_roots()函数标记所有活跃对象，标记的过程与第 11 章介绍的标记年轻代活跃对象的过程类似，只是传递的参数不同，逻辑上也有一些差别。其中最主要的差别就是在遍历对象时会遍历年轻代和老年代的所有对象并进行标记，而且是单纯地标记，并不会执行复制操作，这是由传递的类型为 FollowRootClosure 的 follow_root_closure 中封装的不同逻辑决定的。Serial Old 收集器在调用 gen_process_strong_roots()函数时，传入的第 2 个参数 younger_gens_as_roots 的值为 false，即不会对更低的内存代进行处理，因为在 SharedHeap::process_strong_roots()函数的处理过程中会标记所有的活跃对象。如果存在更高的内存代，那么更低的内存代是无法将更高内存代没有被引用的对象当作垃圾对象处理的，因此虽然不会再处理更低的内存代，但仍要将更高内存代的对象当作根集对象递归遍历（HotSpot VM 中 TenuredGeneration 没有更高的内存代了）。

Serial Old 收集器在调用 gen_process_strong_roots()函数时，传入的 follow_root_closure 的类型为 FollowRootClosure，这个类遍历对象的逻辑与前面介绍的年轻代遍历类 FastScanClosure 不同，实现代码如下：

```
源代码位置: openjdk/hotspot/src/share/vm/gc_implementation/shared/markSweep.cpp
void MarkSweep::FollowRootClosure::do_oop(oop* p){
follow_root(p);
}

template <class T> inline void MarkSweep::follow_root(T* p) {
  assert(!Universe::heap()->is_in_reserved(p),"roots shouldn't be things
within the heap");
  // p 的类型为 oop*，由于 oop 是 oopDesc*类型，则 p 是 oopDesc**类型
  // 获取的 heap_oop 是 oop 类型，也就是 oopDesc*类型
  T heap_oop = oopDesc::load_heap_oop(p);
  if (!oopDesc::is_null(heap_oop)) { // 判断 oopDesc*是否为 NULL
    oop obj = oopDesc::decode_heap_oop_not_null(heap_oop);
    if (!obj->mark()->is_marked()) {
      mark_object(obj);
      // follow_contents()函数将当前活跃的对象所引用的对象标记并压入栈
```

```
        obj->follow_contents();
    }
  }
  follow_stack();
}
```

与执行 YGC 时的标记不同，这里不会进行边界判断，因此会标记年轻代和老年代，而且会调用 follow_contents() 和 follow_stack() 函数递归标记对象，是全量标记。

调用 mark_object() 函数标记对象，借助栈递归标记对象，递归标记的过程就是遍历根集对象并标记，然后压入栈，再遍历栈中对象，然后标记活跃对象并将其所引用的其他对象压入栈。重复这个过程，直至栈空为止。

mark_object() 函数的实现代码如下：

源代码位置：openjdk/hotspot/src/share/vm/gc_implementation/shared/markSweep.cpp

```
inline void MarkSweep::mark_object(oop obj) {
  // 对活跃对象进行标记
  markOop mark = obj->mark();
  obj->set_mark(markOopDesc::prototype()->set_marked());

  if (mark->must_be_preserved(obj)) {
    preserve_mark(obj, mark);
  }
}
```

标记活跃对象时，其实就是将对象 markOop 的后两个二进制位都置为 1。由于在 GenMarkSweep::mark_sweep_phase2() 函数中还会在 markOop 中存储转发指针，如果 markOop 中存储着对象的一些必要信息，则必须将原 markOop 保存起来，在 FGC 之后恢复。

当调用 must_be_preserved() 函数返回 true 时，表示需要保存原 markOop，调用 preserve_mark() 函数保存对象和对应的对象头，实现代码如下：

源代码位置：openjdk/hotspot/src/share/vm/gc_implementation/shared/markSweep.cpp

```
void MarkSweep::preserve_mark(oop obj, markOop mark) {
  if (_preserved_count < _preserved_count_max) {
    _preserved_marks[_preserved_count++].init(obj, mark);
  } else {
    _preserved_mark_stack.push(mark);
    _preserved_oop_stack.push(obj);
  }
}
```

如果需要保存原对象头信息的活跃对象数量较少，则使用_preserved_marks 数组来保存，超出_preserved_count_max 的通过_preserved_mark_stack 与_preserved_oop_stack 栈保存对应关系。大部分情况下通过数组就能完全保存，为了防止出现过多需要保存的信息，配合栈来保存，这样数组就不用过大而导致内存空间的浪费。

在 MarkSweep::follow_root() 函数中，如果标记完当前对象，还会调用当前对象的

follow_contents()函数将当前活跃对象所引用的所有对象标记并压入栈，代码如下：

```
源代码位置: openjdk/hotspot/src/share/vm/oops/oop.inline.hpp
inline void oopDesc::follow_contents(void) {
  klass()->oop_follow_contents(this);
}
```

　　获取当前对象对应的类，只有通过类才能确定当前对象哪些部分保存的内容是对其他对象的引用。klass()可能是 Klass 类的任何一个具体的子类，如 InstanceKlass、InstanceMirror-Klass、TypeArrayKlass 或 ObjTypeArray。不过对于 TypeArrayKlass 来说，不需要标记存储在其中的基本类型，因此 TypeArrayKlass::oop_follow_contents()函数的实现为空。下面只讨论 InstanceKlass 与 ObjTypeArray 的情况。

1. InstanceKlass::oop_follow_contents()函数

InstanceKlass::oop_follow_contents()函数的实现代码如下：

```
void InstanceKlass::oop_follow_contents(oop obj) {
 MarkSweep::follow_klass(obj->klass());

 /*
   如下函数的匿名块是宏展开的结果，为了阅读方便，这里
   直接替换为宏展开的形式，而且还省略了对象指针压缩情
   况下的遍历逻辑，我们只讨论对象指针非压缩情况下的遍
   历逻辑，两者的实现非常相似。
 */
 {                          // 匿名块开始
  OopMapBlock*       map = start_of_nonstatic_oop_maps();
  OopMapBlock* const  end_map = map + nonstatic_oop_map_count();
  ...
  while (map < end_map) {
    {
      oop* p = (oop*)(obj->obj_field_addr<oop>(map->offset()));
      oop* const end = p + (map->count());
      while (p < end) {
        MarkSweep::mark_and_push(p);
        ++p;
      }
    }
    ++map;
  }
 }                          // 匿名块结束
}
```

　　调用 MarkSweep::follow_klass()函数标记加载当前类的类加载器对象并压入栈，代码如下：

```
源代码位置: openjdk/hotspot/src/share/vm/gc_implementation/shared/markSweep.
inline.hpp
```

```
inline void MarkSweep::follow_klass(Klass* klass) {
  oop op = klass->klass_holder();
  MarkSweep::mark_and_push(&op);
}
```

获取加载类的 java.lang.ClassLoader 对象，标记并压入栈。

InstanceKlass::oop_follow_contents()函数借助 InstanceKlass 中保存的 OopMap 信息遍历对象，找出引用的其他对象，标记并压入栈。

调用 mark_and_push()函数的实现代码如下：

源代码位置：openjdk/hotspot/src/share/vm/gc_implementation/shared/markSweep.inline.hpp

```
template <class T> inline void MarkSweep::mark_and_push(T* p) {
  T heap_oop = oopDesc::load_heap_oop(p);
  // p 的类型为 oopDesc**，而 heap_oop 为 oopDesc*
  if (!oopDesc::is_null(heap_oop)) {
   oop obj = oopDesc::decode_heap_oop_not_null(heap_oop);

   if (!obj->mark()->is_marked()) {
     mark_object(obj);
     _marking_stack.push(obj);
   }
  }
}
```

标记对象并压入 _mark_stack 栈中，_mark_stack 是定义在 MarkSweep 类中类型为 Stack <oop, mtGC>的静态变量，递归标记就通过这个栈来完成。后续在 MarkSweep::follow_root() 中调用的 follow_stack()函数会处理这个栈中存储的数据。

2. ObjArrayKlass::oop_follow_contents()函数

ObjArrayKlass::oop_follow_contents()函数的实现代码如下：

源代码位置：openjdk/hotspot/src/share/vm/oops/objArrayKlass.cpp
```
void ObjArrayKlass::oop_follow_contents(oop obj) {
  MarkSweep::follow_klass(obj->klass());

  // 省略压缩指针情况下的处理逻辑
  objarray_follow_contents<oop>(obj, 0);
}
```

只看非对象指针压缩的情况，调用 objarray_follow_contents()函数的实现代码如下：

源代码位置：openjdk/hotspot/src/share/vm/oops/objArrayKlass.inline.hpp
```
template <class T> void ObjArrayKlass::objarray_follow_contents(oop obj,
int index) {
  objArrayOop a = objArrayOop(obj);
  const size_t    len = size_t(a->length());
  const size_t    beg_index = size_t(index);
  assert(beg_index < len || len == 0, "index too large");
```

```
const size_t    stride = MIN2(len - beg_index, ObjArrayMarkingStride);
const size_t    end_index = beg_index + stride;
T* const        base = (T*)a->base();
T* const        beg = base + beg_index;
T* const        end = base + end_index;

// 每次只处理 ObjArrayMarkingStride 个元素
for (T* e = beg; e < end; e++) {
  MarkSweep::mark_and_push<T>(e);
}

if (end_index < len) {
  MarkSweep::push_objarray(a, end_index);
}
}
```

由于 objArrayOop 数组可能会含有很多元素，为了避免一次向栈中压入过多的对象，每次只压入 ObjArrayMarkingStride 个元素，其余的未处理元素会调用 MarkSweep::push_objarray()函数暂时存储在_objarray_stack 中。调用 MarkSweep::push_objarray()函数的实现代码如下：

```
源代码位置: openjdk/hotspot/src/share/vm/gc_implementation/shared/markSweep.cpp
void MarkSweep::push_objarray(oop obj, size_t index) {
  ObjArrayTask task(obj, index);
  _objarray_stack.push(task);
}
```

其中，_objarray_stack 是定义在 MarkSweep 类中类型为 Stack<ObjArrayTask, mtGC>的静态变量，后续在 MarkSweep::follow_root()中调用的 follow_stack()函数会处理栈中存储的数据。

3. InstanceMirrorKlass::oop_follow_contents()函数

InstanceMirrorKlass::oop_follow_contents()函数的实现代码如下：

```
源代码位置: openjdk/hotspot/src/share/vm/oops/instanceMirrorKlass.cpp
void InstanceMirrorKlass::oop_follow_contents(oop obj) {
  // 标记 obj 中引用的其他对象
  InstanceKlass::oop_follow_contents(obj);

  // obj 是 java.lang.Class 对象，获取 java.lang.Class 对象表示的 Klass 实例。注意，
  //并不是获取表示 java.lang.Class 类的 InstanceMirrorKlass 实例
  Klass* klass = java_lang_Class::as_Klass(obj);
  if (klass != NULL) {
    ...
    // 获取加载类的 java.lang.ClassLoader 对象，标记并压入栈
    MarkSweep::follow_klass(klass);
  } else {
    // 如果获取的 klass 为 NULL，则说明当前的 java.lang.Class 对象表示的是 Java 的基
    // 本类型，我们不再需要标记，因为在遍历强根时会调用 Universe::oops_do()函数处理
    assert(java_lang_Class::is_primitive(obj), "Sanity check");
```

```
    }

    {
        // 省略压缩指针的处理逻辑
        oop* p = (oop*)(start_of_static_fields(obj));
        oop* const end = p + (java_lang_Class::static_oop_field_count(obj));
        while (p < end) {
            MarkSweep::mark_and_push(p);
            ++p;
        }
    }
}
```

InstanceMirrorKlass::oop_follow_contents()函数完成的一个最重要的事情就是遍历
java.lang.Class 对象中存储的静态变量并进行标记。

调用 java_lang_Class::as_Klass()函数获取 java.lang.Class 对象表示的 Klass 实例，实现
代码如下：

```
源代码位置: openjdk/hotspot/src/share/vm/classfile/javaClasses.cpp
Klass* java_lang_Class::as_Klass(oop java_class) {
  assert(java_lang_Class::is_instance(java_class), "must be a Class object");
  Klass* k = ((Klass*)java_class->metadata_field(_klass_offset));
  return k;
}
```

在_klass_offset 偏移处就存储着 Klass 实例，在 4.1.5 节中详细介绍过，这里不再赘述。

4．InstanceClassLoaderKlass::oop_follow_contents()函数

InstanceClassLoaderKlass::oop_follow_contents()函数的实现代码如下：

```
源代码位置: openjdk/hotspot/src/share/vm/oops/instanceClassLoaderKlass.cpp
void InstanceClassLoaderKlass::oop_follow_contents(oop obj) {
  // 标记 java.lang.ClassLoader 对象引用的其他对象
  InstanceKlass::oop_follow_contents(obj);
  // 获取类加载器对应的 ClassLoaderData
  ClassLoaderData * const loader_data = java_lang_ClassLoader::loader
_data(obj);

  if(loader_data != NULL) {
    MarkSweep::follow_class_loader(loader_data);
  }
}
```

调用 java_lang_ClassLoader::loader_data()函数获取 ClassLoaderData 实例，代码如下：

```
源代码位置: openjdk/hotspot/src/share/vm/classfile/javaClasses.cpp
ClassLoaderData* java_lang_ClassLoader::loader_data(oop loader) {
  return *java_lang_ClassLoader::loader_data_addr(loader);
}

ClassLoaderData** java_lang_ClassLoader::loader_data_addr(oop loader) {
  assert(loader != NULL && loader->is_oop(), "loader must be oop");
```

```
        return (ClassLoaderData**) loader->address_field_addr(_loader_data
    _offset);
    }
```

然后标记 ClassLoaderData 中引用的其他对象，代码如下：

源代码位置：openjdk/hotspot/src/share/vm/gc_implementation/shared/markSweep.cpp
```
void MarkSweep::follow_class_loader(ClassLoaderData* cld) {
  cld->oops_do(&MarkSweep::mark_and_push_closure,
&MarkSweep::follow_klass_closure, true);
    }
```

调用 ClassLoaderData::oops_do()函数的实现代码如下：

源代码位置：openjdk/hotspot/src/share/vm/classfile/classLoaderData.cpp
```
void ClassLoaderData::oops_do(OopClosure* f, KlassClosure* klass_closure,
bool must_claim) {
  if (must_claim && !claim()) {
    return;
  }
  // 标记 java.lang.ClassLoader 对象
  f->do_oop(&_class_loader);
  // 标记依赖的加载器对象
  _dependencies.oops_do(f);
  // 调用 JNIHandleBlock::oops_do()函数标记 JNI 函数引用的活跃对象
  _handles->oops_do(f);
  // 标记类加载器加载的所有类
  if (klass_closure != NULL) {
    classes_do(klass_closure);
  }
}
```

其他标记过程这里不详细介绍了，下面介绍一下调用的 classes_do()函数，该函数会标记类加载器加载的所有类，代码如下：

源代码位置：openjdk/hotspot/src/share/vm/classfile/classLoaderData.cpp
```
void ClassLoaderData::classes_do(KlassClosure* klass_closure) {
  for (Klass* k = _klasses; k != NULL; k = k->next_link()) {
    klass_closure->do_klass(k);
  }
}
```

所有加载的类都通过 _next_link 指针连接起来形成单链表，这样获取类加载器后就可以遍历所有由此类加载器加载的类了，当类加载器不卸载时，加载的类也不会卸载。类存储在元数据区，但是类中的_java_mirror 引用的 oop 存储在堆中，因此在必要时还需要处理此 oop。

另外还有 InstanceRefKlass::oop_follow_contents()函数，该函数主要对引用类型进行一些特殊处理，在第 13 章介绍引用类型时会详细介绍。

继续回看 MarkSweep::follow_root()函数中调用的 follow_stack()函数，实现代码如下：

源代码位置：openjdk/hotspot/src/share/vm/gc_implementation/shared/markSweep.cpp
```
void MarkSweep::follow_stack() {
```

```
    do {
      while (!_marking_stack.is_empty()) {
        oop obj = _marking_stack.pop();
        // 在 marking_stack 中的对象一定是被标记的活跃对象
        assert (obj->is_gc_marked(), "p must be marked");
        obj->follow_contents();
      }

      if (!_objarray_stack.is_empty()) {
        ObjArrayTask task = _objarray_stack.pop();
        ObjArrayKlass* k = (ObjArrayKlass*)task.obj()->klass();
        k->oop_follow_contents(task.obj(), task.index());
      }
    } while (!_marking_stack.is_empty() || !_objarray_stack.is_empty());
}
```

处理_marking_stack 和_objarray_stack 栈，调用的 follow_contents()与 oop_follow_contents()函数前面已经详细介绍过，这里不再介绍。

到此为止，所有的活跃对象都已经被标记完成，下一阶段就是计算活跃对象的地址。

12.3 计算活跃对象的地址

mark_sweep_phase2()函数用于计算所有活跃对象在整理压缩后的偏移地址，实现代码如下：

源代码位置：openjdk/hotspot/src/share/vm/memory/genMarkSweep.cpp
```
void GenMarkSweep::mark_sweep_phase2() {
  GenCollectedHeap* gch = GenCollectedHeap::heap();
  ...
  gch->prepare_for_compaction();
}
```

其中，prepare_for_compaction()函数定义在 GenCollectedHeap 类中，实现代码如下：

源代码位置：openjdk/hotspot/src/share/vm/memory/genCollectedHeap.cpp
```
void GenCollectedHeap::prepare_for_compaction() {
  // 对年轻代进行处理，计算整理压缩后的地址
  Generation*  old_gen = _gens[1];
  CompactPoint cp(old_gen, NULL, NULL);
  old_gen->prepare_for_compaction(&cp);

  // 对老年代进行处理，计算整理压缩后的地址
  Generation*  young_gen = _gens[0];
  young_gen->prepare_for_compaction(&cp);
}
```

年轻代 DefNewGeneration 分为 Eden 区（EdenSpace 类型）和两个 Survivor 区（ContiguousSpace 类型），TenuredGeneration 只有一个区（TenuredSpace 类型）。

DefNewGeneration 和 TenuredGeneration 都会调用 Generation::prepare_for_compaction()

函数，实现代码如下：

```
源代码位置：openjdk/hotspot/src/share/vm/memory/generation.cpp
void Generation::prepare_for_compaction(CompactPoint* cp) {
  // 获取 ContiguousSpace 类中定义的_the_space 属性的值
  CompactibleSpace* space = first_compaction_space();
  while (space != NULL) {
    space->prepare_for_compaction(cp);
    space = space->next_compaction_space();
  }
}
```

对于 TenuredGeneration 来说，获取的空间为 EdenSpace。对于 DefNewGeneration 来说，有 3 个空间，分别为 Eden、From Survivor 和 To Survivor 空间。正常来说，Eden 空间的下一个空间为 From Survivor 空间，而 From Survivor 的下一个空间为 NULL，但是在之前介绍 YGC 时提到过，由于对象晋升失败，可能在 To Survivor 空间中也有活跃对象，如果是这样，在执行 YGC 时会调用如下语句：

```
from()->set_next_compaction_space(to());
```

这样就会将 3 个空间中的所有活跃对象通过 CompactPoint 记录的 compact_top 压缩到 Eden 空间了。

ContiguousSpace::prepare_for_compaction() 函数的实现代码如下：

```
源代码位置：openjdk/hotspot/src/share/vm/memory/space.cpp
void ContiguousSpace::prepare_for_compaction(CompactPoint* cp) {
  SCAN_AND_FORWARD(cp, top, block_is_always_obj, obj_size);
}
```

其中，SCAN_AND_FORWARD 宏经过扩展后具体如下：

```
源代码位置：openjdk/hotspot/src/share/vm/memory/space.cpp
void ContiguousSpace::prepare_for_compaction(CompactPoint* cp) {
{
    // 压缩位置，在此之前的对象都已经完成了整理压缩，下一个活跃对象需要移动到 compact
    // _top 指向的地址
    HeapWord* compact_top;

    // 初始化 CompactibleSpace::_compaction_top 属性的值为 Space::_bottom 属性的值
    set_compaction_top(bottom());

    if (cp->space == 0) {
      cp->space = cp->gen->first_compaction_space();
      compact_top = cp->space->bottom();
      cp->space->set_compaction_top(compact_top);
      cp->threshold = cp->space->initialize_threshold();
    } else {
      compact_top = cp->space->compaction_top();
    }

    // 有时候允许空间中存在一些未标记的死亡对象，这样可以避免一些不必要的移动
    // 进行 MarkSweepAlwaysCompactCount（默认值为 4）次 FGC 后会有一次完全压缩
    uint invocations = MarkSweep::total_invocations();
```

```
           bool skip_dead = ((invocations % MarkSweepAlwaysCompactCount) != 0);

           size_t  allowed_deadspace = 0;
           if (skip_dead) {
               // 获取 MarkSweepDeadRatio 的值，默认为 5，最终允许死亡对象占用的空间为
               // 当前空间总容量的 5%
               const size_t ratio = allowed_dead_ratio();
               allowed_deadspace = (capacity() * ratio / 100) / HeapWordSize;
           }

           HeapWord*   q = bottom();
           HeapWord*   t = top();

           HeapWord*   end_of_live= q;
           HeapWord*   first_dead = end();
           LiveRange*  liveRange  = 0;
           _first_dead = first_dead;

           while (q < t) {
             if ( oop(q)->is_gc_marked()) {
               size_t size = oop(q)->size();
               compact_top = cp->space->forward( oop(q), size, cp, compact_top );
               q += size;
               end_of_live = q;
             } else {
               // 查找连续的死亡对象并跳过
               HeapWord* local_end = q;
               do { // 这个循环会改变 local_end 变量的值
                 local_end += oop(local_end)->size();
               } while ( local_end < t && (!oop(local_end)->is_gc_marked())  );

               // 逻辑执行到这里时，local_end 可能指向 t 或者一个被标记的活跃对象的开始地址
               // 只有允许死亡对象存在并且死亡对象不需要移动到压缩地址，才能够省略移动对象
               // 带来的性能损失
               if (allowed_deadspace > 0 && q == compact_top) {
                 // 计算出连续死亡对象的总容量
                 size_t sz = pointer_delta(local_end, q);
                 // 将连续死亡对象合并为一个对象并对此对象进行标记，insert_deadspace() 函数
                 // 如果返回 true，表示标记成功，否则需要对死亡对象代表的空闲空间进行处理
                 if (insert_deadspace(allowed_deadspace, q, sz)) {
                   compact_top = cp->space->forward(oop(q), sz, cp, compact_top);
                   q = local_end;
                   end_of_live = local_end;
                   continue;
                 }
               }

               if (liveRange) {
                 liveRange->set_end(q);
               }

               liveRange = (LiveRange*)q;
               liveRange->set_start(local_end);
```

```
        liveRange->set_end(local_end);

        if (q < first_dead) {
         first_dead = q;
        }

        q = local_end;
      }
    }                                      // 结束 while 循环

    if (liveRange != 0) {
      liveRange->set_end(q);
    }
    _end_of_live = end_of_live;
    if (end_of_live < first_dead) {
      first_dead = end_of_live;
    }
    _first_dead = first_dead;

    // 保存 compact_top 的值
    cp->space->set_compaction_top(compact_top);
  }

}
```

举个例子：

图 12-2 中表示某个空间中的各对象状态，为了方便讲解，假设对象的大小是相同的。

图 12-2　初始化状态 1

由于第 1 个对象是死亡对象，假设此死亡对象满足弥留的状态，最终各个变量的指向如图 12-3 所示。这样下一个连续的活跃对象就可以不必移动了，提高了处理的速度。

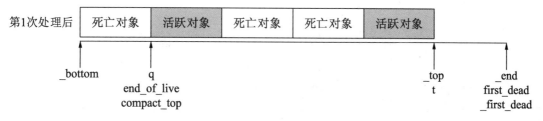

图 12-3　初始化状态 2

处理的第 2 个对象活跃，各个变量的指向如图 12-4 所示。

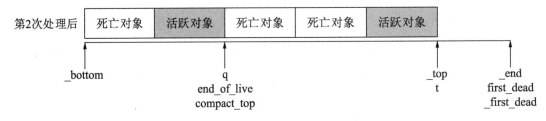

图 12-4　初始化状态 3

第 3 次处理两个连续的死亡对象时，由于 q 和 compact_top 不相等，所以这两个死亡对象要进行回收，如图 12-5 所示。

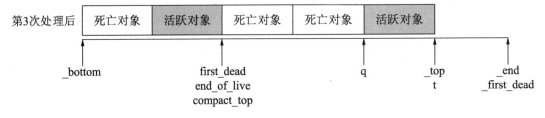

图 12-5　初始化状态 4

第 2 个活跃对象需要移动，如果后续还有活跃对象，则会移动到 compact_top 处，如图 12-6 所示。执行完后的最终状态如图 12-7 所示。

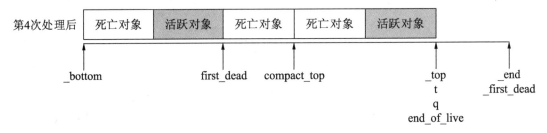

图 12-6　初始化状态 5

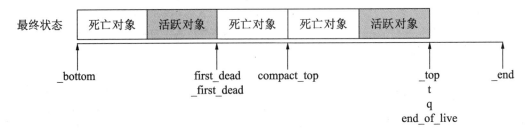

图 12-7　初始化状态 6

另外还有 LiveRange，如图 12-8 所示。

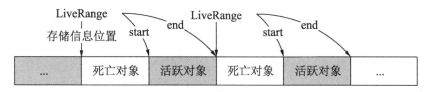

图 12-8　初始化状态 7

LiveRange 存储在死亡对象的开始位置，通过 LiveRange 可快速定位到下一个活跃对象的区域。

下面来分析 prepare_for_compaction() 函数的实现代码：

```
HeapWord* compact_top;

set_compaction_top(bottom());
```

其中，compact_top 为压缩指针，指向压缩的目标内存空间的起始地址。代码如下：

```
if (cp->space == NULL) {
    cp->space = cp->gen->first_compaction_space();
    compact_top = cp->space->bottom();
    cp->space->set_compaction_top(compact_top);
    cp->threshold = cp->space->initialize_threshold();
} else {
    compact_top = cp->space->compaction_top();
}
```

初始化 CompactPoint，若 CompactPoint 的压缩区域为空，即这是内存代的第一片区域，那么初始化 CompactPoint 的压缩区域为内存代的第一片区域，初始化压缩指针为区域的起始地址，初始化区域压缩的目标区域起始地址为该区域的起始地址，初始化压缩边界为区域边界（默认实现），若 CompactPoint 的压缩区域不为空，那么继续进行该区域的压缩工作，即初始化压缩指针为原压缩指针的值。

下面继续看 prepare_for_compaction() 函数的实现代码：

```
uint invocations = MarkSweep::total_invocations();
bool skip_dead = ((invocations % MarkSweepAlwaysCompactCount) != 0);

size_t allowed_deadspace = 0;
if (skip_dead) {
    const size_t ratio = allowed_dead_ratio();
    allowed_deadspace = (capacity() * ratio / 100) / HeapWordSize;
}
```

经过 MarkSweepAlwaysCompactCount 次 GC 后，Serial Old 回收器就会允许将 MarkSweepDeadRatio%(TenuredSpace)/PermMarkSweepDeadRatio%(ContigPermSpace) 大小的区域中的死亡对象当作存活对象进行处理，这里姑且将这些对象称为弥留对象，把这片空间称为弥留空间（实际上并没有这样的明确定义）。

```
HeapWord* q = bottom();
HeapWord* t = top();
HeapWord*  end_of_live= q;
HeapWord*  first_dead = end();
LiveRange* liveRange  = NULL;
_first_dead = first_dead;
```

其中，q 为遍历指针，t 为扫描边界，end_of_live 为最后一个活跃对象的地址，LiveRange 保存着死亡对象后面存活对象的地址范围，first_dead 为第一个死亡对象的地址。代码如下：

```
while (q < t) {
    if ( oop(q)->is_gc_marked()) {
      size_t  size = oop(q)->size();
      compact_top = cp->space->forward( oop(q), size, cp, compact_top );
      q += size;
      end_of_live = q;
    } else {
      // run over all the contiguous dead objects 必须是连续的死亡对象
      HeapWord* local_end = q;
      do {                          // 这个循环会改变 local_end 变量的值
        local_end += oop(local_end)->size();
      } while ( local_end < t && (!oop(local_end)->is_gc_marked())  );

      if (allowed_deadspace > 0 && q == compact_top) {
        size_t sz = pointer_delta(local_end, q);     // 连续死亡对象的大小
        if (insert_deadspace(allowed_deadspace, q, sz)) {
          compact_top = cp->space->forward(oop(q), sz, cp, compact_top);
          q = local_end;
          end_of_live = local_end;
          continue;
        }
      }

      if (liveRange) {
        liveRange->set_end(q);
      }

      liveRange = (LiveRange*)q;
      liveRange->set_start(local_end);
      liveRange->set_end(local_end);

      if (q < first_dead) {
        first_dead = q;
      }

      q = local_end;
    }
} // 结束 while 循环
```

在边界内遍历，若当前遍历的对象被标记过，即这是一个活跃对象，那么为该对象计算压缩后的地址，设置转发指针并更新压缩指针和最后一个活跃对象的地址，然后继续遍

历,否则跳过死亡对象,继续遍历直到遇到一个活跃对象为止。代码如下:

```
源代码位置: openjdk/hotspot/src/share/vm/memory/space.cpp
bool CompactibleSpace::insert_deadspace(
        size_t&    allowed_deadspace_words,
        HeapWord*  q,
        size_t     deadlength
){
  if (allowed_deadspace_words >= deadlength) {
    allowed_deadspace_words -= deadlength;
    CollectedHeap::fill_with_object(q, deadlength);

    markOop tmp = oop(q)->mark()->set_marked();
    oop(q)->set_mark(tmp);
    return true;
  } else {
    allowed_deadspace_words = 0;                // 不允许连续死亡对象的存在
    return false;
  }
}
```

上面的代码向 deadlength 个字大小的空间中填充一个对象,可能是 int 数组或 Object 对象,同时设置对象已经被标记,这有利于 mark_sweep_phase3()函数更新对象的引用地址。调用 CollectedHeap::fill_with_object()及相关函数的实现代码如下:

```
源代码位置: openjdk/hotspot/src/share/vm/gc_interface/collectedHeap.cpp
void CollectedHeap::fill_with_object(
        HeapWord*   start,
        size_t      words,
        bool        zap
){
  HandleMark hm;                        // Free handles before leaving.
  fill_with_object_impl(start, words, zap);
}

void CollectedHeap::fill_with_object_impl(HeapWord* start, size_t words,
bool zap){
  assert(words <= filler_array_max_size(), "too big for a single object");
  // 调用 filler_array_min_size()函数获取 int 数组占用的最小字数
  // markOop 加 length 对齐后为 3 个字
  if (words >= filler_array_min_size()) {
    fill_with_array(start, words, zap);
  }
  else if (words > 0) {
    // 由于 Object 类没有声明任何实例变量,所以 Object 对象的容量就是 Object 对象头的
    // 容量,为 2 个字
    assert(words == min_fill_size(), "unaligned size");
    // 填充 Object 对象
    post_allocation_setup_common(SystemDictionary::Object_klass(), start);
  }
}
```

可能会填充 int 数组或 Object 对象,这两个对象对应的 TypeArrayKlass 和 InstanceKlass 实例没有 OopMapBlock 信息, 所以不会对其他对象造成引用干扰。另外数组因为有长度, 所以填充起来灵活性比较大。调用 CollectedHeap::fill_with_array()函数的实现代码如下:

```
源代码位置: openjdk/hotspot/src/share/vm/gc_interface/collectedHeap.cpp
void CollectedHeap::fill_with_array(HeapWord* start, size_t words, bool zap){

  const size_t payload_size = words - filler_array_hdr_size();
  const size_t len = payload_size * HeapWordSize / sizeof(jint);

  ((arrayOop)start)->set_length((int)len);

  post_allocation_setup_common(Universe::intArrayKlassObj(), start);
  // 填充 int 数组
}
```

调用 Universe::intArrayKlassObj()函数获取 _intArrayKlassObj, 即获取表示 int 类型的一维数组类型, 在 Universe::genesis()函数中调用 TypeArrayKlass::create_klass()函数创建这个表示 int 类型的一维数组, 在 3.2.2 节中详细介绍过, 这里不再赘述。

调用 post_allocation_setup_common()函数填充 int 数组或 Object 对象, 实现代码如下:

```
源代码位置: openjdk/hotspot/src/share/vm/gc_interface/collectedHeap.cpp
// 根据是否使用偏向锁设置对象头信息等, 即初始化 oop 的 _mark 字段
void CollectedHeap::post_allocation_setup_common(KlassHandle klass,
HeapWord* obj) {
  post_allocation_setup_no_klass_install(klass, obj);
  post_allocation_install_obj_klass(klass, oop(obj));
}

// 设置对象头
void CollectedHeap::post_allocation_setup_no_klass_install(KlassHandle
klass,HeapWord* objPtr) {
  oop obj = (oop)objPtr;

  if (UseBiasedLocking && (klass() != NULL)) {
    obj->set_mark(klass->prototype_header());
  } else {
    obj->set_mark(markOopDesc::prototype());            // 锁的状态为正常
  }
}

// 为对象设置_klass 属性的值, int 数组的_klass 为 TypeArrayKlass 实例, Object 对象的
// _klass 为 InstanceKlass 实例
void CollectedHeap::post_allocation_install_obj_klass(KlassHandle klass,
oop obj) {
  obj->set_klass(klass());
}
```

若仍有弥留空间可以用,那么在这片空间上调用 insert_deadspace()函数构造弥留对象, 当作活跃对象进行压缩处理。更新上一个 LiveRange 的活跃对象结束地址, 这个活跃范围对象设置在死亡对象的 MarkWord 上。由于在死亡对象后遇到了一个新的活跃对象,

于是需要重新构造一个 LiveRange 对象来记录下一片活跃对象的地址范围。调用的相关
方法如下：

```
源代码位置: openjdk/hotspot/src/share/vm/memory/space.cpp
HeapWord* CompactibleSpace::forward(
       oop             q,
       size_t          size,
       CompactPoint*   cp,
       HeapWord*       compact_top
) {
  size_t  compaction_max_size = pointer_delta(end(), compact_top);
    // 在压缩过程中可能由于活跃对象比较多，当前空间不够容纳所有对象，此时可以查找下一个
    // 压缩空间。如果所有的压缩空间还不能够容纳，则下一个要查找的是更年轻的代
    // 直到找到能容纳压缩对象的空间为止
  while (size > compaction_max_size) {
    cp->space->set_compaction_top(compact_top);
    cp->space = cp->space->next_compaction_space();
    if (cp->space == NULL) {
       // 查找比当前代更年轻的代
       cp->gen = GenCollectedHeap::heap()->prev_gen(cp->gen);
       assert(cp->gen != NULL, "compaction must succeed");
       cp->space = cp->gen->first_compaction_space();
       assert(cp->space != NULL, "generation must have a first compaction
space");
    }
    compact_top = cp->space->bottom();
    cp->space->set_compaction_top(compact_top);
    cp->threshold = cp->space->initialize_threshold();
    compaction_max_size = pointer_delta(cp->space->end(), compact_top);
  }

    // 当 q 不等于 compact_top 时，表示对象需要移动，在对象头中存储转发指针 compact_top
  if ((HeapWord*)q != compact_top) {
    q->forward_to(oop(compact_top));
    assert(q->is_gc_marked(), "encoding the pointer should preserve the
mark");
  } else {
    // 对象不需要移动
    q->init_mark();
    assert(q->forwardee() == NULL, "should be forwarded to NULL");
  }

  compact_top += size;

    // 压缩每个对象的同时需要更新对应的偏移表
  if (compact_top > cp->threshold){
    cp->threshold = cp->space->cross_threshold(compact_top - size, compact
_top);
  }
  return compact_top;
}
```

由于当前的压缩空间可能容不下压缩对象，所以会查找下一个压缩空间。找到合适的

压缩空间后，为活跃对象计算压缩地址，如果对象需要移动，则调用 forward_to()在对象头中保存转发指针。调用 forward_to()及相关函数的实现代码如下：

```
源代码位置: openjdk/hotspot/src/share/vm/oops/oop.inline.hpp
inline void oopDesc::forward_to(oop p) {
  markOop m = markOopDesc::encode_pointer_as_mark(p);
  set_mark(m);
}

源代码位置: openjdk/hotspot/src/share/vm/oops/markOop.hpp
inline static markOop encode_pointer_as_mark(void* p) {
    return markOop(p)->set_marked();
}
markOop set_marked()   {
    return markOop( (value() & ~lock_mask_in_place) | marked_value );
}
```

直接在对象头中存储转发指针，同时标记该对象为活跃（markOop 的后两个二进制为 1）。我们不需要考虑原对象头中的有用信息，因为在标记活跃对象阶段已经将需要存储的对象头存储在了_preserved_marks 和_preserved_mark_stack 中。

当对象不需要移动时，调用 init_mark()函数，代码如下：

```
源代码位置: openjdk/hotspot/src/share/vm/oops/oop.inline.hpp
inline void   oopDesc::init_mark() {
    markOop tmp = markOopDesc::prototype_for_object(this);
    set_mark(tmp);
}
源代码位置: openjdk/hotspot/src/share/vm/oops/markOop.inline.hpp
inline markOop markOopDesc::prototype_for_object(oop obj) {
  Klass* kls = obj->klass();
  return kls->prototype_header();
}
```

继续看 ContiguousSpace::prepare_for_compaction()函数的实现，代码如下：

```
assert(q == t, "just checking");
if (liveRange != NULL) {
  liveRange->set_end(q);
}
_end_of_live = end_of_live;
if (end_of_live < first_dead) {
  first_dead = end_of_live;
}
_first_dead = first_dead;
```

循环结束，更新最后一个死亡对象的活跃对象范围、最后一个活跃对象的地址、第一个死亡对象的地址，代码如下：

```
/* save the compaction_top of the compaction space. */
cp->space->set_compaction_top(compact_top);
```

保存当前空间的压缩指针。

12.4　更新对象的引用地址

调用 mark_sweep_phase3()函数更新对象的引用地址，实现代码如下：

源代码位置：openjdk/hotspot/src/share/vm/memory/genMarkSweep.cpp

```
void GenMarkSweep::mark_sweep_phase3(int level) {
  GenCollectedHeap* gch = GenCollectedHeap::heap();

  adjust_pointer_closure.set_orig_generation(gch->get_gen(level));

  gch->gen_process_strong_roots(level,
                                false,
                                true,
                                false,
                                SharedHeap::SO_AllClasses,
                                &adjust_pointer_closure,
                                false,
                                &adjust_pointer_closure,
                                &adjust_klass_closure);

  ...
  adjust_marks();
  GenAdjustPointersClosure blk;
  gch->generation_iterate(&blk, true);
}
```

其中，adjust_pointer_closure 是静态变量，封装了调整对象引用地址的函数，调用 gen_process_strong_roots()函数并使用对应的处理函数调整对象指针的引用地址。

adjust_pointer_closure 变量定义在 MarkSweep 类中，代码如下：

源代码位置：openjdk/hotspot/src/share/vm/gc_implementation/shared/markSweep.hpp
static AdjustPointerClosure adjust_pointer_closure;

AdjustPointerClosure 类的继承关系如图 12-9 所示。

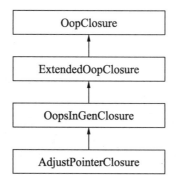

图 12-9　AdjustPointerClosure 类的继承关系

同样会调用 set_orig_generation()函数设置 OopsInGenClosure 类中的相关变量。

调用 gen_process_strong_roots()函数遍历所有的活跃对象，每个对象都会调用 MarkSweep::AdjustPointerClosure::do_oop()函数，实现代码如下：

```
源代码位置: openjdk/hotspot/src/share/vm/gc_implementation/shared/markSweep.cpp
void MarkSweep::AdjustPointerClosure::do_oop(oop* p) {
    adjust_pointer(p);
}
```

MarkSweep 类的 adjust_pointer()函数会解析对象的 markOop，若该对象已经被标记，将引用地址引用的原对象更新为转发指针指向的新对象。函数的实现代码如下：

```
源代码位置: openjdk/hotspot/src/share/vm/gc_implementation/shared/markSweep.inline.hpp
// T 是 oopDesc*类型，则 p 是 oopDesc**类型
template <class T> inline void MarkSweep::adjust_pointer(T* p) {
  T heap_oop = oopDesc::load_heap_oop(p);
  if (!oopDesc::is_null(heap_oop)) {
    oop  obj     = oopDesc::decode_heap_oop_not_null(heap_oop);
    oop  new_obj = oop(obj->mark()->decode_pointer());

    // 只有设置转发指针时，对象的引用地址才需要更新
    if (new_obj != NULL) {
      // 执行*p=new_obj 操作
      oopDesc::encode_store_heap_oop_not_null(p, new_obj);
    }
  }
}
```

需要注意的是，我们只更新了根集引用的地址为新对象的地址，并没有对任何对象中引用的其他对象的地址进行更新，因此在 mark_sweep_phase3()函数中还需要调用 GenCollectedHeap::generation_iterate()函数处理这部分的更新。

继续分析 mark_sweep_phase3()函数，调整对象的引用地址后会调用 adjust_marks()函数，代码如下：

```
源代码位置: openjdk/hotspot/src/share/vm/gc_implementation/shared/markSweep.cpp
void MarkSweep::adjust_marks() {

  for (size_t i = 0; i < _preserved_count; i++) {
    PreservedMark  pm = _preserved_marks[i];
    pm.adjust_pointer();
  }

  StackIterator<oop, mtGC> iter(_preserved_oop_stack);
  while (!iter.is_empty()) {
    oop* p = iter.next_addr();
    adjust_pointer(p);
  }
}
```

之前将需要恢复的对象头信息保存到了_preserved_marks 数组中，但是在保存对应的

关系时，对象还是未移动之前的旧对象，需要调整为移动之后的新对象地址，也就是旧对象头中保存的转发指针的地址。同样，_preserved_oop_stack 中保存的旧对象也需要做出相应的调整。调整时，最终调用的函数仍然是 MarkSweep::adjust_pointer()函数。

继续分析 mark_sweep_phase3()函数，有如下调用语句：

```
GenAdjustPointersClosure blk;
gch->generation_iterate(&blk, true);
```

使用 GenAdjustPointersClosure 遍历各内存代，更新对象的引用地址，代码如下：

```
源代码位置：openjdk/hotspot/src/share/vm/memory/genCollectedHeap.cpp
void GenCollectedHeap::generation_iterate(GenClosure* cl,bool old_to_young) {
  if (old_to_young) {
    for (int i = _n_gens-1; i >= 0; i--) {
      cl->do_generation(_gens[i]);
    }
  }
  ...
}
```

传递的 old_to_young 参数的值为 true，调用 GenAdjustPointersClosure 类中定义的 do_generation()函数对 DefNewGeneration 和 TenuredGeneration 进行处理。无论是 DefNew-Generation 还是 TenuredGeneration，do_generation()函数都会调用 Generation::adjust_pointers()函数，代码如下：

```
源代码位置：openjdk/hotspot/src/share/vm/memory/generation.hpp
void Generation::adjust_pointers() {
  AdjustPointersClosure blk;
  space_iterate(&blk, true);
}
```

```
源代码位置：openjdk/hotspot/src/share/vm/memory/generation.cpp
// 对于老年代 TenuredGeneration，会调用如下的 space_iterate()函数
void OneContigSpaceCardGeneration::space_iterate(SpaceClosure* blk,bool
usedOnly) {
  blk->do_space(_the_space);
}
```

```
源代码位置：openjdk/hotspot/src/share/vm/memory/defNewGeneration.cpp
// 对于年轻代 DefNewGeneration，会调用如下的 space_iterate()函数
void DefNewGeneration::space_iterate(SpaceClosure* blk,bool usedOnly) {
  blk->do_space(eden());
  blk->do_space(from());
  blk->do_space(to());
}
```

在年轻代与老年代各个空间中调用 AdjustPointersClosure 类实现的 do_space()函数，代码如下：

```
源代码位置：openjdk/hotspot/src/share/vm/memory/generation.cpp
void do_space(Space* sp) {
    sp->adjust_pointers();
}
```

无论是 TenuredSpace、EdenSpace 或者 ContiguousSpace，最终都会调用 adjust_pointers()
函数调整指针，代码如下：

```
源代码位置：openjdk/hotspot/src/share/vm/memory/space.cpp
void CompactibleSpace::adjust_pointers() {
  if (used() == 0) {
    return;
  }

// 以下匿名块是宏 SCAN_AND_ADJUST_POINTERS 展开后的形式，为了阅读方便，这里直接给
//出了宏展开后的形式
{ // 匿名块开始
    HeapWord* q = bottom();
HeapWord* t = _end_of_live;

// 如下 if 语句的判断条件如果满足，则说明当前的压缩空间中有一块连续的内存不需要移动，
// 这块连续的内存空间中可能同时包含有死亡对象和标记为活跃的对象
    if (
        q < t && _first_dead > q &&
        !oop(q)->is_gc_marked()
    ){
    HeapWord* end = _first_dead;

    while (q < end) {
        size_t size = oop(q)->adjust_pointers();
        q += size;
    }

    if (_first_dead == t) {
        q = t;
    } else {
        q = (HeapWord*)oop(_first_dead)->mark()->decode_pointer();
    }
  }
// 当 q 小于 t 时，表明还有活跃对象需要进行移动，继续调整这一部分
    while (q < t) {
        if (oop(q)->is_gc_marked()) {
        size_t size = oop(q)->adjust_pointers();
        q += size;
    } else {
        /* q is not a live object, so its mark should point at the next live
object */
        q = (HeapWord*) oop(q)->mark()->decode_pointer();
    }
  }
}          // 匿名块结束

}
```

在更新堆中，对象引用其他对象的地址时，不再调用 gen_process_strong_roots()函数
遍历所有的对象来传递封装了更新对象引用地址的变量完成地址更新，而是直接遍历各个
空间。这是因为，此时的堆经过 12.2 节介绍的标记活跃对象的阶段后，堆完全是可解析

的，而且要比从根集遍历的速度快，如图 12-10 所示。

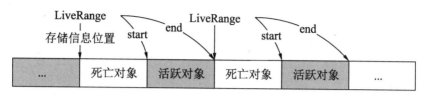

图 12-10　遍历活跃对象

在遍历完活跃对象后，可通过存储在死亡对象头部空间的 LiveRange 迅速找到下一个活跃对象并进行处理，这样空间不但可解析，而且速度也会快一些。死亡对象空间的头部空间前 8 个字节存储的就是下一个活跃对象开始的地址，假设死亡对象是活跃对象，那么可直接通过调用 oop 的 mark() 函数取出这 8 个字节存储的内容，

在 CompactibleSpace::adjust_pointers() 函数中，首先通过 if 语句判断压缩空间是否有一块连续的内存不需要移动，如果是则跳过这块内存空间。在 12.2 节中介绍标记活跃对象时，如图 12-11 所示的最终状态其实就是这一节要介绍的更新指针指向的地址的最初状态。

图 12-11　更新指针指向的地址的初始状态

CompactibleSpace::adjust_pointers() 函数对 q 和 t 进行了初始化，指向如图 12-11 所示。在 q 和 _first_dead 之间的对象就是不需要移动的对象，但是不需要移动的对象中包含填充对象和活跃对象，而活跃对象的指针是需要调整的，所以仍然需要遍历这块区域。

遍历完不需要移动的内存区域后，接着在 while 循环中遍历所有的活跃对象。调用 oop 对象的 adjust_pointers() 函数调整对象的引用地址，实现代码如下：

```
源代码位置：openjdk/hotspot/src/share/vm/oops/oop.inline.hpp
inline int oopDesc::adjust_pointers() {
  int s = klass()->oop_adjust_pointers(this);
  return s;
}
```

调用的 klass() 函数可能是以下几种类型：

1. 组件类型为对象的数组类型ObjArrayKlass

调用 ObjArrayKlass::oop_adjust_pointers() 函数的实现代码如下：

```
源代码位置：openjdk/hotspot/src/share/vm/oops/objArrayKlass.cpp
int ObjArrayKlass::oop_adjust_pointers(oop obj) {
```

```
    objArrayOop a = objArrayOop(obj);
    int size = a->object_size();

    {
            oop *p = (oop*) (a)->base();
            oop *const end = p + (a)->length();
            while (p < end) {
                MarkSweep::adjust_pointer(p);
                p++;
            }
    }
    return size;
}
```

对数组中的每个对象都调用 MarkSweep::adjust_pointer()函数进行引用更新，该函数前面已经介绍过，这里不再赘述。

2. 组件类型为基本类型的数组类型TypeArrayKlass

调用 TypeArrayKlass::oop_adjust_pointers()函数的实现代码如下：

```
源代码位置: openjdk/hotspot/src/share/vm/oops/typeArrayKlass.cpp
int TypeArrayKlass::oop_adjust_pointers(oop obj) {
  typeArrayOop t = typeArrayOop(obj);
  return t->object_size();
}
```

基本类型的元素不会有对其他对象的引用，因此不需要更新引用。

3. 普通类型的InstanceKlass

调用 InstanceKlass::oop_adjust_pointers()函数的实现代码如下：

```
源代码位置: openjdk/hotspot/src/share/vm/oops/instanceKlass.cpp
int InstanceKlass::oop_adjust_pointers(oop obj) {
  int size = size_helper();

  {
      OopMapBlock *map = start_of_nonstatic_oop_maps();
      OopMapBlock *const end_map = map + nonstatic_oop_map_count();
      while (map < end_map) {
              {
                  oop *p = (oop*) (obj->obj_field_addr<oop>(map->offset()));
                  oop *const end = p + (map->count());
                  while (p < end) {
                      MarkSweep::adjust_pointer(p);
                      ++p;
                  }
              }
              ++map;
      }
  }
  return size;
}
```

遍历 obj 对象引用的其他对象时，结合 OopMapBlock 进行遍历，同样调用 MarkSweep::adjust_pointer()函数更新引用。

4．表示java.lang.Class类型的InstanceMirrorKlass

调用 InstanceMirrorKlass::oop_adjust_pointers()函数的实现代码如下：

```
源代码位置: openjdk/hotspot/src/share/vm/oops/instanceMirrorKlass.cpp
int InstanceMirrorKlass::oop_adjust_pointers(oop obj) {
  int size = oop_size(obj);
  InstanceKlass::oop_adjust_pointers(obj);

  {
      oop *p = (oop*) (start_of_static_fields(obj));
      oop *const end = p + (java_lang_Class::static_oop_field_count(obj));
      while (p < end) {
          MarkSweep::adjust_pointer(p);
          ++p;
      }
  }
  return size;
}
```

遍历 obj 表示的 Java 类引用的静态变量，同样调用 MarkSweep::adjust_pointer()函数更新引用。

另外还有 InstanceRefKlass::oop_adjust_pointers()函数，遍历 Reference 引用类型对象，将在第 13 章中介绍。

12.5　移动所有活跃对象

调用 mark_sweep_phase4()函数将所有活跃对象移动到新的地址中，即旧对象的对象头中保存的转发地址，代码如下：

```
源代码位置: openjdk/hotspot/src/share/vm/memory/genMarkSweep.cpp
void GenMarkSweep::mark_sweep_phase4() {
  GenCollectedHeap* gch = GenCollectedHeap::heap();

  GenCompactClosure blk;
  gch->generation_iterate(&blk, true);
}
```

在调用 mark_sweep_phase4()函数时，所有的指针都已经调整完成，现在只需要将对象移动到新的地址中即可。

调用 GenCollectedHeap::generation_iterate()函数的实现代码如下：

```
源代码位置: openjdk/hotspot/src/share/vm/memory/genCollectedHeap.cpp
void GenCollectedHeap::generation_iterate(GenClosure* cl,bool old_to_young) {
```

```
  if (old_to_young) {
    for (int i = _n_gens-1; i >= 0; i--) {
      cl->do_generation(_gens[i]);
    }
  }
  ...
}
```

无论是 DefNewGeneration 还是 TenuredGeneration，最终都会调用 Generation::compact()
函数，实现代码如下：

源代码位置：openjdk/hotspot/src/share/vm/memory/generation.hpp
```
void Generation::compact() {
  CompactibleSpace* sp = first_compaction_space();
  while (sp != NULL) {
    sp->compact();
    sp = sp->next_compaction_space();
  }
}
```

无论是 TenuredSpace、EdenSpace 或者 ContiguousSpace，最终都会调用 compact ()函
数移动对象，实现代码如下：

源代码位置：openjdk/hotspot/src/share/vm/memory/space.cpp
```
void CompactibleSpace::compact() {
// 匿名块是宏扩展后的形式
{   // 匿名块开始

  HeapWord*      q = bottom();
  HeapWord* const t = _end_of_live;

  // 跳过不需要移动的内存块
  if (q < t && _first_dead > q &&
      !oop(q)->is_gc_marked()) {
    if (_first_dead == t) {
      q = t;
    } else {
      q = (HeapWord*) oop(_first_dead)->mark()->decode_pointer();
    }
  }

  // 循环移动所有的活跃对象到转发指针指向的地址
  while (q < t) {
    if (!oop(q)->is_gc_marked()) {
      q = (HeapWord*) oop(q)->mark()->decode_pointer();
      assert(q > prev_q, "we should be moving forward through memory");
    } else {
      size_t size = obj_size(q);
      HeapWord* compaction_top = (HeapWord*)oop(q)->forwardee();

      // 复制对象到转发指针指向的地址，同时初始化对象头
      assert(q != compaction_top, "everything in this pass should be moving");
      Copy::aligned_conjoint_words(q, compaction_top, size);
      oop(compaction_top)->init_mark();
```

```
    q += size;
  }
}  // 匿名块结束

  // 将 top 指针调整到 compact_top 处
  reset_after_compaction();
  ...
}
```

　　q 是遍历指针，t 是最后一个活跃对象的位置，记录最后一个活跃对象的位置。通过这两个指针遍历所有的活跃对象并复制到转发指针指向的地址，同时还要调用 init_mark() 函数初始化对象头，实现代码如下：

```
源代码位置: openjdk/hotspot/src/share/vm/oops/oop.inline.hpp
inline void   oopDesc::init_mark() {
  set_mark(markOopDesc::prototype_for_object(this));
}

源代码位置: openjdk/hotspot/src/share/vm/oops/markOop.inline.hpp
inline markOop markOopDesc::prototype_for_object(oop obj) {
  return obj->klass()->prototype_header();
}
```

　　这项操作的主要目的就是让那些没有存储必要信息的对象头有一个初始化的对象头信息，随后会在 GenMarkSweep::invoke_at_safepoint()函数中调用 restore_marks()函数恢复某些对象的对象头信息，实现代码如下：

```
源代码位置: openjdk/hotspot/src/share/vm/memory/genMarkSweep.cpp
void MarkSweep::restore_marks() {
  for (size_t i = 0; i < _preserved_count; i++) {
    _preserved_marks[i].restore();
  }

  while (!_preserved_oop_stack.is_empty()) {
    oop obj      = _preserved_oop_stack.pop();
    markOop mark = _preserved_mark_stack.pop();
    obj->set_mark(mark);
  }
}
```

　　从_preserved_marks 数组和_preserved_mark_stack 栈中恢复某些对象的对象头信息，调用 restore()函数就是将 PreservedMark 实例中保存的原对象头_mark 重新设置到新对象的对象头中，所有保存的对象经过 mark_sweep_phase3()阶段调整后已经是一个新的对象，因此恢复起来非常方便。

12.6　更新偏移表与卡表

在 12.3 节中介绍计算活跃对象的地址时，如果某个对象需要通过复制来完成压缩，则会调用 CompactibleSpace::forward()函数保存对象的压缩地址，也就是向对象头中存储转发指针。对象移动过程中，必须要同步更新偏移表，这样才能找到任何一个卡页的对象起始地址。在 mark_sweep_phase2()函数中还会同步更新偏移表，这个函数在调用 ContiguousSpace:: prepare_for_compaction()函数时有如下调用：

```
cp->threshold = cp->space->initialize_threshold();
```

初始化 threshold 值，调用 initialize_threshold()函数及其相关函数的实现代码如下：

```
源代码位置: openjdk/hotspot/src/share/vm/memory/space.cpp
HeapWord* OffsetTableContigSpace::initialize_threshold() {
  return _offsets.initialize_threshold();
}

源代码位置: openjdk/hotspot/src/share/vm/memory/blockOffsetTable.cpp
HeapWord* BlockOffsetArrayContigSpace::initialize_threshold() {
  assert(!Universe::heap()->is_in_reserved(_array->_offset_array),"just
checking");
  // _array 的类型为 BlockOffsetSharedArray, 它使用 BlockOffsetTable::_bottom
  // 属性来初始化
  _next_offset_index = _array->index_for(_bottom);
  _next_offset_index++;
  _next_offset_threshold = _array->address_for_index(_next_offset_index);
  return _next_offset_threshold;
}
```

其中，_bottom 通常指向卡页的起始地址，_next_offset_index 通常是第 2 个卡页的索引，_next_offset_threshold 指向第 2 个卡页的地址，如图 12-12 所示。

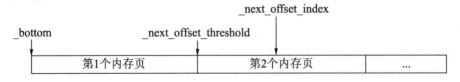

图 12-12　初始化_next_offset_threshold 与_next_offset_index

在 forward()函数中计算一个对象的压缩地址时还会更新 cp->threshold 的值，代码如下：

```
if (compact_top > cp->threshold){
    cp->threshold = cp->space->cross_threshold(compact_top - size, compact
_top);
}
```

当 compact_top 比 cp->threshold 大时，表示当前存储的对象跨越了卡页，需要同步更新 threshold 的值。调用 cross_threshold() 函数的实现代码如下：

```
源代码位置：openjdk/hotspot/src/share/vm/memory/space.cpp
HeapWord* OffsetTableContigSpace::cross_threshold(HeapWord* start, HeapWord*
end) {
  _offsets.alloc_block(start, end);
  // 获取 _next_offset_threshold 属性的值
  return _offsets.threshold();
}
```

alloc_block()函数在 9.2.3 节中已介绍过，这个函数会添加偏移表记录，这里不再详细介绍添加的具体过程。

处理完偏移表后，在 FGC 完成后还需要处理卡表。在 GenMarkSweep::invoke_at_safepoint()函数中调用 mark_sweep_phase4()与 restore()函数后，继续进行如下调用：

```
bool all_empty = true;
for (int i = 0; all_empty && i < level; i++) {
  Generation* g = gch->get_gen(i);
  all_empty = all_empty && gch->get_gen(i)->used() == 0;
}
GenRemSet* rs = gch->rem_set();
Generation* old_gen = gch->get_gen(level);

if (all_empty) {
  // 如果内存代已经不存在任何活跃对象，只需要将老年代的卡表设置为 clean_card 即可
  rs->clear_into_younger(old_gen);
} else {
  // 如果老年代有活跃的对象，需要将压缩空间对应的所有卡表项标记为 dirty_card，同时要
  // 将老年代中除压缩空间以外的所有剩余空闲空间对应的卡表项标记为 clean_card
  rs->invalidate_or_clear(old_gen);
}
```

当各个代中没有活跃对象时，将老年代的卡表项都设置为 clean_card；如果老年代中有活跃对象，则调用 invalidate_or_clear()函数更新卡表。实现代码如下：

```
源代码位置：openjdk/hotspot/src/share/vm/memory/cardTableRS.cpp
void CardTableRS::invalidate_or_clear(Generation* old_gen) {
  MemRegion used_mr = old_gen->used_region();
  MemRegion to_be_cleared_mr = old_gen->prev_used_region().minus(used_mr);
  if (!to_be_cleared_mr.is_empty()) {
    // 将 to_be_cleared_mr 区域对应的卡表项设置为 clean_card
    clear(to_be_cleared_mr);
  }
  // 将 used_mr 区域对应的卡表项设置为 dirty_card
  invalidate(used_mr);
}
```

我们不需要对压缩空间以外剩余的所有空间对应的卡表项设置 clean_card，因为前面的空间中有部分空间没有使用，所以卡表项肯定为 clean_card。只需要将之前使用过但是经过压缩后已经释放的空间对应的卡表项设置为 clean_card 即可。

调用 invalidate()函数将压缩空间的卡表项设置为 dirty_card，最终会调用如下函数设置：

```
源代码位置: openjdk/hotspot/src/share/vm/memory/cardTableModRefRS.cpp
void CardTableModRefBS::dirty_MemRegion(MemRegion mr) {
  jbyte* cur  = byte_for(mr.start());
  jbyte* last = byte_after(mr.last());
  while (cur < last) {
    *cur = dirty_card;
    cur++;
  }
}
```

函数的实现比较简单，这里不过多介绍。

这样老年代的压缩空间对应的卡表项都设置为了 dirty_card，下次发生 YGC 时会全量扫描这一部分对象，然后确定对象是否有对年轻代对象的引用。

第 13 章　Java 引用类型

Serial Old 收集器在全部回收老年代对象的同时也会回收年轻代对象。Serial Old 收集器所使用的垃圾回收算法是标记-压缩-清理算法。在回收阶段，Serial Old 将标记对象越过堆的空闲区移动到堆的另一端，所有被移动的对象的引用也会被更新为指向新的位置。本章将详细介绍各种阶段的实现过程。

13.1　Java 引用类型简介

Java 对象的引用主要包括强引用、软引用、弱引用和虚引用，程序员可以通过代码来决定某些对象的生命周期，同时也有利于 JVM 进行垃圾回收。

Java 中一共有 4 种引用类型（其实还有一些其他的引用类型，如 FinalReference）：强引用、软引用、弱引用和虚引用。其中，强引用的代码如下：

```
Object obj=new Object();
```

obj 持有的 Object 对象的引用就是强引用，在 Java 中并没有对应的 Reference 类。

软引用、弱引用和虚引用类型都继承自 Reference 类，Reference 是 Java 中的引用基类，用来给普通对象进行包装。当 JVM 在进行垃圾回收时，按照引用类型不同执行不同的逻辑。Reference 类的继承关系如图 13-1 所示。

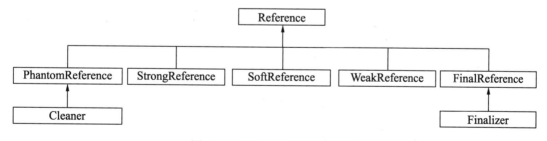

图 13-1　Reference 类的继承关系

如图 13-1 所示，Java 存在以下几种引用类型：

- 强引用（StrongReference）：是平时创建对象和数组时的引用。强引用在任何时候都不会被垃圾收集器回收；

- 软引用（SoftReference）：在系统内存紧张时才会被 JVM 回收；
- 弱引用（WeakReference）：一旦 JVM 执行垃圾回收操作，弱引用就会被回收；
- 虚引用（PhantomReference）：主要作为其指向 Referent 被回收时的一种通知机制；
- 最终引用（FinalReference）：用于收尾机制（finalization）。

Reference 引用对象有以下几种状态：

- Active：新创建的引用对象的状态为 Active。GC 检测到其可达性发生变化时会更改其状态。此时分两种情况，如果该引用对象创建时有注册引用队列，则会进入 Pending 状态，否则会进入 Inactive 状态。
- Pending：在 Pending 列表中的元素状态为 Pending 状态，等待被 ReferenceHandler 线程消费并加入其注册的引用队列。如果该引用对象未注册引用队列，则永远不会处于这个状态。
- Enqueued：该引用对象创建时有注册引用队列并且当前引用对象在此队列中。当该引用对象从其注册引用队列中移除后状态变为 Inactive。如果该引用对象未注册引用队列，则永远不会处于这个状态。
- Inactive：当处于 Inactive 状态时无须任何处理，因为一旦变成 Inactive 状态，其状态永远不会再发生改变。

引用对象的状态迁移流程如图 13-2 所示。

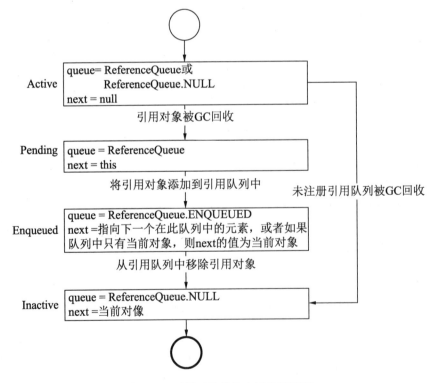

图 13-2　引用对象的状态迁移流程图

　　图 13-2 中的 4 种状态（Active、Pending、Enqueued 和 Inactive）并没有一个专门的字段进行描述，而是通过 queue 和 next 字段虚拟出来的状态。例如，HotSpot VM 如果判断 queue 字段为 ReferenceQueue，而 next 字段为 null 时，就会认为当前引用对象的状态为 Active，而不是通过查找某个状态字段的值得出当前引用对象的状态为 Active。具体描述如下：

- Active：当实例注册了引用队列，则 queue = ReferenceQueue；当实例没有注册引用队列，那么 queue = ReferenceQueue.NULL。next = null。
- Pending：处在这个状态下的实例肯定注册了引用队列，queue = ReferenceQueue；next = this。
- Enqueued：处在这个状态下的实例肯定注册了引用队列，queue = ReferenceQueue.ENQUEUED，next 指向下一个在此队列中的元素，或者如果队列中只有当前对象时为当前对象 this；
- Inactive：queue = ReferenceQueue.NULL；next = this。

下面详细介绍一下与引用类型相关的类。

1．Reference类

Reference 类及重要属性的定义如下：

```
源代码位置：openjdk/jdk/src/share/classes/java/lang/ref/Reference.java
public abstract class Reference<T> {
    // referent 表示被引用的对象，注意与表示引用对象的 reference 区分
    private T referent;

    // 回收队列，由程序员在 Reference 的构造函数中指定
    volatile ReferenceQueue<? super T> queue;

    // 当前引用对象被加入 queue 中的时候，该字段被设置为 queue 中的下一个元素，以形成
    //链表结构
    volatile Reference  next;

    // 在执行 GC 时，HotSpot VM 底层会维护一个叫作 DiscoveredList 的链表，存放的是
    // Reference 对象
    // discovered 字段指向的就是链表中的下一个元素，由 HotSpot VM 设置
    transient private Reference<T>  discovered;

    // 定义及创建线程同步的锁对象
    static private class Lock { }
    private static Lock  lock = new Lock();

    // 等待加入 queue 的 Reference 对象，在执行 GC 操作时由 HotSpot VM 设置，会有一个 Java
    // 层的线程 ReferenceHandler 不断地从 Pending 中获取元素并加入 queue 中
    private static Reference<Object> pending = null;
}
```

注意，Reference 指的是引用对象，而 Referent 指的是被引用对象，即所指对象。

一个 Reference 对象的生命周期如图 13-3 所示。

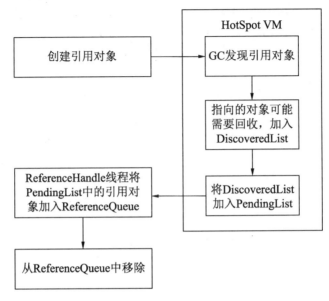

图 13-3　Reference 对象的生命周期

HotSpot VM 在执行 GC 时将需要回收的 Reference 对象加入 DiscoveredList 列表中，然后将 DiscoveredList 列表中的元素移动到 PendingList 中。PendingList 的队首元素由 Reference 类中的 pending 属性持有。

2. ReferenceHandler类

ReferenceHandler 类的实现代码如下：

```
源代码位置：openjdk/jdk/src/share/classes/java/lang/ref/Reference.java

private static class ReferenceHandler extends Thread {
    public void run() {
        for (;;) {
            Reference<Object> r;
            synchronized (lock) {
                if (pending != null) {
                    r = pending;
                    // 从 DiscoveredList 中获取下一个对象
                    pending = r.discovered;
                    r.discovered = null;
                } else {
                    try {
                        try {
                            // 如果pending为null,就先等待,当有对象加入PendingList
                            // 中时, HotSpot VM 会执行 notify 操作
                            lock.wait();
                        } catch (OutOfMemoryError x) { }
```

```
                    } catch (InterruptedException x) { }
                    continue;
                }
            }

            // 如果是 Cleaner 对象，调用 clean()方法进行资源回收
            if (r instanceof Cleaner) {
                ((Cleaner)r).clean();
                continue;
            }
            // 将 Reference 对象加入 ReferenceQueue，程序员可以通过调用
            // ReferenceQueue 的 poll()函数感知对象被回收的事件
            ReferenceQueue<Object> q = r.queue;
            if (q != ReferenceQueue.NULL)
                q.enqueue(r);
        }
    }
}
```

　　以上代码中不断从 DiscoveredList 链表中获取元素，然后加入 ReferenceQueue 中，开发者可以通过调用 ReferenceQueue 的 poll()方法来感知对象被回收的事件。

　　另外需要注意的是，对于 Cleaner 类型（继承自虚引用）的对象会有额外的处理：在其指向的对象被回收时会调用 clean()方法。该方法主要用于进行对应的资源回收，堆外内存 DirectByteBuffer 就是通过 Cleaner 回收的，这也是虚引用在 Java 中的典型应用。

3．ReferenceQueue类

ReferenceQueue 是引用队列，类的定义如下：

```
源代码位置: openjdk/jdk/src/share/classes/java/lang/ref/ReferenceQueue.java

public class ReferenceQueue<T> {

    public ReferenceQueue() { }

    // 内部类 Null 继承自 ReferenceQueue，覆写了 enqueue()方法并返回 false
    private static class Null extends ReferenceQueue<Object> {
        boolean enqueue(Reference<?> r) {
            return false;
        }
    }

    // ReferenceQueue.NULL 和 ReferenceQueue.ENQUEUED 都是内部类 Null 的新实例
    static final ReferenceQueue<Object> NULL = new Null();
    static final ReferenceQueue<Object> ENQUEUED = new Null();

    // 静态内部类，作为锁对象
    private static class Lock { };
    private final Lock lock = new Lock();
    // 引用链表的头节点
    private volatile Reference<? extends T> head;
```

```java
    // 引用队列长度，入队则增加 1，出队则减少 1
    private long queueLength = 0;

    // 入队操作，只会被 Reference 实例调用
    boolean enqueue(Reference<? extends T> r) {
        // 加锁
        synchronized (lock) {
            // 如果引用实例持有的队列为 ReferenceQueue.NULL 或者 ReferenceQueue.
            // ENQUEUED，则入队失败返回 false
            ReferenceQueue<?> queue = r.queue;
            if ((queue == NULL) || (queue == ENQUEUED)) {
                return false;
            }
            assert queue == this;
            // 将新添加的节点插入队列的头部，如果当前的 ReferenceQueue 队列中没有元
            // 素，则 Reference.next 指向自己，否则指向下一个元素
            r.next = (head == null) ? r : head;
            head = r;
            queueLength++;
            // 当前引用对象入队后，将 queue 属性设置为 ReferenceQueue.ENQUEUED
            r.queue = ENQUEUED;
            lock.notifyAll();
            return true;
        }
    }

    // 引用队列的 poll 操作，此方法必须在加锁情况下调用
    private Reference<? extends T> reallyPoll() {
        Reference<? extends T> r = head;
        if (r != null) {
            r.queue = NULL;
            Reference<? extends T> rn = r.next;
            // 更新 next 节点为头节点，如果 next 节点为自身，那么队列中只有当前这个对
            // 象一个元素
            head = (rn == r) ? null : rn;
            r.next = r;
            queueLength--;
            return r;
        }
        return null;
    }

    public Reference<? extends T> poll() {
        if (head == null)
            return null;
        synchronized (lock) {
            return reallyPoll();
        }
    }

    ...
}
```

可以看到，实际上 ReferenceQueue 只是名义上的引用队列，它只保存了 Reference 链表的头（head）节点，并且提供了出队和入队等操作，而 Reference 实际上本身提供单向链表的功能，也就是 Reference 通过属性 next 构建单向链表，而链表的操作通过 ReferenceQueue 这个类来完成。

PendingList、ReferenceQueue 和 ReferenceHandler 的关系如图 13-4 所示。

图 13-4　Reference、ReferenceQueue 和 ReferenceHandler 的关系

HotSpot VM 在执行 GC 的过程中会处理引用类型，当发现某个引用类型所引用的对象需要处理时，将引用类型添加到 DiscoveredList 列表中。DiscoveredList 列表有多个，最终会通过 discovered 将 DiscoveredList 列表中的所有引用类型连接成单链表，然后让 Reference 类中的 pending 变量指向链表头后就是 PendingList 列表。

13.2　查找引用类型

从图 13-3 的 Reference 对象的生命周期中可以看到，查找引用类型并添加到 Discovered-List 是由 HotSpot VM 内部负责的，具体就是由 Serial 和 Serial Old 垃圾收集器负责。引用类型存储在堆中的位置和使用哪种垃圾收集器，对于引用类型的查找有一些差别，由于我们只介绍单线程的垃圾收集器，所以这里只介绍单线程的查找和处理逻辑。

在处理引用类型时，首先要初始化引用类型相关的变量。HotSpot VM 在启动时，调用的 init_globals() 函数中会调用 referenceProcessor_init() 函数，最终会调用 Reference-Processor::init_statics() 函数初始化引用处理器 ReferenceProcessor 的相关属性，代码如下：

```
源代码位置: openjdk/hotspot/src/share/vm/memory/referenceProcessor.cpp
void ReferenceProcessor::init_statics() {
  jlong now = os::javaTimeNanos() / NANOSECS_PER_MILLISEC;
  // 这个变量会参与决定每次 GC 操作时软引用是否需要被回收
  _soft_ref_timestamp_clock = now;

  java_lang_ref_SoftReference::set_clock(_soft_ref_timestamp_clock);
  // 默认初始化的引用回收策略为总是回收
  _always_clear_soft_ref_policy = new AlwaysClearPolicy();
  // 默认初始化的软引用回收策略为最近最少使用的被回收
```

```
_default_soft_ref_policy      = new LRUMaxHeapPolicy();
...
}
```

初始化引用处理器 ReferenceProcessor 中的静态变量。年轻代和老年代都有自己的引用处理器 ReferenceProcessor 实例，在 HotSpot VM 初始化的过程中就会创建，通过 Generation 类中定义的_ref_processor 变量保存。Generation::ref_processor_init()函数的实现代码如下：

```
源代码位置: openjdk/hotspot/src/share/vm/memory/generation.cpp
void Generation::ref_processor_init() {
  _ref_processor = new ReferenceProcessor(_reserved);
}
```

调用构造函数如下：

```
源代码位置: openjdk/hotspot/src/share/vm/memory/referenceProcessor.cpp
ReferenceProcessor::ReferenceProcessor(
    MemRegion span,
    bool      mt_processing,
    uint      mt_processing_degree,
    bool      mt_discovery,
    uint      mt_discovery_degree,
    bool      atomic_discovery,
    BoolObjectClosure* is_alive_non_header,
    bool      discovered_list_needs_barrier
) :
  _discovering_refs(false),
  _enqueuing_is_done(false),
  _is_alive_non_header(is_alive_non_header),
  _discovered_list_needs_barrier(discovered_list_needs_barrier),
  _bs(NULL),
  _processing_is_mt(mt_processing),
  _next_id(0)
{
// 年轻代或老年代的整个地址使用范围
  _span = span;
// 对于单线程收集器 Serial/Serial 来说，以下变量的值为 true
  _discovery_is_atomic = atomic_discovery;
// 对于单线程收集器 Serial/Serial 来说，以下变量的值为 false，表示不会以并行方式
// 查找引用类型
  _discovery_is_mt    = mt_discovery;
// 对于单线程收集器 Serial/Serial 来说，以下两个变量的值都为 1
  _num_q              = MAX2(1U, mt_processing_degree);
  _max_num_q          = MAX2(_num_q, mt_discovery_degree);
// number_of_subclasses_of_ref()函数的值为 4，表示初始化一个类型为 DiscoveredList
// 的数组，数组的大小为 4，为了使用方便，数组下标 0~3 位置存储的 DiscoveredList
// 分别由_discoveredSoftRefs 和_discoveredWeakRefs 等引用
  _discovered_refs    = NEW_C_HEAP_ARRAY(DiscoveredList,
                        _max_num_q * number_of_subclasses_of_ref(), mtGC);
  _discoveredSoftRefs  = &_discovered_refs[0];
  _discoveredWeakRefs  = &_discoveredSoftRefs[_max_num_q];
  _discoveredFinalRefs = &_discoveredWeakRefs[_max_num_q];
```

```
_discoveredPhantomRefs = &_discoveredFinalRefs[_max_num_q];

// 对数组中的每个列表初始化
for (uint i = 0; i < _max_num_q * number_of_subclasses_of_ref(); i++) {
  _discovered_refs[i].set_head(NULL);
  _discovered_refs[i].set_length(0);
}

...
// 对软引用的回收策略进行设置
setup_policy(false );
}
```

以上代码中初始化了 4 个 DiscoveredList 列表，用来存放不同的引用类型。查找到的引用类型最终都会通过 discovered 连接成单链表，然后让 pending 变量指向链表头后形成 PendingList 列表。

在 13.1 节中介绍过，ReferenceHandler 线程会不断从 PendingList 列表中获取 Reference 引用对象，经过判断后添加到 ReferenceQueue 队列中。当 PendingList 列表中不存在 Reference 对象时，会在 Reference 中定义的静态变量 lock 上等待，直到收到 HotSpot VM 通知。其实在执行 YGC 或 FGC 之前都会在 lock 上上锁，当处理完垃圾回收后，由于 PendingList 已经就绪，因此会释放锁，通知 ReferenceHandler 继续处理。

在 10.2 节介绍垃圾回收线程时讲过，触发 YGC 或 FGC 时都会产生一个 VM_Operation 任务，调用 VMTHread::execute() 将任务放到任务队列中。在向队列添加任务的前后会调用 doit_prologue() 与 doit_epilogue() 函数，在这两个函数中对 Reference 类中的 lock 执行加锁和解锁操作，配合 ReferenceHandler 线程操作引用类型对象。调用 VM_GC_Operation::acquire_pending_list_lock() 函数执行获取锁的操作，实现代码如下：

```
源代码位置：openjdk/hotspot/src/share/vm/gc_implementation/vmGCOperations.cpp
void VM_GC_Operation::acquire_pending_list_lock() {
  InstanceRefKlass::acquire_pending_list_lock(&_pending_list_basic_lock);
}
```

传递的参数 _pending_list_basic_lock 是一个定义在 VM_GC_Operation 类中的 BasicLock 类型的变量。调用 InstanceRefKlass::acquire_pending_list_lock() 函数的实现代码如下：

```
源代码位置：openjdk/hotspot/src/share/vm/oops/InstanceRefKlass.cpp
void InstanceRefKlass::acquire_pending_list_lock(BasicLock *pending_list_basic_lock) {
  ...
  Handle h_lock(THREAD, java_lang_ref_Reference::pending_list_lock());
  ObjectSynchronizer::fast_enter(h_lock, pending_list_basic_lock, false, THREAD);
}
```

在以上代码中调用了 ObjectSynchronizer::fast_enter() 函数在 h_lock 上加锁。

调用 java_lang_ref_Reference::pending_list_lock() 函数就是通过偏移的方式查找到 Reference 类中定义的 lock 变量的值，读者应该对这种操作不陌生，实现如下：

```
源代码位置: openjdk/hotspot/src/share/vm/classfile/javaClasses.cpp
oop java_lang_ref_Reference::pending_list_lock() {
  InstanceKlass* ik = InstanceKlass::cast(SystemDictionary::Reference_
klass());
  address addr = ik->static_field_addr(static_lock_offset);
  // 省略压缩对象指针的处理逻辑
  return oopDesc::load_decode_heap_oop((oop*)addr);
}
```

当 GC 处理完成后，通知 ReferenceHandler 线程处理 PendingList。在 VM_GC_Operation::doit_epilogue() 函数中调用 VM_GC_Operation::release_and_notify_pending_list_lock() 函数释放锁并通知 ReferenceHandler 线程处理 PendingList，函数的实现代码如下：

```
源代码位置: openjdk/hotspot/src/share/vm/gc_implementation/vmGCOperations.cpp
void VM_GC_Operation::release_and_notify_pending_list_lock() {
  InstanceRefKlass::release_and_notify_pending_list_lock(&_pending_list
_basic_lock);
}
```

```
源代码位置: openjdk/hotspot/src/share/vm/oops/InstanceRefKlass.cpp
void InstanceRefKlass::release_and_notify_pending_list_lock(
  BasicLock *pending_list_basic_lock
) {

  Handle h_lock(THREAD, java_lang_ref_Reference::pending_list_lock());

  // 如果 PendingList 中含有引用对象,则通知 ReferenceHandler 线程处理 PendingList
  if (java_lang_ref_Reference::pending_list() != NULL) {
    ObjectSynchronizer::notifyall(h_lock, THREAD);
  }
  // 释放 h_lock 锁
  ObjectSynchronizer::fast_exit(h_lock(), pending_list_basic_lock, THREAD);
}
```

ReferenceHandler 线程与 GC 线程的交互流程如图 13-5 所示。

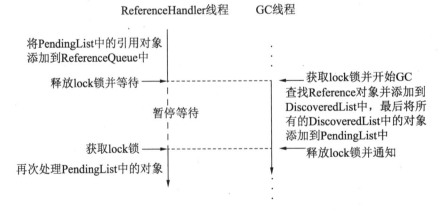

图 13-5　ReferenceHandler 线程与 GC 线程的交互过程

接下来看一下 HotSpot VM 查找引用类型的过程。在 GenCollectedHeap::do_collection()
函数中有如下处理逻辑：

```
// 进行垃圾回收
{
    ...
    ReferenceProcessor* rp = _gens[i]->ref_processor();
    if (rp->discovery_is_atomic()) {
        rp->enable_discovery(true, true);
        // 默认使用的引用类型回收策略为 LRUMaxHeapPolicy，与之前在
        // ReferenceProcessor 构造函数中初始化的回收策略一致，不过这里是 Serial
        // 和 Serial 收集器执行的代码，因此要针对垃圾收集器重新设置
        rp->setup_policy(do_clear_all_soft_refs);
    }

    // 当执行 YGC 时，调用 DefNewGeneration::collect()函数，执行 FGC 时，调用
    // TenuredGeneration::collect()函数
    _gens[i]->collect(full, do_clear_all_soft_refs, size, is_tlab);

    // 将不可达的引用对象加入 PendingList 链表
    if (!rp->enqueuing_is_done()) {
        // enqueue_discovered_references 根据是否使用压缩指针选择不同的
        // enqueue_discovered_ref_helper()模板函数
        rp->enqueue_discovered_references();
    } else {
        rp->set_enqueuing_is_done(false);
    }
}
```

在执行 YGC 和 FGC 之前，调用 enable_discovery()函数和 setup_policy()函数，这两个
函数设置了与软引用处理相关的一些变量值。在调用 enable_discovery()函数时设置
_discovering_refs 变量的值为 true，这样在 YGC 或 FGC 的标记阶段只会查找引用，不会
处理引用。

1.　年轻代的DefNewGeneration::collect()函数

调用 DefNewGeneration::collect()函数的代码如下：

```
源代码位置：openjdk/hotspot/src/share/vm/memory/defNewGeneration.cpp
void DefNewGeneration::collect(
  bool      full,
  bool      clear_all_soft_refs,
  size_t    size,
  bool      is_tlab
){
  ...
  ScanWeakRefClosure  scan_weak_ref(this);
  ...
  // 标记根集对象并复制到 To Survivor 空间中
  gch->gen_process_strong_roots(
      _level,                              // 执行 YGC 和 FGC 时，此值都为 1
```

```
        true,
        true,
        true,                              // 执行对象复制操作
        SharedHeap::ScanningOption(so),
        &fsc_with_no_gc_barrier,      // 类型为 FastScanClosure
        true,
        &fsc_with_gc_barrier,         // 类型为 FastScanClosure
        &klass_scan_closure           // 类型为 KlassScanClosure
    );
    // 递归标记并复制对象
    evacuate_followers.do_void();

    // 处理发现的引用类型对象
    FastKeepAliveClosure  keep_alive(this, &scan_weak_ref);
    ReferenceProcessor*   rp = ref_processor();
    rp->setup_policy(clear_all_soft_refs);
    const ReferenceProcessorStats& stats = rp->process_discovered_references(
            &is_alive,
            &keep_alive,
            &evacuate_followers,
            NULL,
            _gc_timer
    );
    ...
}
```

调用 GenCollectedHeap 类的 gen_process_strong_roots()函数找出所有的根引用标记并复制，接着调用 DefNewGeneration::FastEvacuateFollowersClosure::do_void()函数从已经标记的直接由根引用的对象出发，使用广度遍历标记所有对象并复制，这样就完成了 YGC 任务。

调用 gen_process_strong_roots()函数或 do_void()函数标记对象的过程中会调用以下函数：

```
源代码位置：openjdk/hotspot/src/share/vm/oops/oop.inline.hpp
inline int oopDesc::oop_iterate(FastScanClosure* blk) {
    // 返回的是当前 oopDesc 的 size
    return  klass()->oop_oop_iterate_nv(this, blk);
}
```

当 klass()函数获取的是 InstanceRefKlass 实例时，表示遍历的当前对象为引用类型，调用 InstanceRefKlass 类的 oop_oop_iterate_nv()函数进行处理，代码如下：

```
源代码位置：openjdk/hotspot/src/share/vm/oops/InstanceRefKlass.cpp

int InstanceRefKlass::oop_oop_iterate_nv(oop obj, FastScanClosure *closure) {
    int size = InstanceKlass::oop_oop_iterate_nv(obj, closure);

    // 省略压缩指针的处理逻辑
    ...
    oop *disc_addr = (oop*) java_lang_ref_Reference::discovered_addr(obj);
    ...

    oop *referent_addr = (oop*) java_lang_ref_Reference::referent_addr(obj);
```

```
    oop heap_oop = oopDesc::load_heap_oop(referent_addr);
    ReferenceProcessor *rp = closure->_ref_processor;
    if (!oopDesc::is_null(heap_oop)) {
        oop referent = oopDesc::decode_heap_oop_not_null(heap_oop);
        // 被引用的对象可能已经不可达了, 所以调用 discover_reference() 函数处理
        if (!referent->is_gc_marked() && (rp != 0)
          && rp->discover_reference(obj, reference_type())) {
          return size;
        }
        // 如果是 YGC, 当被引用的对象在年轻代时不需要进行特殊处理, 而需要和其他被强引
        // 用的对象做一样的处理逻辑即可
        else if (contains(referent_addr)) {
            closure->do_oop_nv(referent_addr);
        }
    }

    oop *next_addr = (oop*) java_lang_ref_Reference::next_addr(obj);
    oop next_oop = oopDesc::load_heap_oop(next_addr);
    if (!oopDesc::is_null(next_oop) && contains(disc_addr)) {
        closure->do_oop_nv(disc_addr);
    }

    if (contains(next_addr)) {
        closure->do_oop_nv(next_addr);
    }
    return size;
}
```

在上面的代码中, 调用 InstanceKlass::oop_oop_iterate_nv() 函数标记 Reference 对象引用的其他对象, 但使用的 OopMapBlock 有所不同。在 Universe 初始化阶段, 在加载完成 java.lang.Reference 类后会调用 InstanceRefKlass::update_nonstatic_oop_maps() 函数更新 OopMapBlock 相关信息, 代码如下:

```
源代码位置: openjdk/hotspot/src/share/vm/oops/InstanceRefKlass.cpp

void InstanceRefKlass::update_nonstatic_oop_maps(Klass* k) {
  InstanceKlass* ik = InstanceKlass::cast(k);

  OopMapBlock* map = ik->start_of_nonstatic_oop_maps();

  // 更新 OopMapBlock 信息, 这样只会遍历引用对象的 queue 变量
  map->set_offset(java_lang_ref_Reference::queue_offset);
  map->set_count(1);
}
```

5.5 节介绍的 OopMapBlock 可以帮助 GC 在标记过程中找到对象引用的其他对象, 当遍历 Reference 对象时也会用到 OopMapBlock, 但是这个 OopMapBlock 是经过更新的。正常情况下 referent、queue、next 和 discovered 变量都会被遍历标记, 但是经过更新 InstanceRefKlass 中的 OopMapBlock 后, 只会遍历 queue 变量引用的对象, 这样就不会由于 Reference 的存在而导致 referent 等变为强引用了。

oop_oop_iterate_nv()函数最后还可能会标记 next 和 discovered 变量，前提是已经确定被引用的对象不会被回收，也就是 Reference 不需要加入 DiscoveredList 列表中。

如果被引用的对象 referent 已经被标记，那么这是一个强根，直接按正常的对象处理即可；如果还没有被标记，由于当前是标记活跃对象的阶段，那么 referent 对象有可能不可达，也有可能可达。这里只能假设此 referent 对象不可达，因此需要调用 ReferenceProcessor::discover_reference()函数将 Reference 加入 DiscoveredList 中。在完成了对象的标记阶段后，如果 referent 确实不可达，那么是否需要清理 referent 对象还需要调用 ReferenceProcessor::process_discovered_references()函数来确定。

当前被引用的对象没有被标记时，调用 ReferenceProcessor::discover_reference()函数处理，实现代码如下：

```
源代码位置：openjdk/hotspot/src/share/vm/memory/referenceProcessor.cpp
bool ReferenceProcessor::discover_reference(oop obj, ReferenceType rt) {
  // _discovering_refs 在执行 GC 的时候设置为 true 表示只查找引用类型而不处理
  // 当执行完 GC 时设置为 false，表示要处理引用类型
  // RegisterReferences 表示 HotSpot VM 是否要注册引用类型，默认值为 true
  if (!_discovering_refs || !RegisterReferences) {
    return false;
  }

  // 我们只查找那些处于 Active 状态的 Reference 对象，也就是 next 为 null 的引用类型，
  // 其他状态下的 Reference 对象表示查找过程已经完成
  oop next = java_lang_ref_Reference::next(obj);
  if (next != NULL) {
    return false;
  }

  ...
  // 如果当前对象为软引用，在不考虑 referent 是否被标记的情况下，根据软引用的回收策略
  // 有时也能判断 referent 不会被回收，如果 referent 在最近限定的一段时间被使用过，那
  // 么函数会直接返回 false，Reference 不会被加入 DiscoveredList 中，也就意味着软引用
  // 不会被回收
  if (rt == REF_SOFT) {
    if (!_current_soft_ref_policy->should_clear_reference(obj, _soft_ref
_timestamp_clock)) {
      return false;
    }
  }
  ...

  // 根据类型获取对应的 DiscoveredList，可能获取的是_discoveredSoftRefs 和
  // _discoveredWeakRefs 等，在介绍 ReferenceProcessor 类时已经详细介绍过
  DiscoveredList* list = get_discovered_list(rt);
  if (list == NULL) {
    return false;
  }
```

```
    // 通过单线程的方式处理发现的引用类型，将引用类型添加到 DiscoveredList 中
    oop current_head = list->head();

    // 如果 current_head 为 NULL 时，则 Reference 对象的_discovered 变量会指向自己，
    // 这样列表中的最后一个对象肯定指向自己
    oop next_discovered = (current_head != NULL) ? current_head : obj;
    oop_store_raw(discovered_addr, next_discovered);

    list->set_head(obj);
    list->inc_length(1);

    return true;
}
```

在以上代码中实现了引用查找的策略 RefDiscoveryPolicy，引用类型的处理并不简单，
因为 Reference 和 referent 可能处在不同的代中。如果 Reference 和 referent 都在年轻代，
那么 referent 会被标记，这样就可以处理 Reference。如果二者不在一个代中，那么 Reference
可能无法被处理。如果 Reference 在年轻代，而 referent 在老年代，老年代不标记 referent，
此时无法处理 Reference；如果 Reference 在老年代，那么 referent 在年轻代会被标记，但
是 YGC 不处理 Reference，因此也无法处理。有兴趣的读者可以自行阅读完整的源代码，
这里着重介绍当前引用类型加入 DiscoveredList 的过程。

在 DefNewGeneration::collect()函数中调用 process_discovered_references()函数处理
DiscoveredList 中的引用对象。调用此函数时，年轻代的所有对象都完成了标记阶段，这
时候能够准确判断出对象是否可达，不同的引用类型的判断逻辑不一样。

2. 老年代的TenuredGeneration::collect()函数

调用老年代的 TenuredGeneration::collect()函数，最终会调用 GenMarkSweep::mark_
sweep_phase1()函数，实现代码如下：

```
gch->gen_process_strong_roots(level, false, true, false,
                         SharedHeap::SO_SystemClasses,
                         &follow_root_closure,
                         true,
                         &follow_root_closure,
                         &follow_klass_closure);

    // 在完成所有对象标记后，调用 process_discovered_references()函数处理引用类型
    {
      ref_processor()->setup_policy(clear_all_softrefs);
      const ReferenceProcessorStats& stats =
            ref_processor()->process_discovered_references(
                &is_alive, &keep_alive, &follow_stack_closure, NULL, _gc
_timer);
    }
```

调用 gen_process_strong_roots()函数会标记年轻代与老年代的所有活跃对象。在标记
过程中如果遇到引用类型对象 Reference，还是一样的操作，调用 InstanceRefKlass::

oop_oop_iterate_nv()等函数将引用对象添加到 DiscoveredList 中。接下来同样调用老年代的
引用处理器对象 ReferenceProcessor 的 process_discovered_references()函数处理引用对象。

　　Serial 收集器会调用 InstanceRefKlass::oop_oop_iterate_nv()函数处理引用类型对象，而
Serial Old 收集器在调用 mark_sweep_phase1()函数递归标记所有活跃对象时，调用的 mark_
sweep_phase1()函数会调用到 InstanceRefKlass::oop_follow_contents()函数，实现代码如下：

```
源代码位置: openjdk/hotspot/src/share/vm/oops/instanceRefKlass.cpp
void InstanceRefKlass::oop_follow_contents(oop obj) {
  ...
  specialized_oop_follow_contents<oop>(this, obj);
}
```

　　调用 specialized_oop_follow_contents()函数的实现代码如下：

```
源代码位置: openjdk/hotspot/src/share/vm/oops/instanceRefKlass.cpp

template <class T>
void specialized_oop_follow_contents(InstanceRefKlass* ref, oop obj) {
 T* referent_addr = (T*)java_lang_ref_Reference::referent_addr(obj);
 T heap_oop = oopDesc::load_heap_oop(referent_addr);

 if (!oopDesc::is_null(heap_oop)) {
  oop referent = oopDesc::decode_heap_oop_not_null(heap_oop);
  if (!referent->is_gc_marked() &&
    MarkSweep::ref_processor()->discover_reference(obj, ref->reference
_type())) {
    ref->InstanceKlass::oop_follow_contents(obj);
    return;
  } else {
   MarkSweep::mark_and_push(referent_addr);
  }
 }

 T* next_addr = (T*)java_lang_ref_Reference::next_addr(obj);
 if (ReferenceProcessor::pending_list_uses_discovered_field()) {
  T next_oop = oopDesc::load_heap_oop(next_addr);
  if (!oopDesc::is_null(next_oop)) { // i.e. ref is not "active"
   T* discovered_addr = (T*)java_lang_ref_Reference::discovered_addr(obj);
   MarkSweep::mark_and_push(discovered_addr);
  }
 }
 ...
 MarkSweep::mark_and_push(next_addr);
 ref->InstanceKlass::oop_follow_contents(obj);
}
```

　　其实现与 InstanceRefKlass::oop_oop_iterate_nv()函数类似，这里不再过多介绍。另外，
在 FGC 阶段，在 mark_sweep_phase3()函数更新对象的引用地址时也要同步更新引用类型相关
的引用地址。调用 oop_adjust_pointers()函数更新引用地址，代码如下：

源代码位置：openjdk/hotspot/src/share/vm/oops/instanceRefKlass.cpp

```
int InstanceRefKlass::oop_adjust_pointers(oop obj) {
  int size = size_helper();
  InstanceKlass::oop_adjust_pointers(obj);

  // 省略对象压缩指针的处理逻辑
  specialized_oop_adjust_pointers<oop>(this, obj);
  return size;
}

template <class T> void specialized_oop_adjust_pointers(InstanceRefKlass
*ref, oop obj) {
  T* referent_addr = (T*)java_lang_ref_Reference::referent_addr(obj);
  MarkSweep::adjust_pointer(referent_addr);
  T* next_addr = (T*)java_lang_ref_Reference::next_addr(obj);
  MarkSweep::adjust_pointer(next_addr);
  T* discovered_addr = (T*)java_lang_ref_Reference::discovered_addr(obj);
  MarkSweep::adjust_pointer(discovered_addr);
}
```

当调用到 oop_adjust_pointers() 函数时，引用类型引用的对象一定是活跃的，因此同步更新 Reference 对象的 referent、next 与 discovered 属性。

在 GenCollectedHeap::do_collection() 函数中调用 collect() 函数后，会将多个 Discovered-List 中的引用类型都添加到 PendingList 中。ReferenceProcessor::enqueue_discovered_references() 函数的实现代码如下：

源代码位置：openjdk/hotspot/src/share/vm/memory/referenceProcessor.cpp

```
bool ReferenceProcessor::enqueue_discovered_references(AbstractRefProc
TaskExecutor* task_executor) {
    return enqueue_discovered_ref_helper<oop>(this, task_executor);
}

template <class T> bool enqueue_discovered_ref_helper(
 ReferenceProcessor*         ref,
 AbstractRefProcTaskExecutor*    task_executor
) {
  // pending_list_addr 是 Reference 的私有静态变量 pending 的地址
  T* pending_list_addr = (T*)java_lang_ref_Reference::pending_list_addr();
  T old_pending_list_value = *pending_list_addr;

  // 将 Reference 对象添加到 PendingList 列表中，这些对象不会再变为 Active 状态
  ref->enqueue_discovered_reflists( (HeapWord*)pending_list_addr, task_
executor );

  oop_store(pending_list_addr, oopDesc::load_decode_heap_oop(pending_list
_addr));

  // 将 _discovering_refs 的值设置为 false
  ref->disable_discovery();

  // 如果有新的 Reference 对象加入 PendingList，则函数返回 true
```

```
        return old_pending_list_value != *pending_list_addr;
}
```

调用 enqueue_discovered_reflists()函数将 DiscoveredList 中的引用对象添加到 Pending-List 中，其实就是将多个 DiscoveredList 中的引用对象用 Reference 类中定义的 discovered 变量连接起来，然后让 Reference 中的 pending 变量指向链表的首元素。调用 enqueue_discovered _reflists()函数的实现代码如下：

源代码位置：openjdk/hotspot/src/share/vm/memory/referenceProcessor.cpp

```
void ReferenceProcessor::enqueue_discovered_reflists(
  HeapWord*                   pending_list_addr,
  AbstractRefProcTaskExecutor*   task_executor
) {
    for (uint i = 0; i < _max_num_q * number_of_subclasses_of_ref(); i++) {
        enqueue_discovered_reflist(_discovered_refs[i], pending_list_addr);
        _discovered_refs[i].set_head(NULL);
        _discovered_refs[i].set_length(0);
    }
}
```

必须要对保存软引用和弱引用等引用对象的 DiscoveredList 进行处理，完成后清空 DiscoveredList，然后等待下一次继续重复使用这些列表。

调用 enqueue_discovered_reflist()函数的实现代码如下：

源代码位置：openjdk/hotspot/src/share/vm/memory/referenceProcessor.cpp

```
void ReferenceProcessor::enqueue_discovered_reflist(
    DiscoveredList&        refs_list,
    HeapWord*              pending_list_addr
) {
// Given a list of refs linked through the "discovered" field(java.lang.
// ref.Reference.discovered), self-loop their "next" field
// thus distinguishing them from active References, then prepend them to
// the pending list.

oop obj = NULL;
oop next_d = refs_list.head();
// 在 OpenJDK 8 中使用 discovered 变量实现 PendingList
if (pending_list_uses_discovered_field()) {
  // 将 DiscoveredList 中的所有引用对象添加到 PendingList 中,添加到 PendingList
  // 中的对象的 next 属性指向自己, 这样这些引用对象就不再是 Active 状态了
  while (obj != next_d) {
    obj = next_d;
    assert(obj->is_instanceRef(), "should be reference object");
    next_d = java_lang_ref_Reference::discovered(obj);

    assert(java_lang_ref_Reference::next(obj) == NULL,"Reference not
active; should not be discovered");
    // 执行的操作为 obj._next = obj, 这样就变成了 Pending 状态
    java_lang_ref_Reference::set_next(obj, obj);
    // 当前处理的 Reference 对象是 DiscoveredList 中的最后一个对象
    if (next_d == obj) {
```

```
        oop old = oopDesc::atomic_exchange_oop(refs_list.head(), pending_
list_addr);
        // 执行的操作为 obj._discovered=old
        java_lang_ref_Reference::set_discovered(obj, old);
        }
    } // 结束 while 语句
  }
}
```

最终完成的 PendingList 列表如图 13-6 所示。

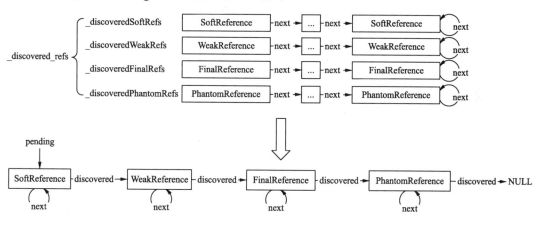

图 13-6　PendingList 列表

PendingList 列表中含有所有的引用类型。所有引用类型对象的 next 属性指向自己，这样就是 Pending 状态了，与 Active 状态进行了区分。

13.3　软　引　用

Java 使用 SoftReference 表示软引用，软引用表示那些"还有用但是非必须"的对象。对于软引用指向的对象，在 HotSpot VM 内存紧张时才会回收。

SoftReference 类及重要变量和方法的定义如下：

```
源代码位置: openjdk/jdk/src/share/classes/java/lang/ref/SoftReference.java
public class SoftReference<T> extends Reference<T> {
    static private  long clock;
    private long    timestamp;
    public SoftReference(T referent) {
        super(referent);
        this.timestamp = clock;
    }
    public SoftReference(T referent, ReferenceQueue<? super T> q) {
        super(referent, q);
        this.timestamp = clock;
    }
```

```
    public T get() {
        T o = super.get();
        if (o != null && this.timestamp != clock)
            this.timestamp = clock;
        return o;
    }
}
```

其中，在类中定义了两个字段：clock 和 timestamp。这两个字段会参与计算当前内存空间是否紧张，进而决定引用对象是否需要被回收。clock 是个静态变量，每次在 GC 处理引用类型时都会将该字段设置成当前时间；timestamp 字段可能会在调用 get()方法时更新为当前 clock 的值。

在 HotSpot VM 中执行 GC 时，通过调用 ReferenceProcessor::process_discovered_reflist() 函数来处理引用对象（包括软引用、弱引用、虚引用和最终引用），代码如下：

```
源代码位置：openjdk/hotspot/src/share/vm/memory/referenceProcessor.cpp

ReferenceProcessorStats ReferenceProcessor::process_discovered_references(
    BoolObjectClosure*        is_alive,
    OopClosure*               keep_alive,
    VoidClosure*              complete_gc,
    AbstractRefProcTaskExecutor* task_executor,
    GCTimer*                  gc_timer
){
    ...
  // 获取 Reference 类中的静态变量 clock 的值
  _soft_ref_timestamp_clock = java_lang_ref_SoftReference::clock();

  // 处理软引用
  size_t soft_count = 0;
  {
    soft_count = process_discovered_reflist(_discoveredSoftRefs,
                                   _current_soft_ref_policy, true,
                                   is_alive, keep_alive, complete_gc,
task_executor);
  }
  // 更新 Reference 类中的静态变量 clock 的值
  update_soft_ref_master_clock();

  // 省略对其他引用对象的处理逻辑
}
```

在上面的代码中，调用 process_discovered_reflist()函数来处理软引用，不过对_soft_ref_timestamp_clock 属性的处理同样重要。调用 java_lang_ref_SoftReference::clock()函数获取 SoftReference 类的静态属性 clock 的值，代码如下：

```
源代码位置：openjdk/hotspot/src/share/vm/classfile/javaClasses.cpp
jlong java_lang_ref_SoftReference::clock() {
    InstanceKlass* ik = InstanceKlass::cast(SystemDictionary::SoftReference
_klass());
    jlong* offset = (jlong*)ik->static_field_addr(static_clock_offset);
```

```
        return *offset;
    }
```

源代码位置：openjdk/hotspot/src/share/vm/oops/instanceKlass.cpp
```
    address InstanceKlass::static_field_addr(int offset) {
        return (address)(offset + InstanceMirrorKlass::offset_of_static_fields() +
                                    cast_from_oop<intptr_t>(java_mirror()));
    }
```

　　调用 java_lang_ref_SoftReference::clock()函数获取 java.lang.ref.SoftReference 类中的静态属性 clock 的值。在调用 process_discovered_reflist()函数处理完 DiscoveredList 列表后，还会调用 ReferenceProcessor::update_soft_ref_master_clock()函数更新相关属性的值，实现代码如下：

源代码位置：openjdk/hotspot/src/share/vm/memory/referenceProcessor.cpp
```
    void ReferenceProcessor::update_soft_ref_master_clock() {

        jlong  now = os::javaTimeNanos() / NANOSECS_PER_MILLISEC;
        jlong  soft_ref_clock = java_lang_ref_SoftReference::clock();
        assert(soft_ref_clock == _soft_ref_timestamp_clock, "soft ref clocks out
    of sync");

        if (now > _soft_ref_timestamp_clock) {
            // 更新_soft_ref_timestamp_clock 属性的值为当前时间并将
            // 并将当前的时间保存到 SoftReference.clock 中
            _soft_ref_timestamp_clock = now;
            java_lang_ref_SoftReference::set_clock(now);
        }
    }
```

　　也就是当处理完软引用后会更新 SoftReference.clock 和_soft_ref_timestamp_clock 为当前时间。

　　调用 process_discovered_reflist()函数处理软引用，实现代码如下：

源代码位置：openjdk/hotspot/src/share/vm/memory/referenceProcessor.cpp
```
    size_t ReferenceProcessor::process_discovered_reflist(
        // refs_lists 数组有多个 DiscoveredList
        DiscoveredList                   refs_lists[],
        // 只有处理软引用时才有值，处理其他引用对象时的值为 NULL
        ReferencePolicy*                 policy,
        // ReferenceProcessor 处理软引用和弱引用时，clear_referent 的值为 true，处理最
        // 终引用和虚引用时，clear_referent 的值为 false
        bool                             clear_referent,
        BoolObjectClosure*               is_alive,
        OopClosure*                      keep_alive,
        VoidClosure*                     complete_gc,
        AbstractRefProcTaskExecutor* task_executor
    ){
        ...
        size_t total_list_count = total_count(refs_lists);
```

```
    // 第 1 阶段：因为软引用的 policy 不为 NULL，所以遍历保存软引用的 DiscoveredList
    // 列表将被引用对象不可达的引用对象 Reference 从列表中移除。另外，有些对象虽然不可
    // 达，但是根据 policy 也可能会保留，这样 referent 及引用的对象都会被标记为活跃，这
    // 样不会被回收
    if (policy != NULL) {
        for (uint i = 0; i < _max_num_q; i++) {
            process_phase1(refs_lists[i], policy,is_alive, keep_alive, complete
_gc);
        }
    } else { // policy == NULL
        assert(refs_lists != _discoveredSoftRefs,"Policy must be specified for
soft references.");
    }

    // 第 2 阶段：遍历所有的 DiscoveredList 列表，将可达的 referent 对应的 Referenct
    //对象从 Discovered 列表中移除
    for (uint i = 0; i < _max_num_q; i++) {
        process_phase2(refs_lists[i], is_alive, keep_alive, complete_gc);
    }

    // 第 3 阶段：遍历所有的 DiscoveredList 列表，正常处理所有的 referent
    for (uint i = 0; i < _max_num_q; i++) {
        process_phase3(refs_lists[i], clear_referent,is_alive, keep_alive,
complete_gc);
    }

    return total_list_count;
}
```

以上代码主要分 3 个阶段处理引用，第一阶段只针对软引用进行处理，因为只有处理软引用时，传递的 policy 参数的值才不会为 NULL。refs_lists 中存放了本次执行 GC 时发现的引用类型（虚引用、软引用和弱引用等），而 process_discovered_reflist()函数的作用就是将不需要被回收的对象从 refs_lists 中移除，refs_lists 最后剩下的元素全是需要被回收的元素，最后会将其第一个元素赋值给 Reference.pending 字段。

1. process_phase1()函数

第一阶段的主要目的是在内存足够的情况下，将对应的 SoftReference 对象从 refs_list 中移除。调用 process_phase1()函数的实现代码如下：

```
源代码位置：openjdk/hotspot/src/share/vm/memory/referenceProcessor.cpp
void ReferenceProcessor::process_phase1(
    DiscoveredList&     refs_list,
    ReferencePolicy*    policy,
    BoolObjectClosure*  is_alive,
    OopClosure*         keep_alive,
    VoidClosure*        complete_gc
) {
    DiscoveredListIterator iter(refs_list, keep_alive, is_alive);
```

```
  while (iter.has_next()) {
    iter.load_ptrs();
    bool referent_is_dead = (iter.referent() != NULL) && !iter.is_referent
_alive();
    if (
          referent_is_dead &&                  // 被引用对象 referent 已经不存活
          // 根据相关策略判断，这个不存活的对象还不应该被回收
          !policy->should_clear_reference(iter.obj(), _soft_ref_timestamp_clock)
    ){
      // 将引用对象从 refs_list 中移除
      iter.remove();
      // 让引用对象存活
      iter.make_active();
      // 标记被引用对象，同时将被引用的对象放到栈中
      // 这样被标记后的对象就不会被垃圾回收
      iter.make_referent_alive();
      iter.move_to_next();
    } else {
      iter.next();
    }
  }
  // 对栈中存储的对象进行标记，函数最终会调用 MarkSweep::follow_stack()
  // 完成标记过程，follow_stack()函数在 12.2 节中详细介绍过，这里不再介绍
  complete_gc->do_void();
}
```

ReferencePolicy 一共有 4 种实现策略，分别为 NeverClearPolicy、AlwaysClearPolicy、LRUCurrentHeapPolicy 与 LRUMaxHeapPolicy。常用的是 LRUCurrentHeapPolicy 和 LRUMaxHeapPolicy 策略，这两个类的 should_clear_reference()函数的实现相同，代码如下：

```
源代码位置：openjdk/hotspot/src/share/vm/memory/referencePolicy.cpp
bool LRUMaxHeapPolicy::should_clear_reference(oop p,jlong timestamp_clock) {
    // 获取 SoftReference.timestamp 字段的值，这个值在调用 get()方法时可能会更新为
    // SoftReference.clock 字段的值，因此 timestamp_clock 可能与 timestamp 的值相同
    jlong interval = timestamp_clock - java_lang_ref_SoftReference::
timestamp(p);
    if(interval <= _max_interval) {
      return false;
    }
    return true;
}
```

其中，timestamp_clock 与 SoftReference 的静态字段 clock 字段的值相同，它们都保存着上一次 GC 处理完软引用后的时间，java_lang_ref_SoftReference::timestamp()函数获取的是 SoftReference.timestamp 字段的值。如果上次执行 GC 后调用了 SoftReference 类的 get()方法，那么 interval 值为 0，如图 13-7 所示。

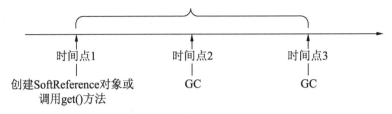

图 13-7　interval 的计算

interval 可以表示软引用在多长时间内没有被使用了，如果内存不紧张，软引用存活的时间_max_interval 可以很长，如果内存紧张，那么_max_interval 时间会变短，这样当 interval 大于等于_max_interval 时就会被回收了。

_max_interval 代表了一个临界值，它的值在 LRUCurrentHeapPolicy 和 LRUMax-HeapPolicy 两种策略中有差异，设置这个值的函数实现代码如下：

```
源代码位置：openjdk/hotspot/src/share/vm/memory/referencePolicy.cpp
void LRUCurrentHeapPolicy::setup() {
  _max_interval = (Universe::get_heap_free_at_last_gc() / M) * SoftRef
LRUPolicyMSPerMB;
}

void LRUMaxHeapPolicy::setup() {
  size_t max_heap = MaxHeapSize;
  max_heap -= Universe::get_heap_used_at_last_gc();
  max_heap /= M;
  _max_interval = max_heap * SoftRefLRUPolicyMSPerMB;
}
```

在 LRUCurrentHeapPolicy::setup()函数中，SoftRefLRUPolicyMSPerMB 的默认值为 1000，其实就是 1000ms/MB=1s/MB，也就是说上次 GC 后可用堆大小如果是 10MB，那么 _max_interval 的值就是 10s。根据 should_clear_reference()函数的判断逻辑，软引用至少可以存活 10 秒的时间。

在 LRUMaxHeapPolicy::setup()函数中，根据计算逻辑可知，对象存储的时间与堆的最大值减去上次执行 GC 时堆已经使用的内存的结果有关。

在 ReferenceProcessor::process_phase1()函数中，使用 DiscoveredListIterator 迭代器遍历 DiscoveredList 列表，实现代码如下：

```
源代码位置：openjdk/hotspot/src/share/vm/memory/referenceProcessor.hpp
class DiscoveredListIterator {
private:
  DiscoveredList&    _refs_list;
  HeapWord*          _prev_next;
  oop                _prev;
  oop                _ref;
  HeapWord*          _discovered_addr;
```

```
oop              _next;
HeapWord*         _referent_addr;
oop              _referent;
OopClosure*       _keep_alive;
BoolObjectClosure* _is_alive;

public:
  inline DiscoveredListIterator(
    DiscoveredList&    refs_list,
    OopClosure*        keep_alive,
    BoolObjectClosure* is_alive
  ) :
    _refs_list(refs_list),
    _prev_next(refs_list.adr_head()),
    _prev(NULL),
    _ref(refs_list.head()),
    _next(NULL),
    _keep_alive(keep_alive),
    _is_alive(is_alive)
{ }
  inline bool has_next() const {
    return _ref != NULL;
  }
  // 判断_referent 对象是否活跃
  inline bool is_referent_alive() const {
    return _is_alive->do_object_b(_referent);
  }

  void load_ptrs();

  inline void next() {
    _prev_next = _discovered_addr;
    _prev = _ref;
    move_to_next();
  }

  inline void make_referent_alive() {
    // 省略了对象压缩指针的处理逻辑
    _keep_alive->do_oop((oop*)_referent_addr);
  }

  inline void move_to_next() {
    if (_ref == _next) {
      // 由于 DiscoveredList 列表的最后一个 Reference 对象的_next 属性指向自己,因此
      // 当_ref 等于_next 时表示列表已经遍历完成
      _ref = NULL;
    } else {
      _ref = _next;
    }
  }
};
```

其他函数的实现代码如下：

```
源代码位置: openjdk/hotspot/src/share/vm/memory/referenceProcessor.cpp
void DiscoveredListIterator::load_ptrs() {
  _discovered_addr = java_lang_ref_Reference::discovered_addr(_ref);
  oop discovered = java_lang_ref_Reference::discovered(_ref);
  _next = discovered;
  _referent_addr = java_lang_ref_Reference::referent_addr(_ref);
  _referent = java_lang_ref_Reference::referent(_ref);
}

// 将引用对象从 DiscoveredList 列表中移除
void DiscoveredListIterator::remove() {
  oop_store_raw(_discovered_addr, NULL);

  oop new_next;
  if (_next == _ref) {
    // 当前要移除的 Reference 对象是 DiscoveredList 中的最后一个对象，因此要将最后
    // 一个对象的前一个对象的 next 属性指向它自己当前要移除的对象是 DiscoveredList
    // 中的第 1 个对象，则 _prev 的值为 NULL
    new_next = _prev;
  } else {
    new_next = _next;
  }

  // 省略了对象压缩指针的处理逻辑
  // 从列表中移除 Reference 对象
  oopDesc::store_heap_oop((oop*)_prev_next, new_next);

  _refs_list.dec_length(1);
}

void DiscoveredListIterator::make_active() {
    // 将 _ref 对象的 next 属性的值设置为 NULL，这样此对象的状态就会变为 Active
    java_lang_ref_Reference::set_next(_ref, NULL);
}
```

至此，在 ReferenceProcessor::process_phase1()函数中调用的迭代器相关函数都已经给出，这些代码相对简单，这里不再过多介绍。

2. process_phase2()函数

第二阶段是移除所有被引用的对象 referent 中还存活的 Reference 对象，也就是从 refs_list 中移除 Reference 对象。process_phase2()函数的实现代码如下：

```
源代码位置: openjdk/hotspot/src/share/vm/memory/referenceProcessor.hpp
inline void process_phase2(
  DiscoveredList&      refs_list,
  BoolObjectClosure*   is_alive,
  OopClosure*          keep_alive,
  VoidClosure*         complete_gc
) {
```

```
  pp2_work(refs_list, is_alive, keep_alive);
  ...
}
```

在第二阶段移除所有的 referent 可达的 Reference，调用的 pp2_work()函数的实现代码如下：

```
源代码位置: openjdk/hotspot/src/share/vm/memory/referenceProcessor.cpp
void ReferenceProcessor::pp2_work(
  DiscoveredList&    refs_list,
  BoolObjectClosure* is_alive,
  OopClosure*        keep_alive
) {
  DiscoveredListIterator iter(refs_list, keep_alive, is_alive);
  while (iter.has_next()) {
   iter.load_ptrs();

   if (iter.is_referent_alive()) {
     iter.remove();
     iter.make_referent_alive();
     iter.move_to_next();
   } else {
     iter.next();
   }
  }
}
```

调用 is_referent_alive()函数判断被引用对象是否可达，如果可达，则从 refs_list 中删除对应的 Reference 对象。这个操作对于所有的引用类型（软引用、弱引用、虚引用和最终引用）都一样。

3. process_phase3()函数

第三阶段在处理被引用的对象 referent 时，由于已经调用过 process_phase1()和 process_phase2()函数，因此这个 referent 可以确保是不可达状态，可能会将 Reference 的 referent 字段置为 null，之后 referent 会被 GC 回收，或者标记 referent 及 referent 引用的对象为存活，这样这些对象将不会被回收。process_phase3()函数的实现代码如下：

```
源代码位置: openjdk/hotspot/src/share/vm/memory/referenceProcessor.cpp
void ReferenceProcessor::process_phase3(
   DiscoveredList&    refs_list,
   bool               clear_referent,
   BoolObjectClosure* is_alive,
   OopClosure*        keep_alive,
   VoidClosure*       complete_gc
) {
  ResourceMark rm;
  DiscoveredListIterator iter(refs_list, keep_alive, is_alive);
  while (iter.has_next()) {
   iter.update_discovered();
   iter.load_ptrs();
   if (clear_referent) {
     // 将 Reference 的 referent 字段置为 null，之后会被 GC 回收
```

```
            iter.clear_referent();
        } else {
            // 标记引用的对象为存活，该对象在这次 GC 将不会被回收
            iter.make_referent_alive();
        }

        iter.next();
    }

    iter.update_discovered();
    complete_gc->do_void();
}
```

对于软引用和弱引用来说，参数 clear_referent 的值为 true，即当 referent 对象不可达时，Reference 中的 referent 字段值就会被置为 null，然后 referent 对象就会被回收；对于最终引用和虚引用来说， 参数 clear_referent 的值为 false，意味着被这两种引用类型引用的对象，如果没有其他额外处理，只要 Reference 对象还存活，那么引用的 referent 对象是不会被回收的。

源代码位置：openjdk/hotspot/src/share/vm/memory/referenceProcessor.hpp

```
// 更新 Reference 对象中的 discovered 字段
inline void update_discovered() {
    // First _prev_next ref actually points into DiscoveredList (gross).
    // 省略了对象压缩指针的处理逻辑
    if (!oopDesc::is_null(*(oop*)_prev_next)) {
        _keep_alive->do_oop((oop*)_prev_next);
    }
}
```

调用 clear_referent()函数的实现代码如下：

源代码位置：openjdk/hotspot/src/share/vm/memory/referenceProcessor.cpp
```
void DiscoveredListIterator::clear_referent() {
    oop_store_raw(_referent_addr, NULL);
}
```

在上面的代码中，让 referent 指向 NULL。

13.4 弱 引 用

Java 使用 WeakReference 表示弱引用，弱引用指那些"非必须"的对象，它的强度比软引用更弱一些。被弱引用关联的对象只能生存到下一次垃圾收集发生之前，也就是说，一旦发生 GC，弱引用关联的对象一定会被回收，不管当前的内存是否足够。WeakReference 类的定义如下：

源代码位置：openjdk/jdk/src/share/classes/java/lang/ref/WeakReference.java
```
public class WeakReference<T> extends Reference<T> {
    public WeakReference(T referent) {
```

```
            super(referent);
    }
    public WeakReference(T referent, ReferenceQueue<? super T> q) {
            super(referent, q);
    }
}
```

之前已经介绍过在 ReferenceProcessor::process_discovered_references()函数中处理软引用的逻辑，在处理完软引用后还会调用 process_discovered_reflist()函数处理弱引用，代码如下：

```
size_t weak_count = 0;
{
    // 传递的 clear_referent 的值为 true
    weak_count = process_discovered_reflist(_discoveredWeakRefs, NULL, true,
                          is_alive, keep_alive, complete_gc, task_executor);
}
```

与处理软引用不同，在调用 process_discovered_reflist()函数时，传递的第 1 个参数变为了_discoveredWeakRefs，第 2 个参数的值为 NULL（传递的是引用策略），因此在没有引用策略的情况下，process_discovered_reflist()函数会调用 process_phase2()函数将可达的被引用对象 referent 的引用对象 Reference 从_discoveredWeakRefs 中移除，调用 process_phase3()函数将 Reference 对象的 referent 设置为 NULL，让被引用对象被垃圾回收。下面举个例子。

【实例 13-1】　有以下代码：

```
package com.classloading;

import java.lang.ref.ReferenceQueue;
import java.lang.ref.WeakReference;

public class TestWeakReference {
    public static void main(String[] args) throws Exception {

        UserInfo userInfo = new UserInfo("mazhi");
        ReferenceQueue<UserInfo> queue = new ReferenceQueue<UserInfo>();
        WeakReference<UserInfo> weakUser = new WeakReference<>(userInfo,
queue);

        System.out.println("weak ref:" + weakUser.get());

        userInfo = null;
        System.gc();

        if(queue.remove()== weakUser) {
            System.out.println("collected weakUser");
        }
        System.out.println("weak ref:" + weakUser.get());

    }
}
```

```
class UserInfo {
    private String name;

    public UserInfo(String name) {
        this.name = name;
    }

    @Override
    public String toString() {
        return "name is " + name;
    }
}
```

输出信息如下：

```
weak ref:name is mazhi
collected weakUser
weak ref:null
```

只要发生 FGC，弱引用一定会被回收。

13.5　虚　引　用

Java 使用 PhantomReference 表示虚引用，它是所有引用类型中最弱的一种。一个对象是否关联到虚引用，完全不会影响该对象的生命周期，也无法通过虚引用来获取一个对象的实例。为对象设置一个虚引用的唯一目的是在该对象被垃圾收集器回收的时候能够收到系统通知。PhantomReference 类的定义如下：

```
源代码位置:openjdk/jdk/src/share/classes/java/lang/ref/PhantomReference.java
public class PhantomReference<T> extends Reference<T> {
    public T get() {
        return null;
    }
    public PhantomReference(T referent, ReferenceQueue<? super T> q) {
        super(referent, q);
    }
}
```

可以看到虚引用的 get()方法永远返回 null，因此无法通过虚引用来获取一个对象的实例。

之前已经介绍过在 ReferenceProcessor::process_discovered_references()函数中处理软引用和弱引用的逻辑，在处理完弱引用后还会调用 process_discovered_reflist()函数处理虚引用，代码如下：

```
size_t phantom_count = 0;
{
    // 传递的 clear_referent 值为 false
    phantom_count = process_discovered_reflist(_discoveredPhantomRefs,
```

```
NULL, false,
                                is_alive, keep_alive, complete_gc, task_executor);
}
```

调用 process_discovered_reflist()函数时，传递的第 1 个参数变为了_discoveredPhantom-Refs；第 2 个参数的值为 NULL，所以和弱引用的处理类似，只调用 process_discovered_reflist()函数中的 process_phase2()函数和 process_phase3()函数处理虚引用；第 3 个参数 false意味着被虚引用引用的对象在 GC 中是不会被回收的。下面举个例子。

【实例 13-2】　有以下代码：

```
public static void main(String args[]) throws InterruptedException {
    Object obj = new Object();
    ReferenceQueue<Object> refQueue = new ReferenceQueue<>();
    PhantomReference<Object> phanRef = new PhantomReference<>(obj,
refQueue);
    Object objg = phanRef.get();
    // 这里拿到的是 null
    System.out.println(objg);
    // 让 obj 变成垃圾
    obj = null;
    System.gc();
    Thread.sleep(3000);
    // 执行 GC 后会将 phanRef 加入 refQueue 中
    Reference<? extends Object> phanRefP = refQueue.remove();
    // 这里输出 true
    System.out.println(phanRefP == phanRef);
}
```

从以上代码中可以看到，虚引用能够在指向对象不可达时得到一个"通知"（其实所有继承 Reference 的类都有这个功能）。需要注意的是 GC 完成后，phanRef.referent 依然指向之前创建的 Object 对象 obj，也就是说 Object 对象一直没被回收。因为对于 PhantomReference 来说，clear_referent 字段传入的值为 false，意味着被 PhantomReference 引用的对象如果没有其他额外处理，在 GC 中是不会被回收的。

对于虚引用来说，从 refQueue.remove()得到引用对象后，可以调用 clear()方法强行解除引用对象和被引用对象之间的关系，使对象下次执行 GC 时可以被回收。

PhantomReference 有两个比较常用的子类：

（1）sun.misc.Cleaner：用于 DirectByteBuffer 对象回收的时候对于堆外内存的回收。ReferenceHandler 线程会对 pending 链表中的 jdk.internal.ref.Cleaner 类型的引用对象调用其clean()方法。

（2）java.lang.ref.Cleaner：用于在被引用的对象回收的时候触发一个动作，在 OpenJDK 9 中将完全替代 Object.finalize()方法，这里不再过多介绍。

sun.misc.Cleaner 类的定义如下：

源代码位置：openjdk/jdk/src/share/classes/sun/misc/Cleaner.java

package sun.misc;

```
...
public class Cleaner extends PhantomReference<Object>{
    private static final ReferenceQueue<Object> dummyQueue = new Reference
Queue<>();

    // 通过双向链表来保存多个 Cleaner 对象, 防止 GC 在处理 referent 之前将这些 Cleaner
    // 对象回收
    static private Cleaner first = null;
    private Cleaner        next = null, prev = null;

    private static synchronized Cleaner add(Cleaner cl) {
        if (first != null) {
            cl.next = first;
            first.prev = cl;
        }
        first = cl;
        return cl;
    }

    private static synchronized boolean remove(Cleaner cl) {
        // 如果已经移除了 Cleaner 对象, 则直接返回 false
        if (cl.next == cl)
            return false;

        if (first == cl) {
            if (cl.next != null)
                first = cl.next;
            else
                first = cl.prev;
        }
        if (cl.next != null)
            cl.next.prev = cl.prev;
        if (cl.prev != null)
            cl.prev.next = cl.next;

        // 将 Cleaner 对象的 next 和 prev 属性指向自己, 表示移除成功
        cl.next = cl;
        cl.prev = cl;
        return true;
    }

    private final Runnable thunk;

    private Cleaner(Object referent, Runnable thunk) {
        super(referent, dummyQueue);
        this.thunk = thunk;
    }

    // 创建一个新的 Cleaner 对象
    public static Cleaner create(Object ob, Runnable thunk) {
        if (thunk == null)
            return null;
        return add(new Cleaner(ob, thunk));
    }
```

```
    // 运行 clean()方法
    public void clean() {
        if (!remove(this))
            return;
        try {
            thunk.run();
        } catch (final Throwable x) {
            ...
        }
    }

}
```

如果 ob 对象不可达，那么 Cleaner 对象会被 HotSpot VM 放到 PendingList 列表中，这样 ReferenceHandler 线程就可以调用 clean()方法释放相关资源了。

create()方法需要两个参数：需要监控的对象和程序释放资源的回调。当 HotSpot VM 进行 GC 时，如果发现我们监控的对象不存在强引用（Cleaner 对象对它的引用是虚引用，所以不算强引用），就会调用第二个参数的 run()方法。执行完 run()方法后，HotSpot VM 会自动释放堆内存中监控的对象。

只有在清理逻辑足够轻量的时候才适合使用 Cleaner，烦琐、耗时的清理逻辑有可能导致 ReferenceHandler 线程阻塞从而耽误其他的清理任务。

13.6　最终引用

FinalReference 类只有一个子类 Finalizer，并且 Finalizer 由关键字 final 修饰，因此无法继承扩展。类的定义如下：

```
源代码位置：openjdk/jdk/src/share/classes/java/lang/ref/FinalReference.java
class FinalReference<T> extends Reference<T> {
    public FinalReference(T referent, ReferenceQueue<? super T> q) {
        super(referent, q);
    }
}
```

FinalReference 是包权限，开发者无法直接进行继承扩展，不过这个类已经有了一个子类 Finalizer，定义如下：

```
源代码位置：openjdk/jdk/src/share/classes/java/lang/ref/Finalizer.java

final class Finalizer extends FinalReference<Object> {

    private static ReferenceQueue  queue = new ReferenceQueue();
    private static Finalizer        unfinalized = null;
    private static final Object     lock = new Object();

    // 定义的这两个属性可将 Finalizer 对象连接成双向链表
    private Finalizer  next = null,prev = null;
```

```
    // 私有构造函数，开发者不能创建 Finalizer 对象
    private Finalizer(Object finalizee) {
        super(finalizee, queue);
        add();
    }

    // register()方法由 HotSpot VM 调用
    static void register(Object finalizee) {
        // 封装为 Finalizer 对象，在创建对象时会调用 Finalizer 构造函数，在构造函
        // 数中会调用 add()方法将该对象添加到 Finalizer 对象链中
        new Finalizer(finalizee);
    }

    // 将当前对象插入 Finalizer 对象链中，并将新插入的 this 对象放到双向链表的头部
    // unfinalized 是一个静态字段，指向链表的头部，如果 Finalizer 类不卸载，那么这
    // 个链表中的对象永远都存活
    private void add() {
        synchronized (lock) {
            if (unfinalized != null) {
                this.next = unfinalized;
                unfinalized.prev = this;
            }
            unfinalized = this;
        }
    }

    ...
}
```

由于构造函数是私有的，所以只能由 HotSpot VM 通过调用 register()方法将被引用的对象封装为 Finalizer 对象，但是需要清楚地知道这个被引用的对象及什么时候调用 register()方法。

在类加载的过程中，如果当前类重写了 finalize()方法，则其对象会被封装为 FinalReference 对象，这样 FinalReference 对象的 referent 字段就指向了当前类的对象。需要注意的是，Finalizer 对象链会保存全部的只存在 FinalizerReference 引用且没有执行过 finalize()方法的 Finalizer 对象，防止 Finalizer 对象在其引用的对象之前被 GC 回收。在 GC 过程中如果发现 referent 对象不可达，则 Finalizer 对象会添加到 queue 队列中，所有在 queue 队列中的对象都会调用 finalize()方法。

在解析类中的方法时，在 ClassFileParser::parse_method()函数中有如下判断逻辑：

```
if ( name == vmSymbols::finalize_method_name() &&
     signature == vmSymbols::void_method_signature()) {
  if (m->is_empty_method()) {
    _has_empty_finalizer = true;
  } else {
    _has_finalizer = true;
  }
}
```

　　每一个类中定义的方法都会执行这个判断，如果方法名称为 finalize 并且返回类型为 void，当方法体不为空时，_has_finalizer 的值会更新为 true。这样最终解析完 Class 文件时会调用如下函数：

```
源代码位置: openjdk/hotspot/src/share/vm/classfile/classFileParser.cpp
void ClassFileParser::set_precomputed_flags(instanceKlassHandle k) {
  Klass* super = k->super();

  if (!_has_empty_finalizer) {
    if ( _has_finalizer ||
        (super != NULL && super->has_finalizer())
    ){
      k->set_has_finalizer();
    }
  }
}
```

　　当重写的 finalize() 方法体不为空或者父类就是一个含有 finalizer() 方法的类型时，那么当前的类也是一个 finalizer 类型。只有 finalizer 类型才会调用 finalize() 方法。

　　知道某个类是 finalizer 类型后，当 GC 遍历到 finalizer 类型的对象时会调用 Finalizer. register() 方法注册对象。不过注册对象的时机可通过-XX:+/-RegisterFinalizersAtInit 选项进行设置，默认值为 true，也就是在调用构造函数返回之前调用 Finalizer.register() 方法注册对象，如果选项的值为 false，则在对象空间分配好后再注册对象。

　　在调用构造函数返回之前，调用 Finalizer.register() 方法注册时会涉及字节码指令的重写，重写 Object 类构造方法的主要目的是在构造函数返回之前调用 Finalizer.register() 方法注册 Finalizer 对象。在 Rewriter 类的构造函数中有如下代码实现：

```
源代码位置: openjdk/hotspot/src/share/vm/interpreter/rewriter.cpp
if (RegisterFinalizersAtInit && _klass->name() == vmSymbols::java_lang
_Object()) {
   bool did_rewrite = false;
   int i = _methods->length();
   while (i-- > 0) {
     Method* method = _methods->at(i);
     if (method->intrinsic_id() == vmIntrinsics::_Object_init) {
       methodHandle m(THREAD, method);
       rewrite_Object_init(m, CHECK);
       did_rewrite = true;
       break;
     }
   }
}
```

　　将 Object 类的构造函数中的 return 指令重写为 HotSpot VM 内部的扩展指令，这样后续在执行此特殊的字节码指令时就可以执行注册逻辑。

　　Rewriter::rewrite_Object_init() 函数的实现代码如下：

```
源代码位置: openjdk/hotspot/src/share/vm/interpreter/rewriter.cpp
void Rewriter::rewrite_Object_init(methodHandle method, TRAPS) {
  RawBytecodeStream bcs(method);
  while (!bcs.is_last_bytecode()) {
```

```
        Bytecodes::Code opcode = bcs.raw_next();
        switch (opcode) {
          case Bytecodes::_return:
            *bcs.bcp() = Bytecodes::_return_register_finalizer;
            break;
          ...
        }
      }
    }
```

HotSpot VM 将 Object 类中构造函数的 return 指令替换为 _return_register_finalizer 指令，该指令并不是标准的字节码指令，是 HotSpot VM 扩展的指令，这样在后续处理该指令时会调用 Finalizer.register() 方法，该方法会将对象包裹成 Finalizer 对象加入 Finalizer 链，最终就可以通过 Finalizer 链来特殊地处理这些有 finalize() 方法的对象了。

如果通过-XX:-RegisterFinalizersAtInit 关闭了 RegisterFinalizersAtInit 参数，那么将在对象空间分配好之后注册 Finalizer 对象。

之前介绍过在解析执行 new 字节码指令时会调用 TemplateTable::new() 函数生成的代码，当一个类重写了 finalize() 方法时会执行慢速分配，最终会调用 instanceKlass::allocate_instance() 函数，实现代码如下：

```
源代码位置：openjdk/hotspot/src/share/vm/oops/instanceKlass.cpp
instanceOop InstanceKlass::allocate_instance(TRAPS) {
  bool has_finalizer_flag = has_finalizer();
  int size = size_helper();

  KlassHandle h_k(THREAD, this);

  instanceOop i;

  i = (instanceOop)CollectedHeap::obj_allocate(h_k, size, CHECK_NULL);
  if (has_finalizer_flag && !RegisterFinalizersAtInit) {
    i = register_finalizer(i, CHECK_NULL);
  }
  return i;
}
```

当类重写了 finalize() 方法并且 RegisterFinalizersAtInit 参数值为 false 时，调用 register_finalizer() 函数，实现代码如下：

```
源代码位置：openjdk/hotspot/src/share/vm/oops/instanceKlass.cpp
instanceOop InstanceKlass::register_finalizer(instanceOop i, TRAPS) {
  instanceHandle h_i(THREAD, i);
  JavaValue result(T_VOID);
  JavaCallArguments args(h_i);
  methodHandle mh (THREAD, Universe::finalizer_register_method());
  // 调用 Finalizer 类中的 register() 方法
  JavaCalls::call(&result, mh, &args, CHECK_NULL);
  return h_i();
}
```

通过 JavaCalls::call() 函数调用 Finalizer 类的 register() 方法注册对象，这样就能通过

Finalizer 对象链找到所有重写 finalize() 方法的对象了。

在 HotSpot VM 中，在 GC 进行可达性分析的时候，如果当前对象是 finalizer 类型的对象（重写了 finalize() 方法的对象）并且本身不可达，则该对象会被加入一个 Reference-Queue 类型的队列中。而系统在初始化的过程中会启动一个 FinalizerThread 类型的守护线程（线程名，Finalizer），该线程会不断消费 ReferenceQueue 中的对象，并执行其 finalize() 方法。对象在执行 finalize() 方法后，只是断开了与 Finalizer 的关联，并不意味着会立即被回收，要等待下一次 GC 时才会被回收，而每个对象的 finalize() 方法只会执行一次，不会重复执行。

FinalizerThread 类的实现代码如下：

```
源代码位置: openjdk/jdk/src/share/classes/java/lang/ref/FinalReference.java
// 从 ReferenceQueue 中获取对象并执行对象的 finalize()方法
private static class FinalizerThread extends Thread {
    ...
    public void run() {
        ...
        final JavaLangAccess jla = SharedSecrets.getJavaLangAccess();
        running = true;
        for (;;) {
            try {
                // 获取 Finalizer 对象
                Finalizer f = (Finalizer)queue.remove();
                f.runFinalizer(jla);
            } catch (InterruptedException x) {  }
        }
    }
}
```

前面说到引用线程 ReferenceHandler 会把 PendingList 中保存的 Reference 对象加入引用队列，这里就可以从引用队列中移除 Finalizer 对象了，从而保证每个对象的 finalize() 方法最多只被调用一次。调用 runFinalizer() 方法的实现代码如下：

```
源代码位置: openjdk/jdk/src/share/classes/java/lang/ref/Finalizer.java
private void runFinalizer(JavaLangAccess jla) {
    synchronized (this) {
        if (hasBeenFinalized())
            return;
        // 必须从 Finalizer 对象链中移除那些将要执行 finalize()方法的 Finalizer
        // 对象，否则会造成内存泄漏
        remove();
    }
    try {
        Object finalizee = this.get();
        if (finalizee != null && !(finalizee instanceof java.lang.Enum)) {
            // 调用 finalizee 中的 finalize()方法
            jla.invokeFinalize(finalizee);
            finalizee = null;
        }
    } catch (Throwable x) {  }
```

```
        // 调用 Reference 类中定义的 clear() 方法，此方法将 referent 设置为 null
        super.clear();
}
```

如果当前对象的 finalize()方法调用完了，则 hasBeenFinalized()方法返回为 true。如果 hasBeenFinalized()方法返回 false，表示 Finalizer 对象引用的对象不可达，需要调用 finalize() 方法，但是在调用此方法之前，必须要从 Finalizer 对象链中移除 Finalizer 对象。调用 finalize()方法时，首先通过 get()方法获取被引用的对象，然后调用其 finalize()方法，最后调用 clear()方法清除相应的引用。

调用 remove()方法的实现代码如下：

```
源代码位置：openjdk/jdk/src/share/classes/java/lang/ref/Finalizer.java
private void remove() {
    synchronized (lock) {
        if (unfinalized == this) {
            if (this.next != null) {
                unfinalized = this.next;
            } else {
                unfinalized = this.prev;
            }
        }
        if (this.next != null) {
            this.next.prev = this.prev;
        }
        if (this.prev != null) {
            this.prev.next = this.next;
        }
        this.next = this;
        this.prev = this;
    }
}
```

以上方法从 Finalizer 链中移除当前的 Finalizer 对象。

下面举一个简单的例子。

【实例 13-3】 有以下代码：

```
package com.classloading;

public class TestFinalize {

    public static void main(String[] args) {
        Person p = new Person();
        p = null;
        System.gc();                        // 进行一次 FGC
    }
}
```

```
class Person {
  // 重写 finalize()方法
   protected void finalize() throws Throwable {
      System.out.println("invoke finalize!！！");
   }
}
```

当 Person 对象 p 赋值为 null 时，此对象不可达。由于 Person 类重写了 finalize()方法，所以最终在 p 对象不可达时会调用 finalize()方法，输出内容如下：

```
invoke finalize!！！
```

在 HotSpot VM 中调用 finalize()方法时没有限定调用 finalize()方法的时间，如果某个对象的 finalize()方法执行过慢，则会影响整个回收链的执行时间。

推荐阅读